G
N
T

ROLAND HENSEL

AUF GE BRO CH EN.

Spur des Ostens:

Deutsche Porträts

mit Wirkung.

Inhalt

Über Lebenswege von Menschen, die 1969 anfingen, in Jena Physik zu studieren.

Dieses Buch zeichnet die Lebenswege höchst unterschiedlicher Menschen auf. Sie alle eint, dass sie 1969 an der Friedrich-Schiller-Universität Jena ein Physikstudium begannen und es erstmals in nur vier statt fünf Jahren abschließen mussten. Freude an Naturwissenschaften und Technik sowie Neugier auf kommende Herausforderungen waren wesentliche Triebfedern für diese sportliche politische Vorgabe. Es war eine Zeit, als Astronomie und Raumfahrt en vogue waren, Kernkraft als Energie der Zukunft galt und ein Studium der Naturwissenschaften beliebt war. Die jungen Leute entwickelten im Studium Beharrlichkeit, Durchhaltewillen und hohe Frustrationstoleranz – Eigenschaften, die sie auf ihrem späteren Berufsweg vielfach benötigen würden.

Alle waren sie Kinder der ersten Nachkriegsgeneration. Ihre Eltern hatten Krieg, Flucht und Vertreibung, Hunger und Not kennengelernt. Dies prägte deren Erziehungsstil. Und so entwickelten auch die Kinder Willenskraft und Resilienz, um Rückschläge zu bewältigen und Ziele zu erreichen. Aufgeben war keine Option. Wer zum Beispiel damals das Abitur ablegen wollte, hatte gleichzeitig auch einen Beruf zu erlernen. Und so wurden die künftigen Physiker zunächst Maurer, Weber, Elektriker, Schlosser oder Maschinenbauer, Molkereiarbeiter, Gärtner oder Krankenschwester. Die meisten der hier Porträtierten empfanden die Lehrzeit als Bereicherung.

Die Friedrich-Schiller-Universität Jena war ein Vorreiter bei der Durchführung der 3. Hochschulreform der DDR. Um innerhalb von nun vier Jahren ein naturwissenschaftliches Studium mit dem Diplom abzuschließen, brauchte es einen heute kaum mehr nachvollziehbaren, streng getakteten Studienablauf. Dazu gehörte auch eine 70-Stunden-Woche von montags früh bis Samstagmittag.

Weil viele Studenten zu Studienbeginn noch keinen Wehrdienst abgeleistet hatten, wurden außerdem Wehr- und Zivilschutzdienst integraler Bestandteile des Studiums. Natürlich hatte jeder seine eigene Einstellung zum Staat und definierte für sich rote Linien, die er nicht überschreiten wollte. Und wer aus christlicher Überzeugung den Dienst an der Waffe verweigerte, wurde einfach exmatrikuliert.

Trotz des engen Zeitkorsetts organisierten die Physikstudenten ein Kulturpraktikum im Thüringer Wald, einen Physikerfasching in der Mensa, sie gründeten die bis zur Wende äußerst erfolgreiche Konzertreihe „Musik im Hörsaal“ und fuhren in den Sommerferien zusammen nach Bulgarien. Nicht alles war im Sinne der FDJ-Organisation und der Hochschulleitung. Doch Schwierigkeiten räumten sie entschlossen aus dem Weg. Auch das war wegweisend. Dies und das gemeinsame Zusammenleben auf engstem Raum in Studentenbaracken mit Vierbettzimmern prägten ein Gemeinschaftsgefühl, das bis heute gelebt wird und für heutige Verhältnisse ungewöhnlich ist.

Nach dem Studium wies die staatliche Absolventenlenkung – eine zentrale Zuweisungspraxis in der DDR – den frisch diplomierten Physikern Arbeitsstellen in Betrieben der gesamten DDR zu. Für treue Genossen unter den Hochbegabten vergab die Sektion Forschungsstipendien; alle anderen konnten sich an anderen Hochschulen oder Instituten bewerben, um zu promovieren oder habilitieren. Letztendlich arrangierte man sich, heiratete, wartete auf eine Wohnung und erzog seine Kinder. Nur wenige entschieden sich für einen anderen Weg. Sie sattelten um, ergriffen einen anderen Beruf oder verließen die DDR – teils durch Flucht, teils durch Ausreiseantrag.

1989 leitete der Fall der Mauer den Zusammenbruch der DDR ein. Dieses einschneidende Ereignis zerstörte bis dahin geradlinig verlaufende Karrieren. In strukturschwachen Gebieten gab es von einem Tag auf den anderen keine Arbeitsplätze mehr. Kombinate wie Carl Zeiss Jena, die Keramischen Werke Hermsdorf oder Robotron schickten Tausende von Mitarbeitern in die Arbeitslosigkeit. Forschungseinrichtungen wurden zerschlagen oder mussten sich mühsam an die nun herrschenden Marktbedingungen anpassen.

Während manche Physiker keinen Tag arbeitslos waren und ihre Arbeit fortsetzen konnten, hangelten sich andere von einer Weiterbildungsmaßnahme zur anderen, nur um am Ende wieder in der Statistik des Arbeitsamtes aufzutauchen. Freundschaften zerbrachen, weil Geheimnisse plötzlich öffentlich wurden. Alles wurde anders, selbst das Klingeln des Telefons. Wie viele Tränen in dieser Zeit flossen, weiß niemand. Und erst, als sich der Staub des Umbruchs gelegt hatte, sahen die Menschen wieder Licht am Ende des Tunnels.

50 Jahre nach ihrem Diplom ziehen 37 Physikerinnen und Physiker Bilanz. In den authentischen Porträts erlebt der Leser nicht nur die enorme Kraft und Durchhaltewillen jedes Einzelnen, sein Schicksal sowohl vor als auch nach der Wende mutig zu gestalten, sondern auch, wie ostdeutsche Forschung zwar weltmarktreife Produkte hervorbrachte, für deren Produktion aber durch Westembargo die Rohstoffe oder Spezialteile fehlten. Nach der Wiedervereinigung wurden in einer vielfach als „Kolonisierung" empfundenen Entwicklung zahlreiche Ostbetriebe systematisch geschlossen. Hier wird deutlich, welches Know-how und Potenzial der Osten dem Westen schenkte – entgegen der bis heute weitverbreiteten Ansicht, dass die Transformation allein Westdeutschland zu verdanken ist.

Das Buch ist ein Geschenk von Naturwissenschaftlern an die heutige Jugend und ein Angebot nachzudenken, wie MINT-Fächer (Mathematik, Ingenieur- und Naturwissenschaften, Technik) wie beispielsweise Physik vielfältigste Berufswege öffnen – was auch in den nächsten 50 Jahren passieren mag.

Mein großer Dank gilt meinen Kommilitonen der „Matrikel 69" der damaligen Sektion „Physik für den wissenschaftlichen Gerätebau". Besonders überrascht war ich, wie viel Zustimmung ich für dieses Projekt erhielt und wie viel Vertrauen mir geschenkt wurde. Diese Offenheit hat mich tief berührt. Sie gab mir die Chance, dieses Stück Zeitgeschichte festzuhalten.

Gleichzeitig möchte ich mich bei der Kulturstiftung Thüringen bedanken, deren viermonatiges Stipendium im Jahr 2023 ein Ansporn war, diese Lebensgeschichten zu erforschen und zu erzählen. Nicht zuletzt gilt mein besonderer Dank dem Dreamteam aus Verleger Martin Barth und Buchgestalter Helmut Stabe. Nach langer Suche fanden hier Menschen zusammen, die sich sehr engagierten, dieses Buch zu einem Kunstwerk zu machen.

Dresden, im September 2025
Roland Hensel

Verflochten.

Gert Heinrich und die Polymere.

Gert Heinrich ist sein gesamtes Arbeitsleben theoretischer Physiker geblieben, zuerst in Merseburg an der Technischen Hochschule, dann in Hannover beim Automobilzulieferer Continental und zuletzt am Leibniz-Institut für Polymerforschung Dresden sowie an der Technischen Universität Dresden. Und immer versuchte er, Autoreifen zu verbessern – manchmal mit Quantenphysik, manchmal auch mit etwas Magie.

Fragt man Gert Heinrich, was ihn an so alltäglichen Materialien wie Gummi, Kunststoffen und Klebern reizt, gibt er zu verstehen, dass ohne Polymerwerkstoffe und deren vielfältige Modifizierungen und Kombinationen unser Leben beschwerlicher und auch die wissenschaftliche Landschaft eigentlich langweiliger wäre. „Für mich sind sie die Werkstoffe des 21. Jahrhunderts. Man kann mit ihnen die außergewöhnlichsten Dinge herstellen, und irgendwann werden sie mit den sogenannten Biowerkstoffen verschmelzen. Sie führen uns zu Fragen nach dem Wesen und dem Ursprung des Lebens, mit denen sich schon vor rund 80 Jahren Erwin Schrödinger beschäftigte.“ Das Leben hat die höchst bemerkenswerte Eigenschaft, Ordnung zu schaffen. Es formt aus dem chemischen Chaos einen kompliziert gebauten, geordneten Körper. Was auf den ersten Blick wie ein Wunder aussieht, widerspricht dem Zweiten Hauptsatz der Thermodynamik, nach dem alles zwangsläufig von der Ordnung in die Unordnung stürzen muss.

Wer sich in Gert Heinrichs Büro an der TU Dresden umsieht, entdeckt neben Büchern über theoretische Physik und über die Welt der Polymere am Rande das schmale Bändchen „Was ist Leben?“ – Schrödingers berühmter Vortrag aus dem Jahr 1943 in Dublin, in dem er die Vernetzung und Struktur der DNA vorwegnahm. „Und hier sind wir wieder bei den Polymeren. Genau wie die DNA bilden die Elastomere dicht gepackte Ketten,

Schlaufen, Knäuel und Netzwerke, die eine unendlich große Anzahl von Zuständen einnehmen können. Um daraus einen Reifen zu formen, braucht man Materialgesetze, die der Physik gequantelter Systeme folgen", sagt Gert Heinrich, der bei Continental diese Zusammenhänge erforschte. „Und das alles kann man dann mit der Thermodynamik beschreiben, die wir schon im Physikstudium kennengelernt haben."

Energiezustände

Bereits in der Schule entwickelte Gert Heinrich ein großes Interesse an physikalischen Phänomenen und gründete eine Arbeitsgemeinschaft. „Als ich 14 Jahre alt war, las ich Bücher über Atomphysik. Da haben wir als Schüler erst einmal gestaunt, was mit Physik alles möglich ist. Und weil es uns Spaß machte, gründeten wir während der Oberschulzeit unsere eigene Physik-AG." Man traf sich regelmäßig und hielt Vorträge über Max Planck und Albert Einstein. Gert Heinrich referierte über Erwin Schrödinger. Und da seine Freunde eine Klassenstufe höher als er waren und dann in Jena Physik studierten, war es für ihn selbstverständlich, sich auch dort zu bewerben – „zumal die Friedrich-Schiller-Universität einen sehr guten Ruf hatte."

Beeindruckt hat den Studenten aus dem vogtländischen Pausa vor allem die Art und Weise der Vorlesungen. Das habe bei ihm später den Ehrgeiz hervorgerufen, selbst ein guter Hochschullehrer zu werden, die Vorlesungen sorgfältig aufzubereiten und den Studenten alles geduldig zu erklären. „Wichtig für uns waren damals die persönlichen Kontakte zu allen Professoren und Dozenten. Sie standen uns trotz der Größe des Studienjahrgangs immer zur Verfügung." Als Vorteil sieht er die Strukturierung in sechs Seminargruppen mit fachlich sehr gut ausgebildeten Assistenten, die die verschiedenen Seminare hervorragend gestalten konnten. Sicherlich gehörte auch das Zusammenleben von 60 Physikstudenten im Haus 12 dazu, einer studentischen Wohnbaracke weitab vom Schuss in Jena-Löbstedt. Sie waren hier relativ unbeaufsichtigt und halfen sich in allen Lebenslagen gegenseitig. Als es im strengen Winter 1971 beispielsweise keine Kohlen und kein Holz für die transportablen Kachelöfen mehr gab, verheizten sie kurzerhand den Holzschuppen vor ihrer Baracke.

Rückblickend zieht Gert Heinrich eine positive Bilanz. „Natürlich wurden wir extrem gefordert im Studium. Bedingt durch die 3. Hochschulreform mussten wir innerhalb von vier Jahren den Abschluss inklusive der Diplomarbeit schaffen." Im Vergleich zum bis dahin regulär fünfjährigen Studium wurde der Zeitverlust durch die Gliederung in Trimester und weniger Ferientage wettgemacht. Praktika gingen bis in die Abendstunden, und samstags gab es zwei Vorlesungen.

Und das System der Seminargruppen bot den Vorteil der gegenseitigen Hilfe. Wer die gestellten Aufgaben nicht selbst lösen konnte, fand Hilfe bei den Mitbewohnern im Wohnheim und war nicht so verloren wie die Kommilitonen, die außerhalb wohnten. „Damit haben wir es hinbekommen, das Studium in vier Jahren zu absolvieren. Ob es letztlich sinnvoll war, ist eine andere Frage, denn viele Dinge sind dadurch auch auf der Strecke geblieben“, beispielsweise die Vorlesungen der anderen Sektionen, die allen Hörern der Friedrich-Schiller-Universität offenstanden. „Ich habe wenigstens ein Semester Antike Philosophie in der Sektion Altertumswissenschaften besucht und bin heute noch stolz, dass dieser Schein in meinem Studienbuch steht.“

Mit seinem Kommilitonen Reinhard Guthke schrieb er eine theoretische Diplomarbeit über Mehrphotonenprozesse in starken elektromagnetischen Feldern. „Reinhard hat das Verhalten gebundener Elektronen mit der Schrödinger-Gleichung untersucht, und ich das von freien Elektronen mit der Dirac-Gleichung“, sagt Gert Heinrich und spielt dabei auf seinen Spitznamen „Schrödinger“ an, den er von seinen Kommilitonen bekam, und dessen Quantentheorie ihn sein Leben lang begleitete. Die Theorie-Diplomanden bekamen nach dem Umzug der Mathematiker in den Jenaer Turm ein Bürozimmer im Abbeanum mit großen Schreibtischen und einer verlassenen Liege in der Ecke. Es ist überliefert, dass hier Gert Heinrich öfter seinen Mittagsschlaf hielt und selbst von seinem Mentor Gerhard Weber nicht gestört wurde. Aber Theoretiker hatten ja auch die Freiheit zu bestimmen, wann sie arbeiteten – und das taten sie oft bis weit in die Nacht.

Quantenpfade und Gummi-Netzwerke

Nach dem Studium wurde der frischgebackene Diplomphysiker nach Merseburg an die Technische Hochschule Carl Schorlemmer vermittelt und bekam dort einen Vierjahresvertrag als Assistent für theoretische Physik. „Glücklicherweise hatten wir im Studium die Spezialvorlesungen Quantenfeldtheorie und Quantenelektrodynamik gehört, und das Wissen darüber vertiefte ich noch in meiner Diplomarbeit. Das hat mir dann in Merseburg bei meiner Dissertation geholfen, den Zugang zur Quantentheorie nach Richard Feynman zu finden.“ Zur Erläuterung: Klassisch gesehen wirken auf alle Teilchen die newtonschen Grundgesetze und es gibt immer nur eine einzige Lösung entsprechend einer minimalen Wirkung. Feynman aber sah bei Quantenteilchen nicht nur diesen klassischen Pfad, sondern viele Möglichkeiten, über die man dann integriert. Als Lösung entwickelte er seine berühmten Diagramme für die Quantenelektrodynamik und formulierte die Quantenmechanik mit Hilfe des Pfadintegrals. „Ich habe die Übertragung dieser Methode auf die statistische Thermodynamik von Polymeren sofort gesehen und verstanden“, erläutert Gert Heinrich. Auch Polymere können mit ihren Ketten vielfältige Konfigurationen bilden. Sie können geknäuelt, gestreckt oder vernetzt viele verschiedene Pfade einnehmen. In Analogie zur Quantenmechanik ist es bei Polymeren die Schrittlänge, also die Länge einer chemischen Einheit, die man sich ähnlich wie eine besondere „Reisezeit“

„Wer denkt, dass ein Reifen ein simples Produkt ist, das man sich einfach ans Auto schraubt, der täuscht sich. Tatsächlich ist es einer der komplexesten Hochleistungsverbundkörper, die es gibt.“

eines Teilchens vorstellen kann, mit der in der Quantenphysik die möglichen Wege zwischen zwei Raumpunkten berechnet werden. „Mit diesem Analogon konnte ich viele Gleichungen sehr einfach auf Polymere übertragen. Das hat mir sehr geholfen, die statistische Mechanik von Polymeren viel besser zu verstehen – und dies war der Ausgangspunkt für meine Dissertation und Habilitation.“

Und vielleicht war er damit einfach nur am richtigen Ort, denn im Merseburger Kaiserdom befindet sich das älteste, in althochdeutscher Sprache verfasste, frühmittelalterliche literarische Dokument der Merseburger Zaubersprüche, die sich mit der Verknüpfung von Dingen und der Heilung von Knochenbrüchen befassen: „bên zi bêna, bluot zi bluoda lid zi geliden, sôse gelîmida sîn!“ – Knochen zu Knochen, Blut zu Blut, Glied zu Glied, so seien sie zusammengefügt! „Genau wie diese Sprüche eine gewisse magische Verknüpfung ausstrahlen, geht es bei dem Thema Polymerwerkstoffe um Gummi-Netzwerke mit tieferen Zusammenhängen zur Quantenphysik. Und damit um die vielfältigen Aspekte der Anwendung der Werkstoffe. Hier trifft viel Theorie auf die Praxis: Früher mischte man mit viel Empirie Polymere mit zahlreichen Zuschlagstoffen, um Gummi herzustellen. Man sprach dabei von der Gummi-Alchemie“, sagt Gert Heinrich und verweist dabei auf die besondere Rolle des Schwefels. Dieser besorgt unter Hitze die Vernetzung der Polymere zu einem elastischen Gummi. „Man kann sich kaum vorstellen, dass man für den Werkstoff Gummi auch heute noch jede Menge Erfahrung und theoretisches Wissen braucht, um ihn wirkungsvoll zu vernetzen.“

Aus dem Nebel des Chemiedreiecks

„Als Doktoranden an der Technischen Hochschule Merseburg haben wir uns natürlich auch mit dem politischen Umfeld arrangieren müssen. Engagiert habe ich mich in der FDGB-Gewerkschaft, wo wir zum Beispiel Listen der Wohnungssuchenden aufgestellt, die Jahresendprämien der Mitarbeiter mitverhandelt oder anlässlich eines Parteitages eine besondere Veranstaltung organisiert haben. Allerdings kam dann irgendwann der Punkt, wo mir meine Gesundheit und die meiner Familie wichtiger waren als meine Karriere“, sagt Gert Heinrich. Die Schadstoffbelastung im Chemiedreieck Bitterfeld, Merseburg, Schkopau und Leuna verursachte häufig Asthma und Bronchitis. Ständig hing ein Grauschleier über der Gegend, und ab und zu zog der sogenannte „englische Nebel“ durch die Straßen von Merseburg. Die Luft war oft beißend. Besonders ätzend war das Schwefeldioxid, das als rotorangener Rauch aus den Schloten der Chemiefabriken quoll und als saurer Regen die Felder bedeckte. „Meine kleine Tochter war durch die ständigen Infektionen fast taub. Die Ärzte schoben dies auf die massive Umweltverschmutzung. Das war für uns der Zeitpunkt, einen Ausreiseantrag zu stellen", erinnert sich der Physiker. Er sah auch keine Chance mehr, an einem anderen Ort in der DDR als Hochschullehrer einen Job zu bekommen. „Nach verschiedenen Gesprächen mit Prorektor und Parteisekretär der Hochschule und immer wieder abgelehnten Lösungsvorschlägen war dann der Punkt erreicht, einen Schlussstrich zu ziehen." Bis zum Ende des Studienjahres 1989 blieb er noch an der Hochschule – aus Loyalität den Studenten und Doktoranden gegenüber.

Gert Heinrich stellte sich auf einen Bruch in seiner Biografie ein, reichte im September 1989 seine Kündigung ein und erhielt die Abberufungsurkunde vom letzten DDR-Minister für Bildung und Jugend der Modrow-Regierung. Wie es weitergehen sollte, wussten die Heinrichs nicht, aber sie vertrauten auf die Zukunft. Und vielleicht hatten hier auch wieder die Merseburger Zaubersprüche ihre Hand im Spiel, denn mit diesen Sprüchen konnte man Gefangene befreien: „suma clûbôdun umbi cuoniouuidi: insprinc haptbandum, inuar uîgandun!" – Einige zertrennten scharfe Fesseln. Entspringe den Fesseln, entfahre den Feinden! Oder waren es doch die Montagsdemos, an denen sich die junge Familie beteiligte?

Wie dem auch sei: Zwei Monate später fiel die Mauer, die Grenzen waren offen und die Karten wurden neu gemischt. Gert Heinrich fuhr nach Hannover und bewarb sich bei der Continental AG.

Der perfekte Reifen

„So gesehen war der Ausreiseantrag ein Glück für uns, denn die Merseburger Hochschule wurde im Frühjahr 1993 aufgelöst. Ich war froh, dass ich das alles nicht mehr mitmachen musste." Gert Heinrich wurde bei Continental zuerst Senior Scientist und später Abteilungsleiter für Materialforschung im zentralen Forschungsbereich Reifen und Strategische Technologie. „Wer denkt, dass ein Reifen ein simples Produkt ist, das man sich einfach ans Auto schraubt, der täuscht sich. Tatsächlich ist es einer der komplexesten Hochleistungsverbundkörper, die es gibt", erläutert der Experte. Ein Reifen muss teils konträre Anforderungen erfüllen. Aus ökologischen Gründen soll er beispielsweise einen geringen Rollwiderstand haben und muss damit ziemlich hart sein. Gleichzeitig soll ein Reifen aber auch weich genug sein, um Sicherheit bei Nässe, Schnee und Eis zu bieten, soll geräuscharm laufen und darf nur gering verschleißen.

Die Mischung macht's, und die Rezeptur ist alles andere als trivial. Damit dies alles aber keine Alchemie bleibt, entwickelte Gert Heinrich bei Continental eine Theorie, wie man den Reibungskoeffizienten von Gummimaterialien als Funktion von Temperatur, Geschwindigkeit, Anpassungsdruck, Nässezustand und weiteren Parametern sowie die Charakteristika von fraktalen Fahrbahnoberflächen wie Beton oder Asphalt beschreibt. „Das war der

Schlüssel für ein fundiertes physikalisches Verständnis des Verhaltens eines Reifens auf der Straße“, erklärt Gert Heinrich, und seine Augen leuchten noch immer. Er setzte sich zwischen Weihnachten und Neujahr 1997 hin, rechnete die verschiedensten Möglichkeiten durch und löste das Problem analytisch. Der Erfolg gab ihm recht. Inzwischen wurde diese Arbeit über 350-mal zitiert und durch Experimente mit Fahrzeugen bestätigt.

Gleichzeitig verweist der Materialforscher gern auf die Forschungen des Physik-Nobelpreisträgers von 2021, Giorgio Parisi. Dieser erforschte, welche Muster in scheinbar ungeordneten und chaotischen Strukturen versteckt sein können. Seine wissenschaftlichen Ideen helfen uns zum Beispiel dabei, die Vernetzung von Kautschuk besser zu verstehen – also wie sich die Moleküle in Gummi miteinander verbinden. Beispielsweise kann man komplexe Systeme wie die gefaltete DNA oder die vernetzten Elastomere bei der Reifenherstellung als eine Art von eingefrorenen Zuständen beschreiben, bei denen sich die Atome nicht mehr geordnet ausrichten können. Dann gibt es keine eindeutige Konfiguration mit der niedrigsten Energie mehr, und das System muss sich für die energetisch günstigste Option entscheiden. Mit der daraus resultierenden statistischen Thermodynamik sogenannter abgeschreckter Systeme lassen sich neue, effiziente Materialgesetze für die Gummis von Hochleistungsreifen ableiten. „Und das alles kann man mit der Quantenphysik der Feynmanschen Pfadintegrale und der Thermodynamik beschreiben, die wir schon im Physikstudium kennengelernt haben“, sagt der Fachmann, der sich sein ganzes Forscherleben lang mit Quantenphysik und Thermodynamik beschäftigte. Wer so etwas sagt, dem glaubt man die Liebe zur Physik.

Natürlich musste Gert Heinrich bei Continental mit sehr vielen Ingenieuren zusammenarbeiten. „Am Anfang war es für mich schwierig, zu verstehen, worüber die Ingenieure diskutierten, wenn sie über die technologischen Fertigungsverfahren von Reifen sprachen. Aber dann habe ich verstanden, dass es auch Spaß macht, sich vertieft in technische Dinge hineinzudenken und die Zusammenhänge zu begreifen. Letztlich bekam ich dadurch in Dresden auch eine Professur an einer ingenieurwissenschaftlichen Fakultät.“

Gert Heinrich sagt von sich selbst, dass er immer eine innere Freude hatte, alles zu verstehen, was um ihn herum passiert. Für ihn ist die Physik prädestiniert, die Zusammenhänge vom Subatomaren bis hin zum Kosmos zu erklären.

1950 geboren in Plauen, Abitur und Facharbeiterabschluss als Maurer, Studium der Physik an der Friedrich-Schiller-Universität Jena
1973 Diplomarbeit im Wissenschaftsbereich Angewandte Quantentheorie bei Gerhard Weber
1978 Promotion **1985** Habilitation
1987 Hochschuldozent
1973–1990 Wissenschaftlicher Assistent, Oberassistent und Hochschuldozent in der Sektion Physik der Technischen Hochschule Carl Schorlemmer Leuna-Merseburg
1990–2017 Senior Research Scientist und Abteilungsleiter Materialforschung bei der Continental AG Hannover, Lehrbeauftragter an der Gottfried Wilhelm Leibniz Universität Hannover und an der Martin-Luther-Universität Halle-Wittenberg, Professor für Polymerwerkstoffe und Elastomertechnik an der TU Dresden und Direktor des Leibniz-Instituts für Polymerwerkstoffe Dresden
Seit 2017 Forschungs-Seniorprofessor an der TU Dresden.

Von 2003 bis 2016 lehrte Gert Heinrich als Professor für Polymerwerkstoffe und Elastomertechnik an der Fakultät für Maschinenwesen an der TU Dresden und war gleichzeitig bis 2017 Direktor des Instituts für Polymerwerkstoffe am Leibniz-Institut für Polymerforschung Dresden. Seitdem beschäftigt sich der Forschungs-Seniorprofessor an der TU Dresden mit Fragen der Bruchmechanik weicher Werkstoffe und mit selbstheilenden Elastomeren. Seine damalige Professur ist jetzt in eine Professur für Polymerwerkstoffe und in eine Professur speziell für Elastomere aufgeteilt. „Rückblickend konnte ich viel bewegen, denn mit Elastomeren beschäftigte sich damals an der TU Dresden niemand. In diesem Sinne war ich hier prägend", sagt Heinrich ein wenig stolz. Das Fachgebiet ist interdisziplinär und bestimmt von der heiligen Trinität: dem Spannungsfeld der Polymerchemie, der Polymerphysik und dem Polymer-Engineering. Hier müssen die Ingenieure auch Chemie und Polymerphysik lernen, die Physiker Polymerchemie und Polymerverarbeitung und die Chemiker beides. Denn es ist ein Unterschied, ob ein Substrat im Reagenzglas synthetisiert und nach allen Regeln der Kunst untersucht wird oder ob daraus ein Werkstoff entsteht, der im Tonnenmaßstab maschinell hergestellt werden kann.

Nach dem Resümee seines Arbeitslebens befragt, antwortet Gert Heinrich hintergründig, dass man grundsätzlich immer nach dem Warum fragen und unter die Oberfläche, also ins Innere der Materie schauen sollte, um das Äußere zu verstehen. Und mit den Polymerwerkstoffen lassen sich viele Herausforderungen der Zukunft lösen. Sie schaffen aber auch neue Probleme, etwa die Verschmutzung von Umwelt und Meeren durch diese Werkstoffe. Eine Rückkehr zu einer Zeit ohne Kunststoffe und Gummi wird es nicht mehr geben. Deshalb ist auch die Lösung dieser Probleme so wichtig. „Uns bleibt keine andere Wahl. Wir müssen uns diesen Herausforderungen stellen, sonst würden wir auch Gottfried Wilhelm Leibniz nicht gerecht." Im einzigen Buch „Essais de Théodicée", das zu dessen Lebzeiten erschienen ist, verteidigt Leibniz Gott und die Freiheit mit dem Hinweis, dass die Menschen in der besten aller möglichen Welten leben. „Eine andere Welt steht uns eben nicht zur Verfügung! Deshalb brauchen wir sowohl im Wissenschaftsbetrieb als auch in Gesellschaft, Wirtschaft und Politik eine Offenheit gegenüber allen Dingen: erst anschauen, dann nachdenken und schlussfolgern. Nicht unreflektiert handeln oder Urteile und Vorurteile übernehmen", mahnt Gert Heinrich. 2024 wurde ihm in Wien für seine besonderen Leistungen im Polymerbereich die H. F. Mark-Medaille verliehen, die an den Kunststoffpionier Hermann Franz Mark erinnert. 2025 erhielt er die Charles Goodyear Medal, die höchste Auszeichnung der Rubber Division der American Chemical Society, die an den Erfinder der Schwefelvulkanisation von Kautschuk erinnert.

Durchgesetzt. Anita Ehmke und die Physik.

Anita Ehmke hat ihr ganzes Arbeitsleben lang gelernt und gelehrt. Dabei setzte sie sich immer wieder gegen tradierte Rollenbilder durch. Getreu ihrem Credo „Geht nicht gibt's nicht" kämpfte sie sich durch das harte Physikstudium, forschte an der Akademie der Wissenschaften und begeisterte als Lehrerin Schüler und Studenten für Naturwissenschaft und Technik. „Scheitern war nie eine Option", resümiert die Physikerin – wie ihr Lebensweg beweist.

„Ich bin unheimlich gern zur Schule gegangen und hatte viele Lieblingsfächer. Aber Physik war meine Nummer eins. Ich wollte immer wissen, wie etwas funktioniert. Warum fährt eine Lokomotive? Was sind die wissenschaftlichen Grundlagen dafür?", sagt Anita Ehmke. Rückblickend erinnert sie sich: „Ich hatte eine wunderbare Kindheit und einen tollen Vater. Aber leider hatte er ein sehr tradiertes Rollenverständnis von Mann und Frau. Er meinte wirklich, dass ein hübsches Mädchen wie ich kein Abitur brauche, sondern bald einen netten Mann heiraten solle." In der DDR konnten nur wenige Schüler Abitur ablegen. Meist waren die begehrten Plätze nach Beruf und Parteizugehörigkeit der Eltern quotiert. Als sie als eine der Klassenbesten die Zulassung für die Erweiterte Oberschule erhielt, rannte sie freudestrahlend nach Hause und legte das Dokument ihrem Vater auf den Tisch. Doch anstatt sich zu freuen, polterte er los: „Nein! Damit bin ich nicht einverstanden. Du machst kein Abitur. Es reicht, wenn du die 10. Klasse abschließt." Er habe es sicher nicht böse gemeint, resümiert sie heute. „Aber er hat nicht gemerkt, wie sehr er mich damit verletzte."

Als folgsame Tochter beendete Anita Ehmke zunächst die Polytechnische Oberschule – vergleichbar mit der Realschule – und begann eine Lehre zur Industriekauffrau. Doch ihr Wunsch nach dem Abitur war so groß, dass sie sich heimlich an der Abendschule anmeldete, um ihr Abitur binnen zwei Jahren nachzuholen. „Das war wirklich knallhart. Nach der Berufsschule saßen wir dreimal in der Woche noch fünf Stunden im Abi-Unterricht, meist bis abends 21 Uhr. Frühmorgens um 5:30 Uhr klingelte der Wecker, und um 6:30 Uhr standen wir pünktlich an der Stechuhr am Werktor. Wir haben frühzeitig gelernt, hart zu arbeiten und uns den Tag so zu organisieren, dass man wirklich alles schafft. Für uns gab es kein ‚Geht-nicht'. Man kann alles! Man muss es nur wollen und an sich selbst immer hohe Ansprüche stellen. Und genau diese Disziplin half mir später im Physikstudium." Am Ende war der strenge Vater stolz auf seine Tochter, die ihr Abitur trotz allem sehr gut abgeschlossen hatte.

Vom Abendabitur zum Physikstudium

Doch zunächst ließ sich Anita Ehmke erneut von ihrem Vater beeinflussen und begann ein Jurastudium in Jena. „Ich habe es ihm zuliebe gemacht. Aber nach einem halben Jahr war ich todunglücklich und habe mich exmatrikulieren lassen. Dann beschloss ich, endlich das zu studieren, was ich schon immer wollte und was meinen Vater umgehauen hat: Physik. Und das zog ich dann auch durch", bekräftigt die resolute Frau. Auch ihre Freunde waren platt und warnten sie vor dem schweren Studium. Aber das war ihr vollkommen egal. Sie war jetzt bereit für ein naturwissenschaftliches Studium.

Die Immatrikulation war an eine Aufnahmeprüfung beim Prorektor für Erziehung und Ausbildung geknüpft. Hier sollte sie die Physik hinter der Mondlandung im Juli 1969 kommentieren. Der Zufall wollte es, dass sie zuvor nächtelang am Fernseher hing und eben diese Mission von Apollo 11 gebannt verfolgte. Fragen wie: „Wie groß ist die Anziehungskraft des Mondes im Vergleich zur Erde?" oder „Wie hoch sind die drei kosmischen Geschwindigkeiten in Bezug auf die Erde?" konnte sie wie aus der Pistole geschossen beantworten. Die Prüfungskommission war begeistert, und das Ticket zum Physikstudium im September 1969 hatte sie damit in der Tasche. Ihr Verlobter Gerhard fasste etwa zur gleichen Zeit den Entschluss, von der Bergakademie Freiberg an die Friedrich-Schiller-Universität Jena zu wechseln. Damit war ihr Glück vollkommen.

> *„Lehren und Lernen haben mich nicht losgelassen. Und heute freut es mich immer wieder, wenn ich damit Neugierde und Wissbegierde bei Kindern und Jugendlichen wecken kann."*

Natürlich hatten ihre Freunde bezüglich der Schwere des Studiums recht, doch die Physik begeisterte sie vom ersten Tag an. In der Schule war Anita Ehmke Erfolg gewohnt, aber hier in Jena saßen die Physikstudenten zusammen mit den Mathematikstudenten in derselben Vorlesung und hörten Algebra und Analysis auf abstrakt hohem Niveau, ohne dass der physikalische Hintergrund erklärt wurde. „Zum Glück gab es noch die Vorlesungen in Experimentalphysik. Das hat uns dann wieder geerdet. Aber ich sagte mir, ich habe es so gewollt, also schaffe ich es! Das logische Denken kann man in allen Lebensbereichen anwenden." Wenn heute ihre Enkel irgendetwas behaupten, rechnet die Physikerin schnell mal nach, ob es so stimmen könnte.

In ihrer Diplomarbeit untersuchte die junge Wissenschaftlerin die Brillouin-Streuung, die sie mit einem Rubinlaser anregte. Dabei handelt es sich um eine spezielle Form der Lichtstreuung, bei der optische Wellen mit Schallwellen im Kristallgitter oder mit magnetischen Spinwellen wechselwirken. „Ich war fasziniert vom Thema, aber ich hockte gezwungenermaßen wochenlang in einem verdunkelten Labor wie ein Maulwurf. Das hat mich innerlich richtig krank gemacht. Ich brauche Licht, Luft, Sonne und Menschen um mich herum. Deshalb fasste ich schon damals den Entschluss, lieber in die Lehre als in die Forschung zu gehen. Ich wollte meine Begeisterung für Physik an Kinder und Jugendliche weitergeben, die in der Schule an Mathematik und Physik gescheitert waren", erklärt Anita Ehmke.

Berufseinstieg nach Planvorgabe

Nach dem Studium wurde die junge Physikerin zu Carl Zeiss Jena vermittelt. Damals war es üblich, dass die Absolventen in den ersten drei Berufsjahren dorthin gingen, wo der Staat sie brauchte. Und weil 1973 mit den Studienjahrgängen 1968 und 1969 in Jena zeitgleich etwa 150 Physiker auf den Arbeitsmarkt drängten, wurden sie teilweise in die entlegensten Gegenden der Republik verteilt. Aus diesem Teufelskreis kam nur heraus, wer eine andere Stelle nachweisen konnte.

Anita Ehmke wollte wieder zurück nach Potsdam, ihre Heimatstadt, und bewarb sich erfolgreich im Gleichrichterwerk Stahnsdorf im Forschungsbereich Leistungselektronik als wissenschaftliche Mitarbeiterin. Ihr Mann Gerhard wurde Fachgebietsleiter für Messgeräteentwicklung in der Zentralen Prüfstelle für Landtechnik in Potsdam-Bornim. So konnte das Paar in Potsdam eine kleine Wohnung beziehen. Nach einem Jahr fragte sie ihr Judotrainer, ob sie nicht bei ihm im Ingenieurbüro anfangen möchte. Sie sagte spontan zu und entwickelte statt Halbleiterdioden elektrotechnische Konzeptionen im Rahmen der Investitionsvorbereitung von Großprojekten. „Ich hatte nie Ängste, mich irgendwo neu zu bewähren und habe mich wirklich hochgearbeitet. Ich hatte verschiedene interessante Stellen mit interessanten Themen", berichtet die Physikerin. Und so vereinbarte sie mit dem Direktor der Betriebsakademie der Öffentlichen Versorgungswirtschaft, während dieser Zeit nebenbei noch Mathematik und Physik im Rahmen der Erwachsenenqualifizierung zu unterrichten.

Liebe, Leben und Labor

Alle Kommilitonen des Studienjahres kannten Anita Jabor und Gerhard Ehmke ausschließlich als Paar. Beide hatten sich in Potsdam an der Abendschule kennengelernt, waren während des gesamten Studiums verlobt und heirateten kurz vor dessen Ende. Elf Jahre später trennten sie sich, blieben jedoch Freunde und zogen ihre Tochter gemeinsam auf.

Auf die Frage, wie zwei Physiker so zusammenleben, antwortet Gerhard: „Auch nicht anders als andere Paare. Wir hatten ja unterschiedliche Tätigkeiten. Anita unterrichtete, ich entwickelte und testete Landmaschinen. Unsere Arbeitsfelder waren völlig verschieden." Und Anita ergänzt: „Ich muss es Gerhard wirklich hoch anrechnen, dass wir immer interessante Gespräche führen konnten und uns fast jeden Abend über die neuesten wissenschaftlichen Erkenntnisse ausgetauscht haben."

Gerade durch ihre wechselnden Tätigkeiten bekamen die Gespräche immer wieder eine neue Richtung. Auch später, als Anita Studenten in Mathematik und Physik unterrichtete, besorgte Gerhard Lehrmaterialien, damit sie in den Vorlesungen viele Versuche vorführen konnte. „So haben wir uns immer bestens ergänzt", bekräftigt die Lehrerin.

Von der Forscherin zur Lehrerin

Anita Ehmke sammelte Berufsabschlüsse und Zertifikate wie andere Briefmarken. Eine Ausbildung zur Kosmetikerin absolvierte sie nur, weil sie wissen wollte, wie man auch im Alter attraktiv und gesund bleibt. Und wenn es die Zeit erlaubte, führte sie Reisegruppen durch die Potsdamer Sehenswürdigkeiten. Die entsprechenden Prüfungen legte sie schon während ihrer Abiturzeit ab. In der DDR brauchte man für jedes einzelne Schloss und jeden Park einen staatlichen Abschluss mit einer Prüfung und einem Zertifikat – und das für Deutsch, Russisch und Englisch, für jede Sprache gesondert. Als sie später am Institut für Lehrerbildung auch Lehrer schulen sollte, studierte sie zusätzlich Pädagogik, Didaktik und Psychologie. Mit diesem Zusatzstudium durfte sie Schüler der Klassen 5 bis 10 in Mathematik und Physik unterrichten.

Für den Job als Lehrerin prägte sie ein Schlüsselerlebnis aus ihrer Schulzeit: Als sich ein Physiklehrer bei den Schülern nicht durchsetzen konnte und diese während des Unterrichts quasi auf den Tischen tanzten, setzte sie sich in die erste Reihe, um das Gesagte besser von den Lippen ablesen zu können. Sie schlussfolgerte daraus: „Der erste Eindruck entscheidet darüber, ob die Schüler einen mögen oder nicht." Fazit: Sie bereitete sich auf jede erste Unterrichtsstunde akribisch vor und hatte stets einen pädagogischen Trick parat.

Das folgende Beispiel ist exemplarisch. Als in einer Potsdamer Schule ein alter Lehrer schwer krank wurde, sprang sie sofort ins kalte Wasser und unterrichtete in einer neunten Klasse das Fach Einführung in die sozialistische Produktion (ESP). Hier stand gerade das Thema „Steuern und Regeln" auf dem Stundenplan. „Im Klassenzimmer schauten mich zwanzig pubertierende Jugendliche gelangweilt an. Ein Mädchen las provozierend in dem Buch ‚Die Söhne der Großen Bärin', das als Vorlage für den gleichnamigen DEFA-Indianerfilm diente. Ich sagte zu ihr: ‚Wahnsinn, das tolle Buch wollte ich immer mal lesen. Ist es in Ordnung, wenn ich es bis morgen mit nach Hause nehme? Ich finde es wunderbar, dass dich das so interessiert.' "
Die Schülerin und auch alle anderen waren baff. Damit hatte Anita deren

Aufmerksamkeit gewonnen. Sie fragte nach Hobbys und schlug vor, dass jeder Schüler einen Vortrag über sein Hobby vor der Klasse halten sollte. „Es war unglaublich, mit welcher Begeisterung die Schüler dann über Technik gesprochen haben. Es war der Hammer. Ich habe mir oft viel Mühe gegeben und den Unterricht bis weit nach Mitternacht vorbereitet. Das machte mir Spaß und zeigte aber auch, dass ich etwas bewegen kann."

Um den ESP-Unterricht besonders interessant zu gestalten, ging die junge Lehrerin heimlich durch die riesigen Werkhallen des Reichsbahnausbesserungswerks Potsdam und fragte die Arbeiter an den hydraulischen Drehmaschinen und pneumatisch gesteuerten Stanzmaschinen, ob sie bereit wären, einen Vortrag über ihre Maschine vor der Klasse zu halten. Drei Tage später ging die ganze Klasse in die Werkhalle, ohne Genehmigung, Schutzhelm oder Sicherheitsschuhe. „Heute wäre das gar nicht mehr möglich – eine ganze Klasse in der Werkhalle! Wir sind mit den Schülern von einer Maschine zur anderen gegangen. Die Arbeiter waren unheimlich stolz, standen vor ihrer Maschine, erklärten und zeigten, wie alles funktioniert." Nach den sechs Monaten „Steuerungs- und Regelungstechnik" hatten sich die Schüler deutlich verändert. Standen sie vorher meist auf Drei, so hatten sie am Ende fast alle Einsen und Zweien. „Das war richtig toll und für mich der Einstieg in die Lehrtätigkeit."

Anschließend unterrichtete Anita Ehmke Physik und Mathematik an der Bezirksakademie des Gesundheits- und Sozialwesens in Potsdam. Doch die Wissenslücken der Studenten waren enorm; einige von ihnen standen kurz vor der Exmatrikulation. Was nützt es, die Tafel mit Formeln und Exponentialfunktionen vollzuschreiben, wenn die Studenten schon an den Grundregeln der Mathematik wie dem Umstellen von Gleichungen scheitern, dachte sie. „Deshalb habe ich einfach immer eine Viertelstunde Förderunterricht in die normale Vorlesung eingeschoben. Das hat funktioniert, und es gab eine unheimliche Disziplin. Da hat keiner einen Pieps gesagt. Nach den zwei Jahren Unterricht bei mir haben alle die Prüfung geschafft", fasst die Physikerin ihr Wirken zusammen und ergänzt: „Deshalb sage ich immer wieder, es steht und fällt mit dem Lehrer. Wenn Schüler oder Studenten einen guten Mathematiklehrer haben, dann funktioniert es. Und das ist eigentlich das, was mich so richtig begeistert."

Nach diesem Intermezzo arbeitete Anita Ehmke viele Jahre an der Akademie der Wissenschaften auf dem Potsdamer Telegrafenberg, anfangs als Mitarbeiterin der Bildungsstätte, später als deren Leiterin und schließlich wieder als Physikerin in der Forschung. Sie untersuchte die Fluores-

1949 geboren in Potsdam, Abitur und Facharbeiterabschluss als Industriekauffrau, nach begonnenem Jurastudium Studium der Physik an der Friedrich-Schiller-Universität Jena
1973 Diplomarbeit im Wissenschaftsbereich Kohärenzoptik
1973–1990 Wissenschaftliche Mitarbeiterin im Gleichrichterwerk Stahnsdorf, Ingenieurin für Rationalisierung, Ingenieurbüro, Lehrerin im pädagogischen Kabinett, Leiterin der Bildungsstätte und wissenschaftliche Mitarbeiterin in der Akademie der Wissenschaften, Abteilungsleiterin für Weiterbildung in der Kammer der Technik und an der Bezirksakademie des Gesundheits- und Sozialwesens
1990–2015 Reiseleiterin in der Tourismusbranche, Lehrkraft an der Staatlichen Techniker Schule, Berlin, Betreuerin von Langzeitarbeitslosen für das Arbeitsamt Potsdam, Arbeitsvermittlerin und Fallmanagerin in der Agentur für Arbeit in Potsdam.

zenz von Oberflächengewässern und der Atmosphäre in Vorbereitung der Entwicklung und Anwendung eines Lidar-Geräts zur Messung der Luftverschmutzung. Bei diesem System sendet ein Laser Impulse aus, und ein Sensor misst das aus der Atmosphäre zurückgestreute Licht. Auf diese Weise lassen sich atmosphärische Zustandsparameter und Konzentrationen von Spurengasen bestimmen. Da sowjetische Forscher auf diesem Gebiet schon sehr weit waren, übersetzte Anita Ehmke ausgewählte Kapitel eines russischen Fachbuches ins Deutsche und dolmetschte auch bei einer Veranstaltung mit sowjetischen Gastwissenschaftlern. „Wenn ich jetzt so darüber nachdenke, was ich alles gemacht habe, frage ich mich, woher ich den Mut für all das genommen habe", resümiert die Allround-Physikerin.

Wende gut, alles gut?

Nach der politischen Wende 1989 wurde die Akademie der Wissenschaften der DDR als Gelehrtengesellschaft von den Forschungsinstituten und sonstigen Einrichtungen getrennt und „abgewickelt". Danach stand Anita Ehmke erst einmal ohne Job auf der Straße. Also besann sie sich auf ihre Stärke, mit Menschen zu arbeiten, und war als Reiseleiterin unterwegs. „Das war im Prinzip eine Auszeit." Durch einen Zufall kam sie auf einer Messe mit dem Leiter der Staatlichen Technikerschule in Berlin ins Gespräch, der ihr eine Stelle als Teilzeitlehrkraft anbot. Also unterrichtete sie Grundlagen der Datenverarbeitung und musste sich wieder über Nacht in ein neues Thema einarbeiten. „Ich hatte damals noch gute Beziehungen zum Halbleiterwerk Stahnsdorf. Dort gab es tolles Anschauungsmaterial über die Funktionsweise von Rechnern, das ich sehr gut im Unterricht verwenden konnte."

Nach zwei Semestern an der Berliner Technikerschule zog es sie wieder zurück nach Potsdam und auf die andere Seite des Arbeitsamtes. Als Sachbearbeiterin bereitete sie hier unter anderem Jugendliche auf Bewerbungen und Eignungstests in Mathematik und Physik vor. „Es war enorm, welches Vertrauen mir die Jugendlichen entgegenbrachten", berichtet Anita und erzählt von einem Jugendlichen, der gern bei Mercedes anfangen wollte. Sie übte mit ihm Bruch- und Prozentrechnung und ließ ihn Textaufgaben lösen. Die Methode war erfolgreich, denn der junge Mann setzte sich gegen viele Bewerber durch. Andere Jugendliche machte sie fit für die Eignungstests für das duale Studium. „Ich habe sie in Mathematik und Physik trainiert und gut vorbereitet ins Rennen geschickt. Und die meisten von ihnen haben sofort einen Vertrag bekommen. Manchmal sprechen mich heute noch Menschen auf der Straße an: ‚Wissen Sie, wie sehr Sie mir geholfen haben? Ich bin Ihnen heute noch dankbar dafür.'" In diesem Job konnte die Physikerin auf die Erfahrungen ihres langen Berufslebens zurückgreifen und wusste, worauf Arbeitgeber Wert legen.

Eine Physikerin blickt zurück

Wer im letzten Lebensdrittel auf sein Leben blickt, stellt sich oft die Frage, was anders, was besser oder schlechter hätte laufen können. Wäre es nicht besser gewesen, wenn Anita Ehmke gleich von Anfang an auf Lehramt studiert hätte? Doch sie dementiert: „Nein, ich fand meine Variante besser, zuerst das Physikdiplom und dann das pädagogische Zweitstudium." So konnte sie aus dem Vollen schöpfen. „Sicher war es am Anfang einen Tick schwerer, aber ich fand's gut."

Trotz enormer Herausforderungen resümiert sie: „Wenn ich mein Berufsleben betrachte, so war es sehr spannend und interessant. Das Studium war für mich der Schlüssel, um mich zu verwirklichen und meine Träume zu realisieren. Als Studenten haben wir damals einen großen Überblick über die Naturwissenschaften bekommen und konnten beruflich überall einsteigen. Das kann nicht jeder. Heute denke ich, dass ich nach dem Studium eigentlich immer nur das gemacht habe, was mir Spaß und Freude machte." Und hart zu arbeiten war sie gewohnt. Als Anita Ehmke beispielsweise neben ihrer Abteilungsleitertätigkeit an der Betriebsakademie noch Studenten ausbildete, bereitete sie oft nachts, wenn ihre Tochter schlief, die Vorlesungen vor und arbeitete mitunter 24 Stunden durch. „Das Lehren und das Lernen haben mich einfach nicht losgelassen. Bis heute freut es mich immer wieder, wenn ich damit die Neugier und die Wissbegierde in Kindern und Jugendlichen wecken kann. Von daher würde ich es genauso wieder machen." Das ist Anita Ehmke.

Gebraucht.
Gerhard Ehmke, die Liebe und das Forschen.

Vier Jahre waren Anita Jabor und Gerhard Ehmke verlobt. Die Kommilitonen sahen sie immer im Doppelpack. Sie gingen in dieselbe Seminargruppe, hatten dieselben Freunde, lernten zusammen und tranken beide ihr Feierabendbier beim Heinz, dem Wirt von der Eckkneipe „Zwei Linden". „Ich lernte Anita kennen, als wir an der Abendschule in Potsdam zusammen lernten", sagt Gerhard Ehmke. „Bis zum Abitur waren wir relativ eng zusammen, im Jahr danach trafen wir uns nur noch an den Wochenenden in Potsdam, und dann studierten wir gemeinsam in Jena."

Nach dem Abitur begann Anita Jabor ein Jurastudium an der Friedrich-Schiller-Universität in Jena und Gerhard Ehmke wollte an der Technischen Hochschule Ilmenau Elektrotechnik studieren. Damals waren Hochfrequenztechnik und Elektroakustik sehr gefragte Studienfächer und die Zulassungsbeschränkungen waren besonders hoch. „Ich wurde deshalb zu einem Aufnahmegespräch eingeladen und erhielt danach die Studienzulassung für die gewünschte Fachrichtung ‚Hochfrequenztechnik und Elektroakustik'." Damit wollte er sein Hobby zum Beruf machen. Schon als Kind begeisterte sich Gerhard Ehmke für Technik, baute sich seinen eigenen Funkempfänger und hielt Kontakt mit vielen Amateurfunkern. Nach dem Abschluss der 10. Klasse erlernte er am Institut für Landtechnik in Potsdam-Bornim den Beruf eines Funkmechanikers. Parallel dazu holte er auf der Abendschule sein Abitur nach.

Mathe, Frust und Flucht nach Jena

Kurz vor Studienbeginn wurde er erneut zu einem Gespräch nach Ilmenau eingeladen, wo man ihm aufgrund seiner guten Mathematiknoten und seines Berufsabschlusses einen neuen Studiengang mit besonderen Aufstiegsmöglichkeiten in der Industrie vorschlug und ihn dazu überredete. „Ich ließ mich davon blenden und stimmte zu, Mathematik mit der Vertiefungsrichtung Elektrotechnik zu studieren." Die ersten beiden Jahre wurde er für das Grundstudium an die Bergakademie Freiberg delegiert. „Ich war jung und mir war es eigentlich egal, ob ich nun an den Wochenenden von Ilmenau oder von Freiberg nach Potsdam fuhr, um Anita zu treffen", sagt Gerhard Ehmke.

Allerdings machte ihm das neue Studium an der Bergakademie überhaupt keinen Spaß. „Die reine Mathematik war mir viel zu theoretisch. Einziges Highlight waren die Physikvorlesungen. Der Dozent konnte die Zusammenhänge richtig gut erklären und die Vorlesungen in Experimentalphysik waren lehrbuchreif. Irgendwann hatte ich die Schnauze voll und bin wutentbrannt aus einer Mathematikvorlesung rausgerannt. Einem anderen Studenten erging es ähnlich. Auch er verzweifelte an dem trockenen Stoff und wurde ebenso von Ilmenau hierher delegiert. Wir kamen uns total verschaukelt vor", berichtet Gerhard Ehmke und hatte ab diesem Zeitpunkt in Ekkehard Spindler einen Verbündeten.

Sie überlegten, wie sie gemeinsam aus diesem Studiengang wieder herauskommen könnten. Und sie beschlossen, dass sie, wenn sie schon keine Diplom-Ingenieure in Ilmenau werden dürften, wenigstens Physiker in Jena werden wollten. Ihr Physikprofessor half ihnen, den Antrag auf Fachrichtungs- und Hochschulwechsel zu formulieren und befürwortete ihn. „Ehrlich gesagt, ich habe es keinen einzigen Tag bereut, dass ich ein Physikstudium in Jena absolviert habe. Ich habe später einige Absolventen getroffen, die in Ilmenau die angepriesene Fachrichtung studiert hatten. Das waren hervorragende Fachleute, aber deren Studium war doch sehr schmalspurig, so dass sie Schwierigkeiten hatten, in der Industrie unterzukommen. In Jena hatten wir das wesentlich breitere Wissen und die bessere Allgemeinbildung", sagt Gerhard Ehmke.

Liebe, Quanten und andere Prüfungen

Natürlich blieb das Liebespaar Jabor und Ehmke auch bei den Hochschullehrern nicht unbemerkt. Max Schubert las Quantentheorie im dritten Studienjahr und nahm seine Vorlesung sehr wichtig. Deshalb verschloss er auch die Türen des Hörsaals, damit die Studenten nicht vorzeitig gehen konnten. Quantenmechanik war für viele Studenten ein Graus, und schon die quantenmechanische Behandlung des Wasserstoffatoms anhand der Schrödinger-Gleichung brachte viele an den Rand der Verzweiflung.

Wer nicht gerade ein Überflieger war, tat sich schwer, die ganze Mathematik dahinter zu verstehen und fehlerfrei herzuleiten. Deshalb setzten sich die Studenten abends noch einmal hin und bereiteten die Vorlesungen nach. Und wem das nicht reichte, der konnte sich am Samstagvormittag in die Bibliothek setzen und dort lernen. Max Schubert öffnete die Bibliothek persönlich. Beim ersten Mal kamen drei Studenten, am folgenden Samstag überhaupt keiner mehr. Ab diesem Zeitpunkt wählte der Professor Studenten nach dem Zufallsprinzip aus und testete ihr Wissen über die letzte Vor-

Physik- und Technologiestudenten saßen zusammen im Hörsaal 1 im Hauptgebäude am Max-Wien-Platz, um Vorlesungen über Philosophie und Politische Ökonomie zu hören.

lesung an der Tafel. Wer keinen Beitrag leisten konnte, musste am Samstag zur Sonderkonsultation bei ihm erscheinen.

„Anita und ich sind immer wieder erst am Montagmittag aus Potsdam angereist. Einmal kam uns auf der Treppe im Institutsgebäude Professor Schubert entgegen. Er fragte Anita: ‚Fräulein Jabor, wo waren Sie denn heute in meiner Vorlesung?' Anita antwortete, dass es ihr gerade heute nicht so gut gehe. Damit war dieses Thema geklärt. Aber er fragte weiter, weshalb ihr Verlobter, Herr Ehmke, auch nicht da war. Ich hätte nicht gedacht, dass er mich überhaupt persönlich kennt, geschweige denn, dass er wusste, dass wir verlobt sind", sagt Gerhard Ehmke.

In der nächsten Vorlesung stand der Student gleich vorn an der Tafel und der Professor zeigte ihm, wie mangelhaft seine Kenntnisse waren. Als Konsequenz sollte er zwei Wochen später zur Sonderkonsultation kommen. „Daraufhin flehte ich seinen Assistenten Tönjes an, der bei uns die Seminare hielt und alles wunderbar erklären konnte, mich vor der Konsultation bei Max Schubert zu bewahren. Das wäre ganz böse ausgegangen. Zum Glück schrieben wir zuvor eine Klausurarbeit und das Ergebnis in unserer Seminargruppe bestand nur aus Dreien und Fünfen, keine anderen Noten. Selbst unsere Überflieger kamen über eine Drei nicht hinaus. Ich gehörte glücklicherweise zu denen, die eine Drei hatten. Und daraufhin hatte es Tönjes doch tatsächlich fertiggebracht, dass ich nicht zur Konsultation musste.

Das hat mich gerettet. Es war schon erstaunlich, wie gut unsere Professoren uns kannten."

Gerhard Ehmke schrieb seine Diplomarbeit in der Ionometrie und maß die Strahlstromintensität im Teilchenstrahl am Van-de-Graaff-Beschleuniger. Dazu baute er eine besondere Messeinrichtung auf, die noch Jahre später in der Ionometrie als „Ehmkescher Flügel" bezeichnet wurde: In einem Teilchenstrahl bewegte ein Synchronmotor einen goldbedampften Flügel, dessen Fläche einen definierten Teil der Alphateilchen reflektierte. Aus diesem Anteil und dem Winkel ließ sich die Intensität des Strahlstroms berechnen. Messverfälschungen durch die aus dem Metallflügel herausgeschlagenen Sekundärelektronen unterdrückte dabei ein elektrisch geladenes Gitter. Die notwendige Spannung lieferten 50 Flachbatterien in einem isolierten Teflonkästchen, um Kriechströme zu verhindern. „Es war eigentlich ein rein messtechnisches Thema, und damit war ich wieder in meinem Metier", erklärt der damalige Diplomand.

„Nach der Wende suchten alle einen neuen Job. Ich ließ mich von der TÜV-Akademie zum Umweltschutzbeauftragten umschulen. Jeder dachte, das wird im Osten gebraucht. Als wir fertig waren, gab es aber keine Firmen mehr."

Am Ende des Studiums 1973 heirateten Anita und Gerhard in Jena. Tochter Anja wurde 1977 geboren und 1984 trennte sich das Paar. „Wir sind aber immer noch freundschaftlich verbunden, vor allem, weil unsere Tochter sehr an mir hing. Anita versuchte nie, irgendeinen Keil dazwischenzutreiben. Ich habe auch nach der Scheidung immer einen sehr engen Kontakt zu Anja gehabt und bin jedes Jahr mit ihr in den Urlaub gefahren. Das ist auch heute noch so, wenn ich zusammen mit Mutter, Tochter und den beiden Enkeltöchtern etwas unternehme", sagt Gerhard Ehmke.

Vom Alphateilchen zum Ackergaul

Nach dem Diplom suchten beide Physiker eine Arbeitsstelle in Potsdam. Anita wurde wissenschaftliche Mitarbeiterin im Gleichrichterwerk Stahnsdorf und Gerhard sprach wieder in dem Institut vor, in dem er schon seine Berufsausbildung gemacht hatte. Kurz zuvor war aus diesem Institut die Abteilung Prüftechnik ausgegliedert und als Zentrale Prüfstelle für Landtechnik (ZPL) direkt dem Landwirtschaftsministerium untergeordnet worden. Dort gab es in vielerlei Hinsicht lukrative Stellenangebote.

Gerhard Ehmke entwickelte in der ZPL Messgeräte für Versuchsaufbauten. „Ich kann mir gar nicht vorstellen, wie ich diesen Job ohne das Physikstudium geschafft hätte. Mein Arbeitsgebiet war dermaßen breit gefächert, dass es einem ohne die physikalischen Grundlagen ganz schön schwergefallen wäre, dort mitzuhalten. Denn wir hatten uns mit Elektronik, Elektrotechnik, Datenverarbeitung, Pneumatik, Hydraulik und Sensorik zu beschäftigen." Gerhard Ehmke nennt als Beispiel die Untersuchung von Schwingungsbelastungen auf Landmaschinen. „Wir statteten dazu die Landmaschinen mit Sensoren aus, die Boden- und Wegeprofile abtasten konnten, und speicherten die Daten auf einem mehrspurigen Magnetband. Danach bildeten wir die verschiedenen Einsatzbedingungen auf unterschiedlichen Böden an unseren Landmaschinenprüfständen nach. Die Datenauswertung war damals hochmathematisch. Fourier-Transformation und spektrale Leistungsdichte spielten eine entscheidende Rolle, um die aufgenommenen Profile dann auf Prüfständen nachbilden zu können. Ich war ja nie der absolute mathematische Theoretiker, aber so etwas hatten wir im Studium gelernt. Deshalb konnte ich gleich richtig ins Thema einsteigen. Als ich das neulich meinem Kommilitonen Gert Heinrich erzählte, grinste er und sagte: ‚Das kenne ich alles. Bei Continental in Hannover hatten wir bei Reifenprüfungen genau die gleichen Probleme, als wir wissen wollten, wie die Conti-Reifen belastet werden.'"

Kaum zu glauben, aber die Messtechnik unter landwirtschaftlichen Bedingungen muss stabiler sein als die Messtechnik für die Raumfahrt. Im All gibt es nur Probleme mit der Beschleunigung und der Partikelstrahlung der Sonne. Es gibt keinen Schmutz, keinen Staub und keine Erschütterungen. „Wir dagegen hatten alles und noch dazu die Spannungsspitzen in der Bordelektrik", erklärt Gerhard Ehmke.

„Es war eigentlich eine schöne Zeit in Potsdam-Bornim. Wir arbeiteten eng mit Partnerprüfstellen der anderen sozialistischen Länder zusammen. Ich war häufig auf Dienstreisen in diesen Ländern. Normalerweise hätten wir manche unserer Messgeräte im westdeutschen Versandhandel billiger kaufen können, aber wegen des Embargos mussten wir sie selbst nachbauen. Ein großer Teil unserer Arbeit bestand darin, Ersatzteile und Equipment zu beschaffen. Wenn wir beispielsweise auf Dienstreise in Erfurt waren, haben wir im Kombinat Mikroelektronik um CMOS-Schaltkreise gebettelt oder ein Tauschgeschäft angeboten. Es fehlte ja an allem." Um dem Mangel abzuhelfen, kauften die findigen Entwickler schon mal massenweise die ersten in der DDR produzierten Quarzwecker auf und schlachteten sie aus. Auf den Platinen waren Quarzzeitgeber aufgelötet, die genau im Sekundentakt einen Impuls abgaben. Diesen zeitgenauen Impulsgeber benötigten sie in vielen Messgeräten. „Es war teilweise schon abenteuerlich – aber so funktionierte es eben in der Planwirtschaft. Es war eine interessante Arbeit, vor allem mit dem schrittweisen Einstieg in die Rechentechnik. Kurz

1948 geboren in Potsdam, Facharbeiterabschluss als Funkmechaniker, Abitur und Studium der Physik an der Friedrich-Schiller-Universität Jena
1973 Diplomarbeit im Wissenschaftsbereich Ionometrie
1973–1991 Fachgebietsleiter und Abteilungsleiter in der Entwicklungsabteilung der Zentralen Prüfstelle für Landtechnik, Potsdam-Bornim
1992–2013 Lehrgang zum Umweltschutzbeauftragten, TÜV-Akademie Berlin-Brandenburg, Servicetechniker beim EDV-Systemhaus Frankfurt (Oder), Systemingenieur und technischer Leiter in der Poliklinik Potsdam und im Klinikum „Ernst-von-Bergmann", Potsdam.

Physikstudenten des Jahrgangs 1969 im dritten Studienjahr im Hörsaal 1 der Sektion Physik für den wissenschaftlichen Gerätebau am Max-Wien-Platz. Auf den Fernsehgeräten wurden die Experimente damals schon live und hochaufgelöst präsentiert.

vor der Wende hatten wir als erstes Institut MS-DOS-Rechner mit magnetischen Festplatten von zehn Megabyte. Das half mir auch ein bisschen nach der Wende, in diese Welt reinzukommen", erklärt Gerhard Ehmke.

Wende mit Nebenwirkungen

1988 wurde Gerhard Ehmke eine außerplanmäßige Aspirantur angeboten. Doch der Promotion kam die Wende dazwischen. Die ZPL wurde abgewickelt, die Mitarbeiter bekamen ein halbes Jahr lang 80 Prozent ihres letzten Gehalts und sollten sich währenddessen einen neuen Job suchen. „Das war äußerst schwierig, denn plötzlich suchte jeder einen Job. Deshalb habe ich das Angebot des Arbeitsamtes angenommen und auf der TÜV-Akademie eine einjährige Ausbildung zum Umweltschutzbeauftragten gemacht. Das war interessant und damals ein großes Schlagwort. Jeder dachte, Umweltschutz wird überall in den Ostbetrieben gebraucht. Doch als wir endlich nach einem Jahr unsere Abschlüsse in den Händen hielten, gab es keine Betriebe mehr, die uns eingestellt hätten. Die waren abgewickelt, genau wie unsere Zentralstelle."

Glücklicherweise arbeitete seine Lebensgefährtin in einer Arztpraxis, deren Chef EDV-begeistert war. Er hatte einen der ersten Apple-Rechner in Potsdam, erfasste damit die Patientendaten und machte die Quartalsabrechnungen. „Also habe ich neben meinem Lehrgang dort die gesamte

Praxissoftware gewartet. Zufällig sprach eine ehemalige Kollegin aus der ZPL auf der Computermesse CeBIT mit ihrem Standnachbarn. Das EDV-Systemhaus aus Frankfurt (Oder) entwickelte und betreute EDV-Systeme für Arztpraxen. Diese Software sollte auch in der Poliklinik Potsdam eingeführt werden und sie suchten dringend jemanden vor Ort. Das war meine Chance. Drei Wochen später hatte ich in der Poliklinik ein eigenes Büro, einen neuen Dienstwagen und betreute Arztpraxen und Kliniken von Rheinsberg über Jüterbog bis Bernburg. Die Arbeit war hochinteressant, machte Spaß und ich hatte meine Freiheit", erzählt Gerhard Ehmke.

Als der technische Leiter der Poliklinik vorzeitig in Rente ging, war das die nächste Chance für Gerhard Ehmke. Mit 58 Jahren wollte er nicht mehr so viel Auto fahren und auch mal ein freies Wochenende haben. Für den Geschäftsführer der Poliklinik war es eine Win-win-Situation: Er hatte jetzt seinen eigenen EDV-Betreuer, besetzte eine vakante Stelle und brauchte keinen teuren Wartungsvertrag mehr. „Das waren dann noch ein paar sehr schöne Jahre und die Arbeit hat wirklich Spaß gemacht." Als die Poliklinik an das städtische Krankenhaus verkauft wurde, kam Gerhard Ehmke in die Abteilung für Biomedizintechnik und EDV. „Schade, dass mir das nicht 20 Jahre früher passiert ist. Die Arbeitsaufgaben waren hochinteressant. Ich habe noch eine Menge in puncto Medizintechnik, Integration medizinischer Geräte in die EDV-Struktur und Netzwerktechnik dazugelernt. Die Kollegen nahmen mich gut auf und ich fühlte mich sehr wohl. Diesen Job habe ich bis zur Rente gemacht."

Jetzt betreut der Rentner nebenbei noch einige Arztpraxen und bleibt auf diese Weise geistig fit, wie er sagt. Mit einigen ehemaligen Kollegen aus dem Klinikum pflegt er weiterhin engen Kontakt und trifft sich regelmäßig in geselliger Runde.

Fokussiert.

Berndt-Joachim Lau und die große Welt des Kleinen.

Als Schüler interessierte sich Berndt-Joachim Lau für Astronomie und die beginnende Raumfahrt. Folgerichtig wählte er für sein Physikstudium Jena, da die Universität über ein astrophysikalisches Institut verfügte. Als sich später sein Traum vom Astronomen zerschlug, befasste er sich sein gesamtes Arbeitsleben lang mit Mikroskopen des Unternehmens Carl Zeiss. Dazwischen lagen Höhen und Tiefen, ein erfolgreiches Jugendforschungsprojekt, eine Auszeichnung als Aktivist, der Umbruch durch die Wende und neue Herausforderungen an den Zeiss-Standorten Oberkochen und Göttingen. Und selbst im Ruhestand lässt ihn die Mikroskopie nicht mehr los.

Berndt-Joachim Lau wuchs als Einzelkind in Halle (Saale) auf. Als er geboren wurde, war sein Vater schon 50 Jahre alt, seine Mutter 20 Jahre jünger. „Ich war ein folgsames Kind und wenig sozial anderen Kindern gegenüber. Anfangs betreute mich ein Kindermädchen, später die Nachbarinnen sowie meine strengen Eltern. Deshalb war ich mehr auf Erwachsene fixiert. Der Kindergarten war mir zu laut und zu gewaltsam. Da ich mit meiner Mutter, die Lehrerin war, immer den Unterrichtsstoff nacharbeitete, war ich ein guter Schüler. Und mein Vater, der als Lohnbuchhalter alles im Kopf rechnete, wollte meine Beobachtungsgabe und mein Gedächtnis trainieren: Immer, wenn wir spazieren gingen, gab es den Wettbewerb, wer sich die meisten Autonummern merken konnte“, berichtet Berndt-Joachim Lau über seine Kindheit. Vor allem aber begeisterte er sich für Raumfahrt und galt schon mit zehn Jahren als Erklärer von Gagarins Flug.

Blick zu den Sternen

In der DDR wurde die Begeisterung für Astronomie systematisch durch Arbeitsgemeinschaften geweckt. In einer Schule im Hallenser Stadtteil Kanena stand schon 1962 die erste Schulsternwarte. Sie hatte eine bewegliche Kuppel und mehrere Refraktorfernrohre, mit denen Schüler zeitgleich Himmelsobjekte beobachten konnten. Neben der Sternwarte gab es ein Kleinplanetarium mit 55 Sitzplätzen und einem Kuppeldurchmesser von acht Metern. An Samstagnachmittagen gab es hier öffentliche Vorträge, die Berndt-Joachim Lau häufig besuchte. Diese faszinierten ihn so sehr, dass er während seiner Oberschulzeit hier selbst Vorträge hielt und das Kleinplanetarium vorführte.

In der Erweiterten Oberschule schrieb er außerdem eine Arbeit über die Aktivität der Sonnenflecken, die er innerhalb des ganzen Jahres 1968 beobachtete. Je mehr dunkle Stellen auf der Sonnenoberfläche sichtbar sind, desto stärker brechen die Magnetfelder aus dem Inneren unseres Zentralgestirns heraus. Ihre Zahl und Größe ist ein Maß für die Sonnenaktivität. „Das hatte mich damals unheimlich interessiert, ebenso wie Sonnenfinsternisse, die allerdings in unserer Region sehr selten sind." Um seine Fleckenzählungen zu verifizieren, schrieb der Schüler an Max Waldmeier von der ETH Zürich und dieser schickte ihm die offiziellen Relativzahlen, die erfreulicherweise auch per Post ankamen. „Ich konnte sie mit meinen Zählun-

Trotz allen Stresses verstanden es die Physikstudenten auch zu feiern. Und so zogen sie am 29. September 1971 mit Pferdegespannen und Fahnen durch die Innenstadt von Jena, um das Bergfest zu begehen. Anschließend ging es ins Gasthaus auf dem Landgrafen.

gen vergleichen. Natürlich sah ich mit meinem kleinen Fernrohr weniger Flecken, aber das konnte ich mit Hilfe eines Korrekturfaktors herausrechnen", erinnert sich Berndt-Joachim Lau noch genau. Sein Interesse gipfelte im Wunsch, in Jena Physik zu studieren. Später wollte er zur Astronomie wechseln. In seiner Studienzeit wurde aber niemand in die Astronomie übernommen, damit hatte sich sein Traum zerschlagen.

Unter seinen Kommilitonen fühlte sich Berndt-Joachim Lau im Studium wohl: „Unsere Seminargruppe war die beste Gemeinschaft, die ich je hatte. Hier habe ich mich heimisch gefühlt, was in der Schule nicht der Fall war. Ich wurde als Zeremonienmeister gewählt, weil ich etwas umständlich und langsam war." Auch das Bergfest und die vielen gemeinsamen Wanderungen in der Umgebung von Jena sind ihm in bester Erinnerung. Im Studentenwohnheim wohnte er mit Reinhard Guthke und zwei anderen Studenten in einem Zimmer. „Reinhard löste unsere Übungsaufgaben blitzschnell, aber wir konnten sie oft nicht nachvollziehen, weil er das eben sehr kurz und genial hergeleitet hatte. Mit seinem Skript versuchte ich dann, die Aufgaben ausführlich so herzuleiten, dass es jeder verstehen konnte. So haben wir gelernt, jedes Ding zu durchschauen, zu analysieren und zu strukturieren", berichtet Berndt-Joachim Lau. „Fachkenntnisse sind dabei nicht das Wesentliche, aber so lernten wir, exakt, logisch und strukturiert zu denken. Deshalb nervt es mich bei anderen Menschen, wenn sie vieles durcheinander und nicht präzise auf den Punkt bringen."

Durch die Linse

Berndt-Joachim Lau schrieb seine Diplomarbeit zur Supraleitung im Wissenschaftsbereich Detektorenphysik und wollte nach dem Studium in der Astroabteilung von Carl Zeiss Jena arbeiten. Das klappte leider nicht, und so widmete er sich ein Leben lang der Beobachtung mikroskopisch kleiner Dinge. Er begann im Zeiss-Entwicklungslabor für Mikroskope und sollte als Erstes gemeinsam mit Forschern der TU Dresden ein mechanisch scannendes Infrarotmikroskop bauen. Alles, was man dazu brauchte, waren ein Spiegelobjektiv, ein Kippspiegel und ein rotierender Winkelspiegelteller, der einen aktiven Transistorchip abtastete und das Signal an einen stickstoffgekühlten Halbleiterempfänger übermittelte. Das Bild entstand dann auf einem Oszillografen. „Diese Entwicklung war natürlich sehr interessant, führte aber letztlich zu keinem Produkt."

„Zum Abschluss wurde ich als Aktivist ausgezeichnet und mir wurde eine Promotion angeboten. Die Bedingungen waren allerdings, Eintritt in Partei und Kampfgruppe und Abbruch aller Kontakte zu Westverwandten. Dazu sagte ich Nein."

Anschließend bekam er einen Problemfall übertragen, an dem schon Experten gescheitert waren. Seine Abteilung hatte gerade das neue Fotomikroskop „Docuval" entwickelt. Mit einem eingelegten Schwarzweißfilm erzielte es eine hohe Auflösung mit nur geringer Verzeichnung. Mit einem Farbfilm wurden die Aufnahmen allerdings grünstichig. Folglich nahmen die Entwickler das Fotomikroskop wieder auseinander und testeten die einzelnen Linsen auf Grünstich, fanden aber keinen Fehler. Jungforscher Lau sollte nun die Ursache finden.

Er untersuchte das Mikroskop mit Hilfe spezieller Filter und präziser Messgeräte und stellte fest, dass es besonders viel grünes Licht durchließ. Mit Unterstützung einer Optikspezialistin berechnete er die Lichtdurchlässigkeit aller Glasflächen und Beschichtungen. Das Ergebnis: Nicht eine einzelne Linse, sondern die Vielzahl entspiegelter Glasflächen im Gerät verstärkte den Grünstich – je mehr solcher Flächen, desto stärker der Effekt. Es war bekannt, dass bestimmte reflexmindernde Beschichtungen vor allem grünes Licht durchließen. Jetzt erst zeigten Berechnungen und Messungen übereinstimmend, dass nicht das einzelne Bauelement störte, sondern die große Anzahl der entspiegelten Glas-Luft-Grenzflächen.

Da kurz vor der Leipziger Frühjahrsmesse an der Optik kaum noch etwas geändert werden konnte, setzte der Physiker ein violettes Farbglas ein, um den Grünstich auszugleichen. Farbe und Dicke des Glases sorgten dafür, dass das Bild am Ende wieder natürlich wirkte. „Damit war das Problem kurzfristig gelöst, wenn auch auf Kosten der Bildhelligkeit", berichtet Berndt-Joachim Lau und fügt hinzu, dass er sich – als glücklichen

Nebeneffekt – in seine Optikrechnerin verliebte, und dass so aus dem Jugendforschungsprojekt ein Familienprojekt entstand. Zum erfolgreichen Projektabschluss zeichnete ihn der Generaldirektor als „Aktivist der sozialistischen Arbeit" aus und bot ihm gleichzeitig die Möglichkeit zur Promotion an. Allerdings waren die Bedingungen hierfür: Eintritt in Partei und Kampfgruppe sowie der Abbruch aller Kontakte nach Westdeutschland. „Das war für mich nun doch zu viel und ein Grund, ‚Nein!' zu sagen."

Schärfe gewinnen

Trotzdem konnte er als Physiker im Forschungsteam von Carl Zeiss Jena weiterarbeiten. Er machte Versuche zur Mikroskop-Fotometrie und erprobte das Labormuster eines automatisierten Zweistrahlfotometers, das sich jedoch als zu aufwendig für eine Serienproduktion erwies. Er arbeitete auch an dem Projekt Fernsehmikroskop mit, bei dem Adapter für neue CCD-Kameras entwickelt wurden. Das war dem Unternehmen ein Jugendneuererpreis wert.

Als nächste Aufgabe sollte Berndt-Joachim Lau dabei helfen, ein spezielles Horizontalmikroskop zu testen, mit dem die Bewegung einzelner Zellen automatisch gemessen werden konnte. Die Zellen befanden sich dabei in einer Flüssigkeit innerhalb eines elektrischen Feldes. In der Zeiss-Hierarchie wurde dieses geheime Forschungsprojekt als „Komplex 03" behandelt, was normalerweise nur Geheimprojekten zur Landesverteidigung vorbehalten war. Man versprach sich vom Horizontalmikroskop eine Weltneuheit für den spezifischen Nachweis von Krebszellen. Nach Aussage von Berndt-Joachim Lau soll das Mikroskop in der Praxis aber nur einmal, nämlich mit den roten Blutkörperchen eines Schafbocks funktioniert haben. Irgendwann war seine Bereitschaft erschöpft, ständig Feuerwehr zu spielen und neue Sonderaufgaben im rollenden Vierschichtbetrieb zu übernehmen. Nach einem Zwist mit seinem Projektleiter war Berndt-Joachim Lau für derart staatswichtige Aufgaben nicht mehr tragbar und konnte sich wieder seinem eigentlichen Arbeitsgebiet widmen, dem mikroskopischen Messen und Zählen.

1950 geboren in Halle (Saale), Abitur mit Facharbeiterabschluss als Datenverarbeiter, Studium der Physik an der Friedrich-Schiller-Universität Jena
1973 Diplomarbeit im Wissenschaftsbereich Detektorenphysik
1973–1990 Wissenschaftlicher Mitarbeiter in der Mikroskopieentwicklung des Carl Zeiss Jena
1991–2014 Produktmanager für Mikroskope bei Carl Zeiss in Jena, Spezialist der Vertriebsunterstützung für Mikroskope in Oberkochen, Jena und Göttingen.

Als Mikroprozessoren in der DDR endlich verfügbar waren, nutzte Berndt-Joachim Lau sie für das elektronische Zählgerät „Statistic". Ein motorischer Objektführer verschob systematisch die Probe, um damit räumliche Partikelzählungen möglich zu machen. Fünf Jahre später nutzte er diese Erfahrungen für den damals weltweit einzigen drehbaren Scanning-Tisch, der auch für Polarisationszwecke taugte. In der zweiten Produktgeneration schrumpfte der große Elektronik-Tower zu einer Box, die hinter dem Display des Bedienpultes verschwand. „Das war das Modernste, was die DDR damals hatte. Doch als die Wende kam, waren die Geräte leider nicht mehr marktfähig. Infolgedessen wurde das komplette Entwicklungslabor abgewickelt." Berndt-Joachim Lau bewarb sich daraufhin auf die Stelle eines Produktmanagers für inverse Mikroskope bei Zeiss in Jena.

Fokus neu einstellen

„Wir haben noch nie so viel gearbeitet wie in diesen Wendezeiten – und das trotz Kurzarbeit. Alle wussten, wenn wir bestehen wollten, mussten wir etwas Konkurrenzfähiges vorweisen. Meine Frau wurde arbeitslos, war zu Hause, kümmerte sich um die Kinder und hielt mir den Rücken frei. So konnte ich rackern und war froh, dass ich keinen Tag arbeitslos war." Berndt-Joachim Lau betont, dass es auch anders hätte ausgehen können. „Ich hatte Glück, dass ich zu den Leistungsträgern gehörte, auf die man nicht gern verzichtete", sagt der Mikroskopspezialist heute. Er und seine Kollegen überarbeiteten die vorhandenen Auflicht- und Durchlichtmikroskope, die durch ihre hohe Qualität bereits weltweit einen ausgezeichneten Ruf genossen. Mit dem inversen Durchlichtmikroskop „Televal 3" hatten sie Alleinstellungsmerkmale, zumal sich im Portfolio der Oberkochener Zeiss-Konkurrenz nichts Vergleichbares befand.

1991 wurde der VEB Carl Zeiss Jena von der Carl Zeiss AG Oberkochen übernommen. Genau in diese Zeit fiel dann auch die Entscheidung der Konzernleitung, Entwicklung und Vertrieb von Mikroskopen in Jena zu bündeln. Allerdings war auch schnell klar, dass ein Großteil der Mitarbeiter von Carl Zeiss Oberkochen nicht in Jena arbeiten wollte. „Für die meisten Mitarbeiter im Westen stellte sich das damals wie eine Verbannung ins finstere Sibirien dar. Und genau diese Überheblichkeit und die vielen Vorurteile gegen Ossis schlugen uns auch in späteren Jahren und in anderen Betrieben des Konzerns oft entgegen. Erst als wir besser waren als sie, nahmen sie uns wahr und wir konnten diese Vorurteile nach und nach durch Sachkenntnis und Zuverlässigkeit zerstreuen und ins Gegenteil verkehren", urteilt Berndt-Joachim Lau.

Mitten in der Verlagerung der Mikroskopentwicklung von Oberkochen nach Jena wurde ihm ein Job im Vertrieb in Oberkochen angeboten. Berndt-Joachim Lau hatte bei einem Vortrag über ein zukünftiges inverses Mikroskop die Aufmerksamkeit auf sich gezogen und überzeugt. Man sagte ihm, dass man keinen Produktmanager, sondern einen wirklichen Fachmann an der Schnittstelle zwischen operativer und strategischer Tätigkeit brauche. So wechselte er nach Oberkochen, auch wenn er nicht sofort über alle Details der Oberkochener Produkte Bescheid wusste. „Wenn ich Wissenslücken hatte, fragte ich im Labor oder im Konstruktionsbüro nach. Sie waren für mich die besten Informationsquellen, direkt und authentisch. Mit den Entwicklern habe ich mich bestens verstanden." Nach anderthalb Jahren konnte der Experte des Vertriebsinnendienstes seine Arbeit auch von Jena aus erledigen und kam zurück in die alte Heimat.

Ende der Neunzigerjahre wurde die klassische Mikroskopie zum Carl-Zeiss-Standort Göttingen verlagert. Das 1857 von Rudolf Winkel gegründete Unternehmen war bis dato die verlängerte Werkbank von Carl Zeiss Oberkochen gewesen und sollte nun zum vollstufigen Standort ausgebaut werden. In Jena wurden ab diesem Zeitpunkt nur noch die scannenden Mikroskope und befristet die Stereomikroskope entwickelt und gefertigt. So blieb dem Physiker nur noch eine Galgenfrist in Jena, bis er nach Göttingen versetzt wurde.

Im Detail verborgen

Selbst im Ruhestand lässt Berndt-Joachim Lau die Mikroskopie nicht los. Er forscht mit Leidenschaft über die Geschichte der Stereomikroskope im Carl-Zeiss-Archiv, das Originaldokumente aus der über 175-jährigen Unternehmensgeschichte bereithält. Hier befindet sich auch der Schriftwechsel zwischen dem Initiator des Stereomikroskops, dem amerikanischen Zoologen Horatio Saltonstall Greenough und den Zeiss-Wissenschaftlern. „Es gibt zwar schon zwei Arbeiten über Greenough, aber sie sind aus Anwendersicht geschrieben. Ich habe mir zum Ziel gesetzt, dies aus technischer Sicht zu machen und zu klären, welche Ideen die Zeissianer eingebracht haben und welche Ideen von Greenough stammen", berichtet Berndt-Joachim Lau.

Greenough entwickelte ein Konzept für ein Stereomikroskop, das auf unserem natürlichen räumlichen Sehen basiert. 1892 wandte er sich damit an Ernst Abbe. „Seine Vorschläge waren laienhaft, was die optische wie auch die mechanische Lösung betraf. Jedoch war der Zoologe ehrgeizig und verlangte eine besondere Konstruktion", erläutert Berndt-Joachim Lau. 1897 brachte dann Carl Zeiss Jena erstmals eine Vorserie des binokularen Mikroskops nach Greenough auf den Markt. In diesem Stereomikroskop sind beide Strahlengänge konstruktiv vollständig voneinander getrennt und um 14 Grad zueinander geneigt. Diese Konstruktionsart trägt auch heute noch seinen Namen, lässt sich preiswert mit guter Bildqualität herstellen, hat aber ihre Grenzen bei der Vergrößerung und den perspektivischen Effekten. Da ein Greenoughsches Vorserienexemplar erst jetzt entdeckt wurde, will Berndt-Joachim Lau über die siebenteilige Biografie der Stereomikroskope hinaus als Nächstes darüber einen Artikel verfassen, der auch bei der Royal Microscopical Society erscheinen soll.

Navigiert.

Christian Elstners Leben zwischen Erde und Kosmos.

Christian Elstner war während seines gesamten Berufslebens als Physiker nur für ein Unternehmen tätig und brachte dort Dinge zum Fliegen. Vieles von dem, was er dazu brauchte, lernte er bereits in seiner Berufsausbildung und mit seinem Modellbau-Hobby. Mit viel Mathematik, Optik und Mechanik war er an der Entwicklung des Sternsensors „Astro 1" beteiligt und dabei seiner Zeit um Jahre voraus.

Vor dem Physikstudium begann Christian Elstner eine Lehre als Maschinenbauer im Spezialglaswerk „Einheit" in Weißwasser und schloss sie nach dem Umzug seiner Eltern nach Gera im dortigen Kompressorenwerk ab. „Aus heutiger Sicht haben mir diese Berufsausbildung und der Modellbau fast mehr genutzt als das ganze Studium der Physik", sagt Christian Elstner. Seine Diplomarbeit schrieb er in der Entwicklungsabteilung für Analysenmesstechnik bei Carl Zeiss Jena. Hier sollte er ein Fourier-Spektrometer aufbauen und testen. Dies war auch jenes Projekt, das er nach seiner Einstellung im Unternehmen weiterbearbeitete. Doch bald merkte er, dass es an leistungsstarken Rechnern und effizienten Entwicklungsabläufen mangelte. „Hier wäre ich definitiv nicht alt geworden", sagt er rückblickend, und deshalb war es für ihn ein Glücksfall, am 31. Januar 1976 auf Weisung des Generaldirektors Wolfgang Biermann in ein Sonderprojekt von höchster Priorität versetzt zu werden.

„Von einem Tag auf den anderen habe ich mich plötzlich mit anderen Physikern aus meinem und anderen Studienjahren bei der Entwicklung der Multispektralkamera MKF 6 wiedergefunden. Vorgesehen war die Abordnung zum Projekt für ein Vierteljahr, aber die Tätigkeit in dieser Abteilung hat mich so begeistert, dass ich dort geblieben bin." Der Termindruck war enorm: „Wenn das Raumschiff mit der Sojus-22-Kapsel, die als Reserve des Apollo-Sojus-Testprojektes zur Verfügung stand, nicht vor seinem Verfallsdatum in Baikonur gestartet wäre, hätte die ganze Mission nicht stattgefunden. Das war der Punkt, der dem Ganzen richtig Druck auf den Kessel gegeben hat. Da war kein Tag Verzögerung möglich. Wir wollten in den Weltraum und das hätte keine Verzögerung geduldet – wie später beim Berliner Flughafen, der Elbphilharmonie oder dem Stuttgarter Hauptbahnhof", sagt der Physiker begeistert über seine Arbeitsbedingungen. „Wenn ich etwas aufgezeichnet und konstruiert hatte, hielt ich am nächsten Tag das fertige Teil in der Hand – wir konnten weitermachen. Diese Dynamik war fantastisch."

Kamera im Orbit

Der Hintergrund dieser Hektik war folgender: Nach dem Apollo-Sojus-Testprojekt hatte die Sowjetunion ein unbenutztes Raumschiff als Reserve übrig. Da es sich aber erheblich von der Standardversion zur Versorgung der Saljut-Raumstation unterschied, wurde es für eine spezielle Mission ausgewählt. Die Raumkapsel sollte mit einer ungewöhnlich hohen Bahnneigung und einer kurzen Umlaufdauer von etwa 90 Minuten die Erde umkreisen, um das DDR-Gebiet maximal abzudecken. An der Stelle, an der sich normalerweise der Stutzen für die Kopplung der Raumschiffe befand, sollte die 175 Kilogramm schwere Multispektralkamera MKF 6 befestigt werden. Die Kamera hatte sechs Objektive – vier für sichtbares und zwei für infrarotes Licht. Mit ihnen konnte jeweils ein 225 Kilometer breiter Streifen der Erdoberfläche fotografiert werden. Nach dem Flug von Sojus 22 im September 1976 brachten die Kosmonauten Wladimir Aksjonow und Waleri Bykowski etwa 2.500 Aufnahmen von Teilen der Sowjetunion und der DDR mit einer Auflösung von zehn bis zwanzig Metern zurück. Die Entwicklung der Kamera kostete 82 Millionen DDR-Mark.

Als Christian Elstner und sein Kommilitone Wolfgang Tottleben in das Sonderprojekt abgeordnet wurden, fertigte man bereits die ersten Teile. Wolfgang Tottleben entwickelte eine Sensorvorrichtung zur Messung der Winkelgeschwindigkeit, mit welcher die Kamera um eine Achse senkrecht zur Flugrichtung geschwenkt werden konnte, um die durch die Fluggeschwindigkeit verursachte Bildverwaschung während der Aufnahme zu kompensieren. Christian Elstner entwickelte eine Messvorrichtung zur Kontrolle und Justierung des Filmschrittes von Bild zu Bild.

„Alles hatte ein außergewöhnlich hohes Tempo. Wir gehörten zu jenen, die die Funktionsfähigkeit der technischen Lösung bei jedem Parameter nachweisen mussten. Oft arbeiteten wir bis Mitternacht und auch an den Wochenenden durch. Eines Abends, kurz vor Mitternacht, tauchte unerwartet Generaldirektor Wolfgang Biermann auf – allein und ohne Begleitschutz. Er erkundigte sich bei den Mitarbeitern nach dem Stand der Dinge und verschwand ebenso geräuschlos."

Für den ersten Einsatz auf der Sojus 22 wurden zwei Flugmuster der MKF 6 gebaut, ein „scharfes" und ein Reservegerät für den Fall der Fälle. Zur Verifikation der Kompatibilität der MKF 6 mit der Sojus-22-Kapsel wurden mehrere Vormuster gebaut und ausgeliefert: Ein dynamisches Muster sollte Schwerpunkt und Trägheitsmomente, ein Wärmemuster den Thermalhaushalt vor Ort verifizieren und an einem Trainingsmuster sollten die Kosmonauten üben. Schließlich fertigten die Entwickler noch ein technologisches Muster. Es war baugleich mit den Flugmustern und an ihm wurden alle mechanischen und thermischen Spezifikationsparameter wie das Verhalten bei Vibrationen, Stößen und verschiedenen Extremtemperaturen getestet.

Parallelflug mit Sojus

Zur Vervollkommnung der Methoden der kosmischen Multispektraltechnik wurde während der Sojus-22-Mission eine Parallelbefliegung großer Teile der DDR durchgeführt. Dazu wurde das Reserveflugmuster in das Bildfluglabor AN-30 der sowjetischen Akademie der Wissenschaften eingebaut. Zu den Besonderheiten des Luftbildflugzeuges AN-30 gehörten große Glasfenster hoher optischer Qualität im Boden des Rumpfes und eine Dunkelkammer. An Bord waren außer der Besatzung Vertreter der sowjetischen Akademie der Wissenschaften, ein bewaffneter Stasi-Offizier, ein Offizier der sowjetischen Militäradministration sowie zwei Zeissianer, Christian Elstner und sein Chef. „Ich bin seit jeher flugbegeistert und für mich waren die Tage der Parallelbefliegung, die durchgängig unter optimalen Sichtverhältnissen stattfand, ein Höhepunkt in meinem Berufsleben. Ich war der Techniker, der vor dem Start die Kassetten mit Filmmaterial bestückte, während des Fluges die Kamera bediente und abends die belichteten Filme an den Vertreter der sowjetischen Militäradministration übergab. Mit einem Feldstecher bewaffnet konnte ich mir unsere schöne Heimat intensiv von oben betrachten", erzählt Christian Elstner begeistert und ergänzt: „Gegen Ende der Befliegung flogen wir ab Erfurt in Richtung Westen. Bei dieser Mission war ich allein mit der Besatzung an Bord, alle anderen mussten auf dem Erfurter Flughafen bleiben. Wir sind weit nach Westen geflogen und hatten die Wartburg schon weit hinter uns gelassen, bis da jemand kam und anzeigte, dass es hier nicht mehr weitergeht."

Der sowjetische Auftraggeber verpflichtete Carl Zeiss Jena, die Arbeiten hochgradig vertraulich durchzuführen. Aus diesem Grund wurde die gesamte Weltraumtechnik der sogenannten militärischen Sonderfertigung zugeordnet – im Volksmund „Pulver & Blei" genannt. „Für die Mitarbeiter galten spezielle Auswahlregeln und ich war angenehm überrascht, dass ich trotz zahlreicher Westverwandtschaft in diesem Bereich weiterarbeiten durfte. Viel später habe ich erfahren, dass es da einen Vorgesetzten gab, der seine schützende Hand über mich hielt. Ich weiß inzwischen, wer es war, und bin ihm noch heute dankbar."

Von Sojus zur Serie

Nach der erfolgreichen Sojus-22-Mission wurde es etwas ruhiger. Die Ingenieure modifizierten die Multispektralkamera geringfügig, um sie als MKF 6M für den Einsatz auf den Raumstationen Saljut 6 und 7 sowie auf der Mir fit zu machen. Auch Sigmund Jähn, der erste deutsche Kosmonaut, führte während seines Raumfluges Experimente zur Fernerkundung durch. Danach erhielt Christian Elstner die Aufgabe, die MKF 6M für den Einsatz auf Flugzeugen vorzubereiten. Hierfür waren drei zusätzliche Funktionen zu realisieren: Bestimmung und Korrektur der Abdriftbewegung des Flugzeuges durch Seitenwind, Bestimmung der Geschwindigkeit über Grund und Montage der Kamera in einer schwingungsgedämpften Aufhängung zur Dämpfung der vom Flugzeug verursachten Vibrationen. Dies war besonders bei Turboprop-Flugzeugen wichtig, die vorrangig beim Bildflug zum Einsatz kamen.

Tüftler Elstner nahm einfach ein Fernrohr, durch das der Bediener das Gelände unter dem Flugzeug beobachten konnte. In das optische System fügte er zwei Elemente ein: eine Mittellinie parallel zur Flugrichtung und, seitlich versetzt, eine rotierende Glasplatte mit einer Spirale. Zur Bestimmung der Abdrift drehte der Operateur das Fernrohr um dessen optische Achse, bis sich Geländepunkte auf oder parallel zur Mittellinie bewegten. Die Drehung wurde winkelgetreu auf die in der Aufhängung drehbar gelagerte Kamera übertragen, so dass die Längsseiten aufeinanderfolgender Bilder kantenstabil lagen. Danach wurde die Rotationsgeschwindigkeit der Glasplatte so eingestellt, dass sich Geländepunkte nahe der Mittellinie synchron mit der Spirale durch das Gesichtsfeld bewegten. Die Rotationsgeschwindigkeit der Glasplatte wurde als Sollgröße für den Bildwanderungsausgleich der Kamera verwendet. Damit wurden Unschärfen durch die Vorwärtsbewegung des Flugzeugs über Grund vermieden.

„Der Termindruck war enorm. Wenn das Raumschiff mit der Sojus-22-Kapsel nicht vor seinem ‚Verfallsdatum' in Baikonur gestartet wäre, hätte die ganze Mission nicht stattgefunden."

Von dieser sogenannten „MKF 6M" mit Flugzeugadapter baute Zeiss etwa 15 Stück und verkaufte fast alle an die Sowjetunion. Ein Export in Drittländer war nicht möglich, da die MKF 6 viele hochzuverlässige Bauteile aus der sowjetischen Rüstungs- und Raumfahrtindustrie enthielt. Es lag also nahe, eine Multispektralkamera speziell für den Bildflug zu entwickeln, die unabhängig von sowjetischen Komponenten war. Bei der MSK 4 durfte sich Christian Elstner als Systemingenieur so richtig austoben: „Diese Kamera war das erste der beiden schönsten Projekte in meinem Arbeitsleben. Erstmalig steuerte hier ein Mikrorechnersystem auf der Basis des Z80 die Kamera. Damit eröffneten sich völlig neue Möglichkeiten zur Realisierung eleganter technischer Lösungen."

Der Zivilbereich „Bildmess" bei Zeiss Jena entwickelte parallel dazu die neue Luftbildmesskammer MRB, die ebenfalls mit einem Mikrorechner ausgestattet war. Im Interesse eines einheitlichen Erscheinungsbildes, das man heute Corporate Design nennt, übernahm der Systemingenieur sowohl das Steuergerät als auch die Farbe Goldorange. „Und weil noch etwas Lack übrig war, auch für meine Modellrennboote, mit denen ich viele Jahre an den DDR-Meisterschaften teilnahm", schmunzelt Christian Elstner.

Jedes neue Produkt musste vom Chef-Formgestalter Gerd Böhnisch abgesegnet werden. „In unserem Entwurf waren die Filmkassetten eckige Gebilde. Das war für Böhnisch unverkäuflich. ‚Die Dinger müssen rund sein', meinte er, und entwarf innerhalb von zwei Stunden ein sehr elegantes Gerätedesign. Sein Entwurf hatte mich total begeistert. Und er hatte recht: Von der MSK 4 wurden 45 Stück verkauft."

Serie fürs All

Die Sowjets hatten mit der MKF 6 gute Erfahrungen gemacht und wollten jetzt eine Sternkamera zur exakten Koordinatenanbindung spezieller Instrumente. Vorgesehen war eine Filmkamera zur Aufnahme des Fixsternhimmels mit einem Bildformat von 70 × 70 Zentimetern. Bei Carl Zeiss durchgeführte Studien zeigten, dass solch eine Kamera zwar technisch möglich, aber unbezahlbar wäre. Ein Hoffnungsschimmer war eine Alternative zum Film: CCD-Matrizen, von denen erste Exemplare in den späten Siebzigerjahren auf dem Markt erschienen. In Leningrad stellte eine Firma solche CCDs her. Gemeinsam mit Spezialisten des Moskauer Akademieinstituts für Weltraumforschung entwickelte Zeiss eine Elektronik zur Ansteuerung der CCD-Matrizen. Christian Elstner war hier wieder Systemingenieur und beschäftigte sich vorrangig mit der Weiterverarbeitung des CCD-Ausgangssignals.

Das Weltall ist in der Regel sehr dunkel und die Sterne im Gesichtsfeld entsprechend rar. Es ging also darum, die im Gesichtsfeld registrierten Sterne aus dem Datenstrom herauszufiltern, ihren Schwerpunkt im Koordinatensystem der CCD-Matrix mit höchster Genauigkeit zu bestimmen und auf Basis ihrer Winkelabstände zueinander zu identifizieren. So wie man mit bloßem Auge markante Sternbilder wie den Großen Wagen, Orion oder den Polarstern beim Kleinen Wagen erkennt, kann ein Sternsensor jede beliebige Konstellation von drei Sternen im Gesichtsfeld des Sensors und damit dessen Orientierung im Koordinatensystem des Sternenhimmels identifizieren. Voraussetzungen sind ein hinreichend empfindlicher Detektor, ein adäquater Sternkatalog und eine leistungsfähige Rechentechnik. Für die Steuerung der CCD-Matrizen und die Bestimmung der Sternkoordinaten wurden die Komponenten des Z80/U880-Systems verwendet, für die Sternidentifikation und Orientierungsbestimmung musste die deutlich leistungsfähigere 16-Bit-CPU Z8000/U8001 eingesetzt werden. Prinzipiell kann ein Sternsensor eine komplette Drei-Achsen-Orientierung realisieren. Wer allerdings höchste Genauigkeit in allen drei Achsen benötigt, muss unter schwierigen Beleuchtungsverhältnissen drei Sensoren einsetzen. Nur so kann man in Echtzeit die Orientierung im Weltraum bestimmen. Generaldirektor Wolfgang Biermann rechnete mit hohen Stückzahlen für den Sternsensor Astro 1, denn die Entwicklung hatte schon sehr viel Geld gekostet. 1987/88 lieferten die Ingenieure die ersten sieben Systeme an das russische Raumfahrtunternehmen NPO Energija nach Moskau.

Höhenflug mit Bruchlandung

Für die Entwicklung dieses „neuartigen optoelektronischen Gerätesystems für Präzisionsmessungen" wurde im Oktober 1988 der Nationalpreis 1. Klasse für Wissenschaft und Technik für ein Kollektiv verliehen, das aus drei Technikern und drei Ebenen von Vorgesetzten bestand. „Es war ein denkwürdiger Tag", erinnert sich Christian Elstner. „Der Bus, mit dem wir nach Berlin gefahren wurden, ging in der Nähe von Weißenfels kaputt. Wir kamen daher erst spät am Staatsratsgebäude an, um den Orden und einen Briefumschlag mit einem Scheck aus den Händen von Erich Honecker in Empfang zu nehmen. In der ersten Reihe lümmelte Willi Stoph, schlafend mit lang ausgestreckten Beinen. Aufgrund unseres verspäteten Eintreffens saßen wir in der letzten Reihe des Festsaales. Damit waren wir aber die Ersten am kalten Buffet und hatten freie Platzwahl. Natürlich gingen wir in die Mitte der langen Tafel und waren vom Politbüro nur durch eine Tischbreite getrennt. Erich Honecker hielt eine Rede, in der er im Wesentlichen über seine Jugend im Saarland und seinen Staatsbesuch in der Bundesrepublik 1987 berichtete. Hermann Axen zitterte beim Wassereinschenken so heftig, dass er den ganzen Tisch flutete. An diesem Abend bin ich bedrückt nach Hause gekommen. Es war erschütternd, wie ich unser Zentralkomitee damals erlebt habe", sagt Christian Elstner.

Das Astro 1-System hat sich auf der Raumstation Mir hervorragend bewährt, wie unabhängige Auswertungen der Daten belegen. Es funktionierte ausgezeichnet, war aber noch recht groß, schwer und verbrauchte viel Strom. Dann kam die Wiedervereinigung und mit der Währungsunion hatte die Sowjetunion von einem Tag auf den anderen nicht mehr die Devisen, um die Geräte zu bezahlen. „Das war eine Vollbremsung von hundert auf null. Das neue Projekt Astro 1M war bereits angelaufen und die sowjetischen Partner lieferten uns vertragsgemäß alle Bauelemente, um dafür D-Mark zu kassieren. Da das Projekt keine Zukunft mehr hatte und Carl Zeiss Jena den Einfuhrzoll nicht bezahlen wollte, wurden sämtliche CCD-Matrizen vom Zoll vernichtet. Das war bitter und schlagartig war Schluss mit dem Geschäft." Christian Elstner stand mit der gesamten Abteilung plötzlich ohne Kunden da.

Sonnenwende

Zum Glück gab es in den alten Bundesländern Institutionen und Menschen, die die Raumfahrterfahrungen der DDR erhalten wollten, allen voran der Jenoptik-Vorstand Lothar Späth. Er war am 11. November 1991 Mitunterzeichner des Gesellschaftervertrags zwischen der Deutschen Aerospace und der Jenoptik. 51 Prozent der Jena-Optronik gehörten damit zur Daimler AG und 49 Prozent zum Bundesland Thüringen. „So wurden wir gerettet", erklärt Christian Elstner. „Wir bekamen einen Geschäftsführer aus Friedrichshafen. Ein hervorragender Mann, der uns sofort tariflich bezahlte." Die Belegschaft schrumpfte um die Hälfte, denn das Unternehmen brauchte vorerst weniger Konstrukteure und keine Fertigung, dafür aber kreative Köpfe, um Neues zu entwickeln. Die erste Zeit hielten Subventionen, speziell der Deutschen Agentur für Raumfahrtangelegenheiten (DARA), das neue Unternehmen über Wasser. Anfang der Neunzigerjahre suchte die ESA für den Satelliten Artemis hochgenaue Sonnensensoren. Sie sorgen für die Satellitenorientierung, können sich aber nur in zwei Achsen ausrichten. Zur Bestimmung der dritten Achse wurden üblicherweise teure Erdsensoren verwendet.

Den Sonnensensor bot Jena-Optronik gemeinsam mit dem Unternehmen Messerschmitt-Bölkow-Blohm (MBB) aus Ottobrunn an und gewann das Projekt. MBB stellte den Projektleiter, baute die Digitalelektronik und führte die Tests durch. Christian Elstner war als Systemingenieur für den optischen Kopf und die Spezifikation der Software zuständig. „Der Sonnensensor PSS wurde das zweite herausragende Projekt in meinem Arbeitsleben", schwärmt der Physiker noch heute. Prinzipiell sind Sonnensensoren recht einfach aufgebaut: Über einer lichtempfindlichen CCD-Zeile liegt ein schmaler Spalt. Wenn Sonnenlicht durch diesen Spalt fällt, entsteht auf der CCD-Zeile ein heller Fleck. Die Position dieses Flecks zeigt an, aus welcher Richtung die Sonne kommt. „Um den außen am Satelliten montierten optischen Kopf klein zu halten, wurde im Sonnensensor nur eine extralange CCD-Zeile verwendet", erklärt Christian Elstner. „Diese lag unter zwei rechtwinklig zueinander angeordneten Spalten." Jeder Satellit erhielt drei solcher Sensorköpfe, die gleichmäßig um den Satelliten verteilt waren. „Damit konnte jeder Kopf seine gewerkschaftlich vorgegebenen acht Stunden am Tag arbeiten", sagt er etwas ironisch.

Die gesamte Optikrechnung und deren Optimierung programmierte er nach eigenen Worten mit viel Freude. Unterm Strich habe er in diesem ersten Projekt sehr viel gelernt: Englisch als Amtssprache im ESA-Projekt, die Dokumenten- und Testphilosophie der ESA, neue Softwaretools für Testdurchführung und -auswertung. Außerdem lernte er viele Menschen aus den verschiedensten Ländern Europas kennen. Nach dem Artemis-Programm übernahm die Jena-Optronik das PSS-Projekt. Als Projektleiter und Systemingenieur modifizierte Christian Elstner den Sonnensensor für den Einsatz auf Kommunikationssatelliten des SBUS-3000-Programms von Aérospatiale in Cannes. „Alle neun ausgelieferten Flugsätze arbeiteten im Orbit während der gesamten Missionsdauer von 13 bis 20 Jahren – zur vollen Zufriedenheit des Kunden."

Sternzeit

Mit steigenden Anforderungen an die Genauigkeit der Satellitennavigation endete die Ära der Sonnensensoren. Man besann sich wieder auf das Konzept des Sternsensors. Zum Glück für die Entwickler von Jena-Optronik war gerade der aus einer ESA-Mission stammende Hipparcos-Katalog mit den Koordinaten von rund 120.000 Sternen mit bis dahin unerreichter Genauigkeit fertig und stand kostenlos zur Verfügung. Als 1999 das erste Funktionsmuster zur Erprobung bereitstand, wurde die Mannschaft aufgestockt und Projektleiter Christian Elstner konnte sich sein Traumteam zusammenstellen. Er ahnte damals noch nicht, dass ihm dieses Projekt bis zur Rente erhalten bleiben sollte. Denn eigentlich standen die Marktchancen dafür schlecht. Die europäische Raumfahrtwelt war zwischen Italien und Frankreich aufgeteilt. Folglich brauchte die ESA keine neuen Sternsensoren aus Deutschland.

Ein glücklicher Umstand für Jena-Optronik war, dass Nordkorea Ende der Achtzigerjahre sogenannte Flugdrachen über Japan fliegen ließ. Quasi über Nacht startete deshalb die japanische Regierung ein Satellitenprogramm für Aufklärungssatelliten. „Die Japaner waren mehrmals in Jena, haben an uns geglaubt und die für dieses Geschäftsfeld unvorstellbare Menge von zwölf Sternsensoren auf einmal bestellt", erinnert sich Christian Elstner. Ein findiger Vertriebsmitarbeiter akquirierte kurz darauf einen weiteren Auftrag vom Branchengiganten Boeing. „Wir waren unendlich stolz, an den Satellitenhersteller Boeing liefern zu dürfen und wurden sogar als erste deutsche Firma als ‚Zulieferer des Jahres 2006' ausgezeichnet." Boeing wählte Jena-Optronik aus 27.000 Zulieferern weltweit aus und bewertete dabei Qualität, Liefertreue, Support sowie das Preis-Leistungs-Verhältnis. Danach kam es auch zu Vertragsabschlüssen mit weiteren US-amerikanischen Satellitenherstellern wie Space Systems Loral, Orbital Sciences und Northrop Grumman. „Damit waren wir plötzlich Weltmarktführer und haben den Astro 15 immer wieder kundenspezifisch angepasst, denn in der Raumfahrt werden andere Bedingungen an das Produkt gestellt als sonst üblich", sagt Christian Elstner. „Zwar erlischt mit dem Zünden der

Triebwerke der Trägerrakete die Garantie, aber der Hersteller ist vertraglich verpflichtet, bei Problemen mit dem Sensor im Einsatz Unterstützung zu leisten. Und durch diese lebenslange Bindung bekommen die verkauften Sensoren fast den Status von Kindern, die man in die Welt entlässt. Man kennt sie alle persönlich."

Der letzte Astro 15 wurde ein halbes Jahr vor Elstners Renteneintritt verkauft. „Ich betrachte es als großes Glück, dass meine Familie nie in existenzielle Not geraten ist und ich bis zu meiner Rente in derselben Firma arbeiten konnte. Es bleiben Erinnerungen an tolle Mitarbeiter und auch Vorgesetzte, an Höhen und Tiefen bei Geräteentwicklungen und natürlich auch an fantastische Dienstreisen", resümiert der rüstige Physiker im Ruhestand. Heute widmet er sich wieder verstärkt seinen Schiffsmodellen und der Fotografie. Davon zeugt die „Wapen von Hamburg", mit der er 2024 an einer Schiffsmodellausstellung im Internationalen Maritimen Museum Hamburg teilnahm.

1951 geboren in Halle (Saale), Abitur und Facharbeiterabschluss als Maschinenbauer, Studium der Physik an der Friedrich-Schiller-Universität Jena
1973 Diplomarbeit in der Forschungsabteilung für Analysenmessgeräte bei Carl Zeiss Jena
1988 Träger des Nationalpreises der DDR I. Klasse für Wissenschaft und Technik
1973–1992 Laborassistent, wissenschaftlich-technischer Mitarbeiter, Systemingenieur und Projektleiter bei Carl Zeiss Jena
1992–2016 Systemingenieur, Projektleiter und Abteilungsleiter bei Jena-Optronik.

Linsenwechsel: Der VEB Carl Zeiss Jena fokussiert neu.

Im Zuge der 3. Hochschulreform der DDR wurden 1968 sämtliche Studiengänge standardisiert und das Physikstudium in Jena von fünf auf vier Jahre verkürzt. Dadurch drängten aus Jena 1973 gleich zwei Physikstudienjahrgänge mit ca. 150 Absolventen auf den Arbeitsmarkt.

Die enge Anbindung der Ausbildung an den VEB Carl Zeiss Jena bot viele Karrierechancen, da viele Absolventen direkt in den Betrieb übernommen wurden. 1973 stellte das Unternehmen 80 Physiker ein. Einige von ihnen kamen in den Forschungsabteilungen unter, andere wiederum nahmen ingenieurnahe Arbeitsstellen an, etwa als Vertriebs- oder Kundendienstingenieur, Technologe, Produktmanager oder Qualitätskontrolleur. Ein weiteres Schwerpunktunternehmen bei der Vermittlung waren die Keramischen Werke Hermsdorf, die neue wissenschaftliche Mitarbeiter suchten. Der Rest der Absolventen wurde auf Betriebe in der gesamten DDR verteilt. Das Absolventengesetz schrieb vor, dass jeder Absolvent drei Jahre lang in einem ihm zugewiesenen Betrieb arbeiten musste. Dass es in der Praxis oft nicht so kam, lag dann am Einfallsreichtum der Absolventen, die etwa kurz vor Studienende noch heirateten oder die verschiedensten Gründe vorschoben, um nicht in die Provinz abgeschoben zu werden. So wäre das Leben weitergegangen, wenn nicht die Wende eine grundlegende Veränderung gebracht hätte.

Nach der deutschen Wiedervereinigung stand auch das Kombinat Carl Zeiss Jena vor massiven Umstrukturierungen. So stand bereits kurz nach dem Mauerfall fest, dass die beiden einst von den abziehenden amerikanischen Besatzern auseinandergerissenen deutschen Zeiss-Unternehmen – Carl Zeiss im schwäbischen Oberkochen und Carl Zeiss im thüringischen Jena – wieder zusammengeführt werden sollten. Die Verhandlungen gestalteten sich schwierig, da Carl Zeiss Jena mit etwa 30.000 Mitarbeitern praktisch doppelt so groß war wie sein westdeutsches Pendant mit rund 15.000 Beschäftigten. Deshalb wurde das ursprüngliche Kombinat Carl Zeiss Jena in zwei Betriebe aufgespalten, die Jenoptik GmbH und die Carl Zeiss Jena GmbH. Letztere konnte mit dem optischen Kerngeschäft mit Mikroskopie, Präzisionsoptik und den Planetarien in die westdeutsche Carl Zeiss AG am Standort Oberkochen integriert werden. Allerdings hatte das DDR-Unternehmen fast alle seiner Kunden im Ostblock, und dieser Markt fiel nach der Einführung der D-Mark weg.

Infolge dieser Neuaufstellung wurde von den rund 30.000 Mitarbeitern mehr als die Hälfte entlassen, weitere Stellen gingen durch natürlichen Abgang verloren. Die Belegschaft der Carl Zeiss Jena GmbH reduzierte sich im Laufe der nächsten Jahre auf etwa 2.000 Mitarbeiter. Jena blieb dabei ein zentraler Standort für Forschung, Entwicklung und Produktion.

Während dieser Konsolidierungsphase geriet allerdings auch der Mutterkonzern Mitte der Neunzigerjahre selbst in eine Krise, die durch die Wiedervereinigungskosten und einen schrumpfenden Weltmarkt für Präzisionsgeräte verschärft wurde. Durch drastische Einschnitte bei Personal und Produktsortiment konnte die Carl Zeiss AG stabilisiert werden und entwickelte sich danach zu einem global erfolgreichen Hightech-Konzern.

Der andere Unternehmensteil, Jenoptik, wurde zunächst unter Verwaltung der Treuhandanstalt gestellt, und im Juni 1991 wurde der ehemalige baden-württembergische Ministerpräsident Lothar Späth zum Geschäftsführer berufen. Er trieb die Entwicklung der Jenoptik zu einem eigenständigen Technologiekonzern voran, der sich auf Optoelektronik und Photonik spezialisierte, und setzte auf strategische Partnerschaften und auf Verkäufe von Unternehmensteilen. Das Unternehmen feierte 2021 entgegen den ursprünglichen Plänen der Treuhand, die für dieses Unternehmen keine langfristige Existenz prognostizierte, sein 30-jähriges Bestehen.

Lothar Späth leitete die Umstrukturierung und Privatisierung des Kombinats Carl Zeiss Jena, legte den Grundstein für das Unternehmen Jenoptik und bewahrte damit Teile der ostdeutschen Industrielandschaft vor der Abwicklung. Die Wiedervereinigung der beiden Zeiss-Unternehmen in Ost und West führte trotz anfänglicher Konflikte um die Markenrechte zu einer insgesamt gestärkten Position des Konzerns.

2004 wurde die Carl-Zeiss-Stiftung reformiert und Carl Zeiss in eine Aktiengesellschaft mit Hauptsitz in Oberkochen umgewandelt. Die Carl-Zeiss-Stiftung ist alleinige Aktionärin der Carl Zeiss AG und der Schott AG. Ihre Hauptaufgaben sind die dauerhafte Zukunftssicherung der beiden Stiftungsunternehmen und die Förderung der Wissenschaft. Mit den Dividenden der beiden Unternehmen werden Projekte und Personen in Forschung und Lehre in den MINT-Bereichen Mathematik, Informatik, Naturwissenschaften und Technik gefördert.

Die Carl Zeiss AG ist eine Holding mit mehreren Tochterunternehmen. Neben Oberkochen und Jena sind Wetzlar und Göttingen in Deutschland, Dublin und Minneapolis in den USA und Shanghai in China die wichtigsten Produktionsstandorte weltweit. Damit bleibt Jena ein wichtiger Standort der optischen Industrie und gilt heute als Hightech-Zentrum in den ostdeutschen Bundesländern.

Integriert. Konrad Bach und der Aufstieg der Mikro-elektronik.

Sein gesamtes Berufsleben widmete Konrad Bach der Entwicklung und Herstellung von Mikroelektronik. Für ihn spielte die CMOS-Technik zeitlebens eine Schlüsselrolle, denn sie ermöglichte Schaltkreise mit besonders geringem Stromverbrauch. Ob an der Universität Jena, im Funkwerk Erfurt oder später bei X-Fab: Überall forschte und entwickelte Bach an neuen Verfahren, um Halbleiter und Mikroprozessoren herzustellen. Sein größter Erfolg: Gemeinsam mit seinem Team entwickelte er 1989 den ersten 32-Bit-Mikroprozessor der DDR – ein Meilenstein für die ostdeutsche Mikroelektronik.

Konrad Bach war schon als Kind begeistert von mathematischen Formeln und der physikalischen Naturbeschreibung: „In der fünften oder sechsten Klasse habe ich begriffen, dass man Sachverhalte aus dem täglichen Leben in Formeln fassen und mit einfachen Regeln die Unbekannten ausrechnen kann. Von da an hatte ich Feuer gefangen, so etwas später auch machen zu wollen. Und später, auf einer Klassenfahrt nach Jena, besuchten wir eine Vorlesung in Experimentalphysik an der Sektion Physik. Ich fand es faszinierend, dass man mit Differentialgleichungen zielgerichtet mechanische Probleme beschreiben konnte und habe mich sofort für ein Physikstudium eingeschrieben."

Er wuchs in Kaltensundheim an der Rhön auf und machte neben dem Abitur eine Lehre als Mechaniker im Mercedes-Bureau-Maschinenwerk in Zella-Mehlis. „Wir stellten Schreibmaschinen her und das hat dazu beigetragen, dass ich Materialeigenschaften kenne, technische Zeichnungen erstellen und die passende Technologie für die Herstellung der Teile finden kann. Dies hat mir immer geholfen und auch heute bin ich noch ein leidenschaftlicher Heimwerker."

Aus der Provinz in die Großstadt

Neu im Jenaer Vierjahresstudium der Physik war die Aufteilung der Studenten in vertikale Studentengruppen, bestehend aus Studenten, Forschungsstudenten und Assistenten, die an einer konkreten Aufgabe gemeinsam forschten. Auf diese Weise sollten im Team untereinander Wissen und Fertigkeiten ausgetauscht werden. Konrad Bach kam in den Wissenschaftsbereich Ionometrie, um Halbleiter mit Ionen zu dotieren, und ist bis zu seiner Promotion dort geblieben. Seine erste Aufgabe bestand darin, Kontakte auf Halbleiter aufzubringen und zu prüfen, wie der Strom durch diese Kontakte fließt. Manche „ohmsche" Kontakte leiten den Strom gleichmäßig in beide Richtungen, Schottky-Kontakte hingegen lassen den Strom nur in eine Richtung durch und wirken wie ein Ventil. Welche Art von Kontakt entsteht, hängt davon ab, wie der Halbleiter behandelt wurde und welches Metall verwendet wird. Dabei spielen die Eigenschaften der Materialien eine entscheidende Rolle, wie sie in der Festkörperphysik untersucht werden.

„Dies war eine spannende Aufgabe", berichtet Konrad Bach, „als Studenten waren wir in das Forschungsteam komplett integriert und in Abteilungsvorlesungen berichtete jeder über seine Aufgaben, Ergebnisse und Probleme. Auf diese Weise wurde ein kollektives Wissen gebildet. Später arbeitete ich als Diplomand und wissenschaftlicher Assistent in derselben Abteilung. Dies hat mich geprägt, auch für meine spätere Arbeit in Erfurt."

Der Wissenschaftsbereich Ionometrie wurde 1968 im Zuge der 3. Hochschulreform gegründet und sollte Kristalleigenschaften und Atomstrukturen mit Hilfe von Teilchenbeschleunigern untersuchen, Ionenimplantationen erforschen und eine entsprechende Halbleitertechnologie entwickeln. Mit der vorhandenen Hochspannungskaskade und dem Van-de-Graaff-Generator konnte man Halbleiter gezielt mit Ionen beschießen. Durch die Rückstreuung von leichten Teilchen wie Alphateilchen oder Protonen ließ sich analysieren, wie sich die Ordnung im Kristallgitter verändert hat und ob im Metallgitter schwerere Elemente eingebaut sind. „So modifiziert man Halbleiter, und dies war mein tägliches Brot. Bis heute." Später untersuchte der Doktorand mit einem Rasterelektronenmikroskop und einem ausgeklügelten Verfahren die Kristallschäden und deren Wirkungen auf die verschiedenen Eigenschaften des Siliziums und promovierte auf diesem Gebiet. Seine Dissertation und der kollegiale Teamgeist in der Ionometrie waren auch der Ausgangspunkt für seine spätere Berufstätigkeit. „Davon konnte ich ewig zehren. Und in diesem Sinne habe ich in meiner fachlichen Biografie keinerlei Knick erfahren. Ich konnte alles Wissen in Erfurt eins zu eins anwenden."

Ankunft in der Chipfabrik

Konrad Bach bewarb sich in seiner alten Heimat bei mehreren Betrieben, scheiterte aber am Wohnungsmangel. Zu seinem Glück begann in der DDR gerade der staatlich forcierte Ausbau der Mikroelektronik. Hintergrund waren strenge Embargos der USA und ihrer westlichen Verbündeten gegen den Export moderner Halbleitertechnik und Fertigungsverfahren in den Osten. Auch die Sowjetunion schirmte ihr Know-how ab. Im März 1977 legte der DDR-Ministerrat deshalb ein eigenes Entwicklungsprogramm für die Mikroelektronik auf – just in dem Moment, als Bach eine neue Stelle suchte.

Eine Delegation des damaligen Funkwerks Erfurt warb an der Sektion Physik um neue Mitarbeiter. Unter den Werbern war auch ein ehemaliger Fernstudent, den ich kannte, denn er hatte in der Ionometrie promoviert. „Für mich war es ein Glücksfall: Ich habe den Job sofort angenommen, hatte ein Drittel mehr Geld, einen Kindergartenplatz und eine Wohnung bekommen. Und auch um eine Arbeitsstelle für meine Frau hatte man sich gekümmert."

Im Funkwerk Erfurt, dem späteren Kombinat Mikroelektronik Erfurt, arbeiteten in Spitzenzeiten bis zu 8.000 Mitarbeiter. Konrad Bach und sein Team entwickelten dort Herstellungsverfahren für Halbleiter wie Transistoren oder Dioden. Diese Verfahrensentwicklung war sehr trickreich. Es war zwar theoretisch alles bekannt, aber in der Praxis standen noch genügend Fragen im Raum. „Hier hatte ich ideale Voraussetzungen mit meiner Vorbildung. Wir haben neue Transistoren für höhere Frequenzen oder höhere Spannung oder schnellere Schaltvorgänge erfunden. Und im Prinzip bin ich bis zu meiner Rente Entwicklungstechnologe geblieben." Das Werk in Erfurt stellte hauptsächlich MOS-FETs her. Bipolare Transistoren wurden im Zuge der Arbeitsteilung im Halbleiterwerk Frankfurt (Oder) hergestellt und Leistungstransistoren in der Mikroelektronik Stahnsdorf. Das Zentrum für Mikroelektronik Dresden war für die Forschung und Entwicklung zuständig, und das Erfurter Kombinat war die Produktionsstätte für unipolare Schaltkreise, die auch hier zum Teil entwickelt wurden. Durch die Technologieblockade mussten die DDR-Firmen fast alles selbst machen. „Wenn ich heute sehe, was sich nach der Wende geändert hat, so waren die Hauptänderungen eigentlich, dass die Welt plötzlich offen war und man für Geld alles von überall her beziehen konnte."

Spitzenforschung mit Ost-Charme

Vor der Wende hatten die DDR-Halbleiterfabriken auch die Siliziumscheiben selbst hergestellt, genauso wie ORWO den lichtempfindlichen Lack lieferte, der für die feine Strukturierung der Bauteile auf den Siliziumscheiben benötigt wurde. Einige wichtige Produktionsanlagen kamen aus dem VEB Elektromat Dresden, weitere wurden aus der Sowjetunion importiert. Anlagen aus dem Westen waren offiziell durch das Embargo gesperrt, konnten aber gelegentlich auf Umwegen beschafft werden. „Deswegen war

„Ich bin ein Fossil, das noch vom alten Kombinat übriggeblieben ist. Aber ich habe auch in der Unternehmensgruppe nach der Wende weltweit eine wichtige Rolle gespielt. Jetzt bin ich nur noch Fellow.“

Alexander Schalck-Golodkowski nicht unser Feind, sondern unser Freund, denn er hatte uns die Maschinen besorgt. Wie viele Menschen dafür dann im Erzgebirge Hemden nähen oder Nussknacker herstellen mussten, um die Devisen zu beschaffen, wussten wir nicht“, erinnert sich Konrad Bach. „Immer, wenn mal eine Kiste mit holländischen Hähnchen aus der Schweiz kam, wussten wir, dass wir weiter produzieren konnten, obwohl die Maschine auf dem Schwarzmarkt den dreifachen Preis gekostet hatte.“

Die DDR lag bei der Entwicklung von Mikrochips eine bis zwei Technologiegenerationen hinter den westlichen Industrieländern zurück. Technologie zu kopieren und das Know-how zu beschaffen, war das eine, entscheidend war aber, aus den eigenen Fehlern zu lernen. „Aufgabe unseres Teams war es, Verfahren für Schaltkreise zu entwickeln und folglich haben wir nicht alles erfunden, sondern einfach nachgebaut. Es hält sich hartnäckig das Gerücht, dass wir auf diese Weise auch den Fehler im Zilog-Prozessor Z80 mit eingebaut hätten. Dem war aber nicht so. Wir haben den Fehler entdeckt und beseitigt.“ Schon seit 1980 bauten die Erfurter unlizenziert den 8-Bit-Prozessor Z80 von Zilog nach. Er war einer der wichtigsten Prozessoren in vielen kommerziellen Computern. Der Erfurter „U880“ war der zentrale Prozessor in Schulrechnern und vor allem in Maschinensteuerungen.

Kurz vor der Wende gab es große Erfolge der ostdeutschen Mikroelektronik. Ein Kollektiv von Carl Zeiss Jena und dem Zentrum für Mikroelektronik Dresden hatte 1988 den 1-Megabit-Speicherchip entwickelt und durfte ihn Honecker präsentieren. Ein Jahr später hatte das Team um Konrad Bach die zugehörigen Prozessoren nachgebaut. Der 16-Bit-Prozessor war im Prinzip ein Nachbau des Intel 80286, der überall bekannt war. Aber der 32-Bit-Prozessor war nicht der Intel 80386, wie alle dachten, sondern ein Industrieschaltkreis, den es nur zusammen mit einem 100.000 D-Mark teuren VAX-Rechner von Digital Equipment zu kaufen gab.

Um an dieses Know-how zu kommen, mussten die Entwickler die Maschine zerlegen, den MicroVAX-II-Chip auseinandersägen und dessen Strukturen erforschen. Im Sommer 1989 haben endlich beide Prozessoren aus Erfurt funktioniert. Und für diese Entwicklung gab es kurz vor dem 40. Jahrestag der DDR den Nationalpreis 1. Klasse für Wissenschaft und Technik. „Ich habe quasi Honeckers letzten Auftritt erlebt. Wir wollten voller Stolz berichten, dass auch Nachbauen eine Kunst ist und hatten uns den Spruch zurechtgelegt: ‚Wenn du irgendwo ein Stück Kuchen isst und das Rezept nicht bekommst, dann musst du das letzte Krümelchen mit nach Hause nehmen und versuchen, selbst herauszubekommen, wie der Kuchen gebacken werden kann.' Aber Erich verstand nur Bahnhof."

Vom Kombinat zur Weltfirma

Nach der deutschen Einheit war der Arbeitsplatz von Konrad Bach akut gefährdet. Die Zukunft der ostdeutschen Chipindustrie war ungewiss: Wer braucht noch eine ostdeutsche Mikroelektronik? Das war eine ganz heikle Frage, denn man konnte nach der Währungsunion nahezu alles kaufen. Die Veränderungen der Randbedingungen und die offenen Grenzen stellten vieles infrage. Es wurde allen klar, dass vieles, was im Osten funktioniert hatte, nicht zu retten war. Und es stellte sich die Frage, wer die Cleveren sind. Sind es diejenigen, die kündigen, zur Versicherung gehen und Policen verkaufen oder sind es diejenigen, die in die Politik gehen und Bürgermeister werden oder sind es diejenigen, die abwarten und auf eine große Chance hoffen?

Konrad Bach gehörte zu Letzteren: „Ich war zu träge und bin im Betrieb geblieben. Wir hatten dann das Glück, dass wir einen amerikanischen Partner gefunden hatten, der strategisch dachte." Während viele westdeutsche Firmen im Osten eingefallen sind und die ungeliebte Konkurrenz plattgemacht haben, gab der amerikanische Partner sein Werk in England auf und installierte dessen Maschinen in Erfurt. Damit konnten die Mitarbeiter hier weiterproduzieren und einige Entwicklungsprogramme zu Ende bringen. „Von da an sind wir als Partner anerkannt worden. Wir waren zwar eine verlängerte Werkbank, aber wir waren gleichberechtigte Partner mit ausgezeichnetem Know-how", berichtet Konrad Bach.

Der erste Slogan der neuen Firma „Thesys Gesellschaft für Mikroelektronik" hieß denn auch: „Innovation Meets Experience". Die Erfahrungen der Erfurter Mikroelektronik und die Innovationen von den Amerikanern bildeten das Zieldreieck. Das neue Unternehmen stellte neben kundenspezifischen Chips weiter die Zilog-Prozessoren her und riskierte damit eine Klage. Doch die Manager von Zilog verzichteten darauf und gaben der X-Fab ganz offiziell das Know-how, die Layoutdaten und halfen beim Installieren der Prozesse. Auf diese Weise wurden noch vier Jahre lang die Prozessoren für Zilog selbst hergestellt. Das Unternehmen wurde im Laufe der Jahre mehrfach von Zilog als „Fabrik des Jahres" ausgezeichnet und war anerkannter Partner sowohl in der Produktion von bestehenden Bauteilen als auch bei der Entwicklung von kundenspezifischen ASICs, also anwendungsspezifischen integrierten Schaltungen.

Erfurter Ideen für den Weltmarkt

Großen Erfolg hatte Konrad Bach als Chef der Verfahrensentwicklung mit einem modularen System, mit dem sehr schnell kleinere Stückzahlen mit kundenspezifischen Modifizierungen hergestellt werden konnten. Im Jahr 2000 kam der einst als „Thesys Gesellschaft für Mikroelektronik" ausgegliederte Teil des ZME wieder zurück zum Mutterkonzern, und dessen Chef wurde der CEO der X-Fab. Konrad Bach war weiterhin zuständig für die CMOS-Entwicklung und die Entwicklung der Sensorik für die Automobilindustrie, die Luft- und Raumfahrtindustrie und andere industrielle Anwendungen, besonders im Hochspannungsbereich bis 700 Volt. Er sagt selbst: „Ich bin im Prinzip der CMOS-Guru geblieben, bis ich in Rente gegangen bin."

Parallel dazu wurde die Mikrosensorik weiterentwickelt und deren Integration mit der CMOS-Elektronik vorangetrieben. Außerdem konnten mehrere Fabriken an verschiedenen Standorten der Welt erworben und in die Unternehmensgruppe integriert werden. „Wir haben die neuen Fabriken nicht nur gekauft, weil wir mehr produzieren wollten, sondern weil wir besser werden wollten. Man bekommt heute eine moderne Fabrik, die kleinere Strukturen fertigen kann, sehr preiswert." Die Fabrik in Erfurt auf die kleineren Strukturen umzurüsten wäre viel teurer geworden als eine solche Fabrik zu übernehmen. In Erfurt konnten in den frühen 2000er-Jahren Strukturen bis 0,6 Mikrometer geätzt werden, in Dresden 0,3 Mikrometer, während der internationale Spitzenstandard zwischen 0,1 und 0,2 Mikrometer lag.

1950 geboren in Kaltensundheim, Abitur und Facharbeiterabschluss als Mechaniker für Büromaschinen, Studium der Physik an der Friedrich-Schiller-Universität Jena **1973** Diplomarbeit im Wissenschaftsbereich Ionometrie **1976** Promotion zum Thema Schottky-Kontakte **1989** Träger des Nationalpreises der DDR I. Klasse für Wissenschaft und Technik **1973–1990** Wissenschaftlicher Assistent an der Sektion Physik der Friedrich-Schiller-Universität Jena, Entwicklungstechnologe und Leiter Mikroelektronik im Funkwerk Erfurt und in der Prozessorentwicklung **1991–2014** Leiter der Verfahrensentwicklung bei Thesys Erfurt, Leiter der CMOS-Entwicklung und Sensorik bei der X-Fab Erfurt **Seit 2014** Fellow.

„Wir sind also noch weit von dem entfernt, was andere können." Aber die Elektronik ist ja nicht nur digital, sondern braucht auch kundenspezifische ASICs mit Analogfunktionen in hoher Präzision. „Die X-Fab ist zwar nicht die modernste Fabrik, aber in dieser Nische mit einem großen Kundenkreis haben wir das meiste zu tun."

Und im Gegensatz zu den Chips in der Konsumgüterindustrie ist die Lebensdauer von kundenspezifischen Schaltkreisen für die Industrie extrem lang. Man braucht nicht für jedes neue Automodell neue Schaltkreise für Blinkgeber, Fensterheber oder Regensensoren. Da können auch die bisherigen Modelle eingebaut werden. Deshalb lautete die Philosophie des modularen, kundenorientierten Ansatzes: „Nicht wir machen das, was der Kunde will, sondern der Kunde orientiert sich an dem, was wir können." Das nutzt auch dem Kunden, denn so entsteht mehr Know-how und ein besserer Support – ein Ansatz, der sich seit über dreißig Jahren bewährt. Die Teams an den anderen Standorten mussten erst einmal mit dieser Philosophie vertraut gemacht werden, was oft nicht leicht zu vermitteln war. Und hier leistete Konrad Bach an verschiedenen Orten der Welt „Agitationsarbeit". Zuerst wurde eine Fabrik in Texas eingegliedert. Später wurden Fabriken und Teams aus England, Malaysia, aber auch Dresden und Frankreich integriert.

Auch nach seinem Renteneintritt 2014 blieb Konrad Bach der Firma verbunden. Sein Ideal eines „kollektiven Wissens“, das ihn schon im Studium begeisterte, lebt er weiter: Er schult neue Mitarbeiter in Physik und Technologie von integrierten Bauelementen und zeigt ihnen – auch Seiteneinsteigern ohne spezielle Halbleiterkenntnisse –, wie sich ihr Wissen in das große Ganze einfügt.

Rückschau eines CMOS-Pioniers

Konrad Bach blickt heute zufrieden zurück: Er hatte stets das nötige Glück und musste nie existenzielle Krisen meistern. In der aufstrebenden Mikroelektronik fand er nach dem Studium seine berufliche Heimat und konnte sich dort entfalten. „Und wenn ich es recht bedenke, habe ich als Physiker in der Industrie eigentlich eine Degradierung erfahren, denn ich war ja mehr ein Ingenieur.“ Und dessen Aufgabe war es, die Maschinen am Laufen zu halten oder Lösungen zu finden, die denen des Westens ähnlich waren. Angefangen vom Material, über Maschinen, Technologien bis hin zur Reinraumtechnik musste alles noch einmal erfunden werden, denn die DDR-Unternehmen konnten nicht an der weltweiten Arbeitsteilung teilnehmen und mussten deshalb vieles neu entwickeln.

„Aber die Ausbeute, also die prozentuale Anzahl der guten Chips auf einer Siliziumscheibe, war grottenschlecht. Wir waren schon sehr froh, wenn dieser Prozentsatz bei Mikroprozessoren zweistellige Werte erreichte. Bei 25 Prozent waren wir superglücklich, aber ökonomisch betrachtet war ein Viertel Ausbeute immer noch ein Desaster. Nach der Wende bekamen wir Zugriff auf den weltweiten Markt und konnten Materialien bei den besten Anbietern einkaufen.“ Auch einige Maschinen wurden ausgetauscht, aber nur wenige an kritischen Stellen. Mit diesen wenigen Maßnahmen hatte das gleiche Team im selben Reinraum die Ausbeute ähnlich komplexer Chips in den Bereich auf über 90 Prozent gebracht. „Nur die Möglichkeit, am internationalen Wettbewerb und an der internationalen Arbeitsteilung beteiligt zu sein, erlaubt es auch kleinen Ländern, in ausgewählten Bereichen Expertise aufzubauen und Spitzenleistungen zu erbringen“, resümiert Konrad Bach.

Nach dem Zusammenbruch der DDR war es ein Glück, dass die Investoren sich genau das Erfurter Kombinat für Mikroelektronik ausgesucht hatten. „Es hätte auch anders ausgehen können. Aber glücklicherweise hatte uns die Treuhand eine Mitgift von 120 Millionen D-Mark gegeben, mit der wir überleben und auch noch investieren konnten. Danach waren wir saniert und konnten weltweit agieren. Ich bin ein Fossil, das noch vom alten Kombinat übriggeblieben ist. Aber ich habe auch in der Unternehmensgruppe nach der Wende weltweit eine wichtige Rolle gespielt. Jetzt bin ich nur noch Fellow.“

Gestaltet.

Peter Moos zwischen Physik, Politik und Wirtschaft.

Mit der Wende fielen nicht nur die innerdeutschen Grenzen, sondern auch die beruflichen Begrenzungen für Peter Moos. War der Physiker bis dahin in der Industrie unterwegs, so konnte er jetzt sein Wissen auch in die Politik einbringen. Er gehörte der ersten Thüringer Landesregierung an und leitete in der Staatskanzlei das Referat für Wirtschaft, Finanzen und Landwirtschaft, bis er drei Jahre später wieder in die Wirtschaft einstieg und an der Erhaltung des Mikroelektronikstandorts Erfurt mitarbeitete.

Peter Moos studierte fünf Jahre lang Physik, also ein Jahr länger als seine Kommilitonen, weil er ein Jahr wiederholen musste. „Ich war nicht unbedingt der fleißigste Student und habe lieber das Studentenleben genossen", reflektiert Peter Moos die Studienzeit selbstkritisch. Er bezeichnet sich selbst als Freigeist, wollte sein Leben immer selbst bestimmen und sich nicht verbiegen lassen. Getreu dem Motto: „Das, was ich sage, mache ich auch. Mit allen Konsequenzen." Er gehörte nie der FDJ an und veranstaltete mit Kommilitonen lieber Kommersabende mit fröhlichen Studentenliedern. 1969 trat er in die CDU ein, weil er Katholik war und die SED ablehnte. „Das störte unseren Seminargruppenbetreuer Rainer Leupert so sehr, dass er mich in den Prüfungen in Thermodynamik und Statistik durchfallen ließ. Und ohne Schein konnte ich nicht weitermachen", berichtet Peter Moos.

Seine klare Einstellung sollte sich nach der Wende für ihn als richtig erweisen, denn er bekam Jobs, von denen andere träumten. Doch vor dem Erfolg müssen auch Märchenprinzen hart arbeiten und sich bewähren. Rückblickend betrachtet Peter Moos sein naturwissenschaftliches Studium vor allem als Eintrittskarte ins Berufsleben. Denn, obwohl er sich während seiner gesamten Berufszeit kaum mit Physik beschäftigte, hatte er doch gelernt, Probleme zu strukturieren, sich immer wieder auf Neues einzulassen und neugierig zu sein. „Analytisches Denken ist eine sehr gute Grundlage. Leider wählen heute viele Schüler Physik ab, ohne dabei die Chancen zu erkennen. Ich finde es traurig, dass sich unsere Bildungspolitik derart verschlechtert hat", resümiert der Physiker heute.

Zurück in seiner Heimatstadt Erfurt, fing der frischgebackene Absolvent im dortigen Funkwerk, später bekannt als Kombinat Mikroelektronik Erfurt, als Technologe an. Das Werk produzierte damals noch Elektronenröhren, aber auch schon erste Halbleiterbauelemente auf Siliziumbasis. Peter Moos war verantwortlich für die Qualität der Siliziumwafer und der Bedampfungsschablonen. In diesem Zusammenhang entwickelte er zusammen mit der Sektion Physik der Friedrich-Schiller-Universität Jena eine neue Prüfmethode für die Schablonen.

Der Biertrinker vom Facedu

In der DDR war die Mitgliedschaft in der CDU für Peter Moos weder im Studium noch im Beruf karrierefördernd. Hinzu kam noch der Makel, dass seine Mutter und seine kleinere Schwester im Westen geblieben waren, als die Mauer gebaut wurde, und er den Kontakt zu ihnen nie abgebrochen hatte. Seine Eltern ließen sich danach scheiden, und er blieb bei seinem Vater in Erfurt.

Seine kritische Haltung zur Gesellschaft brachte er auch im wohl bekanntesten Erfurter Karnevalsverein „Facedu" ein. Peter Moos trat hier ab 1981 als politischer Büttenredner auf. 33 Jahre lang war er der „Biertrinker vom Facedu". „In der DDR waren unsere Eintrittskarten rar wie Südfrüchte, und der Saal tobte, wenn die Mängel in der DDR aufs Korn genommen wurden", schildert er und ergänzt: „Doch auch nach der Wende gab es noch ausreichend Stoff für Kritik." An Freizeit war in der Faschingssaison zwar nicht zu denken, aber die Kontakte, die Peter Moos hierbei knüpfen konnte, haben ihm später sehr geholfen, erinnert er sich. Heute ist er nicht mehr im Elferrat, aber noch immer im Narrenrat aktiv.

Der Wende-Manager

Kurz vor der Wende wechselte Peter Moos von der Mikroelektronik zum VOB Plastik Erfurt und wurde dort Geschäftsführer. Die Vereinigung Organisationseigener Betriebe (VOB) war das Pendant zu den Volkseigenen Betrieben (VEB), und die VOB Union war im Besitz der DDR-CDU. Diese Partei verwaltete ihre eigenen Zeitungsdruckereien, ein Hotel in Weimar und die Ladenkette „Wort und Werk", die Bücher und christliche Kunst anbot. Die VOB Plastik war der einzige Produktionsbetrieb der CDU und stellte Kultur- und Toilettentaschen sowie Mappen und Ordner aus Kunststoffen her. Der Betrieb ging aus mehreren größeren privaten Handwerksbetrieben hervor,

Studenten der Seminargruppe 2 beim gemeinsamen Ausflug zur Ruine der Lobdeburg. Michael Anacker, Gerhard Heinze, Peter Moos, Wolfgang Tottleben, Werner Wollmann und Harald Lindig (hinten), Wolfgang Herrmann, Ulrich Dillner, Eberhard Schubert und Holger Lippmann.

die 1972 enteignet wurden. Als der bisherige Betriebsdirektor in Rente ging, übernahm Peter Moos dessen Job am 1. Januar 1990. „Ich habe einen sozialistischen Betrieb übernommen, der in dieser Zeit in eine GmbH überführt wurde und sich plötzlich am gesamtdeutschen Markt bewähren musste", erinnert sich Peter Moos an die turbulenten Zeiten. Für kurze Zeit boomte das Geschäft, die Artikel wurden an alle bundesdeutschen Warenketten geliefert. „Zuerst waren die DDR-Bürger froh, dass sie endlich Dinge kaufen konnten, die sie bis dahin nicht bekommen hatten. Folglich ging der Umsatz richtig hoch. Doch mit der Einführung der D-Mark am 1. Juli 1990 schlug die Stimmung um, und uns erreichten Stornierungen von Bestellungen ohne Ende", sagt Peter Moos, der in dieser wirtschaftlichen Umbruchszeit die ganze Produktionspalette umstellen und ein Drittel der Belegschaft entlassen musste.

Zusammen mit anderen Betriebsleitern gründete er die Mittelstandsvereinigung der CDU im Osten. Die West-CDU schickte altgediente Manager in den Osten, und die Senioren halfen, wo es ging. Die Kampagne „Alt hilft Jung" brachte Pioniergeist ein, und Peter Moos koordinierte über sein Büro die Hilfe und Unterstützung. „Ein paar sehr gute Leute haben mir unter die Arme gegriffen, und so konnte ich die Firma in ruhigeres Fahrwasser bringen. Dies ging so lange gut, bis sich die alten PGH-Mitglieder ihre Anteile ausbezahlen lassen wollten. Doch weil nur aktive Mitglieder ihre Anteile zurückbekommen konnten, nicht aber die Rentner, waren die Mitglieder ziemlich zerstritten. Und als es zu keiner Einigung kam, nahm ich ein Angebot an, das man nicht ausschlagen konnte", sagt Peter Moos.

Der Macher aus der Staatskanzlei

Für viele Menschen brachen mit der Wende sämtliche Wertmaßstäbe zusammen. „Bei mir sind keine Werte zusammengebrochen. Denn die Werte, die in der DDR vermittelt wurden, habe ich nie geteilt", stellt Peter Moos klar. Dies wurde seine Chance. Nach der deutschen Wiedervereinigung mussten auch in Thüringen neue organisatorische Strukturen geschaffen und die Landesregierung aufgebaut werden. Hier wurden Menschen gebraucht, die sich sowohl in der Wirtschaft als auch im Land Thüringen auskannten. „Wir hatten zwar haufenweise Berater aus dem Westen, aber nur wenige Berater aus dem Osten. Und da ich vor der Wende Betriebsdirektor und dann nach der Wende Geschäftsführer war, folgte ich dem Ruf, in die Staatskanzlei zu gehen."

Am 14. Oktober 1990, kurz nach der Wiedervereinigung, fanden in den fünf neuen Bundesländern die ersten freien Landtagswahlen statt. Die Thüringer CDU gewann 45,4 Prozent der Wählerstimmen und bildete zusammen mit der FDP eine Koalition. Peter Moos wurde am 8. November 1990 beim ersten Thüringer Ministerpräsidenten Josef Duchač in der Staatskanzlei Referatsleiter für Wirtschaft, Finanzen und Landwirtschaft, und damit einer der ersten Thüringer Beamten. Sein Referat war unter anderem zuständig für die Ansiedlung von Westunternehmen, aber auch für den marktgerechten Umbau der ehemaligen DDR-Wirtschaft. „Da bin ich direkt ins kalte Wasser gesprungen."

„Ich hatte das Glück, etwas bewegen zu können und habe es auch gemacht. Es war nicht immer einfach, aber ich bin mit meinem Erbe zufrieden."

Im Februar 1992 musste Josef Duchač nach Stasi-Vorwürfen zurücktreten, und der ehemalige Ministerpräsident von Rheinland-Pfalz, Bernhard Vogel, sprang in die Bresche. Den Wechsel zu Bernhard Vogel hat Peter Moos hautnah miterlebt: „Der Job in der Staatskanzlei hat viel Zeit und Kraft gekostet, aber es gab damals auch besonders viel zu tun." Überall lösten sich die alten Strukturen auf, neue mussten erst wieder wachsen. Nach eigenen Worten gelang es ihm als Netzwerker, zu den Landräten und Bürgermeistern einen sehr guten Draht aufzubauen und ziemlich viel zu bewegen. „Und das zahlte sich auch bei der Gründung der Landesentwicklungsgesellschaft aus, deren Gesellschaftervertrag ich mit ausgehandelt habe."

Die LEG erwarb 1993 von der Treuhand mitten in der Erfurter Altstadt einen sehr großen Gebäudekomplex: die Telefunken-Backsteingebäude des ehemaligen Funkwerk Erfurt von 1937 sowie Gebäude des Forschungs- und Entwicklungsbereichs und der Kombinatsleitung des ehemaligen Kombinats VEB Mikroelektronik Erfurt. Daraus entwickelte sich eines der größten Infrastrukturprojekte Deutschlands. Auch hier führte Peter Moos die Verhandlungen. „Das war sehr spannend, denn im Unterschied zu allen anderen Beteiligten am Tisch kannte ich das Funkwerk." Das ehemalige Industriegelände bereichert heute als Quartier Erfurt-Brühl die Thüringer Landeshauptstadt.

Im Zuge dieser Tätigkeit fragte ihn der damalige Minister in der Staatskanzlei, Franz Schuster, ob er nicht in die Geschäftsleitung der LEG wechseln wolle. Man brauchte damals in der Landesentwicklungsgesellschaft Menschen, die sich in Thüringen auskannten und gut vernetzt waren. Peter Moos hatte inzwischen Karriere gemacht, war vom Regierungsrat schnell zum Oberregierungsrat befördert worden und stand kurz davor, Regierungsdirektor zu werden. „Es gibt den schönen Spruch: ‚Man sollte wollen können, bevor man dürfen muss.' Wenn die Arbeit Spaß macht, kann man auch Überstunden machen oder am Wochenende bis spät in die Nacht arbeiten. Nur so hält man dann auch solche beruflichen Tätigkeiten aus, die einen manchmal ziemlich stark fordern."

1950 geboren in Erfurt, Abitur und Facharbeiterabschluss als Baumaschinenfacharbeiter, Studium der Physik an der Friedrich-Schiller-Universität Jena
1974 Diplomarbeit auf dem Gebiet der Laseroptik
1974–1990 Spezialist für Silizium, Abteilungsleiter und stellvertretender Bereichsleiter, verantwortlich für Materialqualität im Mikroelektronikbetrieb Erfurt
1990–2016 Betriebsdirektor VOB Plastik Erfurt, Geschäftsführer Toparth, Leiter des Referats für Wirtschaft und Finanzen in der Thüringer Staatskanzlei, Prokurist der LEG, Vorstandsvorsitzender der Thüringischen Gemeinnützigen Heimstätte AG, Geschäftsführer der Entwicklungsgesellschaft Südwestthüringen, Geschäftsführer der Kommunalbau Thüringen.

Wer etwas erreichen will, lässt sich von niemandem sagen, was zu tun ist. Bestimmte Dinge umsetzen und dabei seine berufliche Freiheit behalten – das war nach seinem Geschmack. Ministerpräsident Bernhard Vogel fragte Peter Moos, ob er sich den Schritt gut überlegt hätte, zur LEG zu wechseln und aus dem Beamtenverhältnis entlassen zu werden. Er wollte ihn gern behalten. „Da sagte ich zu ihm: ‚Jetzt zieht hier langsam eine bürokratische Ordnung in die Verwaltung ein, und es ist nicht mehr die Aufbruchsstimmung da wie in der Anfangszeit. Und wenn hier Ordnung einzieht, dann bekommen Sie Schwierigkeiten mit mir. Entweder müssen Sie mich zum Minister machen oder rauswerfen.' Ich wollte immer gestalten, und ich lasse mich nicht von Verwaltungsgrundsätzen einfangen. Ich komme aus der Wirtschaft, da muss man sich überlegen, wie man Probleme übersteht oder die Verhältnisse ändert. Die Beamten aber verstecken sich hinter ihren vielen Regelungen." Peter Moos lehnte es ab, zu bleiben.

In der LEG beschäftigte sich der Macher mit der Verwaltung des Wohnungsbaus und der Entwicklung von Industriebrachen, vor allem als nach dem Abzug der sowjetischen Streitkräfte aus Deutschland auch deren Militärgebiete zur Disposition standen. Bei der Maxhütte Unterwellenborn verhandelte er den Kaufvertrag mit dem Luxemburger Stahlkonzern Arbed. Von Jenoptik übernahm die LEG deren Entwicklungstochter AGO und verantwortete auch die Sanierung des Teerverarbeitungswerkes in Rositz.

Der Ritter von Erfurt

Für Peter Moos war es immer wichtig, dass er die Dinge auch realisieren konnte, für die er das Konzept entwickelt hatte. Er wollte selbstständig agieren. Wie schon in der Staatskanzlei suchte er auch hier nach weiteren Entfaltungsmöglichkeiten und wechselte als Geschäftsführer in die regionale LEG-Tochter Südwestthüringen. Der dortige Geschäftsführer, Stefan Baldus, wollte Staatssekretär werden. „Von da an konnte ich machen, was ich für richtig hielt, und genoss die Freiheiten der alleinigen Verantwortung." 2003 entschied die übergeordnete Landesentwicklungsgesellschaft, ihre regionalen Töchter wieder einzugliedern. Wieder in der LEG, sanierte Peter Moos die Kommunalbau Thüringen, die kurz vor der Pleite stand.

Viele Jahre war er Kreisschatzmeister der Erfurter CDU, Vorstandsmitglied der CDU-Mittelstandsvereinigung und im Vorstand des Bundesverbandes der mittelständischen Wirtschaft. „Wir werden alle älter und suchen langsam unsere Nachfolger. Ich war in vielen Gremien, und jetzt mache ich nur noch einige wenige Sachen wie Stadtentwicklung und Fasching. Manchmal brauchen junge Menschen ein paar Ratschläge von erfahrenen Leuten, so wie wir es damals erfahren haben. Damit geben wir den Staffelstab weiter", sagt Peter Moos.

Peter Moos ist außerdem Ritter im internationalen Ritterorden Cordon Bleu du Saint Esprit. Der Orden vom „Heiligen Geist am Blauen Band" leistet seit mehr als 50 Jahren humanitäre Hilfe im In- und Ausland und steht in der Tradition der verschiedenen europäischen Orden vom Heiligen Geist. Er versteht sich als christliche Gemeinschaft, versucht ritterliches Handeln in die heutige Zeit zu übertragen und vereint Persönlichkeiten, die sich durch hohes Engagement im Beruf und gesellschaftliches Ehrenamt auszeichnen. Auch hier war er jahrelang Schatzmeister. Und seit seiner Pensionierung widmet er sich vor allem den Ehrenämtern. Dazu gehören der Stadtentwicklungsverein „Wir für Erfurt" sowie mehrere Gewerbevereine.

Der Mann, der bewegte

Wenn Peter Moos zurückblickt, so erkennt er den Wendepunkt: „Es hat sich gelohnt, 1989 auf den Domplatz zu gehen und zu demonstrieren. Und ich war nach dem Mauerfall froh, dass endlich vernünftige Verhältnisse eingetreten sind. Seitdem konnte ich mich ganz anders entwickeln als vorher, und das habe ich genutzt. Für mich war die Wende der entscheidende Punkt." Immer wenn er gefragt wurde, ob er sich neue Aufgaben zutraut, krempelte der Macher die Ärmel hoch und stürzte sich in die Arbeit. „Zu DDR-Zeiten konnte man nur innerhalb definierter Grenzen agieren. Nach der Wende habe ich alle mir gebotenen Möglichkeiten genutzt. Und ich kann nicht sagen, dass ich falsch lag."

Was ihm geholfen hat, war sein Studium – nicht von der physikalischen Seite her, sondern von der Methodik und Vorgehensweise. „Wir haben gelernt, wie man Probleme strukturiert und löst, wie man Netzwerke aufbaut und gestellte Ziele erreichen kann. Aber auch, wie man Feste feiert und sich gegenseitig hilft. Natürlich haben wir auch alle Seiten des Studentenlebens genutzt. Aber erst im Verbund mit den preußischen Sekundärtugenden hat es wesentlich zu unserer Persönlichkeitsentwicklung beigetragen. Und hier habe ich begriffen, dass man viel mehr leisten kann, als man denkt. Wir müssen uns ehrlich darüber klar werden – und da bin ich wieder bei der physikalischen Denkweise –, was wir können und was wir nicht können. Wenn ich heute durch Erfurt laufe, dann sehe ich, was ich geleistet habe. Ich hatte das Glück, etwas bewegen zu können, und habe es auch gemacht. Es war nicht immer einfach, aber ich bin mit meinem Erbe zufrieden“, resümiert der Politiker mit naturwissenschaftlichem Hintergrund.

Abgestimmt.

Eberhard Schubert und die Demokratie in Erfurt.

Eberhard Schubert wuchs in Erfurt auf, studierte um die Ecke in Jena und rutschte zur Wende – nach seinem letzten glücklosen Job in der DDR – über die Partei Demokratischer Aufbruch unwillkürlich in die neuen Erfurter Amtsstuben. Zunächst Vertreter des Stadtparlaments, wurde er später Amtsleiter für Statistik und Wahlen. Mit dem vorgezogenen Ruhestand kann er sich nun seinen Enkelkindern und den Liegenschaften widmen, die seine Großeltern erbaut hatten. Ein Physiker, der seine ganz eigene Wende von der Wissenschaft in die Verwaltung vollzog.

1989. Der Physiker Eberhard Schubert entwickelte im Kombinat Oberbekleidung Erfurt mit Kollegen eine Hängetransportanlage für die Konfektion und schrieb dafür das Simulationsprogramm. Doch die beschauliche Tätigkeit in der Rationalisierungsabteilung wurde zur hohlen Phrase, denn die wirtschaftliche und politische Krisensituation wurde immer offensichtlicher. Immer mehr Bürger gingen auf die Straße und forderten grundlegende politische Reformen, mehr Demokratie und Freizügigkeit. Als Ungarn seine Grenze zu Österreich öffnete, begann eine regelrechte Massenflucht über Ungarn. Dieser Exodus setzte sich bis zum 9. November fort. Insgesamt verließen 1989 mehr als 4.000 Erfurter Bürger die DDR. Im Oktober und November bildeten sich zahlreiche Oppositions- und Bürgerinitiativen wie das Neue Forum, Demokratie Jetzt, Frauen für Veränderung und Parteien wie Demokratischer Aufbruch, Die Grünen sowie die Sozialdemokratische Partei als Pendant zur SPD.

„Das war der Zeitpunkt, mich dem Demokratischen Aufbruch anzuschließen", berichtet Eberhard Schubert. „In Vorbereitung der Volkskammerwahlen war ich ganztägig im Einsatz und kümmerte mich um die Technik." Für diesen Aufgabenbereich wurde er in den Vorstand der Partei gewählt und versorgte die einzelnen Gemeinden und Städte in Thüringen mit Spenden aus den alten Bundesländern. Das waren vor allem bergeweise Schreibmaschinen, aber auch dringend benötigte Kopierer, Verbrauchsmaterial und natürlich Werbematerial für die Wahl. An Computer und Drucker war zu diesem Zeitpunkt noch nicht zu denken.

„Das Bemerkenswerte war, dass ich für diese Tätigkeit auf Anordnung des damaligen Rates des Bezirks Erfurt von meinem Betrieb freigestellt wurde und sogar mein Gehalt weitergezahlt wurde." Schon einige Zeit zuvor hatte sich Eberhard Schubert mit vielen Gleichdenkenden jeden Donnerstag auf dem Domplatz versammelt. „Und als plötzlich Tausende Menschen zusammenstanden, blieb der Oberbürgermeisterin nichts anderes übrig, als einen Bürgerdialog einzuberufen. Ende Oktober forderten wir eine grundlegende Demokratisierung der Gesellschaft und waren bereit, dafür auch persönliche Risiken einzugehen." Anfang Dezember gründete sich ein Bürgerkomitee aus zehn Fraktionen von Parteien, Bürgerbewegungen und Vertretern der Kirchen. Als sich der alte Stadtrat Ende Dezember 1989 auflöste, verständigte sich der Runde Tisch auf ein Interimsparlament. In diesem sollten je fünf Vertreter aller Parteien, Organisationen und Bürgerbewegungen stimmberechtigt sein. Dazu zählten auch Organisationen des alten Apparats wie der Freie Deutsche Gewerkschaftsbund, die Freie Deutsche Jugend und der Deutsche Turn- und Sportbund. In Spitzenzeiten kamen hier 160 Mitglieder zusammen und mussten zum Teil auf Notsitzen Platz nehmen oder im Rathaussaal stehen. Dieser neue Stadtrat war zwar mangels Wahl nicht demokratisch legitimiert, aber irgendjemand musste ja Beschlüsse fassen, Gelder freigeben und das weitere Zusammenleben organisieren.

Vom Runden Tisch ins Rathaus

1990. Im Vorfeld der ersten freien Wahl zur Volkskammer der DDR am 18. März 1990 trat der Demokratische Aufbruch dem Wahlbündnis Allianz für Deutschland bei, das gute Chancen hatte, den neuen Ministerpräsidenten zu stellen. Der Demokratische Aufbruch in Erfurt bekam tonnenweise Wahlplakate, die vorwiegend nachts geklebt wurden, weil sich die große politische Konkurrenz die Plakate gegenseitig überklebte. „Also sind wir früh um vier Uhr mit einem Lieferwagen losgezogen und haben selbst die Plakate der anderen Parteien überklebt." Es herrschte ein harter Wettstreit um jede freie Fläche in Erfurt, auch an Mauern und Häuserwänden, erzählt Eberhard Schubert. „Aber irgendwann fragt man sich, wer macht dies wieder ab? Ich hatte auf den Herbstregen gehofft, aber es hat Jahre gedauert, bis das letzte Wahlplakat verschwunden war. Reines Latex klebt halt sehr gut."

Eine Woche vor der Volkskammerwahl enttarnte das Magazin „Der Spiegel" den Spitzenkandidaten des Demokratischen Aufbruchs, Rechtsanwalt Wolfgang Schnur, als langjährigen inoffiziellen Mitarbeiter der Staatssicherheit. Pfarrer Rainer Eppelmann übernahm sofort kommissarisch die Parteiführung. Trotzdem bekam der Demokratische Aufbruch nur 0,98 Prozent der abgegebenen Stimmen und war damit die mit Abstand kleinste Partei im Wahlbündnis.

„Die größte logistische Herausforderung bei den ersten Wahlen war der dynamische Zustand der Wahlbezirke, die sich für die Wahl des Bundestages und des Landtages deutlich unterschieden. Dies beherbergte ein großes Potenzial für Chaos."

Nach dem schlechten Abschneiden auch bei den Kommunalwahlen am 6. Mai 1990 fusionierte der Demokratische Aufbruch im August mit der Ost-CDU und ging danach in der bundesdeutschen CDU auf. „Wir mussten danach mehrere Tonnen übriggebliebener Wahlplakate zur Papiermühle fahren. Damals waren wir alle sehr blauäugig und hatten eigentlich eine andere Planung als in der CDU aufzugehen. Aber ich glaube, dass es der CDU-Spitze sehr recht war, dass unser Vorsitzender zum richtigen Zeitpunkt enttarnt wurde."

Als die Stadtverwaltung nach den Kommunalwahlen neu aufgebaut wurde, bewarb sich der Wahlkämpfer Schubert als Amtsleiter. „Das Einstellungsgespräch mit Oberbürgermeister Manfred Ruge, der nach den Kommunalwahlen vom Stadtrat gewählt wurde, verlief überaus entspannt. Letztlich arbeitete er jahrelang im selben Großbetrieb, in dem ich 1969 meinen Facharbeiterbrief gemacht hatte", berichtet Eberhard Schubert. Die Bürgerbegleitung der verschiedenen Parteien und Organisationen des Runden Tisches löste sich Ende Juli 1990 auf, und der Physiker fing am 20. August bei der Erfurter Stadtverwaltung als Amtsleiter für Statistik und Wahlen an.

„Amtsleiter ist eher ein Managementposten, da kann man nur noch eingeschränkt wissenschaftlich arbeiten. Ich dachte, dass ich dort auch ein bisschen programmieren kann, aber eine durchgehende Arbeit am Stück war nicht zu realisieren. Ich war permanent gefordert, das Amt aufzubauen. Allerdings konnte ich dabei auf Hochschulabsolventen zugreifen, deren Betriebe langsam zugrunde gingen und die freigesetzt wurden. So hatten wir plötzlich mehr als die Hälfte der Stellen mit ihnen besetzt, und die alte rote Garde verließ sukzessive das Amt." Zu DDR-Zeiten gab es keine kommunale Statistik, sondern in jedem Kreis eine staatliche Kreisstelle für Statistik. Als diese Stellen aufgelöst wurden, bewarben sich bei Eberhard Schubert einige dieser Mitarbeiter. „Letztlich habe ich von ihnen nur eine einzige Mitarbeiterin übernommen, denn sie war wirklich vom Fach."

In den ersten Jahren galt es, die Grundlagen für die kommunale Statistik zu legen, die neuen Mitarbeiter zu schulen, ein adressbezogenes Raumbezugssystem für das Stadtgebiet mit fast 270 Quadratkilometern aufzubauen und die im Aufbau befindlichen kommunalen Register für statistische Zwecke zu erschließen. Schrittweise sollte auch ein statistisches Informationssystem konzipiert und der Entwicklung und dem Einsatz der Rechentechnik angepasst werden. Während seiner Dienstzeit wurden mehr als vier Dutzend umfangreiche kommunalstatistische Hefte zu verschiedenen Themenschwerpunkten veröffentlicht. Nicht zuletzt wurde dank der überregionalen Kooperation zwischen den deutschen Städten die gemeinsam entwickelte Software durch den Verband Deutscher Städtestatistik gepflegt. „Geholfen hat mir hierbei meine Berufung in den zuständigen Ausschuss beim Deutschen Städtetag, dem ich von 1990 bis zum Ende meiner Berufstätigkeit angehörte."

Neue Zeiten, neue Wahlen

1994 war Eberhard Schubert verantwortlicher Wahlleiter für die gleichzeitig stattfindenden Bundes- und Landtagswahlen für die Wahlbezirke rund um Erfurt. „Die größte Herausforderung für uns war der dynamische Zustand der Wahlbezirke. Im Stadtgebiet Erfurt wurden die Wahlen zum Bundestag in den Grenzen vor der Gebietsreform abgehalten, die Wahlen zum Landtag mit vier Landtagswahlkreisen und die Abstimmung über die Thüringer Verfassung dagegen fanden in den Grenzen nach der Gebietsreform statt. Das heißt, je nach Zugehörigkeit gab es unterschiedliche Stimmzettel für gleiche oder geänderte Wahlkreise. Gleichzeitig waren wir zuständig für 19 Ortschaften, die dem Nachbarwahlkreis Weimar – Apolda – Erfurter Land angehörten. Insgesamt gesehen war dies ein großes Potenzial für Chaos", wobei Wahlleiter Schubert erklärt, dass es für die zusammengelegten Wahlen bis zu 1.500 ehrenamtliche Wahlhelfer zu gewinnen galt. Um dies zu bewältigen, musste die Stadt bereits im Vorfeld die notwendige Software entwickeln und die Hardware aufrüsten, um vor allem die Briefwahlunterlagen computergestützt verschicken zu können. Dass dabei auch die Daten richtig ausgewertet und präsentiert werden mussten, versteht sich von selbst.

„Dies war eine extreme logistische Leistung, die von der Stadtverwaltung in meiner Verantwortung zu erbringen war", betont Eberhard Schubert. „Geholfen hat mir hierbei mein Wissen aus dem Studium. Wenn ich Aufgaben hatte, bei denen ich viel organisieren musste, habe ich mir gleich am Anfang Gedanken gemacht, wie etwas geht und wie reagiert werden muss, wenn etwas Unvorhergesehenes passiert." Das Gleiche habe er sich im Vorfeld der Wahl überlegt: Was kann alles schiefgehen? Der Physiker weiß: Wer die Fehler gleich zu Beginn abschätzt, kann später die Qualität der Ergebnisse beurteilen. „So bekam ich Routine, und nach der dritten Wahl wurde alles etwas ruhiger." Mit der Zeit entstand ein eingespieltes

Team von Mitarbeitern verschiedener Ämter. Eberhard Schubert schenkte jedem absolutes Vertrauen und erwartete eigenverantwortliches Handeln. „Nur wenn etwas nicht glatt läuft, dann informiert mich bitte“, beschreibt er seine Arbeitsweise.

Ausbildung und Arbeit in der DDR

Mit Zahlen konnte Eberhard Schubert schon in der Schule gut umgehen. Er war bei den jährlich stattfindenden Mathematik-Olympiaden mehrmals Erfurter Stadtsieger in seiner Altersklasse. Trotzdem entschied er sich bei der Studienwahl gegen die Mathematik und für das Physikstudium. „Das Theoretische lag mir nicht so sehr. Aber letztlich sind wir alle auf unterschiedlichen Wegen ans Ziel gekommen. Im Studium haben wir einige Methodiken erlernt. Aber wenn ich so nachdenke, haben wir vom Grundsatz her alles schon mitgebracht. Deswegen haben wir uns ja auch für Physik entschieden.“

Kurz vor Studienbeginn erhielt Eberhard Schubert eine Einladung zum Biophysikstudium in der Sowjetunion. „Meine Eltern waren hin- und hergerissen und ich hatte überhaupt keine Ahnung, was das zu bedeuten hatte.“ Letztlich entschied er sich doch für ein Studium in Jena und teilte das schriftlich mit. Doch dann kreuzte sich offenbar die Post, denn für das Biophysikstudium in der Sowjetunion kam plötzlich folgende Absage: „Nach nochmaliger Durchsicht Ihrer Unterlagen haben wir festgestellt, dass Sie aus Handwerkerkreisen stammen, und damit entfällt dies.“ Sein Vater war selbstständiger Maurermeister. So einfach war das damals. Eberhard Schubert schrieb dann noch einen Beschwerdebrief an den Staatsratsvorsitzenden Walter Ulbricht. „Und nach einiger Zeit kam ein Brief vom damaligen Rektor der Friedrich-Schiller-Universität, Franz Bolck, in dem stand, dass es selbstverständlich möglich sei, usw., usf. Aber da hatte ich schon längst keine Lust mehr. Sonst wäre mein Leben ganz anders verlaufen.“

Seine Diplomarbeit schrieb der Student am Akademieinstitut für Magnetische Werkstoffe und wurde nach dem Studium ins Eisenhüttenwerk in Thale vermittelt. Das Werk liegt im Harz und war bekannt durch sein Emaillierwerk, den technischen Behälterbau und die Pulvermetallurgie. „Nach Thale bin ich nur gegangen, weil man hier so herrlich wandern konnte und es eine der wenigen angebotenen Stellen war, bei der man über 800 Mark verdiente.“ Zum Vergleich: Das Einstiegsgehalt für Hochschulabsolventen betrug zwischen 600 und 650 DDR-Mark. Ein Wermutstropfen war der Wohnraum. Der Absolvent musste in einem Arbeiterwohnheim in einer ehemaligen Brauerei wohnen. In Thale lernte er über den Filmklub, den er selbst aufgebaut hatte, seine Frau kennen.

Und weil es in Thale auch nach drei Jahren nur ein einziges Zimmer gab, zogen beide, inzwischen verheiratet, nach Erfurt in die Einzimmerwohnung mit Wohnküche, in der zuvor seine Großmutter gewohnt hatte.

1950 geboren in Erfurt, Abitur und Facharbeiterabschluss als Mechaniker, Studium der Physik an der Friedrich-Schiller-Universität Jena
1973 Diplomarbeit am Institut für magnetische Werkstoffe der Deutschen Akademie der Wissenschaften bei Wilfried Andrä
1973–1990 Forschungsingenieur im VEB Eisen- und Hüttenwerk Thale, Bereich Forschung Pulvermetallurgie, Hauptenergetiker im Dienstleistungskombinat Erfurt, Leiter Absatzorganisation im Energiekombinat Süd, Entwicklungstechnologe bei Robotron Rationalisierung Weimar, EDV-Projektant im VEB Bekleidungswerke Erfurt, Ingenieurbetrieb
1990–2007 Amtsleiter „Statistisches und Wahlamt" der Stadtverwaltung der Landeshauptstadt Erfurt
Seit 2007 Privatier.

Seine Frau war Lehrerin und damit beruflich flexibel. In Erfurt arbeitete Eberhard Schubert kurzzeitig als Hauptenergetiker im Dienstleistungskombinat. Aber bereits nach wenigen Wochen wechselte er in die Abteilung Ablauforganisation des Energiekombinats Süd. Sie bildete die Schnittstelle zwischen den Abrechnungsstellen der drei Südbezirke Suhl, Erfurt und Gera und war verbunden mit dem Rechenzentrum des Kombinats.

Nach weiteren drei Jahren wechselte er zum Rationalisierungsbetrieb des Kombinats Robotron und entwickelte Zuführungseinrichtungen beim Einsatz der Robotertechnik. Sein letzter Arbeitsplatz vor der Wende war der Rationalisierungsbetrieb des Kombinats Oberbekleidung in Erfurt. Hier war er an der Entwicklung einer Hängetransportanlage beteiligt, die die Kleidungsstücke von einem Näharbeitsplatz zum nächsten brachte. „Ich hatte bei Robotron angefangen, mich mit Personalcomputern zu beschäftigen, dort auch einige technologische Untersuchungen gemacht und selbst programmiert. Dies kam mir hier zugute, denn ich schrieb ein Simulationsprogramm für die Anlage und trainierte die künftigen Schichtleiterinnen. Dabei stellten wir fest, dass die Anlage nie wie vorgesehen funktionieren würde."

Als eine große Prototypanlage aufgebaut war, kam die Wende, und der Betrieb wurde abgewickelt. Der Rest ist Geschichte.

Vom Amtsleiter zum Privatier

Als es 2003 die Regelung für seinen Jahrgang für die Altersteilzeit mit 60 Jahren gab, entschloss sich der Physiker, das Angebot anzunehmen und Privatier zu werden. Der 14. Dezember 2007 war sein letzter Arbeitstag. Mit 60 Jahren wurde er dann auch Rentner mit einem Abschlag von 18,5 Prozent auf die reguläre Rente. Seither arbeitet er weiter als Verwalter der eigenen Liegenschaften, als Ahnenforscher, Gärtner und als Enkelkinderbetreuer. „In die Hausverwaltung habe ich mich einarbeiten müssen, besonders in die steuerliche Thematik und die Betriebskostenabrechnung. Die Liegenschaften mit zwei Dutzend Wohnungen hatten meine Großeltern vor dem Ersten Weltkrieg in guter Erfurter Wohnlage gebaut, und meine Eltern retteten sie über die DDR-Zeit hinweg." Wer in der DDR Mietshäuser besaß, war oft nicht sonderlich glücklich damit. Denn weder Baumaterialien noch Handwerker waren leicht zu bekommen und die Mieten waren viel zu gering, um Reparaturen zu finanzieren. Darum haben etliche Besitzer ihre Häuser gern an die kommunalen Wohnungsverwaltungen verschenkt.

Und auch bei den Häusern von Familie Schubert war der Sanierungsbedarf enorm. In den ersten zehn Jahren nach der Wende konnten die Schuberts keine einzige Mark zurücklegen, sondern mussten vor allem die Kredite bedienen. „Wir hatten für die Häuser Darlehen über zwei Millionen D-Mark aufgenommen und das bei den enormen Zinsen von acht bis zehn Prozent. Wir haben die Darlehen bedient und abbezahlt, so gut es irgendwie ging. Es gab Monate, da war das Konto im Minus. Und was wir damals renoviert haben, ist heute teilweise schon wieder veraltet. Es war nicht immer lustig, aber wenn man keine Wahl hat, ist es so." Am Anfang waren es KfW-Darlehen, die nach fünf Jahren abgelöst werden mussten. Danach haben die Schuberts die Folgedarlehen mit unterschiedlichen Laufzeiten gesplittet, um flexibel zu bleiben. Weil sie die Immobilien kernsaniert hatten, sind in den ersten Jahren wenige Reparaturen angefallen, und sie mussten keine großen Rücklagen bilden.

„Wenn man nachts schlafen will, muss man einfach nach vorne schauen und nicht zurück. Ich konnte immer gut schlafen, aber meine Mutter nicht so sehr. Sie hatte noch andere Zeiten erlebt, denn mit den Ostmieten hätte man damals weder die Häuser sanieren noch reparieren können", sagt Eberhard Schubert und betont, dass er nach wie vor mit der Mietgestaltung deutlich unter dem Mietniveau vergleichbarer Objekte liegt. Allerdings schaut auch er sorgenvoll auf die ständig steigenden Handwerkerpreise und die Energiekosten.

Aufgedampft.

Bernd Heinz weiß, wie Wissen haftet.

Bernd Heinz ist bis in den Ruhestand ein sehr aktiver Mensch und unterrichtet schon seit zehn Jahren Abiturienten in Mathematik und Physik. Das bereitet ihm Freude, und er will damit auch etwas zurückgeben und weitergeben, weil er selbst tolle Lehrer hatte. Im Berufsleben musste er sich mit Erfindergeist und Ausdauer durchsetzen, auch gegen Vorurteile. Dank einer fordernden Schul- und Studienzeit gelang es ihm, und die Anerkennung folgte prompt.

Wir sitzen gemütlich im Wohnzimmer. Im Kaminofen prasselt das Feuer, und draußen fegt ein kalter Januarwind ums Haus. Man sieht Bernd Heinz das Alter nicht an. Er ist jung geblieben und wirkt fast so, wie ich ihn aus dem Studium kenne: Rastlos und doch umsichtig ist er, wenn er Tee nachschenkt, Holz nachlegt oder sich nach dem Befinden erkundigt. „Warum sollte ich als Senior herumhängen, wenn ich noch etwas für die Gesellschaft und vor allem für mich tun kann? Es kostet mich nichts, wenn ich unterrichte und mein Gehirn fit halte. Alles, was ich in meinem Berufsleben getan habe, hat mich geschult. Insbesondere auch die Arbeit bei Carl Zeiss Jena." Mit diesem Statement hat er alles gesagt.

Spieglein, Spieglein

Es war sein Glück, dass er sein gesamtes Berufsleben immer nahe an der Physik arbeiten konnte. Dabei nahm sich Bernd Heinz seinen Seminargruppenbetreuer Wolfgang Karthe zum Vorbild. „Seine Anforderungen an uns waren knallhart. Ich habe viel von ihm gelernt und auch ein bisschen sein Verhalten angenommen. Immer wenn ich ein Problem hatte, dann habe ich mir und anderen gegenüber Druck gemacht, um zu guten Lösungen zu kommen", sagt der Macher. Und berichtet davon, wie er bei Carl Zeiss Jena 1978 die mehrschichtige Entspiegelung von Fernglasoptiken einführte, die auch als Antireflexschicht bekannt ist. Zuvor verwendete man einen einfachen „T-Belag“, also Magnesiumfluorid, als Lambda-Viertelschicht zur Entspiegelung unterschiedlichster optischer Gläser. Zusammen mit seinem ehemaligen Kommilitonen Wolfgang Herrmann führte Bernd Heinz den sogenannten „T3-Belag“ in die Produktion ein. Als Nebenprodukt dieser Zusammenarbeit wurde ein Mehrschicht-Entspiegelungsbelag für hochbrechende Gläser zum Patent angemeldet.

Als Highlight seiner Arbeit bei Carl Zeiss Jena betrachtet der Physiker die Verbesserung eines Baulasers, den das Unternehmen ins westliche Ausland lieferte. Kunden bemängelten, dass der Wirkungsgrad des Lasers unter realen Einsatzbedingungen rapide absinke. Es wurde vermutet, dass dies dem Bauprinzip des Helium-Neon-Innenrohrlasers geschuldet war, denn das Reaktionsgas grenzte direkt an die Beschichtung der beiden optischen Spiegelgläser. „Mein Kollege an der Beschichtungsanlage und ich als Leiter Technologie nahmen an, dass das Gas zwischen den beiden Spiegeln zu aggressiv sei oder die Schicht selbst zu labil wäre. Dies hätte zur Folge, dass die hochbrechende Schicht im reaktiven Aufdampfprozess nicht vollständig ausoxidiert und damit störanfällig wäre.“ Also untersuchten die beiden den Oxidationsprozess, veränderten die Gaseinlässe für Sauerstoff und optimierten die Parameter so lange, bis die Oxidation vollständig war. Danach funktionierten die Laser einwandfrei. Bernd Heinz erinnert sich: „Wir freuten uns wie Bolle, dass wir bei diesem Sprint als Erste über die Ziellinie spurteten, denn die Mitarbeiter aus dem Zeiss-Forschungszentrum waren mit der gleichen Aufgabe betraut worden. Allerdings lösten sie das Problem nicht so schnell wie wir.“ Mit den neuen Prozessparametern konnten Baulaser im Wert von 20 Millionen D-Mark produziert und ausgeliefert werden. „Ich wurde dafür 1986 vom Generaldirektor Wolfgang Biermann ausgezeichnet, bekam einen feuchten Händedruck, eine Urkunde und 1.000 DDR-Mark. Das war für unsere Verhältnisse sehr viel Geld, und es reichte für eine schicke Pelzjacke für meine Frau“, berichtet der Physiker und lacht. Er war schon immer ziemlich direkt, hatte das Herz am rechten Fleck und sagte seine Meinung frei heraus.

Neues Spiel, neue Regeln

Als die Mauer fiel, hatte seine Frau gerade ihr Ingenieurdiplom in der Tasche. Doch für eine neue Ingenieurin war in den alten Strukturen von Carl Zeiss Jena kein Platz mehr. Sie fand in Jena und Umgebung keinen Job. Folglich nahm der Druck auf die junge Familie mit zwei Kindern zu, etwas zu verändern. In einer Stellenanzeige in der Thüringer Landeszeitung suchte ein Unternehmen aus Goslar einen Diplom-Ingenieur für Glastechnik und Vakuumbeschichtung. „Meine Frau zeigte mir die Anzeige. Sie war genau auf meine Qualifikationen zugeschnitten. Ich bewarb mich und hätte dort sofort anfangen können“, sagt Bernd Heinz, doch er tat es nach dem ersten Bewerbungsgespräch in Goslar erst einmal nicht.

Erst später begriff der Physiker den wahren Grund für diese Stellenanzeige. Sofort nach dem Mauerfall witterten westdeutsche Glücksritter ihre Chance und warben massiv die gut ausgebildeten Fachkräfte aus dem Osten ab. Und als einige Zeit später die ostdeutschen Mitbewerber Konkurs anmeldeten und sich unter den Schutzschirm der Treuhand begeben mussten, kauften sie die Spezialmaschinen und Anlagen aus deren Konkursmasse. Genau auf diese Weise wurde der VEB Carl Zeiss Jena durch die Treuhand entflochten. Das Kerngeschäft übernahm der gleichnamige Konzern in Oberkochen, und Jenoptik erhielt die Geschäftsbereiche, die keine Erfolgsperspektive in „Richtung Zeiss" versprachen.

„Als ich das sah, wusste ich, dass ich mich schnell verändern musste, denn der Sieger bestimmt die Regeln. Trotzdem war ich mir unschlüssig, ob sich der Umzug nach Goslar lohnt oder ob ich nicht aus Sehnsucht nach den Freunden und der Familie wieder zurückwollte. Deshalb habe ich erst einmal abgelehnt und weiter im Astrobetrieb von Carl Zeiss Jena an der alten Bedampfungsanlage gearbeitet", begründet Bernd Heinz seine Überlegungen. Im August desselben Jahres inserierte die MMG Glastechnik aus Goslar noch einmal in der Thüringer Landeszeitung. „Aber jetzt war ich reif genug, bewarb mich wieder, wurde sofort eingeladen und unterschrieb einen Tag vor meinem vierzigsten Geburtstag den Arbeitsvertrag. Zwanzig Tage später sollte ich die Arbeit in Goslar beginnen."

„Ich mache Mathematiklehrer nicht, weil in Niedersachsen so viele Lehrer fehlen. Ich mache es, weil es mir Spaß macht. Danach werde ich mich nur noch meiner Kunst und meinem Garten widmen."

Vom Ersparten kaufte er sich einen alten Mercedes-Benz 190, den Klassiker schlechthin. „Es war mir ein innerer Parteitag, wie man so schön sagt, denn in der DDR hatte ich auch nach 17 Jahren Wartezeit weder Trabant noch Wartburg bekommen", schmunzelt er. Doch als er am ersten Arbeitstag, am 15. Oktober 1990, frühmorgens zu seinem neuen Arbeitgeber nach Goslar aufbrechen wollte, waren drei Reifen seines Autos zerstochen. „Ich weiß bis heute nicht, wer das getan hatte. Ich vermute, dass es irgendwelche Neider aus der Nachbarschaft waren." Neue Reifen zu besorgen war nicht ganz einfach, aber es gelang, und gegen 14 Uhr war er endlich in Goslar. Nach einer Führung durch die Fertigung fand sich der neue Mitarbeiter in einem Englischkurs wieder. „Das Unternehmen war international aufgestellt. Es war alles sehr gut vorbereitet, so dass ich nicht ins Bodenlose fiel", schildert Bernd Heinz.

Da die Bedampfungsanlagen für eine neu aufzubauende Fertigungslinie aus verständlichen Gründen noch auf sich warten ließen, beschäftigte man ihn zunächst mit der Kalkulation von Angeboten. „Ein Job, der ziemlich langweilig war. Zudem machten mir die Westkollegen immer wieder deutlich, dass ich bestimmte Details aus der Produktion der Firma noch nicht kannte." Er empfand das als recht frustrierend.

Goldene Zeiten

Als die MMG Glastechnik die alten Edelstahl-Bedampfungsanlagen B90 aus der Konkursmasse von Carl Zeiss Jena geliefert bekam, konnte Bernd Heinz endlich seine Fähigkeiten und Kenntnisse unter Beweis stellen. „Ich habe diese Anlage mit meinem alten Zeiss-Kollegen aus der Instandhaltung aufgebaut und in Betrieb genommen. Gleich mit dem ersten großen Auftrag wurden die Beleuchtungsoptiken für Pink Floyd mit einem Mehrschicht-Entspiegelungsbelag bedampft. Alles, was ich hierfür brauchte, waren die Anlage und Wissen über die Prozesse der Vakuumbeschichtung. Und das hatte ich im Kopf."

Im Studium hatte Bernd Heinz gelernt, dass man sich durchsetzen muss, ganz gleich, welche Herausforderungen auf einen zukommen. Und jetzt forderte die Industrie den Physiker heraus. Das niederländische Unternehmen Philips Eindhoven war damals einer der weltweit größten Ausrüster von Kassensystemen und führte als erstes die Barcodescanner für Supermärkte ein. Für diesen Massenmarkt brauchte man preiswerte und leichte optische Bauteile. Das Mittel der Wahl waren thermoplastische Kunststoffoptiken aus Polycarbonat, da sie sehr kostengünstig im Spritzgussverfahren hergestellt werden konnten. Die Herausforderung für den Bedampfungsprozess war, auf den Polygonspiegeln aus Plastik überhaupt optische Beschichtungen zu realisieren und für die Spiegelschicht einen hohen Reflexionsgrad bei rotem Licht zu erreichen. Versuche mit Aluminium als Schichtsubstanz waren nicht erfolgreich, denn das Material streute bei schrägem Lichteinfall zu stark.

Nach umfangreicher Literaturrecherche stieß Bernd Heinz auf Goldbeschichtungen. Das Edelmetall konnte den gelben und roten Lichtbereich fast vollständig reflektieren. „Also habe ich die Polycarbonatspiegel mit Gold bedampft und zu Philips geschickt. Dort sind die Produktmanager vom Glauben abgefallen und wollten sofort mit uns ins Geschäft kommen."

Allerdings waren vor der Unterzeichnung dieses Millionenauftrags noch einige Langzeittests nötig, um zu prüfen, wie stabil die Beschichtungen über die Zeit sind. Weil es aber das Klimalabor bei Carl Zeiss Jena nicht mehr gab, in dem man solche Materialien testen konnte, nahm der erfinderische Physiker die Bauteile mit nach Hause. Er legte sie abwechselnd in die Gefriertruhe und auf den Heizkörper im Wohnzimmer. Damit simulierte er ein Wechselklima. Aufgeklebte Tesa-Streifen lieferten nach dem Klimatest durch Abziehen den Nachweis, dass die Schicht hält. Nach diesem Wochenendeinsatz berichtete er seinem Chef, dass sie den Auftrag guten Gewissens annehmen könnten. Dies war der Einstieg in den niederländischen Markt.

Etwas später baute auch Kodak goldbeschichtete Kunststoffspiegel in seine CD- und DVD-Spieler ein. Damit gewann das Unternehmen einen weiteren Globalplayer als Kunden.

„Made in GDR“

„Ich bin ein unruhiger Geist. Ich denke sehr viel nach, kombiniere und erfasse das Wesentliche recht schnell. Das sind Fertigkeiten, die uns im Studium beigebracht wurden“, beschreibt Bernd Heinz sich selbst und berichtet von seinem ersten Patent im Westen. Die ersten Digitalkopierer hatten Ende der Neunzigerjahre Zylinderspiegel im Einsatz, die aufwendig geschliffen, poliert und bedampft werden mussten. Polieren ist in der Massenproduktion ein zeit- und kostenintensiver Prozess. Also setzte sich der Tüftler hin und überlegte, wie man das Polieren einsparen könnte. Seine Idee war, anstatt ein dickes Glasteil zu schleifen und zu polieren, besser einen gebogenen Spiegel aus Floatglas, also günstigem Flachglas, mit einer Dicke von 0,5 mm auf das geschliffene Glasteil aufzukleben. Denn Floatglas besitzt von Haus aus schon eine ebene optische Oberfläche. Diese Idee reichte er als Patent ein. „Es bedeutete mir damals sehr viel, anerkannt zu werden. Nach der Wende wurden wir ja im Westen anfänglich wie Aliens aus einer anderen Welt gesehen und waren die Blöden aus der DDR. Als die Bedampfungsanlage noch nicht da war, erlebte ich richtiges Mobbing. Es war eine harte Zeit. Erst als ich mit der Bedampfungsanlage meine eigenen Technologien verwirklichen konnte, war Ruhe. Dieses Denken aus den Anfangsjahren des Wendedeutschlands änderte sich erst, als das Unternehmen 1992 ein Tochterunternehmen der OCLI Optical Coating Lab wurde.“

Die Amerikaner hatten kein Problem damit, Leistung anzuerkennen und gebührend zu würdigen. Bernd Heinz schildert einen authentischen Vorfall. So sollte das Goslarer Unternehmen leitfähige und transparente Vorlagengläser für Kopierer mit automatischem Einzug liefern. Dazu sollte eine leitfähige Indiumzinnoxid-Beschichtung durch einen physikalischen „Sputterprozess“ auf das Auflageglas des Kopierers aufgebracht werden, indem also eine Kathode mit Ionen beschossen wird und die Metallverbindung dadurch gasartig zerstäubt. Doch das Team der Herstellerfirma, das zur Inbetriebnahme vor Ort war, konnte die Fertigung nicht hochfahren. Als nach drei Monaten die Ausbeute immer noch bei geringen 1.000 Stück pro Monat lag, krempelte Bernd Heinz die Ärmel hoch, opferte seinen Urlaub und bereitete zwischen den Weihnachtsfeiertagen den Produktionshochlauf nach seinem Gusto vor. „Ab dem 2. Januar habe ich Dampf in der Produktion gemacht. Ich war Tag und Nacht erreichbar, und manchmal riefen mich die Bediener auch nachts um drei Uhr an, wenn es ein Problem gab.“ Im Januar produzierte die Anlage 4.000 Stück und bereits im Februar die Sollmenge von 7.000 Stück, danach ging es steil nach oben. In Stoßzeiten konnten 14.000 Stück im Monat bedampft werden. „Die Anlage hatte sich innerhalb eines halben Jahres amortisiert. So sieht Eigeninitiative ‚Made in GDR' aus", meint scherzhaft Bernd Heinz. Die amerikanischen Gesellschafter der OCLI Optical Coating Lab Inc. waren begeistert und luden ihn und seine Familie im Sommer zu einem Vortrag nach Santa Rosa ein. „Das war genau die Anerkennung, über die ich mich sehr freute."

Kalt erwischt

Zur Physik kam Bernd Heinz „wie die Jungfrau zum Kinde", wie er sagt. Er war ein sehr guter Schüler und wurde deshalb ab der siebten Klasse an die Jenaer Spezialschule mit Schwerpunkt auf Mathematik und Naturwissenschaften delegiert. In der DDR entstanden in den Sechzigerjahren einige Spezialschulen für Hochbegabte – vor allem als Reaktion auf den Fachkräftemangel. Sein Vater hatte ihn nach dem Besuch einer Informationsveranstaltung für diese Schule angemeldet. „Diese Entscheidung mag aus seiner Sicht vielleicht richtig gewesen sein, aber ich fand es nicht so prickelnd, alle meine Kumpels aus der Fichteschule zu verlieren." Letztendlich habe er sich damit abgefunden. Nach dem Abitur wollte Bernd Heinz eigentlich Architektur studieren, konnte sich aber weder bei seinem Vater noch bei seinen Lehrern durchsetzen. Also blieb dem Abiturienten nichts anderes übrig, als sich für das Physikstudium in Jena einzuschreiben. Der erste Schock kam schon im vierzehntägigen Vorbereitungskurs auf das Studium, als Seminargruppenbetreuer Wolfgang Karthe zeigte, wie schlecht die Studienanfänger in Mathematik waren. „Er hatte uns besonders schwere Aufgaben gegeben, so dass selbst die Einser-Schüler stöhnten. Ich dachte damals, das wird ja ein hartes Studium." Stress entsteht, wenn man seine Komfortzone verlässt. Rückblickend stellte Bernd Heinz aber fest, dass genau das der richtige Weg war. Die strukturierte Herangehensweise an Abläufe und Prozesse half ihm überall, die richtigen Fragen zu stellen und auf die entsprechenden Randbedingungen zu achten. Er stellt fest: „Das ist es, was mich eigentlich auch im Westen gerettet hat. Man muss an gewissen Entscheidungspunkten auch die richtige Entscheidung treffen können. Ich konnte mein ganzes Berufsleben immer nahe an der Physik arbeiten, und das war gut so."

Tafelrunde

„Lehrer sein ist die letzte große Sache, die ich noch mache. Danach werde ich mich nur noch meiner Kunst und meinem Garten widmen", sagt der Unruheständler und verweist darauf, bereits in Jena auf einer selbstgebauten Drechselbank Holzlöffel gedreht und sich mit selbstgefertigten Nussknackern Ostseeurlaube finanziert zu haben. Die Nussknacker wurden mit einer Preisgenehmigung vom Rat der Stadt Jena sogar im Zeiss-Industrieladen verkauft. Sie passten demnach haargenau ins Raster des Beschlusses des Zentralkomitees, wonach alle Industrieunternehmen auch Konsumgüter für die Bevölkerung fertigen mussten. Heute drechselt er seine Figuren aus Polystyrol.

Seit 2015 gibt der Physiker Nachhilfeunterricht. „Meine Kinder sagten mir zum Eintritt ins Rentenalter, dass ich weiterhin etwas Sinnvolles machen sollte, weil ich so ein aktiver Typ sei. Sie haben mich zum Abacus-Nachhilfeinstitut in unserem Wohnort Bad Harzburg geschickt. So wurde ich Nachhilfelehrer." Weil er das sehr gut konnte, paukte er mit Schülern am Internatsgymnasium in Bad Sachsa die quadratische Ergänzung und die Scheitelpunktform von quadratischen Funktionen, wie er es früher an der Spezialschule gelernt hatte. Und plötzlich verstanden es die Schüler. Das führte dort bis 2024 sogar zu einer halben Lehrerstelle. „Ich mache das nicht, weil in Niedersachsen so viele Lehrer fehlen. Ich mache es, weil es mir Spaß macht, weil ich es kann und es mich an meine schöne Abiturzeit erinnert. Wir hatten an der Spezialschule einen ausgezeichneten Mathelehrer, Alfred Groß. Er hat uns so viel mitgegeben, und ich bin ihm dafür sehr dankbar", erläutert Bernd Heinz und ergänzt nachdenklich: „Und so bleibt von jedem Menschen – jetzt kommen wir ins Philosophische – etwas übrig, das weitergegeben wird an Menschen, die wir nicht kennen. Jetzt kann ich es auch einmal wie Alfred machen und den Schülern einiges an Wissen und Allgemeinbildung mitgeben. Das bereitet mir viel Freude", sagt der Rentnerlehrer, der jetzt als Mathematik- und Physiklehrer mit einer halben Stelle an einem Gymnasium in Wernigerode tätig ist.

1950 geboren in Jena, Abitur und Facharbeiterabschluss als Physiklaborant, Studium der Physik an der Friedrich-Schiller-Universität Jena
1973 Diplomarbeit im Wissenschaftsbereich Festkörperphysik, Arbeitsgebiet Supraleitung
1973–1990 Fertigungsleiter Mikrooptik Endfertigung, Operativtechnologe, Abteilungsleiter Planoptiktechnologie und maßgeblich verantwortlich für die Rekonstruktion der Verspiegelungsanlage für Astro-Großoptik bei Carl Zeiss Jena
1990–2015 Kalkulator, Projektant zum Aufbau einer Beschichtungsabteilung, Leiter Entwicklung und Batchcoating, Spezialist für Sonderprojekte bei MMG, später OCLI, später EuropTec
Seit 2016 Nachhilfelehrer bei Abakus, Mathematiklehrer am Gymnasium in Bad Sachsa (bis 2024), Mathematik- und Physiklehrer am Gymnasium in Wernigerode (2025).

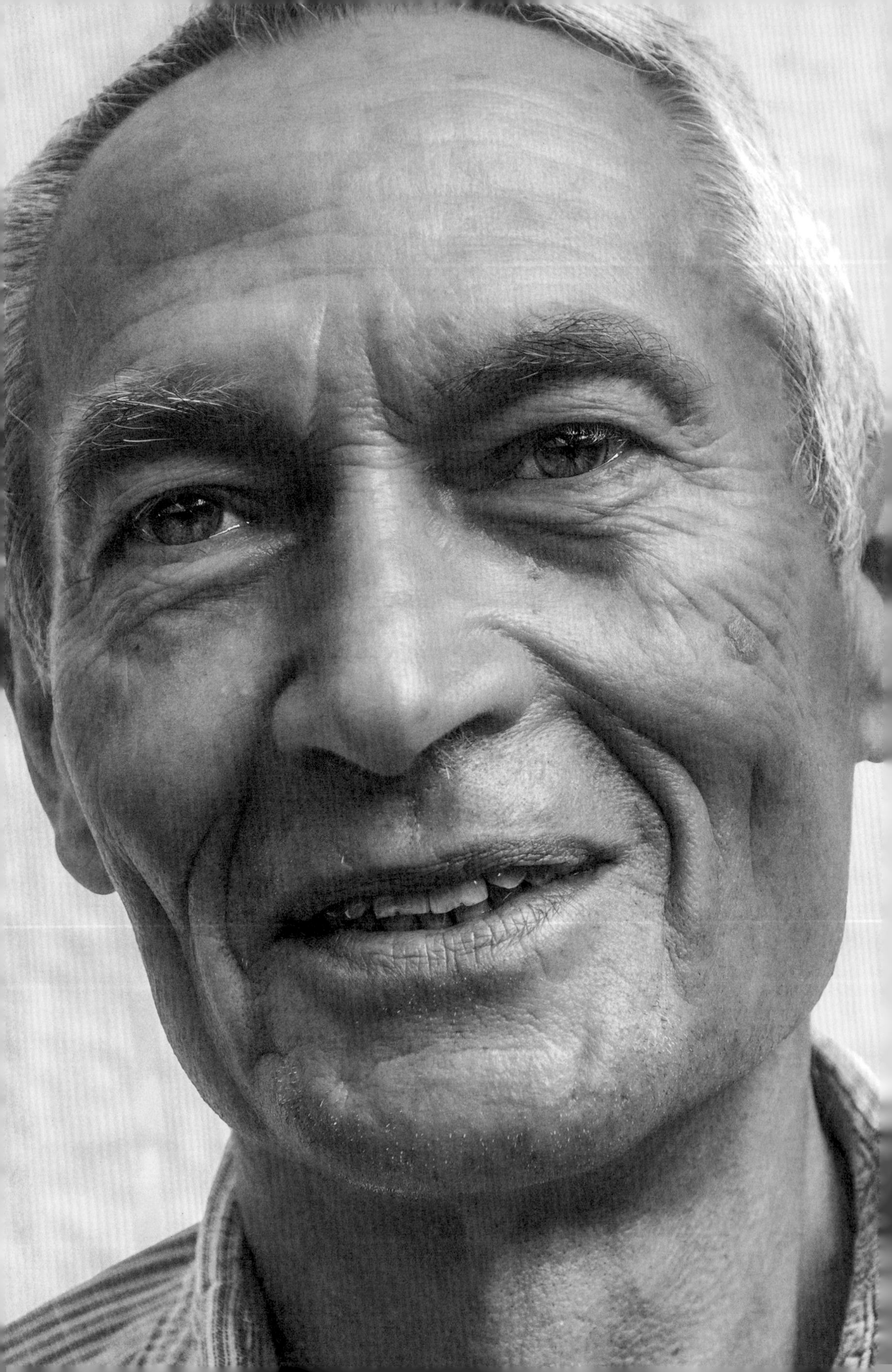

Kalibriert.

Wolfgang Thiel und die Physik des Neuanfangs.

Einen Monat vor ihrem 18. Geburtstag flüchtete Wolfgang Thiels Tochter in die bundesdeutsche Botschaft nach Prag. „Das hat dann unser weiteres Leben bestimmt“, resümiert der Physiker. Da die Tochter noch minderjährig war, stellte die ganze Familie einen Ausreiseantrag und konnte 13 Tage vor dem Mauerfall die DDR verlassen. „In Bayern haben wir uns ein neues Leben aufgebaut. Diese Jahre waren die besten in unserem Leben.“

Anja Thiel kam gerade aus ihrem Bulgarienurlaub zurück, als das Westfernsehen Menschen zeigte, die über die offene ungarisch-österreichische Grenze liefen. Tage später sollte sie im Staatsbürgerkundeunterricht begründen, weshalb diese Menschen alle Verbrecher seien, die das Land verlassen hätten. Sie verweigerte eine Antwort und sagte kurz darauf zu ihren Eltern, dass sie in diesem Staat kein Abitur machen werde.

Nach 14 Berufsjahren in den Keramischen Werken Hermsdorf suchte Wolfgang Thiel 1987 eine neue Herausforderung im Kombinat Elektroanlagen und Gerätebau Greiz. Ein Jahr später zog die Familie in seinen Heimatort. Was Eltern dabei aber selten berücksichtigen, sind die Ängste ihrer Kinder vor einem Ortswechsel und dem Verlust von Freunden. Anja Thiel fand in Greiz wenige neue Freunde. Auch ihrem Freund Ralf erging es ähnlich: Er musste mit seinen Eltern von Altenburg nach Greiz umziehen.

Mitte September 1989 wollte Anja zur Geburtstagsfeier einer Freundin und bei ihr übernachten. „Als sie losging, drückte sie uns noch einmal ganz fest und hatte Tränen in den Augen. Wir fragten uns, was wir schon wieder falsch gemacht hatten, bis wir am nächsten Morgen einen Brief von ihr im Briefkasten fanden. ‚Wir sind auf dem Weg in den Westen. Seid uns nicht böse, versucht nachzukommen'", berichtet Wolfgang Thiel.

Grenzerfahrung

Anja und ihr Freund waren gar nicht auf der Geburtstagsfeier, sondern mit dem Motorrad auf dem Weg nach Ungarn. Sie hatten einen Basketball mitgenommen und erzählten den tschechischen Grenzern, dass sie ihrer Schulmannschaft zum Freundschaftsspiel hinterherreisen wollten. Als sie nach dem weiteren Weg fragten, wurden sie in eine Falle gelockt und kurz darauf verhaftet. Sie mussten eine Nacht im Arrest verbringen und bekamen einen Stempel in ihre Ausweise, dass sie sich innerhalb von 24 Stunden bei den Behörden der DDR melden sollten. In der Arrestzelle saßen noch zehn weitere Jugendliche, denen es ähnlich ergangen war. Also machte sich die Gruppe am nächsten Tag in Richtung Prag auf den Weg und klopfte bei der ungarischen Botschaft ans Tor. Der Botschafter verwies sie an die bundesdeutsche Botschaft unterhalb des Hradschin. Hier kletterten alle über den Zaun und trafen auf Hunderte weitere Besetzer. Auf der Wiese waren Zelte aufgebaut, in denen man übernachten konnte.

„Wir haben den Brief gelesen und beratschlagt, was wir tun sollten. Ich war zu dem Zeitpunkt Direktor für Forschung und Entwicklung im Elektrobau Greiz. Also habe ich am nächsten Montag den Kombinatsdirektor informiert, dass meine Tochter weg ist und ich nicht weiß, wo sie ist. Er gab mir den Rat, nach Prag in die Botschaft zu fahren und dort meine Tochter zu suchen. Wie sich später herausstellte, war er inoffizieller Mitarbeiter der Stasi", sagt Wolfgang Thiel. Folgerichtig standen nach dieser Meldung plötzlich Polizei und Stasi vor der Haustür, durchsuchten das Zimmer der Tochter und beschlagnahmten den Brief.

Tags darauf fuhr der Vater mit seinem Trabi nach Prag zur bundesdeutschen Botschaft. Die Bilder mit den Ereignissen rund um das Palais Lobkowitz kannte er aus dem Fernsehen. Am Botschaftsgelände angekommen, half er zunächst einer Frau mit einem Kinderwagen über den Zaun. Er hatte ein Bild seiner Tochter und ihres Freundes in der Tasche und zeigte es einem jungen Mann hinter dem Zaun. Zum Glück wusste ausgerechnet er, wo Anja zu finden war – nämlich im Zelt 4. Kurze Zeit später war sie am Zaun und sie konnten sich kurz besprechen.

Unterdessen waren bereits über 900 Menschen auf dem Botschaftsgelände. Die Zustände verschlechterten sich zusehends. Der Weg zur Toilette sei mit weggeworfenen DDR-Geldscheinen übersät, berichtete Anja. Der Zufall wollte es, dass gerade an diesem 26. September 1989 Rechtsanwalt Wolfgang Vogel in Begleitung von Anwalt Gregor Gysi und Kanzleramtsminister Rudolf Seiters zu Verhandlungen mit den Botschaftsbesetzern vor Ort war. Es wurde zugesichert, dass diejenigen, die die Botschaft verlassen, innerhalb eines halben Jahres ausreisen dürften.

Die Frage war jetzt, wie das mit Minderjährigen gehandhabt werden würde. Im Gespräch mit den beiden Jugendlichen erklärte Gregor Gysi, dass in diesem Fall nur die Eltern für sich selbst und die Kinder den Ausreiseantrag stellen könnten. Anja Thiel fuhr daraufhin am 26. September wieder nach Hause. Und nun begannen für die ganze Familie die entscheidenden Stunden.

Am 2. Oktober 1989 meldeten sich die Thiels bei Rechtsanwalt Hans Peter Richter in Jena, einem Anwalt aus dem Kollegium von Wolfgang Vogel. Richter war früher Ökonomiechef im Studentenklub Rosenkeller und damit in Jena bekannt wie ein bunter Hund. Er formulierte den Ausreiseantrag nicht nur für die Tochter, sondern für die gesamte Familie. Am nächsten Tag sollten sich Wolfgang Thiel und seine Frau Brigitte bei der Abteilung Inneres in Greiz melden. „Eigentlich wollten wir das Gespräch damit beginnen, dass sich hier etwas ändern muss, damit nicht alle Leute weggehen. Aber kaum hatten wir die Tür aufgemacht, da hieß es, dass wir alle zusammen innerhalb von drei Wochen ausgereist sein müssen! Wir sagten uns, wenn man uns schon die Leiter an die Mauer lehnt, dann benutzen wir sie auch“, erklärt Wolfgang Thiel.

„Wir wollten das Gespräch damit beginnen, dass sich hier etwas ändern muss, damit nicht alle Leute weggehen. Aber kaum hatten wir die Tür aufgemacht, da hieß es, dass wir alle zusammen innerhalb von drei Wochen ausgereist sein müssen! Da sagten wir uns, wenn man uns schon die Leiter an die Mauer lehnt, dann benutzen wir sie auch.“

Vom technischen Leiter des Elektrobaus bekam Wolfgang Thiel kubikmetergroße Kisten, in denen zuvor Garnrollen transportiert wurden. Ein befreundeter Tischler halbierte sie und fertigte neue Deckel an. In den acht Kisten verstaute die Familie ihr Umzugsgut. Neben den unzähligen Gängen zu den verschiedenen Ämtern erstellten die Thiels Listen über Listen zu ihrem Hab und Gut. Jedes einzelne Buch musste mit genauen Angaben haarklein aufgelistet werden. Knapp zwei Wochen vor dem Mauerfall stieg Familie Thiel schließlich mit 14 Gepäckstücken, Schulranzen und Koffern in den Interzonenzug nach Hof. Wolfgang Thiel erinnert sich noch genau: „Ich hatte mir einen Diplomatenkoffer gekauft, in dem ich die ganzen Unterlagen für unsere Ausreise hatte – auch ein Schwarzexemplar meiner Dissertation, die aber damals vertraulich war. Als an der Grenze der Zöllner meinen Koffer aufmachte, hatte ich Angst, dass er diese Arbeit findet. Das waren die schlimmsten Minuten meines Lebens.“

Die Physikstudenten wohnten von 1969 bis 1971 im Haus 12 des Studentenwohnheims Jena-Zwätzen. Die Baracke aus Stein lag – im Gegensatz zu den Holzbaracken des Hauptwohnheims an der Naumburger Straße 105 – etwas abseits von der Bahnlinie Jena – Leipzig in Jena-Löbstedt. Diese Abgeschiedenheit gewährleistete auch eine gewisse Freiheit, so dass die Studenten auch mal auf dem Dach des Kohleschuppens Schach spielten.

Laut Wolfgang Thiel kam der Entschluss zur Ausreise nicht so überraschend, wie es klingen mag. Mit Freunden der Familie traf man sich bereits regelmäßig zu sogenannten Dissidententreffen. Als dann einer nach dem anderen ausreisen konnte, sei das jedes Mal wie eine Beerdigung gewesen. Noch immer waren die Thiels der Meinung, in der DDR etwas ändern zu können. Brigitte war das einzige Kind ihrer Eltern und wollte sie nicht im Stich lassen. Wolfgang hatte als Kind erlebt, wie schwer es für seine Eltern war, als sein zehn Jahre älterer Bruder 1957 in den Westen ging. „Sie haben ihn erst 1964 in Berlin wiedergesehen. Eigentlich wollte ich das meiner Mutter nicht noch einmal antun."

Planerfüllung

Wolfgang Thiel ist in Greiz verwurzelt. Er lernte Seidenweber bei Novotex und machte nebenher sein Abitur. Da ein Bruder Mathematik- und Physiklehrer, der andere Physiker war, wählte er dieses Studienfach ebenfalls. Seine Frau studierte in Reichenbach an der Textilfachschule Ökonomie, deshalb blieb der Lebensmittelpunkt der Familie in Greiz.

Im Studium lernte Wolfgang Thiel, immer hartnäckig zu sein und ausdauernd nach der Lösung eines Problems zu suchen. „Das trägt mich eigentlich durch mein gesamtes Berufsleben. Nicht aufgeben! Physiker lernen in ihrem Studium, mit Frustrationen umzugehen. Es gibt fast immer eine Lösung, man muss sie nur finden."

Mit Beginn der Diplomarbeit im vierten Studienjahr fühlte er eine gewisse innere Befreiung. Endlich konnte er selbstständig arbeiten und eigene Wege gehen. „Es war ein Glück für mich. In meinem gesamten Berufsleben war ich Einzelkämpfer. Nicht dass ich in kein Kollektiv oder

Team integriert war, aber ich wollte die Aufgaben selbst stellen und die Probleme selbst lösen." Als Diplomand untersuchte er, wie gut bestimmte Kristalle elektrische Felder leiten können. Dazu bestimmte er die sogenannte Dielektrizitätskonstante bei einer hohen Frequenz von 9 Gigahertz. Für diese Messungen baute er einen speziellen Apparat mit sogenannten Hohlleitern. Wird eine Probe des Materials an einer bestimmten Stelle in den Messapparat eingesetzt, verändert sich die Eigenfrequenz des Systems. Diese Frequenz hängt sowohl von der Größe des Resonators als auch von den Eigenschaften des eingefügten Materials ab. Aus der gemessenen Frequenzänderung kann man auf die Dielektrizitätskonstante des Materials schließen.

Im Mikrowellenlabor der Sektion Physik hat Wolfgang Thiel den praktischen Umgang mit Hohlleitern gelernt, der ihn ein halbes Arbeitsleben lang begleiten sollte. Sein Betreuer Wolfgang Karthe gab ihm zu Beginn einen Artikel der „Physical Reviews" über die Feldverteilung im Hohlraumresonator bei verschiedenen Dielektrika zu lesen und bat den Diplomanden, diese nachzurechnen. Beim Druck des Artikels mussten sich Fehler eingeschlichen haben, denn die wesentlichen drei Integrale hielten einer erneuten Herleitung nicht stand. „Das war der Punkt, an dem ich begriff, dass man nicht alles ungeprüft übernehmen kann, sondern besser einmal mehr nachrechnet und hinterfragt."

Als die Absolventenstellen vergeben wurden, benötigte er für seine inzwischen dreiköpfige Familie eine Arbeitsstelle mit einer Wohnung. Die zugewiesenen Stellen im Bandstahlwerk Burg bei Magdeburg und im Porzellanwerk Auma konnten das nicht zusichern. Über Umwege bekam er eine Stelle im Magnetlabor der Keramischen Werke Hermsdorf. Dort brauchten sie einen Wissenschaftler, der sich mit Mikrowellen auskannte und Mikrowellenferrite für Radar und Richtfunktechnik entwickeln konnte. Das passte genau zum Thema von Thiels Diplomarbeit: „Eigentlich wollte ich nie ein Messknecht werden und habe doch mein ganzes Berufsleben lang nur gemessen. Aber das war richtig gute Forschungsarbeit. Die Themen waren immer interessant und mir hat niemand gesagt, was ich zu tun und zu lassen habe. Ich konnte mir immer wieder ein neues Thema suchen."

Durch die enge Kooperation mit einer Abteilung der Universität Leipzig bewarb sich Wolfgang Thiel dort auf eine außerplanmäßige Aspirantur. „Im Übrigen habe ich mich nur aus Langeweile beworben und in Leipzig dann über einen neuen Werkstoff promoviert. Heute hätte ich ein schlechtes Gewissen, wenn ich die Energiekosten für diese Arbeit zusammenrechnen müsste." Ferrite werden aufwendig hergestellt: Verschiedene Oxide werden gemischt, anschließend vorgesintert, zermahlen, in Formen gepresst und erneut gesintert. Die Messreihen für neue Werkstoffe umfassten Hunderte verschiedener Varianten. Damals musste man sich das wegen

1949 geboren in Greiz, Abitur und Abschluss als Webereifacharbeiter, Studium der Physik an der Friedrich-Schiller-Universität Jena
1973 Diplomarbeit im Wissenschaftsbereich Hochfrequenzspektroskopie
1986 Promotion an der Karl-Marx-Universität Leipzig
1973–1989 Wissenschaftlicher Mitarbeiter im Kombinat Keramische Werke Hermsdorf, Direktor für Forschung und Entwicklung im Kombinat Elektroanlagen und Gerätebau Greiz
1989 Ausreise in die Bundesrepublik
1990–2014 Laserentwickler bei Carl Baasel Lasertech Starnberg
Seit 2014 Standortleiter einer Taekwondo-Schule in Reichenbach (Vogtland).

des Hochtechnologieboykotts der westlichen Industrieländer leisten können, aber heute könnte es niemand mehr bezahlen, meint Wolfgang Thiel.

Doch danach zog es Wolfgang Thiel wieder in seine Heimatstadt zurück. Seine Eltern, die aus Schlesien kamen, wohnten noch immer dort. Als er ein Stellenangebot in Greiz erhielt, nutzte er die Gelegenheit.

Im Kombinat Elektrotechnik und Gerätebau Greiz wurden viele kleinere Betriebe zusammengeführt, die nichts miteinander zu tun hatten. Ein Unternehmen entwickelte beispielsweise einen Industrielaser, für den es 1986 mit dem Nationalpreis der DDR ausgezeichnet wurde. Daraufhin bekam das Kombinat den Auftrag, einen medizinischen Laser zu entwickeln. „Ich dachte mir, damit tust du mal etwas Gutes für die Menschheit, hatte aber keine Ahnung von Elektronik oder von Lasern. Meine Bedingungen für den Berufseinstieg in Greiz waren: keine Parteizugehörigkeit, eine Vierraumwohnung für meine Familie und eine Arbeitsstelle für meine Frau. Als alles erfüllt war, machte ich mich in der Sektion Physik in Jena im Laserlabor von Gerhard Wiederhold über Festkörperlaser schlau und wechselte mit diesem Wissen nach Greiz." Wolfgang Thiel zieht ernüchtert Bilanz: „Als der Direktor für Forschung und Entwicklung wechselte, bekam ich seinen Job, direkt und ohne Parteibuch. Aber damit hatte ich immer weniger mit Lasern zu tun, sondern viel mehr mit Organisieren und dem Schreiben von Berichten an die Staatliche Plankommission. Und mit Anjas Fluchtversuch hatte sich die ganze Sache ohnehin erledigt."

Strahlkraft

In der Bundesrepublik angekommen, kam Familie Thiel erst einmal mit ihren Koffern bei einem Freund in Baden-Württemberg unter. Wolfgang Thiel bewarb sich auf sämtliche Stellenanzeigen in der Süddeutschen Zeitung, erhielt aber immer wieder Absagen. Nach zwei Monaten startete er eine Initiativbewerbung bei der Carl Baasel Lasertech in Starnberg. Gleichzeitig flatterte eine Einladung vom Kernforschungszentrum Jülich ins Haus. Dort hätte der Physiker Keramikmotoren für Pkw entwickeln sollen und wäre Beamter geworden. „Parallel dazu hatte ich bei Baasel ein Vorstellungsgespräch, fast fünf Stunden lang, am Ende auch mit dem Firmengründer selbst. Im Vorstellungsgespräch sagte ich, dass ich nicht der große Wissenschaftler sei. Aber wie beim Giro d'Italia muss es im Feld Fahrer geben, die für den Teambesten fahren und ihn versorgen. Und so ein Wasserträger bin ich. Am Ende des Gesprächs fragte mich Carl Baasel, ob ich lieber Werkstoffentwicklung oder Laserentwicklung machen würde. Ich antwortete: ‚Werkstoffentwicklung und Festkörperphysik, davon habe ich mehr Ahnung'."

Zwei Monate verstrichen, und Familie Thiel war schon fast auf dem Weg nach Jülich, als ein Arbeitsvertrag von Baasel ankam. „Das war für mich wie ein Hauptgewinn. Wir haben gleich eine Wohnung im Landkreis Starnberg bekommen und 16 Jahre dort gewohnt." Carl Baasel Lasertech entwickelte anwendungsspezifische Laser, zum Beispiel kleine Schweißlaser für Handwerk und Schmuckindustrie, für die Perforierung von Personalausweisen oder Schweißlaser für Herzschrittmacher. Besonders trickreich war die Entwicklung eines Lasers für die Beschriftung von Wafern. Er musste so angepasst werden, dass keine Partikel austreten und die Wafer nach dem Markieren nicht gereinigt werden mussten. Nach einem Jahr und zahlreichen Experimenten mit zum Teil frustrierenden Ergebnissen hatte Thiel einen Laser derart optimiert, dass der entwickelte „Waferlase" ein Erfolgsprojekt für die Carl Baasel Lasertech und den Auftraggeber SGS-Thomson wurde.

Kaum in Bayern angekommen, begann Wolfgang Thiel gemeinsam mit seinem Sohn die Kampfkunst Taekwondo. Sie trainierten in München bei Großmeister George Maier, Mitglied des Verbandes des koreanischen Großmeisters Kwon Jae-Hwa. Wolfgang Thiel legte sechs Jahre später seine erste Dan-Prüfung ab und 2001 in New York bei Großmeister Kwon Jae-Hwa die zweite. Inzwischen erhielt er von den Großmeistern George und Gerhard Maier den dritten und vierten Dan. Im System der Maier-Zwillinge betreibt er seit dem Eintritt ins Rentenalter als Standortleiter selbst eine Taekwondo-Schule im benachbarten sächsischen Reichenbach.

Vollendung

Heute schaut Wolfgang Thiel auf ein erfülltes und ereignisreiches Leben zurück und betont, dass sein Leben aus den drei Säulen Familie, Beruf und Freizeit besteht: „Ich habe jede Menge unvergessliche Eindrücke von Dienstreisen ins Ausland, von den Reisen mit dem Taekwondo, unseren Bergtouren in den Alpen mit Tourenski oder zu Fuß und natürlich immer wieder von unseren Klettertouren in der Sächsischen Schweiz. Mit Beginn des Rentenalters sind wir wieder nach Greiz zurückgekehrt. Der Kreis schließt sich, und jetzt gilt es, Rückschau zu halten und abzuschließen." Die Kategorien Ost und West sind ihm heute fremd: „Für mich ist das abgehakt. Wir sind ein Land, und für mich ist das eine Einheit. Ich bin froh, dass so viele junge Menschen auch nicht mehr in diesen Kategorien denken, weil sie es nicht mehr kennen."

Ausgerichtet. Ivo Senff zwischen Präzision und Prinzipien.

Ivo Senff forschte jahrelang als Wissenschaftler auf einem Hochtechnologiegebiet bei Carl Zeiss Jena und bereitete gerade die Verteidigung seiner Dissertation vor. Da stellte ihn sein Hauptabteilungsleiter vor die Alternative, sich entweder von seiner russischen Frau zu trennen oder seine Karriere als Wissenschaftler im Forschungszentrum zu beenden. Als Konsequenz daraus nutzte der Physiker den runden Geburtstag seines Onkels, um das Land zu verlassen. Aber genau in dem Moment, als seine Familie nachkommen sollte, fiel die Mauer, und der Physiker feierte Weihnachten 1989 in Jena eine doppelte Wiedervereinigung.

Eigentlich sieht sich Ivo Senff als das schwarze Schaf einer alten Lehrerfamilie, denn er studierte Physik. Nur seine Frau und seine beiden Kinder setzten diese Familientradition fort. „Sie haben hart für ihren Lehrerberuf gearbeitet. Als Eltern können wir beruhigt sein. Die Zukunft der beiden scheint gesichert zu sein, wenn nicht die ganze Welt völlig verrückt spielt", beleuchtet Ivo Senff seine Familiengeschichte. Dass ausgerechnet er Physik studierte, verdankt er seinem Vater. Der Philologe sprach sechs Sprachen fließend, war Gymnasiallehrer und betreute im Zweiten Weltkrieg als Dolmetscher amerikanische und britische Kriegsgefangene. Dies kam aber in der stalinistisch geprägten jungen DDR nicht gut an, weshalb er mit einem lebenslangen Berufsverbot als Lehrer belegt wurde. Neben seiner Tätigkeit im Bereich der Penicillin-Herstellung am Akademieinstitut für Mikrobiologie und experimentelle Therapie in Jena leitete er die Betriebsbibliothek. „Mein Vater brachte mir immer interessante Kinderbücher mit, die Naturwissenschaften erklärten. Besonders

fasziniert war ich vom Buch ‚Peter, ich und die Atome' von Václav Koval. Da war ich etwa acht oder neun Jahre alt und wollte Atomphysiker werden. Später las ich dann Bücher über Technik wie das Buch ‚Eine glückliche Jugend im Zeichen der Technik' von Manfred von Ardenne. Und als wir ab der siebten Klasse Physik hatten, sah ich in unserem Physiklehrer Albert Einstein, denn er trug genauso wirres Haar und eine Fliege. Sein Unterricht begeisterte mich derart, dass ich endgültig Physiker werden wollte", berichtet Ivo Senff.

Strapazen und Strukturen

Ivo Senff legte sein Abitur in Jena ab und schloss gleichzeitig eine Berufsausbildung zum Elektromechaniker ab. Unmittelbar danach musste er sich wegen eines angeborenen Herzfehlers einer Herzoperation unterziehen. Er wurde für ein Jahr als arbeitsunfähig eingestuft, da er als Werktätiger mit abgeschlossener Berufsausbildung galt. Das hatte den Vorteil, dass er Invalidenrentner wurde und eben deshalb wie andere Rentner mit dem Interzonenzug – im Volksmund „Mumien-Express" genannt – in den Westen fahren durfte. Hier wurde er von einem Verwandten zum anderen weitergereicht und reiste in den genehmigten sechs Wochen bis nach Skandinavien.

Im Anschluss daran arbeitete er noch einige Monate bei Carl Zeiss Jena in einem Forschungslabor als Elektromechaniker, bevor sein Physikstudium begann.

„Das war schon eine gewaltige Umstellung. Im Gymnasium war ich Klassenprimus, durfte die Abiturrede halten, und hier war ich plötzlich unter lauter Klassenbesten. Für mich waren die vier Jahre des Physikstudiums die mühseligsten überhaupt. Wenn heute jemand von der goldenen Studienzeit erzählt, so mag das stimmen." Doch Ivo Senff musste sich sehr anstrengen: „Wer das Studium ernst nahm, der hatte von Montagfrüh bis Samstagabend damit zu tun, Aufgaben zu lösen und Vorlesungen nachzuarbeiten. Das war übrigens auch der Grund, weshalb ich nie Theoretiker werden wollte, sondern in die angewandte Physik ging."

Gegenüberliegende Seite: Zu Beginn des zweiten Studienjahres mussten die Studenten dem Aufruf des Rektors der Universität folgen und den Bauern bei der Kartoffelernte helfen. Die Seminargruppe 2 „spendete den Erlös von 150,40 DDR-Mark dem heldenhaft kämpfenden Volk in Vietnam", so vermerkt es das Gruppenbuch.

Letztlich gab die Diplomarbeit den Ausschlag für seinen weiteren Berufsweg. Er entschied sich, im Kristall-Labor bei Carl Zeiss Jena seine Arbeit zu schreiben. „Hier konnte ich mein Wissen aus der Festkörperphysik anwenden, und es war eine wirklich wissenschaftlich-physikalische Tätigkeit." Der Diplomand untersuchte Strukturen in Calciumfluorid, das häufig als optisches Medium in Linsen eingesetzt wird. Je nachdem, welche Fremdstoffe enthalten sind, kann dieser sogenannte Flussspat verschiedene Farben annehmen. Auch die Anordnung der Atome im Kristall verändert sich mit der Temperatur. Die würfelförmigen Calciumfluorid-Kristalle untersuchte er mit speziellen Messmethoden bei sehr niedrigen Temperaturen – die Proben wurden dafür in einem mit flüssigem Neon gekühlten Gerät auf minus 246 Grad Celsius abgekühlt und unter hohen Druck gesetzt. Auf diese Weise können Elektronen Plätze einnehmen, die eigentlich von negativ geladenen Atomen (Anionen) besetzt sein sollten. Dadurch absorbieren die Kristalle Licht bestimmter Wellenlängen und verfärben sich. „Das war echte Grundlagenforschung. Ich habe mich sehr angestrengt, und die Arbeit wurde auch sehr gut bewertet. Das hat mich in meiner Berufswahl bestätigt, und Physik wurde mein Traumberuf. Ich habe diese Entscheidung keine Sekunde bereut."

Karriere und Konflikte

Nach dem Diplom bot man Ivo Senff sofort eine Stelle in derselben Forschungsabteilung an, und er wechselte von der Kristalluntersuchung zur Kristallzüchtung. Hier wurden bei hohen Temperaturen Neodym-YAG-Laserkristalle gezüchtet, aus denen anschließend funktions- und qualitätsbestimmende Bauelemente für medizinische und militärische Geräte gefertigt wurden. „Mit dieser anspruchsvollen Hochtechnologie waren wir im gesamten Ostblock führend."

Anfang der Achtzigerjahre schlug ihn sein Abteilungsleiter für eine außerplanmäßige Aspirantur am Moskauer Energetischen Institut bei Pavel Alexandrovich Arsenev vor. Normalerweise waren solche Aspiran-

Subbotnik in Jena-Lobeda im April 1970: Einmal im Jahr gab es einen „freiwilligen“ Arbeitseinsatz an einem Wochenende. Hier heben die Studenten der Seminargruppe 4 gerade einen Kabelkanal aus. Peter Moos hatte bei diesem Einsatz das Glück, dass er ausgebildeter Baumaschinenfacharbeiter war und deshalb in der Baggerkabine saß. Von links nach rechts: Berndt-Joachim Lau, Erhard Döpel, Richard Kowarschik, Karl Höche und Rainer Nagler.

turen immer mit einem klaren Bekenntnis zum Staat in Form einer SED-Parteimitgliedschaft verbunden. „Aber ich habe aus meiner Abneigung gegen eine SED-Kandidatur kein Hehl gemacht, denn es ärgerte mich, dass ich nicht zu Kongressen und Tagungen ins westliche Ausland fahren durfte. Ich machte die Arbeit, war der Spezialist, und andere brüsteten sich mit meinen Forschungsergebnissen.“ Trotzdem wurde ihm dies gewährt und er pendelte einige Jahre zwischen Jena und Moskau. In dieser Zeit führte Michail Gorbatschow in der Sowjetunion die Glasnost-Politik ein, die Auswirkungen auf den gesamten Ostblock hatte und auch in der DDR zunehmend Anklang fand. Das blieb nicht ohne Folgen: So wurde beispielsweise die sowjetische Zeitschrift „Sputnik“ in der DDR verboten, weil sie verstärkt über die politischen Umwälzungen in der Sowjetunion, über die Verbrechen Stalins sowie über rehabilitierte, bislang verfemte Künstler und Wissenschaftler berichtete. „Da drehte dann der ganze Betrieb durch, die Stimmung spitzte sich zu.“

Eines Tages bestellte ihn sein Hauptabteilungsleiter zu sich und äußerte, er habe schlechte Zukunftsaussichten, wenn er nicht in die Partei eintrete. „Ich wollte natürlich noch meine Promotion fertigstellen und verteidigen und versuchte mit aller Kraft, dies hinauszuzögern. Als es nicht mehr ging, stellte ich nach einem langen Gespräch den Antrag auf Aufnahme als Kandidat der SED. Aber ich bestand darauf, dass ich die Begründung mit meinen Bedenken vor der versammelten Mannschaft vortragen könne.“

Wolfgang Nordwig, Olympiasieger im Stabhochsprung von 1972 und Physiker aus demselben Studienjahr, war inzwischen zum Forschungsdirektor bei Carl Zeiss Jena aufgerückt. Er berief für die Aufnahme eine außerordentliche Parteiversammlung mit allen Parteisekretären des Unternehmens ein. „Vor weit über hundert Leuten erklärte ich meinen Eintritt als Kandidat, aber auch, dass ich mich nicht verbiegen lasse und im Parteilehrjahr meinen eigenen Standpunkt vertreten werde." Ivo Senff erinnert sich noch genau: „Da trat plötzlich große Stille im Saal ein, und ein Teilnehmer merkte an, dass ich ja ein trojanisches Pferd sein könnte. Deshalb stellte man die Forderung auf, meinen vorgetragenen Aufnahmeantrag ohne Wenn und Aber meinerseits zu stellen. Andernfalls würde er nicht bestätigt. Angesichts dessen zog ich auf dieser Versammlung meinen Aufnahmeantrag zurück, denn ich begriff, dass mein Hauptabteilungsleiter mir gegenüber Wortbruch begangen hatte. Ich wusste, dass jetzt eine Entscheidung folgen musste – entweder von mir oder vom Unternehmen."

Trennung und Treue

„Am darauffolgenden Tag erklärte mir mein Hauptabteilungsleiter, dass meine Karriere im Forschungszentrum so gut wie beendet sei, wenn ich nicht meine persönlichen Verhältnisse kläre. Er sagte: ‚Ihre Frau ist Französischlehrerin an der Friedrich-Schiller-Universität und trifft sich mit Franzosen. Das geht nicht mit unseren Sicherheitsbestimmungen überein.' Auf gut Deutsch war das eigentlich die stille Aufforderung, mich scheiden zu lassen. Für mich war das eine solche Frechheit, so eine Niedertracht, wie ich sie bis dahin noch nie erlebt hatte. In diesem Moment war meine Entscheidung gefallen, diesem perfiden System nicht mehr angehören zu wollen. Das war eine Zäsur im Leben, und sie erinnerte mich an die Lebensgeschichte meines Vaters, der ja seinen Lehrerberuf in der DDR auch nicht mehr ausüben durfte. Spätestens jetzt war meiner Frau und mir klar, dass es uns genauso gehen könnte", sagt der Wissenschaftler. Als Konsequenz des gescheiterten SED-Aufnahmeantrages wurde er sofort als Reisekader für das sozialistische Lager gestrichen und konnte dadurch auch seine Promotion in Moskau nicht mehr verteidigen. Zumindest für den Akademikertitel waren die vielen Jahre Arbeit daran vergeblich.

Seine Frau ist in Kostroma nordöstlich von Moskau aufgewachsen und studierte dort Französisch und Deutsch. Beide lernten sich in Ungarn kennen und heirateten auf abenteuerliche Weise in dieser geschlossenen Stadt im Raketenabwehrgürtel um Moskau. „Danach haben wir es geschafft, dass sie mit ihrem russischen Pass in die DDR ausreisen konnte und eine Arbeit im Sprachlabor der Universität bekam." Ivo Senff nutzte dafür seine früheren Kontakte. Sie unterrichtete russische Studenten, die in Jena Germanistik und Französisch studierten, und wechselte anschließend in das Französisch-Intensivzentrum. Dort brachte sie Lehrern, Ingenieuren und

Wissenschaftlern, die später nach Mosambik oder Algerien geschickt werden sollten, in einem einjährigen Intensivkurs Französisch bei. „Weil meine Frau berufsbedingt Kontakte zu Lehrkräften aus Frankreich hatte, gerieten wir ins Visier der Stasi. Und mit meinem angekündigten Rauswurf aus dem Forschungszentrum kam alles zusammen. Es blieb uns nichts anderes übrig, als nach Alternativen zu suchen."

Damals konnte gelegentlich jemand allein zu einem runden Geburtstag von Verwandten in den Westen fahren. „Wir entschlossen uns, es auch so zu machen. Natürlich war es abgesprochen, und wir haben meinem Onkel über andere Kanäle zukommen lassen, dass er eine Einladung schickte", sagt Ivo Senff. Als der Besuchsantrag wider Erwarten genehmigt wurde, kaufte er sich eine Fahrkarte mit Rückfahrt und stieg am 20. Dezember 1988 in den Interzonenzug nach Nürnberg. Es war eine schwerwiegende Entscheidung, an die sich Ivo Senff erinnert: „Ich hatte wirklich starke Gewissensbisse meinen Arbeitskollegen gegenüber, die ich mit meiner Republikflucht quasi im Stich ließ und die dadurch vielleicht Repressalien ausgesetzt werden würden. Unter normalen Umständen hätte ich nie mein geliebtes Arbeitsfeld der Hochtemperatur-Kristallzüchtung verlassen, aber die Politik zwang mich zum beruflichen Neuanfang. Es war unheimlich bedrückend, bei Nacht und Nebel über die deutsch-deutsche Grenze zu fahren und zu wissen, man kann nicht mehr zurück. Einen Ausreiseantrag zu stellen, wäre unser wirtschaftlicher Selbstmord gewesen. Wir hätten beide sofort Berufsverbot bekommen. Deshalb wollten wir es auf dem bekannten Weg der Familienzusammenführung versuchen."

Ivo Senffs Frau hatte immer noch ihren russischen Pass und besaß nie die DDR-Staatsangehörigkeit. Deshalb hofften beide, dass sie zumindest keine harten Repressalien zu befürchten hätte. Seine Erinnerungen wiegen schwer: „Nach meiner Republikflucht wurde meine Frau zwar einige Male in die Abteilung Inneres des Rates der Stadt Jena einbestellt. Es wurden ihr Angebote zu meiner Rückkehr gemacht, sie wurde angeschrien und beschimpft. Aber sie antwortete furchtlos, dass die Zeit es zeigen werde, wer Verbrechen begangen habe. Manche Freunde haben sich von uns abgewendet, andere haben zu uns gehalten und meine Frau unterstützt. Diese echten Freundschaften haben sich über die schwierige Zeit bis heute erhalten."

Teilung und Trauer

Ivo Senff kam zuerst im Notaufnahmelager Gießen unter. Diese Erstaufnahmeeinrichtung war für die Registrierung und Erstversorgung vieler Flüchtlinge aus der DDR zuständig. Bis zur deutschen Wiedervereinigung wurden hier rund 900.000 Flüchtlinge und Übersiedler aus der DDR vorübergehend aufgenommen und dann auf die einzelnen Bundesländer verteilt. Ivo Senff wurde dem Landesaufnahmelager Rastatt in Baden-Württemberg zugewiesen und bezog kurz darauf eine Wohnung in der Nähe von Pforzheim.

In diesem Ballungsgebiet zwischen Karlsruhe und Stuttgart waren die Chancen groß, eine geeignete Arbeitsstelle zu finden.

„In Pforzheim habe ich fast ein Jahr lang mit allen möglichen Bürokraten auf dem Arbeitsamt gekämpft, unzählige Bewerbungen geschrieben, mir in der Universitätsbibliothek Karlsruhe Informationen über die betreffenden Unternehmen geholt und einige meiner veröffentlichten wissenschaftlichen Publikationen zusammengesucht." Als er während dieser Zeit in West-Berlin einen speziellen Integrationskurs für Naturwissenschaftler aus der DDR besuchen konnte, stand er eines Tages am Brandenburger Tor mit dem Feldstecher auf einem Podest an der Mauer. Ivo Senff beschreibt die Spaltung: „Auf der östlichen Seite der Mauer winkte mir meine Frau zu und wir beide hatten Tränen in den Augen."

„Es war unheimlich bedrückend, bei Nacht und Nebel über die deutsch-deutsche Grenze zu fahren und zu wissen, man kann nicht mehr zurück. Einen Ausreiseantrag zu stellen, wäre unser wirtschaftlicher Selbstmord gewesen. Wir hätten beide sofort Berufsverbot bekommen."

Zuerst bewarb sich der Physiker an der ETH Zürich und wollte möglichst auf seinem ursprünglichen Gebiet arbeiten – danach auch an diversen anderen Orten. Das erwies sich als unmöglich, da er aus dem Osten kam und man befürchtete, dass er ein Spion sein könnte. Damit war auch schnell klar, dass er keine Chance hatte, unter diesen Voraussetzungen im Westen wissenschaftlich auf seinem Fachgebiet zu arbeiten. „Ich besann mich auf meine Stärken und bewarb mich bei einem Sensorhersteller in Heidelberg, der mich sofort mit Kusshand nahm. Damit war die erste große Hürde für die Wiedereingliederung genommen."

Noch im Aufnahmelager Gießen stellte Ivo Senff einen Antrag auf Familienzusammenführung. Barbara Gräfin von der Schulenburg war damals die Beauftragte der Bundesregierung und trug den Fall den DDR-Behörden vor. Das Ganze zog sich über fast ein Dreivierteljahr hin. Ende Oktober 1989 fuhr dann endlich die West-Berliner Speditionsfirma Knauer in Jena vor, packte Möbel und Umzugskisten ein und stand am 7. November 1989 bei Ivo Senff in Pforzheim. Er packte alles aus, stellte die Möbel in der inzwischen von ihm renovierten Wohnung auf und schaltete den kleinen Fernseher an, den er zuvor auf dem Sperrmüll gefunden hatte. Es war am Abend des 9. November, als Günter Schabowski verkündete, dass jeder sich jetzt ein Visum für das westliche Ausland holen könne. „Das war unglaublich, und das vergisst man nie! Sofort fasste ich den Entschluss, aufgrund der sich abzeichnenden politischen Lage möglicherweise eine Rückkehr in meine Thüringer Heimat ins Auge zu fassen. Es wurde mir schlagartig bewusst, dass sich bald sehr vieles grundsätzlich ändern würde. Kurz darauf suchte ich die nächstgelegene Telefonzelle auf und habe gefühlt zwei Stunden lang gewählt, um meine Frau zu erreichen. Dann sagte ich zu ihr: ‚Die Mauer ist offen, gib die Wohnung nicht auf, behalte das Telefon und verlasse nicht deine Arbeitsstelle.' Rückwirkend betrachtet, war dies eine der besten Entscheidungen meines Lebens."

Wende und Wiedersehen

Dann überschlugen sich die Ereignisse. Am 12. Dezember erließ die DDR-Regierung eine Amnestie für alle inhaftierten Republikflüchtlinge. Diese Amnestie wurde kurz vor Weihnachten 1989 auch auf die Republikflüchtigen in der Bundesrepublik ausgeweitet. Sie konnten somit kurz vor Heiligabend wieder straffrei in die DDR einreisen. „Als ich das hörte, habe ich den großen Teppich aus dem Wohnzimmer und ein paar Geschenke für die Kinder eingepackt, mich in den Zug nach Ludwigsstadt gesetzt und dort auf dem Bahnhof bis nach Mitternacht gewartet. Danach setzte ich mich mit flauem Gefühl in den nächsten Bummelzug nach Saalfeld. Die Grenzsoldaten waren wie ausgewechselt und verhielten sich völlig korrekt. In Jena haben wir dann den Teppich im Wohnzimmer unserer ansonsten völlig leeren Wohnung ausgelegt, einige Kerzen angezündet und wiedervereint Weihnachten gefeiert. Zwei Tage später sind mein damals dreizehnjähriger Sohn und ich nach Berlin gefahren und haben mit Hammer und Meißel Mauerspechte gespielt. Kilometerlang hämmerten neben uns die Menschen – ein unvergesslicher Moment!"

1950 geboren in Jena, Abitur und Facharbeiterabschluss als Elektromechaniker, Studium der Physik an der Friedrich-Schiller-Universität Jena
1973 Diplomarbeit im Forschungszentrum Carl Zeiss Jena bei Paul Robert Görlich
1983 Fernaspirantur am Energetischen Institut Moskau
1973–1988 Wissenschaftlicher Mitarbeiter im Forschungszentrum von Carl Zeiss Jena
1988 Republikflucht aus der DDR
1990–2018 Wissenschaftlicher Mitarbeiter in der Universitäts-Augenklinik Jena.

Über den Buschfunk hörte Ivo Senff, dass in der Universitäts-Augenklinik Jena eine Stelle frei werde. Ein auf dem Gebiet der Mikrozirkulation tätiger Klinikmitarbeiter war kurz zuvor in den Westen gegangen. Er setzte sich sofort hin und schrieb mit seinen Erfahrungen aus dem Westen eine Bewerbung. Das hat tatsächlich funktioniert, und Mitte Februar 1990 hielt Ivo Senff den neuen Arbeitsvertrag mit dem Universitätsklinikum Jena in den Händen und arbeitete von da an bis zu seinem Renteneintritt und noch drei Jahre darüber hinaus in der Augenklinik als Naturwissenschaftler und EDV-Verantwortlicher. „Mediziner und Physiker denken natürlich ganz anders. Aber als Mittler zwischen Technik und Medizin konnte ich hier viel Nützliches bewirken."

Das erste Gerät während seiner Zeit in der Jenaer Augenklinik war übrigens ein Neodym-YAG-Laser, dessen Kristallstab zu DDR-Zeiten sicher auch durch seine Hände gegangen sein musste. „Das hat mich dann irgendwie versöhnt, denn da bestätigte sich, dass ich vorher nicht nur für den Bau militärischer Ziel- und Spionageauswertegeräte geforscht hatte, sondern auch für den menschenfreundlichen Einsatz von Nd:YAG-Einkristallen in ophthalmologischen Geräten" – also in Diagnose- und Therapiegeräten für die Augenheilkunde. Als er in Rente gehen konnte, zog die Augenklinik aus der Stadtmitte nach Jena-Lobeda um, und Senff wurde Umzugsbeauftragter. Deshalb hängte er noch drei Jahre dran, um auch diese Aufgabe erfolgreich über die Bühne zu bringen.

Wunder und Wissenschaft

„Mein physikalisches Weltbild hat mich bereits in der Pubertät zum Atheisten gemacht, aber mit zunehmendem Alter und der Tätigkeit auf medizinischem Gebiet habe ich immer mehr Hochachtung vor der Komplexität des Lebens und der Evolution bekommen. Im Vergleich dazu erscheinen mir alle physikalischen Gesetze relativ einfach." Der Physiker fährt fort, dass wir uns bis heute nicht einig sind, woher das Leben stammt und wie es seinen Anfang nahm. Wie kann man überhaupt erklären, auf welche Weise sich solche selbstorganisierenden und selbstreproduzierenden Systeme bis zur ersten Zelle entwickelt haben? Dabei müssen unheimlich viele Faktoren zusammengepasst haben. Wie hängen Genotyp und Phänotyp zusammen? Wie entsteht aus einer simplen Anordnung von vier Basen auf einem DNS-Strang die Information darüber, wo und wie eine Nase oder ein Ohr wächst? „Je mehr wir darüber wissen, desto mehr müssen wir staunen." Ohne dabei gleich religiös zu werden, ergänzt er.

Widerstanden.

Reinhard Wulfert, die Stasi und die Wissenschaft.

Das erste Mal ist Zufall, das zweite Mal Schicksal. So könnte man Reinhard Wulferts Berufsstart beschreiben. Gleich zu Beginn seines Physikstudiums wurde er wegen einer Lappalie exmatrikuliert. Beim zweiten Anlauf kämpfte er sich durch und wollte promovieren. Doch neun Tage vor der Verteidigung holte ihn die Stasi. Nach Untersuchungshaft und Ausreise konnte er dieselbe Arbeit erst zwei Jahre später an der TU Berlin erfolgreich verteidigen. Die folgenden Jahre blieben herausfordernd. Aber Wulfert wäre kein vielseitiger Physiker gewesen, hätte er nicht auch diese Hürden gemeistert.

Das Schreiben von Briefen kam Reinhard Wulfert teuer zu stehen, denn immer wieder geriet er damit in Konflikt mit der Staatsmacht der DDR. Das erste Mal geschah es aus jugendlichem Leichtsinn, das zweite Mal, 15 Jahre später, wegen des Ost-West-Konflikts. Als Student schrieb er 1967 im Studentenwohnheim Jena-Burgau einen Brief an einen Schulfreund. Beim Absender malte er die Postleitzahl 6901 mit Figuren aus: Neben Nikita Chruschtschow und dem Teufel standen Mao Zedong und Charles de Gaulle. „Natürlich war das eine Provokation, aber ich dachte mir nichts dabei." Dazu wurde Reinhard Wulfert auch noch von seinen Kommilitonen angestachelt. Aber als er nach dem obligatorischen Arbeitseinsatz im Tiefbau in der ersten Vorlesung saß – bezeichnenderweise der für Marxismus-Leninismus –, bekam er eine Einladung, sich unverzüglich im Prorektorat für Erziehung und Ausbildung der Universität zu melden. Dort zeigte man dem Ahnungslosen den betreffenden Brief, und der Student wurde sofort wegen politisch-moralischer Unreife beurlaubt.

„Da ich das Physikstudium eigentlich nur aus Mangel an Alternativen gewählt hatte, fühlte ich mich plötzlich richtig frei. Ich hatte keinen Druck mehr, und es begann meine Sturm-und-Drang-Zeit." Nach einem Disziplinarverfahren wurde der Student im Oktober 1967 exmatrikuliert und für alle Hochschulen der DDR gesperrt. Er sollte sich erst einmal in der Produktion bewähren.

Zwischen Werkbank und Wissenschaft

Also bewarb sich Reinhard Wulfert in seinem ehemaligen Ausbildungsbetrieb, dem VEB Chemische Werke „Walter Ulbricht" in Leuna, und wurde als ausgebildeter Mess- und Regelungsmechaniker für die Betriebskontrolle eingestellt. Hier betreute er die Messinstrumente in den Anlagen. „Das war kein ungefährlicher Job, denn ständig gab es Unfälle. Häufig musste das Gas aus den Winkler-Generatoren nach oben abgeblasen und verbrannt werden, weil etwas verstopft war. Die Anlagen stammten noch aus den Zwanzigerjahren, und an jedem Gebäude stank es anders. Aber ich habe gutes Geld verdient, im Monat knapp 500 DDR-Mark", erklärt der Facharbeiter und berichtet, dass der Lohn jeden Monat bar in einer braunen A5-Tüte steckte, zusammen mit einem kleinen Streifen, auf dem die Abzüge notiert waren.

Von seinem ersten selbst Verdienten kaufte er sich ein tschechisches Koffer-Tonbandgerät Tesla B4. „Damit konnte ich endlich Rockmusik aus dem Westradio aufnehmen. Und an den Wochenenden bin ich in die Gaststätte ‚Strandkorb' am Merseburger Flussufer oder in andere Klubs der Umgebung zum Tanzen gefahren." Und: „Ich hatte es bis zu diesem Punkt erstaunlicherweise ohne die Mitgliedschaft in der Jugendorganisation FDJ geschafft. Jetzt aber trat ich schnell ein, um mir die Chance auf ein Studium zu bewahren. Denn in Leuna merkte ich bald, dass ich diese immer gleiche und wenig interessante Tätigkeit an den Anlagen nicht ewig ausüben wollte. Und um mich aktiv sinnvoll einzubringen, kümmerte ich mich in der FDJ um die Kultur."

Im Mai 1968 wurde der Facharbeiter zum Grundwehrdienst bei der Nationalen Volksarmee in Rostock eingezogen. Hier sollte er die Panzerabwehrlenkraketen kontrollieren und warten. „Hier wurde ich schnell FDJ-Sekretär für Kultur. Wir sind immer mal ins Theater gegangen und waren anschließend ein Bierchen trinken. Das kam bei den Vorgesetzten so gut an, dass ich zweimal mit dem Bestenabzeichen der NVA – umgangssprachlich ‚Panzerplatte' genannt – ausgezeichnet wurde."

Im Januar 1969 bewarb er sich erneut für ein Physikstudium in Jena und reichte seine guten Beurteilungen vom Betrieb und von der Armee ein. Er bekam bald die Zusage und einen Stapel Übungsaufgaben, die es zu lösen galt. „Ich war ja schon zwei Jahre weg von der Schule und habe ganz schön alt ausgesehen. Aber ich habe es geschafft. Allerdings traf mich dann der Schlag, als ich in meiner ersten Algebra-Vorlesung bei der Matrizenrechnung nur noch böhmische Dörfer sah. Ich dachte: Wie soll ich das jemals schaffen?“ Aber er fing tapfer an, täglich hart zu lernen und saß in den Sälen der Universitätsbibliothek, bis um 21 Uhr das Licht ausging. „Plötzlich merkte ich: Wenn ich nur ehrgeizig genug bin, dann schaffe ich das auch. Nach einem halben Jahr war ich an der Leistungsspitze des Studienjahres und bin dort geblieben.“ Damit hatte er seinen Spitznamen „Knecht“ weg – auch wenn er später nicht mehr ganz so fleißig war.

Rückblickend misst er dem Lernen in der Schule großen Wert bei und kritisiert manchen dabei gemachten Fehler. Sein Physikunterricht sei beispielsweise völlig verkehrt strukturiert gewesen. Es wurden immer nur Teile der Physik und fertige Formeln vorgesetzt, ohne das Große und Ganze zu betrachten. „Physik kann man aber nicht auswendig lernen, man muss die Zusammenhänge verstehen. Deshalb war ich in der Schule in Physik nicht gut und habe einige Male in Klassenarbeiten eine Fünf geschrieben.“ In der Abiturprüfung hatte er Glück, denn er bekam eine Aufgabe, die mit seiner Berufsausbildung zusammenhing.

Im Studium begriff er Physik dann schnell, denn alles folgte einem logischen roten Faden. „Mein späterer Doktorvater, Professor Ernst Schmutzer, sprach immer von der Schönheit der physikalischen Gesetze, und diese Schönheit habe ich in Ansätzen auch gesehen.“ Der promovierte Physiker fügt lächelnd hinzu, dass er sich trotz dieser Schönheit auch anderen Hobbys gewidmet habe. „Es war nicht unbedingt mein Herzenswunsch gewesen, Physiker zu werden. Aber mein ganzes Leben lang haben mich die Physik und dieses logisch-strukturierte Denken hilfreich begleitet. Ich wollte immer etwas lernen und begreifen.“

Zwischen Hörsaal und Hinterbühne

Die Jenaer Physikstudenten waren alle kulturell engagiert. Neben den alljährlich stattfindenden Physikerbällen begeisterten sie sich besonders für die Idee des Kulturpraktikums für Naturwissenschaftler. Ab 1971 entwickelten und organisierten sie die Konzertreihe „Musik im Hörsaal 1“. Dieses Projekt lief noch bis in die späten Achtzigerjahre als Studentenklub erfolgreich. So lernten die Studenten viele ähnlich denkende und engagierte Menschen kennen und konnten auch mal über den eigenen Tellerrand schauen. Als Reinhard Wulfert dem Technologiestudenten Bernd Schmidt und dem Theologiestudenten Matthias Görnandt begegnete, suchten die beiden gleichgesinnte Mitstreiter für das experimentelle Theater „Die Treppe“. Der Physikstudent stieg sofort ein.

Ihren ersten Auftritt hatte diese von Beginn an immer schwarz gekleidete Gruppe am 1. November 1972 neben der Weimarer Rockband Bayon und anderen Jenaer Kulturgruppen im Rahmen einer großen Solidaritätsveranstaltung gegen den Vietnamkrieg. Organisiert wurde diese Veranstaltung von Studenten der Sektion Psychologie unter der Leitung von Jürgen Fuchs, dem späteren Schriftsteller und Dissidenten. „Die Treppe" entwickelte ständig neue Programme und trat damit sogar republikweit auf. Das inhaltliche Spektrum reichte vom Vietnamkrieg und dem Militärputsch in Chile über lustige Unterhaltungs- und verschiedene Brecht-Programme bis hin zu „Und Du?", das die Persönlichkeitsentwicklung eines Studenten thematisierte. Zum 80. Geburtstag von Bertolt Brecht entstand als Auftragswerk eine komplexe Verzahnung von Szenen aus „Furcht und Elend des Dritten Reiches" und „Flüchtlingsgespräche".

Im Zusammenhang mit der Ausbürgerung des Liedermachers Wolf Biermann im November 1976 wurden die Auftritte der „Treppe" strenger überwacht und zensiert. „Unser aktuelles Brecht-Programm mussten wir beispielsweise zunächst vor Vertretern der Gewerkschafts- und Parteileitung der Universität im Schnelldurchlauf vorführen. Dabei wurden viele der Brecht-Texte gestrichen, aus Angst, sie könnten missverstanden werden. Nach der anschließenden Vorstellung im Jenaer Kulturhaus Wagnergasse fragten uns dann die Zuschauer, weshalb das Programm heute so kurz gewesen sei, und wir verwiesen auf das speziell zusammengesetzte Publikum."

Aus Angst vor Repressalien musste das Ensemble dann auch Position beziehen und eine Stellungnahme an die Staatsführung zur Biermann-Ausbürgerung formulieren, der sich Reinhard Wulfert und zwei weitere Mitglieder nach langer Diskussion jedoch verweigerten. Dies blieb natürlich nicht unentdeckt; das experimentelle Theater wurde von Beginn an von der Stasi überwacht. Wie mittlerweile bekannt, berichtete ein Gründungsmitglied des Theaters als „IM Bartholomäus Runge" regelmäßig seinem Führungsoffizier.

Zwischen Physik und Perspektivlosigkeit

Gegen Ende des Studiums zerschlug sich für Reinhard Wulfert die Aussicht auf eine versprochene Assistentenstelle an der Sektion Physik. Und da er partout nicht in die Industrie zu Carl Zeiss Jena gehen wollte, bewarb er sich an verschiedenen Hochschulinstituten in Ilmenau, Weimar und Berlin. Vergeblich. Zum Schluss organisierte er sich eine auf vier Jahre befristete Stelle als wissenschaftlicher Mitarbeiter am Institut für Isotopen- und Strahlenforschung der Akademie der Wissenschaften in Leipzig. Als Ensemblemitglied der „Treppe" pendelte er in den nächsten vier Jahren weiterhin zu Proben und Aufführungen zwischen seinem möblierten Zimmer in Leipzig und Spontanübernachtungen in Jena. „Wir hatten inzwischen viele Auftritte und traten auch zweimal in meinem Akademieinstitut in Leipzig auf. In Leipzig hätte ich vielleicht promovieren können, aber das Forschungsgebiet interessierte mich nicht sonderlich."

Nachdem sein Arbeitsvertrag in Leipzig im September 1977 ausgelaufen war, wurde der Physiker erst einmal ein halbes Jahr arbeitslos. Das kam in der DDR zwar immer wieder vor, war aber durchaus nicht ungefährlich, denn man konnte schnell als asozial gebrandmarkt werden und die harte Hand des Staates zu spüren bekommen. Der berüchtigte § 249 StGB der DDR stellte unter Strafe, „wer trotz der physischen Fähigkeit zu arbeiten sich einer geregelten Arbeit entzieht und dadurch das gesellschaftliche Zusammenleben der Bürger oder die öffentliche Ordnung und Sicherheit beeinträchtigt." Gleichzeitig hatte man keine gesetzliche Krankenversicherung mehr und musste sich privat versichern, was entweder nicht ging oder äußerst schwer zu realisieren war.

Seine Arbeitslosigkeit war allerdings nicht selbst verschuldet, sondern durch das träge und undurchsichtige Arbeiten der Kaderabteilung der Sektion Physik in Jena bedingt, die ihm bereits eine Assistentenstelle im Wissenschaftsbereich „Hochfrequenztechnik" versprochen hatte. „Von irgendetwas musste ich aber leben, und so verkaufte ich Teile meiner Schallplattensammlung und wohnte kostenlos in der Wohnung eines Freundes, der damals gerade seinen Grundwehrdienst ableisten musste." Ende Februar 1978 unterschrieb Reinhard Wulfert dann seinen neuen Arbeitsvertrag als wissenschaftlicher Assistent im Wissenschaftsbereich Relativistische Physik unter der Leitung von Ernst Schmutzer. Bereits am nächsten Tag musste er sein erstes Elektrodynamik-Seminar halten und betreute in den folgenden vier Jahren die Seminare und Übungen der Studenten in allen theoretischen Physikfächern.

„In den folgenden Jahren habe ich mich richtig in die Theorie reingekniet und die 1.200 Seiten des Buches ‚Relativistische Physik' von Professor Schmutzer nachvollzogen. Am Ende meiner Assistentenzeit schrieb ich schließlich meine Promotionsarbeit über ‚Rauschen bei Gravitationswellen-Experimenten'." Das Thema befasste sich mit einem Grenzgebiet zwischen Relativitätstheorie und Quantenphysik. Da es dazu noch keine geschlossene Theorie gab, musste er sich dem Thema halbklassisch nähern. „Die ersten drei Jahre quälte ich mich sehr und fand nicht den richtigen Einstieg. Dann hatte ich eine zündende Idee und fing an zu rechnen. Das letzte halbe Jahr wurde ich von meinen Lehrverpflichtungen freigestellt, saß zu Hause, rechnete und rechnete und schrieb dann meine Arbeit zusammen." Im Mai 1982 reichte Reinhard Wulfert seine Dissertation ein, die positiv begutachtet wurde, und unterschrieb parallel dazu einen unbefristeten Assistentenvertrag für den Wissenschaftsbereich „Detektorenphysik" der Sektion.

Zwischen Lagerfeuer und Lauschapparat

Um eine Wohnung zu bekommen, gingen die Werktätigen in der DDR oft kreative Wege. Mit einer festen Arbeitsstelle an der Universität konnte es sich Reinhard Wulfert im Frühjahr 1978 erlauben, eine seit Langem leerstehende, halbverfallene Wohnung am Jenaer Markt zu besetzen. Im Haus direkt gegenüber dem Denkmal von Johann Friedrich I. von Sachsen, dem

„Wir haben mit dem Mauerfall unsere Freiheit gewonnen. Wir konnten die Welt bereisen und unsere Meinung sagen. Allerdings haben wir damit auch das enge Zusammensein mit der Clique und diese herzliche Verbundenheit verloren."

Begründer der Jenaer Universität, wohnten schon zwei befreundete Kommilitonen mietfrei in besetzten Wohnungen. Der Physiker zog sofort ein, renovierte die Wohnung, mauerte Löcher in den Wänden zu und ließ die Elektrik neu verlegen. Zwei Jahre später meldete er sich beim Wohnungsamt an und zahlte danach seine 36,20 Mark Monatsmiete. Diese Wohnung wurde zum Probenraum von „Liedlai'n" und nach seiner Ausreise als konspirative Wohnung von der Stasi weitergenutzt.

Zu dieser Musikgruppe kam Reinhard Wulfert durch einen Wanderurlaub mit Freunden in den polnischen Beskiden. Hier lernte er zwei Jugendliche aus dem Ruhrpott kennen, die mit ihrem Kassettenrekorder neben guter Rockmusik auch die damals bekannten Folklorestars und Liedermacher wie Zupfgeigenhansel, Liederjan und Hannes Wader abspielten. Es wurde viel geredet, gekocht, gesungen, diskutiert und abends am Lagerfeuer gesessen. „Wir erlebten hier eine rundum sehr anregende Kommunenzeit auf einer kleinen Insel im Solina-Stausee, von der wir am Ende auf einem selbst gebauten Floß ans Land übersetzten."

Zurück in Jena versuchte der Folkmusikbegeisterte, Freunde und Bekannte für eine Gruppe zu gewinnen. Das sprach sich herum und bald entstand aus engagierten, wenn auch nicht besonders musikaffinen Mitstreitern eine Gruppe, die jeden Montag in der besetzten Wohnung eifrig probte. Ende 1978 trat die neugegründete Gruppe im Klubkino Capitol erstmals vor Publikum in Jena auf. Der Name der Gruppe Liedlai'n klang wie „Liedlein", bedeutete aber „Lied-Laien". Ihre gesellschaftliche Legitimation bekam die Folkloregruppe als Untergruppe des „Jungen Theaters" Jena, das vom damaligen Jenaer Glaswerk Schott & Genossen betreut wurde. Damit hatten die Musiker ein offizielles Dach, konnten eingestuft werden und republikweit mit Konzerten auf Festivals und in Studentenklubs, aber auch mit einem Kinderprogramm in entsprechenden Einrichtungen und häufig auch mit Tanzeinlagen auftreten. Sie spielten neben lustigen Liedern und Tänzen auch Volkslieder aus der Zeit der 1848er-Revolution oder ganz allgemein Lieder gegen Krieg und Unterdrückung, gegen die Herrschenden wie Fürsten und Könige sowie gegen Nazis.

„Wir sind bis zu meiner Ausreise im Mai 1983 zusammengeblieben. Alle, die damals mitgemacht haben, loben noch heute die tolle Atmosphäre und die Offenheit, mit der wir über alles sprechen konnten. Es war einfach eine sehr schöne Zeit", erinnert sich Reinhard Wulfert. In seinen Stasi-Unterlagen las er später, dass „Liedlai'n" als Sammelbecken negativ-feindlicher Personen apostrophiert wurde. Als 1980 beim Krämerbrückenfest in Erfurt die Gruppe Liedehrlich mit Stephan Krawczyk wegen eines Obrigkeitsspottliedes nicht auftreten durfte, sollte „Liedlai'n" einspringen. Allerdings kamen die Behörden vom Regen in die Traufe, als sie das „Lied vom glücklichen Staat" von August Heinrich Hoffmann von Fallersleben hörten.

Zwischen Hoffnung und Haftbefehl

Durch seine kulturellen Aktivitäten lernte Reinhard Wulfert viele Menschen aus den verschiedensten Jenaer Kreisen kennen. Diese Subkultur war der Resonanzboden für ein engagiertes Publikum und die Basis für künstlerische Aktivitäten Einzelner, die sich mit Lyrik, Theater, Musik, Malerei oder Fotografie beschäftigten. Sie alle hatten eines gemeinsam: Sie wollten dem tristen, abstumpfenden Leben im real existierenden Sozialismus einen Sinn geben. Für Reinhard Wulfert kam dieser Widerstand im Gewand der Literatur und des deutschen Volksliedguts daher. Damals galt eigenes Denken und Hinterfragen der Zustände schon als Opposition und Zersetzung. Allen Widrigkeiten zum Trotz fanden immer wieder Menschen zusammen, die anders waren. Anders im Aussehen, im Verhalten und in ihren Meinungen. Sie hatten enge Kontakte zu den vielen in den Westen Ausgereisten. Zu den Menschen, die es einfach schon aufgegeben hatten, in der DDR noch etwas verändern zu können. Man traf sich heimlich an der Transitautobahn oder auf böhmischen Campingplätzen. Reinhard Wulfert hatte sich mit seiner Situation in diesem grauen und eingeengten Land abgefunden und keine Hoffnung auf die Zukunft. „Aber an eine Ausreise dachte ich trotzdem nicht."

Im Herbst 1982 wurden aus seinem Freundeskreis Manfred Hildebrandt, genannt „Batti", und kurz darauf auch Roland Jahn, genannt „Gag", verhaftet. Als Ende Dezember Manfred Hildebrandt verurteilt wurde, schickte Reinhard Wulfert einer bereits ausgereisten Freundin nach West-Berlin ein Telegramm mit folgendem Text: FUER BATTI SECHZEHN MONATE, GRUSS REINI – und die Staatssicherheit las mit. Dann überschlugen sich die Ereignisse. Für den 25. Januar 1983 war die Verteidigung seiner Dissertation vor einem Fachpublikum geplant und die „Noll" in der Oberlauengasse für die Doktorfeier reserviert. Doch elf Tage zuvor wurde Reinhard Wulfert von der Stasi in die Jenaer Kreisdienststelle Gerbergasse 18 gebracht und vier Stunden lang verhört. Zwei Tage später standen die Stasi-Offiziere erneut vor seiner Wohnungstür, verhafteten ihn und brachten ihn in die Stasi-Untersuchungshaftanstalt Gera. Am 17. Januar 1983 wurde ihm nach 13 Stunden Verhör „Landesverräterische Nachrichtenübermittlung" gemäß §99 des Strafgesetzbuches der DDR vorgeworfen. Dies bestrafte die Kommunikation mit bestimmten, politisch feindlichen Organisationen und Personenkreisen im westlichen Ausland und konnte mit zwei bis zwölf Jahren Haft bestraft werden. „Meine Verbrechen bestanden im obigen Telegramm, das man mir im Original vorlegte, und weiteren brieflichen und telefonischen Kontakten zu ausgereisten Freunden in West-Berlin. Diese informierte ich zu den Vorgängen in Jena und zu Inhalten aus einer Zivilschutzausbildung, die ich im November 1982 absolviert hatte."

Zeitgleich wurden noch 13 weitere Menschen aus Jena verhaftet, die später in den Westmedien als „Jenaer Friedensgemeinschaft" bezeichnet wurden. Der Journalist Franz Alt berichtete am 22. Februar 1983 in seiner Sendung „Report aus Baden-Baden" über die Verhaftungen und nannte Namen und Adressen. Daraufhin wurden am folgenden Tag plötzlich alle Inhaftierten freigelassen. „Ich wurde entlassen, aber weiterhin überwacht. Unser Anwalt Wolfgang Schnur erklärte uns, dass wir immer noch bei der nächstbesten Gelegenheit wieder verhaftet werden könnten. Allerdings hätten wir dann mit weiteren Paragrafen und höheren Strafen zu rechnen." Dies war alles Teil einer Zersetzungskampagne, mit der der Chef der Geraer Abteilung des Ministeriums für Staatssicherheit die Jenaer Szene „endlich ausmisten" wollte, wie er verlautbarte.

Mit der Verhaftung einiger ihrer Mitglieder wollte er die gesamte Szene zur Ausreise drängen. Der Stasi-Spitzel mit dem Decknamen „Dr. Ralf Schirmer" und ein Kommilitone Wulferts mit dem IM-Decknamen „Peter Weiß", mittlerweile hauptamtlicher Stasi-Offizier, waren Teil des perfiden Plans. „Mein Kommilitone leitete die Hausdurchsuchung in meiner Wohnung, während ich in Untersuchungshaft saß. Gleichzeitig wurde angeblich auf einer Parteiversammlung der Sektion Physik verbreitet, dass sich in meiner Wohnung Menschen getroffen hätten, die Anschläge mit Sprengstoff geplant und vorbereitet hätten. Aus Angst vor einer weiteren Inhaftierung stellte ich am 14. März 1983 einen Ausreiseantrag und bin dann Ende Mai 1983 in die Bundesrepublik ausgereist", berichtet Reinhard Wulfert. „Meine Freundin Kerstin, mit der ich nach meiner Haft zusammenfand, folgte mir ein Dreivierteljahr später mit unserem frisch geborenen Sohn Florian nach West-Berlin und begleitet mich seither – inzwischen als meine Ehefrau – durch alle Höhen und Tiefen des Lebens."

Zwischen Weststart und Widerständen

Mit der Verhaftung und der schnellen Ausreise konnte Reinhard Wulfert seine Dissertation in der DDR nicht mehr verteidigen. Deshalb wollte er es in der Bundesrepublik noch einmal versuchen. Er stellte vor der Ausreise einen Antrag auf Mitnahme der Unterlagen, der vom Sektionsdirektor Wolfgang Karthe auch genehmigt wurde. „Allerdings war während des dreiwöchigen Transports mein verplombter Umzugscontainer ausgiebig von der Staatssicherheit durchwühlt worden, und viele meiner persönlich wichtigen Unterlagen wie Tagebücher, Briefe und Fotos waren entnommen worden. Darunter war auch – für mich besonders schmerzlich – meine Dissertationsarbeit. Gleichzeitig wurden alle noch bei meinen Kollegen an der Sektion im Umlauf befindlichen Exemplare eingesammelt und vernichtet. Zum Glück schaffte es mein Bruder, ein Exemplar über diplomatische Kanäle in den Westen zu schmuggeln." An der TU Berlin fand Reinhard Wulfert einen neuen Doktorvater und konnte im Januar 1985 seine Dissertation verteidigen. Nach dem Häftlingshilfegesetz und mit dem Flüchtlingsausweis C als politisch Verfolgter konnte er dann in Etappen sieben Jahre lang als Assistent am Institut für Theoretische Physik an der TU Berlin arbeiten.

Mit der Musik hatte er es in West-Berlin noch einmal probiert. Er stieg in die Folkloregruppe „Volksmund" ein, bestehend aus ehemaligen Ost- und Westmusikern mit einem vergleichbaren Profil wie Liedlai'n. „Wir entwickelten das dreistündige Programm ‚Zeit der Steine' mit Stücken vom Mittelalter über die 1848er-Revolution bis hin zum Dritten Reich und zu aktuellen Themen. Leider löste sich diese Gruppe nach einigen guten Auftritten 1985 wieder auf, was schade war."

Nach der Wende erhielt Reinhard Wulfert nach drei Jahren eine rechtsstaatliche Rehabilitation. Eine Rückkehr an die Universität Jena war jedoch nicht möglich. Doch Ernst Schmutzer, inzwischen Rektor der Friedrich-Schiller-Universität, setzte sich dafür ein, dass Reinhard Wulfert ein Jahr als Sachbearbeiter in der Hochschulabteilung am Thüringer Ministerium für Wissenschaft und Kunst in Erfurt arbeiten konnte. Als diese Stelle auslief, vermittelte ihm das Arbeitsamt Berlin eine Fortbildung zum Assistenten der Geschäftsführung.

Mit diesem Wissen schaffte er es 1997, nach Jahren der Unsicherheit und Arbeitslosigkeit, zurück auf den ersten Arbeitsmarkt, wurde in der Fernstudienagentur der fünf neuen Bundesländer und Berlins angestellt und leitete die letzten zehn Jahre bis zu seiner Pensionierung die Service-Agentur des Hochschulverbundes Distance Learning.

1948 geboren in Bad Lauchstädt, Abitur und Facharbeiterabschluss als Mess- und Regelungstmechaniker, Studium der Physik an der Friedrich-Schiller-Universität Jena
1973 Diplomarbeit im Wissenschaftsbereich Kohärenzoptik
1985 Promotion
1973–1983 Wissenschaftlicher Mitarbeiter im Akademieinstitut für Isotopen- und Strahlenforschung Leipzig, wissenschaftlicher Assistent im Wissenschaftsbereich Relativistische Physik der Friedrich-Schiller-Universität Jena
1983 Ausreise in die Bundesrepublik
1983–2014 Wissenschaftlicher Assistent an der Technischen Universität Berlin, Sachbearbeiter in der Hochschulabteilung am Thüringer Ministerium für Wissenschaft und Kunst in Erfurt, Projektmanager und Lektor für FH-Fernstudiengänge in Berlin, Leiter der Service-Agentur des Hochschulverbund des Distance Learning in Brandenburg (Havel).

Was bleibt

„Wenn ich meine Ausreise betrachte, so haben wir damit unsere Freiheit gewonnen. Die gesamte DDR-Bevölkerung hatte dieses Glück erst ein paar Jahre später mit dem Mauerfall. Wir konnten nun die Welt bereisen, unsere Meinung offen sagen. Es war alles so schön bunt hier, wie Nina Hagen schon feststellte. Demgegenüber war es in der DDR nur grau, trist und eingegrenzt gewesen. Verloren gegangen ist dabei leider das enge Zusammensein mit Freunden und Bekannten, die herzliche Verbundenheit und das Vertrauen, aber auch die Kreativität, mit der die Mangelwirtschaft uns zwang, tätig zu werden und etwas zu schaffen", resümiert der Physiker und fügt hinzu, dass er früher Jacken und Hosen selbst genäht und Taschen gebastelt hatte. „Was bleibt, sind die Erinnerungen an eine Zeit voller Widersprüche und die Erkenntnis, dass Freiheit und Menschlichkeit auch unter schwierigen Bedingungen ihren Platz finden."

Begeisterte Zuhörer beim ausverkauften Sonderkonzert der ungarischen Band Omega im großen Hörsaal der Sektion Physik am 18. Dezember 1972. Damit solche Konzerte problemlos den Genehmigungsprozess durchliefen, standen sie im Zeichen der Vorbereitung der X. Weltfestspiele in Berlin 1973. Damals kostete die Eintrittskarte zehn DDR-Mark.

„Musik im Hörsaal“.

Riffs & Resonanz: Rock im Hörsaal

In der DDR stand Rockmusik unter staatlicher Kontrolle, die die Musiker und Veranstalter mit Kreativität zu unterwandern versuchten. Unter diesen Vorzeichen entwickelten die Physikstudenten im Dezember 1971 mit viel Leidenschaft und Engagement ihre eigene Veranstaltungsreihe „Musik im Hörsaal 1“, die erst nach 200 Konzerten und während der Wendewirren ihr jähes Ende fand. Erfolgsfaktoren waren die niedrigen kommerziellen Zwänge und die unbekümmerte Spontaneität der Macher.

Die DDR-Bands fungierten anfangs als Ersatztruppe für ausländische Rockstars, die nur in seltenen Ausnahmen im Osten auftreten durften, und prägten später mit Jazzrock und Soul die Musikszene. Sie bildeten das nonkonforme Lebensgefühl der Jugend ab, was den Staat verunsicherte. Bei ihren Veranstaltungen entdeckten die Studenten immer wieder Neues und probierten es einfach aus. Sie suchten alternative Veranstaltungsorte, entwarfen neue Konzepte von klassischer Musik bis Weltmusik, von Folk- und Jazzrock bis Free Jazz. Sie brachten Literatur und Schauspiel in den Hörsaal und legten den Grundstein für die jährlich stattfindenden Jazztage in Jena.

Beeindruckend war, mit welcher Beharrlichkeit die Studenten ihre Veranstaltungen auf die Beine stellten und die Organisation und Verantwortung von Matrikel zu Matrikel weitergaben. Die Erfolgsgeschichte von „Musik im Hörsaal“ basierte auf der Selbstorganisation, die ziemlich ohne ideologische Beschränkung funktionierte, denn die Studenten wollten einfach ihre Musik hören.
Die Musiker hatten Spaß, in einer ungewöhnlichen Atmosphäre vor einem außer-

gewöhnlichen Publikum zu spielen, und die staatlichen Organe brauchten ein Ventil zur Ablenkung. Dabei zeigte sich, dass nicht eine entpolitisierte Resignation die Triebfeder war, um diese Veranstaltungsreihe über so lange Zeit am Laufen zu halten. Es war subversive Kreativität.

In den 18 Konzertjahren spiegelt sich auch ein Stück DDR-Popkultur wider. Im Hörsaal traten sämtliche namhaften Rock- und Jazzgrößen der DDR auf, angefangen von Panta Rhei und Karat, Electra, Stern-Combo Meißen, SOK, Klaus Renft, Silly und Lift bis zum Free-Jazz-Trio Ulrich Gumpert – Günter „Baby" Sommer – Conny Bauer, Uschi Brüning und Band, Synopsis sowie Barbara Thalheim, Bettina Wegner, Eberhard Esche und der Jenaer Philharmonie; aber auch Bands und Musiker aus Ungarn, Polen, den Niederlanden und den USA.

Dass die Bands den staatlich vorgeschriebenen Schlüssel 60/40, also 60 Prozent Ost- und 40 Prozent Westmusik, einhalten mussten, war selbstverständlich. Eine politische Diskussionsrunde zum Thema „Das Sozialistische in der Popmusik" wurde allerdings nur direkt nach dem ersten Konzert durchgeführt, dann nie wieder.

Über die knapp 200 Veranstaltungen wurden viele Episoden zusammengetragen, die nicht nur vom Einfallsreichtum der Macher berichteten, sondern auch von der Begeisterung der Zuschauer, von den Satireveranstaltungen auf dem Internationalen Frauentag oder vom legendären Hahnenkopf-Konzert von Thomas Brasch mit der Gruppe Synopsis und Katharina Thalbach sowie von der Berichterstattung des Bayerischen Rundfunks über das Jubiläumskonzert „Lieder aus der DaDaeR" und den Konsequenzen – also den staatlichen Erziehungsmaßnahmen, die darauf folgten.

Heinrich Endert, Studienjahr 1969.

Swings & Schwingungen: Jazz im Paradies

Heinrich Endert, damals Physikstudent des Studienjahrs 1969, ist einer der Gründungsväter von „Musik im Hörsaal".

Roland Hensel: **Was trieb dich an, ein Konzert im Hörsaal der Physik zu veranstalten?**

Heinrich Endert: Am Anfang stehen immer kreative Ideen, die noch niemand verwirklicht hat. Einerseits war es die Begeisterung für die Musik der besten Jazzrock-Gruppen der DDR, andererseits wollte ich diese Gruppen gern zu einem Konzert in den größten Hörsaal der Universität bringen. Ich war Fan dieser Gruppen. Sie hatten exzellente Musiker, einen ausgezeichneten Bläsersatz und spielten anfangs noch Coversongs von amerikanischen Gruppen. Es klang, als stünde die Originalband auf der Bühne. Da war auch viel Free Jazz im Spiel, und das hatte etwas ganz Besonderes, das man erleben musste.

Wie hast du die Musiker überzeugt?

Nach einem Open-Air-Konzert in Gera kam ich mit dem Manager von Panta Rhei ins Gespräch. Wir fragten dann die Musiker Herbert Dreilich und Henning Protzmann, ob sie auch mal in einem Hörsaal spielen würden.

Das war ziemlich blauäugig, denn wir hatten damals weder Erfahrung noch kannten wir die Kosten einer solchen Veranstaltung. Aber ich versprach, mich darum zu kümmern.

Also musste nur noch die Organisation auf die Beine gestellt werden?

Als Erstes brauchten wir Menschen, die aufpassten, dass im Institutsgebäude nichts passierte. Ich ging in der Studentenbaracke Haus 12 von Zimmer zu Zimmer und überzeugte jeden einzeln, bis die Ordnungsgruppe stand. Danach gab die Sektionsleitung grünes Licht, und die Sektions-FDJ-Leitung sollte sich Gedanken über die kulturpolitische Seite dieser Veranstaltung machen. Prinzipiell waren alle dem Konzert gegenüber sehr aufgeschlossen.

Das erste Konzert lief gut. Der Hörsaal war brechend voll, und alle waren begeistert. Wie hat sich das Projekt weiterentwickelt?

Ich war immer gut vernetzt in der Musikszene, und unser Projekt hatte sich schnell herumgesprochen. Die Musiker waren interessiert, zu uns zu kommen. Und wir hatten eine interessante Atmosphäre und das passende Publikum.

Was waren eure Erfolgsfaktoren?

Es war eine gute Kombination zwischen den Organisatoren und einer interessierten Gruppe von Studenten. Wir haben verhalten mit Rockmusik angefangen und letztendlich unsere Zuhörer soweit geschult, dass wir sie auch für Free Jazz begeistern konnten. Unser Hörsaalchef Werner Schrödel führte von Anfang an ein strenges Regiment, damit nichts kaputtging, und die Ordnungsgruppe hat ihn unterstützt.

Wie habt ihr das Programm gestaltet?

Wir haben einfach das ausgewählt, was uns selbst gefiel und welche Band gerade in der Gegend war.

Ihr hattet auch den indischen Tänzer Guru Krishnan Kutti Nair mit dem Sitarspieler Bhaskar Chandavarkar im Hörsaal. Wieso?

Indien war damals in Mode. Nicht nur die Kleidung, sondern auch die Spiritualität. Insofern war es auch für uns interessant, mal so etwas nach Jena zu bringen. Auf einem Konzert in Berlin fragte ich Kutti Nair, ob er Lust hätte, nach Jena zu kommen. Natürlich trat er dann bei uns auf.

Welches Konzert ist dir am meisten im Gedächtnis geblieben?

Eigentlich kein Konzert, sondern eine Lesung mit Eberhard Esche. Ich hatte ihn auf einer Premierenfeier im Deutschen Theater Berlin angesprochen, er kam nach Jena und trug „Deutschland. Ein Wintermärchen“ vor. Esche interpretierte Heines Gedicht so provokativ und ließ verschiedene Deutungen zu, dass wir einfach nur dasaßen und wirklich die Luft angehalten haben.

Welche Begebenheit ist dir im Gedächtnis geblieben?

Wir hatten hinter dem Hörsaal einen Flügel stehen, der vor jedem Konzert neu gestimmt wurde. Ed Swillms von Karat weigerte sich nach dem Soundcheck, auf diesem Flügel zu spielen. Also sind zehn Studenten in die Mensa gelaufen, haben den dortigen Flügel bis an die Außentreppe geschoben, Bohlen auf die Treppe und die Ladefläche des Multicars gelegt und den Flügel drübergewuchtet. Im Institutsgebäude die gleiche Prozedur. Wieder

Bohlen auf die Treppen gelegt, den Flügel hochgeschoben und hochgetragen. Wenn da etwas passiert wäre, dann wäre das unser letztes Konzert gewesen. Wir haben uns damals keine Gedanken über Versicherungsfragen oder Arbeitsschutz gemacht, sondern einfach pragmatisch zugegriffen und das Problem gelöst. Denn die Zuhörer saßen schon im Hörsaal. Das waren schon wilde Zeiten.

Wie hoch waren eure Einnahmen?

Wir waren kein Verein und durften daher keinen Gewinn machen. Wir hatten aber auch keine großen Kosten. Die Gagen für die Musiker lagen im Bereich von einigen hundert bis zu knapp tausend Mark. Selbst Manfred Krug hatte damals für kleines Geld gespielt. Der Hörsaal war kostenfrei, den Support und Aufbau erledigten wir selbst, und die Beleuchtung brachten die Bands mit.

Neben Rockmusik habt ihr ja auch den Jazz in Jena groß gemacht.

Eigentlich sind wir die Mitbegründer der Jenenser Jazzszene und veranstalteten die Jenaer Jazztage mit den berühmten Jam-Sessions im Paradiescafé. Später hat sich daraus „Jazz im Paradies" entwickelt. Neben Rockmusik war damals Jazz unser zweites Standbein. Wir holten bekannte Musiker wie Conny Bauer, Günter Sommer, Sven-Åke Johansson, Aladár Pege, Friedhelm Schönfeld und viele andere in den Hörsaal und veranstalteten Jazz-Workshops.

Und wann hast du ans Aufhören gedacht?

So um 1977 dachte ich, dass jetzt Jüngere ran können. Ich habe auch bei vielen Bands gespürt, dass die Kreativität der früheren Zeiten weg war und sie nur noch

Paul Seidel (links), damals Physikstudent des Studienjahrs 1971 der Sektion Physik in Jena; daneben Karl-Heinz Gaida, Studienjahr 1973.

ihre kommerziellen Songs spielten. Dieses Miteinander und das Kreative fehlten. Die Musiker waren satt, und es fühlte sich für mich nicht mehr richtig an, kommerzielle Bands im Hörsaal auftreten zu lassen.

Wellen & Wirbel: Wandel und Wende

Paul Seidel, Karl-Heinz Gaida und Thomas Richter waren zwar nicht von Anfang an dabei, sind aber dafür fast bis zum Schluss geblieben.

Wie kamt ihr zu „Musik im Hörsaal"?

Paul Seidel: 1971, beim ersten Konzert von „Musik im Hörsaal", war ich Student im ersten Studienjahr. Irgendwann ging ich dann auf Heinrich Endert zu und fragte ihn, ob ich mitmachen kann. Und als der Studiengang 1969 den Staffelstab 1973 an uns weitergab, habe ich mich um die Öffentlichkeitsarbeit gekümmert. Kurzzeitig war ich auch Clubleiter, aber sonst immer Stellvertreter.

Wie habt ihr euren Nachwuchs rekrutiert?

Seidel: Mich haben immer wieder jüngere Studenten angesprochen, die eine Karte für ein Konzert brauchten. Wenn das dreimal hintereinander geschah, habe ich gefragt,

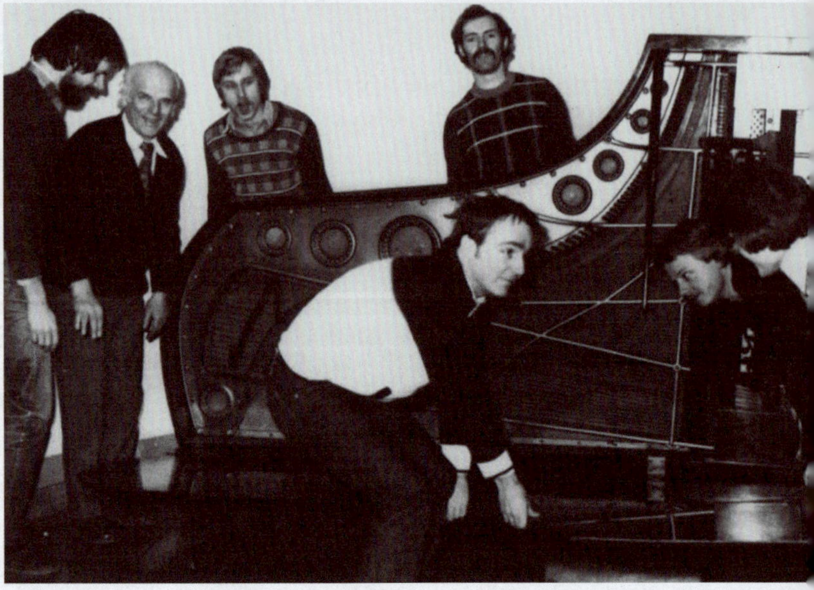

Die Studenten organisierten die Konzerte selbst und griffen auch tatkräftig zu. So schleppten sie die Instrumente, Verstärker und Lautsprecher für die Bands und sorgten für Ordnung vor und bei den Konzerten. Der Flügel wurde jedes Mal aus dem Vorbereitungsraum in den Hörsaal geschleppt und neu gestimmt. Zweiter von links: Hörsaalchef Werner Schrödel.

ob sie nicht Lust hätten, mitzumachen. So kamen wir zum Nachwuchs.

Karl-Heinz Gaida: Ich bin Jahrgang 1973, und es gab die Tradition, dass sich jeweils ein älteres Studienjahr um die Neuanfänger kümmert und ihnen alle Abläufe erklärt. Jede Seminargruppe hatte eine Paten-Seminargruppe im Zweijahresabstand. Und da „Musik im Hörsaal" einen so guten Ruf hatte, wollte ich unbedingt mitmachen, zuerst in der Ordnungsgruppe und dann in der Werbung.

Wie ging es dann weiter?

Seidel: Als ich mit dem Studium fertig war, bekam ich für vier Jahre eine befristete Assistentenstelle an der Sektion Physik und war bis 1984 weiter aktives Mitglied. Ab 1977 waren wir offizieller FDJ-Studentenclub. So bekamen wir Förderungen und hatten auch die Möglichkeit, mit den Musikern nach den Konzerten in den angesagten Studentenclubs wie dem Rosenkeller oder im Planetarium zu feiern. Die FDJ-Leitung konnte eine vernünftige Jugendarbeit vorweisen, und die Sektionsleitung fand es toll, wenn wieder etwas darüber in der Zeitung stand oder sogar die Nachrichtensendung des DDR-Fernsehens „Aktuelle Kamera" über ein Konzert berichtete.

„Musik im Hörsaal" etablierte sich also zu einer festen Größe in Jena?

Gaida: Wir waren wahnsinnig stolz darauf, Teil von „Musik im Hörsaal" zu sein. Wir hatten dadurch sehr engen Kontakt zu den Musikern, der teilweise noch heute besteht, vor allem in der Free-Jazz-Szene. Ich habe nebenher noch Theater gespielt, und das befruchtete sich gegenseitig.

Seidel: Wir haben viel experimentiert. Rockkonzerte waren damals üblich. Da mussten wir auch mal etwas anderes bringen. Also haben wir mit dem Jazz angefangen, vom klassischen Jazz bis zum Free Jazz. Dann haben wir Lesungen und Lyrikabende veranstaltet, beispielsweise mit Dorit Gäbler, oder die Jenaer Philharmonie eingeladen. Oder es kam Eberhard Esche mit Heines „Wintermärchen" und dem „Reineke Fuchs".

Was hat euch am meisten geprägt?

Gaida: Die Mischung macht's. Geblieben sind bis heute die Freundschaften, auch mit den älteren Kommilitonen. Sie kamen oft von ihren zwangsverpflichteten Arbeitsstellen nach Jena und suchten am Wochenende dringend eine Schlafmöglichkeit. Die Baracke 13 wurde zum Treffpunkt. Das hat die Truppe derartig zusammengeschmiedet, dass wir auch gemeinsam in den Urlaub nach Bulgarien fuhren.

Seidel: Wer so ein Projekt mit ziemlich viel Herzblut macht, kommt auch miteinander aus. Da ist es gleich, welche Religion man hat oder in welcher Partei jemand ist. Selbst in den wilden Zeiten hatte ich nie ein Problem damit. Leider engagieren sich immer nur wenige für ein solches Projekt, aber die schauen über ihren eigenen Horizont hinaus, wollen für andere etwas tun.

Das Jubiläumskonzert „15 Jahre Musik im Hörsaal" hatte es in sich.

Thomas Richter: Das war am 4. Dezember 1986 im Stadttheater mit „Liedern aus der DaDaeR" mit Annekathrin Bürger, Barbara Thalheim, Gerhard Schöne, Wenzel & Mensching. Und weil das gleiche Konzert in derselben Besetzung zwei Tage später in München im Sendesaal des Bayerischen Rundfunks aufgeführt werden sollte, war auch der damalige BR-Programmchef im Hörsaal. Als sich dieser im Nachhinein sehr positiv über die Konzerte in Jena und München äußerte und die Kulturoffenheit der DDR lobte, bekamen wir großen Ärger und mussten fortan alle weiteren Konzerte absegnen lassen.

Was geschah danach?

Richter: 1987 zeigten wir die „Obligatorische Frauentagsfeier" als eine Mischung aus Liedermacherei, Schauspielerei, Artistik und Clownerie. Dargestellt als Albtraum eines Brigadeleiters, dem in der Nacht vom 7. zum 8. März einfiel, dass er vergessen hatte, die Frauentagsfeier vorzubereiten. Es gab erneut erheblichen Ärger, weil wir angeblich die Würde des Frauentages verletzt hätten. Damit bekamen wir die Auflage, nur noch Konzerte über die Konzert- und Gastspieldirektion Gera zu buchen und nicht mehr mit den Bands direkt Verträge abzuschließen beziehungsweise private Vermittler zu nutzen.

Wie lief die Zusammenarbeit mit der Konzert- und Gastspieldirektion Gera?

Richter: Schwierig, sie waren uns gegenüber nicht sehr aufgeschlossen und holten die großen Bands lieber nach Gera. Zudem wurde Jena als politisch gefährliche Lokalität eingestuft, und Konzerte wurden als sehr kritisch angesehen. Vor allem in den letzten zwei Jahren vor der Wende war es sehr schwierig.

Und was kam nach der Wende?

Seidel: Mit der Wende wurde dann alles sehr schnell kommerzialisiert, und eigentlich ist da nichts mehr gelaufen. Keiner wollte mehr DDR-Musik hören, und auch der Geist und die Atmosphäre waren weg. Der zentrale FDJ-Klubrat löste sich auf, und jeder machte sein eigenes Ding. Damit löste sich alles auf.

50 Jahre sind seit der Gründung vergangen, was nun?

Seidel: Ich bin Vorsitzender des Alumni-Vereins, und wir planten für 2021 eine Veranstaltung „50 Jahre Musik im Hörsaal". Durch Corona verschob sich alles.
Ich glaube nicht, dass es noch etwas wird ... Schade!

Verwandelt.

Jürgen Koch zwischen Zufall, Stasi-Freunden und neuen Chancen.

Es war einmal ein armer Bauer, der besaß ein wunderschönes weißes Pferd. Als das Pferd eines Tages verschwand, sagten alle Leute im Dorf: „Welch ein Unglück!" Der alte Mann aber erwiderte: „Geht nicht soweit, das zu sagen. Sagt einfach: Das Pferd ist nicht im Stall. So viel ist Tatsache, alles andere ist Urteil. Ob es ein Unglück ist oder ein Segen, weiß ich auch nicht. Wer weiß, was darauf folgen wird?" Soweit eine überlieferte chinesische Geschichte. Und genauso könnte man auch den beruflichen Werdegang von Jürgen Koch mit seinen Höhen und Tiefen beschreiben. Er wusste nie, ob sich das Negative ins Positive verwandelt oder umgekehrt.

Jürgen Koch ist der Typ, mit dem man Pferde stehlen kann – verlässlich, immer einen guten Spruch auf den Lippen und geräuschlos Dinge in die Tat umsetzend. So machte er beispielsweise bei der Veranstaltung „Musik im Hörsaal" den Kalfaktor, organisierte Wichtiges und entwarf den runden Button für die Veranstalter. Auch die Feier zur Übergabe des Goldenen Diploms im Jahr 2023 organisierte er federführend.

Legendär sind ebenfalls die gemeinsamen Sonntagabende nach dem Studium, als er mit Wolfgang Tottleben und Roland Hensel in einer Zweiraumwohnung im Zeiss-Arbeiterwohnheim in Jena-Lobeda wohnte und sie die damals progressivste Sendung des Bayerischen Rundfunks, „Pop Sunday", hörten. Zur Musik von Ten Years After, The Doors, Mothers of

Invention und Iron Butterfly wurde in der Sendung über aktuelle Themen wie den Vietnamkrieg, Umweltzerstörung oder die Zweifel des Bomberpiloten beim Atombombenabwurf in Hiroshima gesprochen. Dies alles ging unter die Haut und traf den Nerv der damaligen Zeit. Zudem feierten hier die Bulgarienfahrer bei Rosenthaler Kadarka und Erlauer Stierblut gern und oft so lautstark, bis nachts um halb zwei die Polizei vor der Tür stand. Jürgen Koch wohnte in der Dreier-WG bis 1974, heiratete und zog dann in eine Altbauwohnung mit Trockenaußentoilette, bis er nach zehn Jahren Wartezeit endlich eine Vierraumwohnung in der Plattensiedlung Lobeda mit Antennenanschluss für Westfernsehen bekam.

Jürgen Koch entwarf dieses erste Signet für die Veranstaltungsreihe „Musik im Hörsaal" und orientierte sich dabei am Logo des legendären „Beat-Club", einer Veranstaltungsreihe von Radio Bremen.

Überhaupt war Jürgen Koch einer der wenigen Studenten des Jahrgangs 1969, der schon während des Studiums das Studentenleben besonders genoss und viel öfter im Rosenkeller gesehen wurde als beim gemeinsamen Lernen. Der Rosenkeller war der älteste und angesagteste Studentenklub Jenas. Unter dem Studentenwirtshaus „Zur Rosen" legten Landwirtschaftsstudenten in den frühen Sechzigerjahren ein ganzes Labyrinth von gotischen Gewölbekellern frei und gestalteten daraus den Studentenklub. Oft stand eine lange Schlange davor, aber wer niemanden aus der Klubmannschaft kannte, hatte wenig Chancen auf Einlass. Dem schaffte Jürgen Koch Abhilfe, indem er dort tatkräftig mithalf, Getränke ausschenkte und Veranstaltungen organisierte. „Ich fand das cool. Natürlich wurde da viel getrunken, manchmal auch zu viel", sagt er über den liebgewonnenen Ausgleich zum anspruchsvollen Studium. Legendär waren ebenso die Themendiskos und die Faschingsfeiern. Eine Gruppe von Physikern mit Wolfgang Tottleben, Reinhard Wulfert, Peter Jochmann und Werner Wollmann gestaltete dafür den ganzen Klub um und malte große Plakate an die Wände.

Allerdings wurde die Tätigkeit im FDJ-Studentenklub nicht von jedem goutiert: „Unser Seminargruppenbetreuer Wolfgang Karthe sah dies nicht als gesellschaftliche Arbeit an. Erst viele Jahre später las ich in meinen Stasiakten, dass die Parteigruppe der Seminargruppe ernsthaft darüber nachdachte, mich wegen dieses Engagements zu exmatrikulieren", berichtet Jürgen Koch.

Einen Ausgleich zum Studium fand der feierlustige Student auch in seinem Heimatort Bad Klosterlausnitz, sowohl beim traditionellen Maibaumsetzen als auch beim Fasching. Damals war der Lausnitzer Fasching so bekannt, dass Reisebusse voller Narren und Närrinnen aus ganz Thüringen kamen und das Programm mehr als zehnmal pro Saison gezeigt wurde.

Mit Rat weg vom Pfad

Zum Physikstudium kam Jürgen Koch eigentlich durch einen Zufall, denn die berufliche Beratung seines Vaters kannte nur die Alternativen Lehrer oder Arzt. „Das hatte in unserer Familie Tradition, sowohl mein Vater als auch mein Großvater waren Lehrer, ebenso mein Bruder und meine

Die Studenten feierten ihr Bergfest zuerst mit einem Umzug durch die Stadt mit verschiedenen Pferdefuhrwerken. In der Mitte des Bildes: Jürgen Koch.

Schwägerin. Mein anderer Bruder und mein Onkel wurden Ärzte." Jürgen Koch machte neben dem Abitur eine Ausbildung zum Kraftfahrzeugschlosser und wollte eigentlich Kraftfahrzeugtechnik studieren. Dies wiederum lehnte sein Vater ab. Als ein befreundeter Physiker die Familie besuchte, der damals bei Sachsenring in Zwickau arbeitete und berichtete, dass man als Physiker überall anfangen kann, entschied er sich für diesen Weg.

Der Studienort Jena lag in der Nähe, und außerdem konnte man hier direkt nach dem Abitur studieren, ohne vorher einen Wehrdienst abzuleisten. Grund war die 3. Hochschulreform. Eine gewisse Ernüchterung folgte für den Einser-Schüler allerdings prompt zu Studienbeginn. Er fand das Studium sehr schwer und spürte einen permanenten Druck. „Nicht einmal in den wenigen Ferien konnten wir uns richtig entspannen." Später wogen die besonderen Umstände der Arbeitsplatzwahl und die sich eröffnenden beruflichen Möglichkeiten die Mühen auf. „Insofern bin ich dem Freund der Familie für seinen Rat sehr dankbar", sagt Jürgen Koch.

Aufgrund des durch die 3. Hochschulreform verkürzten Physikstudiums von fünf auf vier Jahre landeten gleich zwei Physikerjahrgänge auf dem Arbeitsmarkt. Die Steuerung übernahm eine zentrale Absolventenvermittlung, die Jürgen Koch zuerst ins Schuhkombinat „Banner des Friedens" in Weißenfels schicken wollte. Der Absolvent sollte dort eine Laseranlage aufbauen, mit der man Schuhsohlen schneiden konnte. Weißenfels

„Mein ‚Stasi-Freund' hatte mich verraten. Aber damit hatte er auch dazu beigetragen, dass ich mich nach vorne bewegt habe. Ich hatte plötzlich nichts und musste die Flucht nach vorn antreten und mein Berufsleben neu ordnen."

war damals das Zentrum der Schuhproduktion in der DDR, wo über 5.000 Mitarbeiter täglich 30.000 Paar Schuhe herstellten. „Das war nicht nach meinem Geschmack. Glücklicherweise hatten wir damals gerade eine Familie gegründet und meine Frau war schwanger. Sie war im gleichen Absolventenjahrgang, hatte Wirtschaftswissenschaften studiert und sollte im Bereich der Außenwirtschaft promovieren. Damit waren die Weichen für uns in Jena gestellt, und als Arbeitsplatz blieb nur noch Carl Zeiss übrig", berichtet Jürgen Koch.

Das Unternehmen hatte damals mehr als die Hälfte der Physikabsolventen aus beiden Jahrgängen auf einmal eingestellt und auf alle Unternehmensbereiche verteilt. Alle für Physiker geeigneten Arbeitsplätze waren bereits vergeben. Also blieb nur eine Tätigkeit im neu gegründeten Außenhandelsbetrieb des Kombinats Carl Zeiss Jena übrig. „Der Personalleiter log das Blaue vom Himmel herunter, ausgeschrieben war die Stelle für einen Produktmanager im Vertrieb. Das klang interessant und verheißungsvoll – wiedergefunden habe ich mich als Exportkaufmann mit null Erfahrung." Die entsprechenden Kenntnisse eignete sich der Physiker Jahre später in einem postgradualen Studium der Außenwirtschaft an. Zwischenzeitlich wollte er immer mal wieder aufhören, weil er sich „fremdbestimmt und fachfremd" vorkam. Aber als er mit der Zeit etliche Physiker kennenlernte, die ebenfalls als Kaufleute arbeiteten, stärkte ihm das den Rücken. „Natürlich bestand auch die reale Aussicht auf eine Reisetätigkeit ins nichtsozialistische Ausland."

Die Organisation im neu geschaffenen Außenhandelsbetrieb war überfordert, und viele Arbeitsgebiete blieben einfach liegen. Jürgen Koch wurde Teamleiter für den Länderbereich Indien und hatte viel damit zu tun, das fast zwei Jahre brachliegende Arbeitsgebiet auf Vordermann zu bringen, Karteileichen auszusortieren und die Kommunikation mit der indischen Vertretung wieder zu normalisieren. Sein großer Vorteil war, dass er schon in der Erweiterten Oberschule Eisenberg sehr guten Englischunterricht hatte und verhandlungssicheres Englisch sprach. Dies verdankte er seinem Vater, der in Russischpädagogik promoviert hatte und neue Lehrmethoden einführte. „In Eisenberg übernahm meine Englischlehrerin seine Methoden und brachte uns die Sprache sehr gut bei. Es hatte Spaß gemacht und erleichterte mir die Arbeit bei Carl Zeiss wesentlich."

Als im Frühjahr 1974 der kaufmännische Direktor der indischen Zeiss-Vertretung nach Jena kam, betreute Jürgen Koch ihn eine Woche lang.

„Ich hätte das Physikstudium eigentlich nicht gebraucht für meine Tätigkeit. Aber wir haben gelernt, selbstständig und strukturiert zu arbeiten und dafür bin ich sehr dankbar", erklärt der Physiker. Als er nach drei Jahren noch immer nicht ins Ausland fahren durfte, beschwerte er sich beim Parteisekretär. Bald konnte er seine erste Dienstreise zur Industriemesse nach Brünn in Böhmen antreten und flog kurz darauf „unter Aufsicht" eben jenes Parteisekretärs in die Vertretung nach Bangladesch. Danach ging es richtig los. „Ich habe die ganze Welt gesehen und Dunkelfeldmikroskope, Phasenkontrastmikroskope, Stereomikroskope, Fotoeinrichtungen, Fluoreszenzeinrichtungen und anderes Equipment in alle Welt verkauft." Jürgen Koch wurde ein Vertriebler mit Leib und Seele.

Das Ende vor der Wende

Doch wie bei der Geschichte mit dem alten Bauern und dem weißen Pferd folgt auf ein Glück auch ein Unglück – oder umgekehrt, je nachdem, wie man es bewertet. 1989 geriet Jürgen Koch in die Fänge der Stasi. Er verlor seinen Job und auch seine Reputation. Hintergrund war, dass der Außendienstmitarbeiter und NSW-Reisekader Koch – zugelassen also für das nichtsozialistische Wirtschaftsgebiet – zuvor drei Jahre lang von der Stasi überwacht wurde, um ihm unerlaubtes Verhalten nachzuweisen. Das System war perfide. Eine Zeit lang wurde er vollständig observiert und seine Wohnung für 14 Tage verwanzt. Die Stasi nutzte einen guten Parteigenossen in der Nachbarwohnung, der sein Wohnzimmer für die Überwachung zur Verfügung stellte. Eine Lehrerin hielt die Kinder so lange in der Schule fest, bis die Stasi in Ruhe die Wanzen setzen konnte. Der Geheimdienst schnitt alle Gespräche auf Tonband mit. Allerdings konnte manches nicht verstanden werden, weil es einerseits eine fürchterliche Geräuschkulisse gab und andererseits die ORWO-Bänder mehrfach verwendet wurden. Als Anmerkung dazu las er später in der Stasiakte: „Wir haben schon mehrfach darauf hingewiesen, dass die ORWO-Bänder nur einmal benutzt werden dürfen. Wir wollen endlich die guten BASF-Bänder haben."

Politisch und gesellschaftlich gesehen war es damals eine unsichere und unruhige Zeit. Jürgen Koch blieb trotzdem bei seiner Offenheit und ließ sich nicht einschüchtern. Als er aber seinen Pass für die Reise zur Hannover Messe 1989 bei der Zeiss-Passstelle abholen wollte, erhielt er ihn nicht. Es wäre seine 50. Auslandsdienstreise gewesen. Eine Flasche Sekt hatte er für diesen Anlass schon dabei, aber es kam anders. „Erst viel später habe ich erfahren, dass mein alter Freund ständig Märchen bei der Stasi-Kreisdienststelle Stadtroda über mich erzählt hatte. Das ging soweit, dass sich die Stasi mit mir wegen angeblicher Industrie- und Militärspionage beschäftigte. Wenn dies wahr gewesen wäre, hätte ich in großen Schwierigkeiten gesteckt. Am 5. Mai 1989 passten mich drei Männer frühmorgens auf der Arbeit ab und erklärten mir, ich solle mitkommen, um einen Sachver-

1951 geboren in Bad Klosterlausnitz, Abitur und Facharbeiterabschluss als Kraftfahrzeugschlosser, Studium der Physik an der Friedrich-Schiller-Universität Jena
1973 Diplomarbeit im Wissenschaftsbereich Nichtlineare Optik
1973–1990 Exportkaufmann im Auslandsvertrieb bei Carl Zeiss Jena, wissenschaftlicher Mitarbeiter bei der Akademie der Wissenschaften und am Zentralinstitut für Mikrobiologie und experimentelle Therapie in Jena
1990–2014 Anwendungsberater für Mikroskope bei Olympus
Seit 2014 freiberuflich mit einem Ingenieurbüro für Mikroskopie.

halt zu klären. Wir fuhren nach Eisenberg und sie verhörten mich acht Stunden lang. Heraus kam nichts, weil es nichts gab. Der einzige Punkt war, dass ich gegen die Erklärung verstoßen habe, keinen Kontakt zu Bürgern im westlichen Ausland zu haben. Natürlich hatte ich Kontakt zu alten Bekannten, die nun in der Bundesrepublik lebten und die DDR durch eine Flucht verlassen hatten. Bekannt wurde dies, als ein damaliger Freund mit einer Studiengruppe des Ministeriums für Technik und Elektronik zur Hannover Messe in die Bundesrepublik reiste und ich ebenso als Betreuer des Ausstellungsstandes von Carl Zeiss. Wir beide trafen uns in Hannover heimlich mit einer gemeinsamen Freundin, die nun im Westen lebte. Dieses Treffen war sehr detailliert in meinen Stasiakten vermerkt", berichtet Jürgen Koch.

Nach dem Acht-Stunden-Verhör kam die Stasi zu dem Schluss, dass nichts strafrechtlich Relevantes gegen ihn vorlag. Allerdings durfte der Physiker danach nicht mehr im Außenhandelsbetrieb weiterarbeiten, weil er ja gegen seine abgegebene Verpflichtung, „keine privaten Kontakte zu Bürgern des nichtsozialistischen Auslandes zu haben", verletzt hatte. Nach einem darauffolgenden Disziplinarverfahren blieb er noch zwei Wochen auf seiner alten Arbeitsstelle und wechselte dann an das Zentralinstitut für Mikrobiologie und Experimentelle Therapie der Akademie der Wissenschaften im Jenaer Stadtteil Beutenberg. Dort arbeitete Jürgen Koch in der Abteilung für Elektronenmikroskopie, bearbeitete kleine Forschungsaufträge und hielt das Elektronenmikroskop am Laufen.

Vom Frust in neue Lust

Als am 9. November 1989 die Mauer fiel, wurden die Karten neu gemischt. Im Januar 1990 fuhr Jürgen Koch nach Berlin ins Internationale Congress Centrum zur gemeinschaftlichen Fachkräftetagung „Ost trifft West" der Industrie- und Handelskammern. Sein Wunsch war, künftig auf dem Gebiet der DDR feinmechanische Erzeugnisse zu verkaufen, und er bekam dort eine Liste mit Angeboten von 80 möglichen Arbeitgebern. Allen voran suchte die Firma Olympus einen Verkäufer für Mikroskope. „Ich habe sofort eine Bewerbung geschrieben und abgeschickt. Auf diese Stelle bewarben sich mindestens 20 weitere Leute von Carl Zeiss Jena. Ich wurde kurz darauf zum Vorstellungsgespräch nach Hamburg eingeladen und saß dem Personalchef und einem Abteilungsleiter gegenüber. Der Personalchef hielt mir mit spitzen Fingern mein Bewerbungsschreiben mit Umschlag entgegen und fragte: ‚Na, Herr Koch, aber weißes Papier ist das nicht.' Ich überlegte, was ich auf diese Frechheit antworten sollte, und erwiderte: ‚Wissen Sie, die Schrift ist schwarz und man kann es lesen.' Da hatte mein späterer Chef vor Lachen fast in die Tischkante gebissen", sagt Jürgen Koch. Das Gespräch wurde sehr schnell beendet, und noch im Hinausgehen sagte der Abteilungsleiter: „Herr Koch, Sie haben den Job."

Rückblickend betrachtet sieht es Jürgen Koch fast als Glück an, dass er durch die Stasi-Affäre einen neuen Berufsweg einschlagen musste. „Meinem ‚Stasi-Freund' habe ich zu verdanken, dass ich mich nach vorn bewegt habe. Ich hatte plötzlich nichts. Vielleicht hätte ich sonst versucht, bei Carl Zeiss Jena bis zum Schluss zu kämpfen und dann alles verloren", sagt er und klingt versöhnlich trotz der schweren Zeit. Bei Olympus betreute er als Anwendungsberater die Mikroskope, anfangs in den südlichen neuen Bundesländern, später kam noch Bayern dazu. Nach 16 Jahren wurde der Job eines mobilen Servicetechnikers für Mikroskope frei. Und diesen füllte er dann noch bis zum vorzeitigen Renteneintritt im Jahr 2014 aus.

Kurz darauf gründete er sein eigenes Ingenieurbüro für Mikroskopie und repariert seitdem Mikroskope auf eigene Rechnung. Seine Kundschaft besteht aus den alten Kundenkontakten und der Zusammenarbeit mit zwei freien Händlern. Durch Mundpropaganda wächst die Kundschaft langsam. Meist leiden die Mikroskope an verharztem Fett und sind völlig verschmutzt. „Ich muss dann halt alles auseinandernehmen, saubermachen und neu fetten. Glück hat man, wenn nichts kaputt ist, denn man bekommt kaum noch Ersatzteile."

Sand im neuen Land

„Für mich war die Wende ein Segen. Ich konnte mich nun frei bewegen, die Welt anschauen und ordentliches Geld verdienen. Als wir jung waren, hatten wir auch im Osten eine schöne Zeit, weil wir nicht solche Zwänge hatten, wie sie vielleicht im Westen geherrscht haben. Wir mussten nicht unbedingt eine Wohnung kaufen, ein Haus bauen und ein dickes Auto fahren. Das stand alles gar nicht zur Debatte. Man hat irgendwo gewohnt und irgendwann auch eine Wohnung bekommen. Das war's dann. Jetzt wohne ich im Haus meiner Eltern, das mein Urgroßvater gebaut hat und das immer noch in Familienbesitz ist. Ansonsten bin ich begeisterter Motorradfahrer, restauriere hin und wieder auch mal ein altes DDR-Motorrad und unternehme Motorradtouren in Asien und Europa. So gesehen ist das Leben doch ein ewiger Fluss von Ereignissen", resümiert der Physiker sein Leben und verweist dabei auf sein Hobby, aus allen Teilen der Welt Sand von Stränden zu sammeln. „Jeder, der mich kennt, bringt mir inzwischen ein Glas voller Sand mit. Und unter dem Mikroskop kann ich dann sehen, wie vielfältig unsere Welt doch ist."

Durchkreuzt.

Roland Hensel und das Leben quer zur Linie.

Alle sieben Jahre begann Roland Hensel in seinem Berufsleben etwas Neues. Nach dem Studium arbeitete er sieben Jahre als Physiker, danach folgten sieben Jahre als freiberuflicher Fotograf. Nach seiner Ausreise aus der DDR studierte er Journalistik und arbeitete insgesamt dreimal sieben Jahre bei Siemens. Zuerst als technischer Redakteur, dann als Kommunikationsmanager und zum Schluss als Pressesprecher, bevor sich mit 60 Jahren der Kreis wieder schloss und er wieder freiberuflich als Fachjournalist und Fotograf tätig wurde.

Kein Leben verläuft geradlinig; in Biografien sind Brüche oft wichtige Wendepunkte und auch Chancen zur Neuorientierung. Roland Hensel erlebte das erste einschneidende Erlebnis bereits im frühen Kindesalter. Nach einer Scharlachinfektion erkrankte er an einer Hirnhautentzündung. „Ich hatte Glück, dass ich diese Krankheit ohne wesentliche Schäden überlebte, anders als der Nachbarsjunge, der danach geistig beeinträchtigt war. Ich hatte Nahtoderfahrungen und kämpfte mich zurück ins Leben, lernte mit drei Jahren nochmals sprechen und laufen." Besonders begeistern konnte sich die Leseratte für Sagen, Märchen und Science-Fiction-Erzählungen, vor allem die des polnischen Schriftstellers Stanisław Lem. Auch die Schulbücher standen hoch im Kurs. Das prägte, denn schon in der sechsten Klasse entstand der Wunsch, Physiker zu werden. „Zu Beginn der Sommerferien freute ich mich immer darauf, mit meinem Vater die neuen Schulbücher zu kaufen. Ich verschlang vor allem naturwissenschaftliche Bücher. Der Nebeneffekt war, dass mich der Unterricht langweilte und ich lieber mit meiner Banknachbarin schwatzte." Die Begeisterung für klare Denkstrukturen blieb. Als Oberschüler besuchte er eine Mathe-Arbeitsgemeinschaft, in der ein charismatischer Mathematiklehrer in die Geheimnisse der diophantischen Gleichungen einführte – also Gleichungen mit ganzzahligen Lösungen. Auf den ersten Blick sehen sie einfach aus, verbergen aber oft eine erstaunlich tiefe, teils rätselhafte Struktur.

Die Kraft des Nein

Auch die Abende in der Evangelischen Jungen Gemeinde Greiz intensivierten seine Liebe zur Literatur und die Freude an Diskussionen. Sehr häufig erschien hier ein Gast, der mit Geist und Witz den Jugendvikar und die Jugendlichen herausforderte. Sein Name war Manfred Böhme, der später als Ibrahim Böhme Vorsitzender der Sozialdemokratischen Partei in der DDR wurde. In Greiz leitete er die Stadtbibliothek und die Literaturarbeitsgemeinschaft an der Erweiterten Oberschule (EOS) und hatte damit das Vertrauen der Schüler.

Die Oberschul- und Berufsschulzeit wurde prägend für Roland Hensels pazifistische Haltung. Damals zeigte ein Lehrausbilder den Maschinenbaulehrlingen das Buch „Krieg dem Kriege" von Ernst Friedrich. Es verdeutlicht auf eindringliche Weise das Antlitz des Ersten Weltkrieges mit Verwundeten und Verstümmelten, das Leiden und Sterben im Krieg. Die Bilder von den entstellten Kriegsopfern eines sinnlosen Krieges prägten sich dem Jugendlichen ebenso nachdrücklich ein wie das Buch „Die Kinder von Hiroshima" von Arata Osada, das die Folgen des Atombombenabwurfs beschreibt.

Prägend waren auch seine Erlebnisse, als russische Soldaten am 20. August 1968 nachts mit ihren Panzern durch Greiz rollten, um kurz danach in die ČSSR einzumarschieren und den Prager Frühling zu ersticken. So war es folgerichtig, dass Roland Hensel Gewalt als Ultima Ratio ablehnte und später in Ost-Berlin ein Antikriegsmuseum mitbegründete. Es war aber auch die Zeit, in der sich der Jugendliche mit seiner Familiengeschichte auseinandersetzte. Seine Mutter floh mit dem letzten Güterzug vor dem Einmarsch der russischen Truppen aus der brandenburgischen Garnisonsstadt Züllichau und durchlebte dabei traumatische Situationen. Sein Vater musste als Siebzehnjähriger in den Zweiten Weltkrieg an die russische Front ziehen. Der Krieg machte ihn zur Vollwaise. Nach der Kapitulation unterschrieb er auf der Prager Burg einen Zettel, dass er nie wieder ein Gewehr in die Hand nehmen würde. Ein Versprechen, das er auch hielt, als er 1955 gezwungen werden sollte, in die Betriebskampfgruppe einzutreten. Die Folge war ein Parteiausschlussverfahren und keine Möglichkeit mehr, ein Fachschulstudium aufzunehmen.

„Obwohl ich auch diverse Schwierigkeiten mit meinen Eltern hatte, hat mich ihr Impuls, ‚Nein!' zu sagen und alle Konsequenzen zu tragen, mein Leben lang geleitet. Es ist wie eine Immunisierung gegen alle daraus erwachsenden Unbilden", betont Roland Hensel. Wenn man einmal die Kraft gespürt hat, die in diesem kleinen Wort liegt, wird man stark: „Aus meiner Überzeugung heraus hätte ich im ersten Studienjahr genauso wie Friedrich Miehe und Harald Krüger den Wehrdienst verweigert. Gerettet hat mich aber meine Ausmusterung aus gesundheitlichen Gründen, zurückzuführen auf die Narben im Gehirn aus meiner frühkindlichen Erkrankung. Und in der alternativen Ausbildung zur Zivilverteidigung musste man keine Waffe in die Hand nehmen."

Der Preis des Nein

Seine Diplomarbeit schrieb Roland Hensel bei Carl Zeiss Jena und erinnert sich: „Mein Betreuer Konrad Kühne empfahl mir, vor allen Experimenten eine Fehlerrechnung zu machen, die Komponenten danach zu optimieren und erst dann zu messen. Von ihm habe ich für das praktische Berufsleben mehr gelernt als im ganzen Studium." Nachdem sich die anvisierte erste Stelle als Physiker im Forstinstitut Eberswalde zerschlug und der Absolvent partout nicht im Sperrgebiet, im Porzellanwerk Neuhaus-Schierschnitz, arbeiten wollte, bot sich nur noch eine Stelle als Kundendienstingenieur für Analysenmessgeräte bei Carl Zeiss Jena an. „Die Arbeit machte mir Spaß, denn ich kam mit vielen Menschen in Kontakt, die glücklich waren, wenn ihre Geräte wieder problemlos liefen." Wegen der frühen Meningitis besaß Roland Hensel allerdings keine Fahrerlaubnis und musste immer mit der Bahn und zwei schweren Werkzeug- und Ersatzteilkoffern zu den Kunden in der gesamten Republik reisen. Das war ein schweißtreibendes Unterfangen.

Als Produktverantwortlicher gab er sein Wissen an viele Mitarbeiter und Kunden weiter, darunter auch an solche aus dem nichtsozialistischen Ausland. Perspektivisch sollte er Geräte auch im sozialistischen Ausland betreuen. Allerdings wurde er drei Jahre lang nicht als Reisekader bestätigt, trotz Befürwortung durch seinen Abteilungsleiter. Wie Roland Hensel später seiner Stasiakte entnehmen konnte, sollte er aufgrund seiner politischen Einstellung, der Denunziation durch einen ehemaligen Kommilitonen, zahlreicher Westkontakte und einer Aktennotiz des betriebseigenen Stasi-Offiziers „aus dem Kundendienst entfernt" werden. Das kam einem Berufsverbot gleich.

1977 beendete Roland Hensel dieses Kapitel selbst und wechselte nach Berlin. Ausschlaggebend war eine Gruppe Berliner Psychologiestudenten, die er im Bulgarienurlaub beim Trampen kennengelernt hatte. Er fand diese Menschen aufgeschlossener, sensibler und neugieriger, die Feten wilder. Seine Einraum-Neubauwohnung in Jena-Lobeda war schnell gegen eine Altbauwohnung in Berlin-Weißensee getauscht. „Ich hätte in Berlin jeden beliebigen Job angenommen und sah mich schon als Möbelpacker. Durch einen glücklichen Umstand vermittelte mir ein zufriedener Kunde eine Stelle als wissenschaftlicher Mitarbeiter im Zentralen Geologischen Institut. Hier baute ich ein neues Labor mit einem Röntgenfluoreszenzspektrometer auf."

Die Studenten bastelten sich im Kulturpraktikum ein Plakat, mit dem sie am 1.-Mai-Umzug teilnehmen wollten. Sie wurden aber von den Veranstaltern des Platzes verwiesen und machten sich dann auf den Weg zum Landgrafen.

Die Strafe des Blicks

Die geregelte Arbeitszeit bot nun ausreichend Freiraum, sich neuen Dingen zuzuwenden. Der Szenemittelpunkt war damals der Stadtteil Prenzlauer Berg. Und als hier eine ehemalige Ladenwohnung am Helmholtzplatz frei wurde, besetzte sie Roland Hensel einfach, richtete in der Küche eine Dunkelkammer ein und fotografierte viel in seiner freien Zeit. In der Spezialschule für Fotografie in Dresden schrieb er sich für eine Weiterbildung ein. Die fotografischen Themen lagen sprichwörtlich auf der Straße, wenn man mit wachen Sinnen durch die Welt lief. Allerdings war die Veröffentlichung von gesellschaftskritischen Fotos nicht ganz konfliktfrei.

Als Roland Hensel 1979 Fotografien zu Gedichten des Greizer Lyrikers Reiner Kunze ausstellte, war für Staatssicherheit und Institutsleitung die Geduld zu Ende. Sie warfen ihm eine strafrechtsrelevante politische Provokation vor, der er nur entkommen konnte, weil er in einer Anhörung die Gedichte als Abrechnung mit dem Faschismus interpretierte. Ein Strafverfahren wurde zwar nicht eröffnet, aber der von ihm beinahe vollendete Aufbau des Röntgenfluoreszenzlabors in andere Hände gelegt.

Nach der darauffolgenden Kündigung erhielt Roland Hensel faktisch das zweite Berufsverbot, denn seine Kaderakte enthielt einen entsprechenden Sperrvermerk. Zwei Jahre lang bekam der Physiker keinen Job, weder im Kundendienst noch als Klempner oder Schlosser. Selbst eine Tätigkeit als Aktmodell an der Kunsthochschule Berlin-Weißensee blieb ihm verwehrt, denn in seiner Stasiakte fand er den Hinweis, dass er mit einer solchen regelmäßigen Tätigkeit auch sozialversichert gewesen wäre. Zeitgleich erhielt er eine Vorladung durch den Abschnittsbevollmächtigten der Polizei (ABV), der ihn nach § 249 des Strafgesetzbuches der DDR belehrte. Dieser sogenannte „Asozialenparagraf“ beschreibt das Gefährden des gesellschaftlichen Zusammenlebens durch hartnäckiges Entziehen von einer geregelten Arbeit, obwohl man arbeitsfähig ist. Die Strafen waren neben Arbeitserziehung auch Verurteilung auf Bewährung oder bis zu zwei Jahre Haft.

Glücklicherweise konnte Roland Hensel auf seine Bewerbungen auf ausgeschriebene Stellen verweisen, bei denen er entweder als zu hoch qualifiziert oder als nicht geeignet abgelehnt wurde. Um Geld zum Leben zu haben, verkaufte der Arbeitslose Teile seiner Fotoausrüstung und hatte ab und zu die Gelegenheit, sich einige Mark als Statist bei der DEFA zu verdienen.

Um endlich wieder krankenversichert zu sein, ließ sich der Fotograf bei einer befreundeten Korbmacherin pro forma als Holzbearbeiter einstellen. Damit zahlte er zwar den Krankenversicherungsbeitrag eines Selbstständigen, der doppelt so hoch war wie der eines Arbeiters, aber er musste nicht mehr bangen, bei einer Krankheit oder einem Unfall alle Kosten selbst zu tragen. Gleichzeitig beantragte er beim Rat der Stadt eine Berufsgenehmigung als freiberuflicher Bildjournalist.

Mit dieser Genehmigung konnte er seine Fotos an Zeitschriften und Magazine verkaufen. Die Honorare waren nicht üppig: Jedes Foto im Archiv wurde mit zehn DDR-Mark vergütet, zuzüglich Honorar bei Veröffentlichung. Da die Unterhaltskosten in der DDR relativ niedrig waren, konnte man mit zwei- bis dreihundert Mark im Monat auskommen, ohne Hunger zu leiden.

Der Schatten des Verdachts

Wie Roland Hensel dreißig Jahre später in seiner Stasiakte las, behauptete Anfang 1980 eine „russische Quelle“, dass er am 14. April 1980 Republikflucht begehen werde. In diesem Zusammenhang wurden sowohl er als auch seine Eltern und die Familie seines Bruders überwacht. „Das Perfide dabei war, dass ich zu keinem Zeitpunkt in Erwägung zog, die DDR auf diese Weise zu verlassen. Ich weiß nicht, wer dieses Gerücht in die Welt gesetzt hat, aber es zeigte Wirkung“, berichtet er. Jedenfalls durchsuchte die Stasi seine Wohnung, während er mit seinem besten Freund Bienenkörbe auf Rapsfeldern in der Altmark aufstellte. Später stellte sich heraus, dass auch dieser Freund ein IM war. Das Verfahren wurde erst im Dezember 1981 eingestellt, weil sich „keinerlei Hinweise auf Planung, Vorbereitung oder Ausführung einer Republikflucht“ fanden. Erst nach dieser zweijährigen Odyssee erhielt Roland Hensel die gewünschte Zulassung als Bildjournalist.

1950 geboren in Greiz, Abitur mit Facharbeiterabschluss als Maschinenbauer, Studium der Physik an der Friedrich-Schiller-Universität Jena
1973 Diplomarbeit bei Carl Zeiss Jena, Abteilung für Numerische Werkzeugmaschinen
1980 Spezialschule für Fotografie
1973–1986 Kundendienstingenieur bei Carl Zeiss Jena, wissenschaftlicher Mitarbeiter im Zentralen Geologischen Institut Berlin, freiberuflicher Bildjournalist und Fotograf
1986 Ausreise in Bundesrepublik
1988 Journalist in Wirtschaft und Verwaltung, Köln
1988–2010 Technischer Redakteur, Senior Communication Manager, Pressesprecher bei Siemens in Erlangen
Seit 2010 freiberuflicher Fachjournalist und Fotograf.

„Die intensive Beschäftigung mit der Fotografie half mir, diese schreckliche Zeit einigermaßen unbeschadet zu überstehen. Endlich konnte ich vom Verkauf meiner Fotos leben und sie in Kulturhäusern, Jugendklubs und Galerien in Berlin, Leipzig, Rostock, Dresden und Jena ausstellen. Und als ich 1983 die Leitung eines Fotozirkels am Kreiskulturhaus Prenzlauer Berg übernahm, hatte ich auch ein regelmäßiges Einkommen und konnte meine Projekte verwirklichen", berichtet der Fotograf, der später sogar Kandidat im Verband Bildender Künstler (VBK) der DDR wurde. Eines seiner Projekte befasste sich mit der Lebenssituation von Menschen mit Beeinträchtigungen. „Als Student half ich ab und zu im Heim für geistig behinderte Jugendliche in Bad Blankenburg. Dieser freiwillige Dienst entlastete die Hauseltern und gab mir Einblick in eine andere Welt. Ich sah, wie viel Glück ich hatte, nach meiner Krankheit nicht behindert aufzuwachsen. Deshalb war es mir zehn Jahre später eine Herzensangelegenheit, das Leben dieser Menschen in den Blickpunkt der Öffentlichkeit zu rücken und ihren Lebensmut und ihre Fröhlichkeit zu zeigen." Er fotografierte Kinder in der Berliner Stephanus-Stiftung, Jugendliche im Anna-Luisen-Stift in Bad Blankenburg und Erwachsene in den Hoffnungsthaler Anstalten Lobetal. Zeitgleich und unabhängig davon schrieb der Jenaer Journalist und Schriftsteller Joachim Petzold einen Report über Menschen mit geistiger Behinderung. Die passenden Fotos steuerte Roland Hensel bei. Das Buch trägt den treffenden Titel „Verstehen und Fördern".

Die Wucht der Wahrheit

Angefangen hatte alles am 27. Juni 1982 in Rummelsburg. An diesem Tag fand auf dem Gelände der Erlöserkirche, initiiert von Umwelt-, Friedens- und Menschenrechtsgruppen, die erste Friedenswerkstatt statt, an der über 3.000 Menschen teilnahmen. Der Physiker Bernd Kanter zeigte erstmals öffentlich eine Ausstellung mit Bildern und Texten von Krieg und Frieden, basierend auf dem Buch und den Gedanken von Ernst Friedrich. Ein halbes Jahr später konstituierte sich der Arbeitskreis „Antikriegsmuseum/Friedensbibliothek" der Kirche Berlin-Brandenburg, den Kanter gemeinsam mit Roland Hensel und weiteren Mitgliedern leitete, und aus dem das Antikriegsmuseum in Ost-Berlin hervorging. Der Arbeitskreis stand unter der Schirmherrschaft des damaligen Konsistorialpräsidenten von Berlin-Brandenburg, Manfred Stolpe. „Fortan machte ich in meiner Dunkelkammer für sämtliche Ausstellungen des Antikriegsmuseums die großformatigen Abzüge sowie Tausende von Postkarten. Als das Lutherjahr vor der Tür stand, zeigten wir unsere Ausstellungen an allen Standorten der Kirchentage", erzählt Roland Hensel. Der Zuspruch war enorm; es gab interessante Diskussionen. Mancher Besucher sammelte hier seine Argumente, um den Dienst mit der Waffe zu verweigern.

Als die Repressalien durch die Stasi aber immer stärker, Fotoaufträge gestrichen und Ausstellungen abgesagt wurden, stellte der inzwischen verheiratete Fotograf zusammen mit seiner Frau 1984 einen Ausreiseantrag. Zwischen 1984 und 1986 dokumentierten beide das Waldsterben im Erzgebirge und die Zerstörungen durch den Uranerzabbau der Wismut. Ein Teil dieser Fotografien wurde später im politischen Magazin „Kontraste" des Fernsehsenders Freies Berlin (SFB) gezeigt und im Magazin „Stern" abgedruckt.

„Wie ich aus meiner Stasiakte erfuhr, behauptete eine ‚russische Quelle', dass ich eine Republikflucht vorbereite. Meine Angehörigen und ich wurden zwei Jahre lang überwacht und ich bekam keinen Job, bis sich alles als eine Fehlinterpretation herausstellte."

1985 initiierte die Stasi die Operative Personenkontrolle (OPK) „Bart" und verpflichtete den Leiter des Kreiskulturhauses und ein Mitglied seines Fotozirkels, Roland Hensel zu überwachen. Ziel war, nachzuweisen, dass seine Fotos über die DDR an einen befreundeten Kölner Fotografen in die Bundesrepublik geschmuggelt wurden. Faktisch lagen die Behörden mit ihrer Vermutung richtig, denn Roland Hensel fotografierte für verschiedene Bücher und Bildbände, die im Westen erschienen. Allerdings konnte die Stasi keine Informationen dazu ermitteln und die Ausreise von Familie Hensel im März 1986 kam dem zuvor. „Wir sind mit unserem damals schwer erkrankten Neugeborenen und 20 Koffern in einem kaum geheizten Waggon des Interzonenzuges über Oebisfelde ausgereist. Ich habe meine gesamten Negative zurückgelassen, um zu verhindern, dass wir am Grenzübergang nochmals stundenlang verhört werden. Das hätte unser Sohn nicht überlebt. Leider sind die Negative später verschollen", sagt der Fotograf.

Die Last des Misstrauens

Angekommen in der Bundesrepublik, titelte gerade die Bild-Zeitung, dass jeder sechste Ausreisende für die Stasi spioniere, was ziemlich ernüchternd war. Kurz darauf wurde Roland Hensel von den bundesdeutschen Behörden aufgefordert, im Amt für Befragungswesen in Düsseldorf zu erscheinen und Auskünfte über die Verbindungen der westdeutschen und der ostdeutschen Friedens- und Umweltverbände zu geben. „Als gelernter DDR-Bürger erkennt man sehr schnell, wie der Hase läuft, und lässt seine Gesprächspartner ins Leere laufen." Trotzdem blieb er weiter unter Beobachtung. 1988, mit Antritt seiner Arbeitsstelle bei Siemens in Nürnberg, meldete sich ein Herr Müller aus Pullach im traditionellen Ledermantel und setzte die Befragung fort.

Nach der Ausreise bewarb sich Roland Hensel in der Bundesrepublik vergeblich als Physiker. Grund war die längere berufliche Zwangsunterbrechung in der DDR. Nach einem kurzen Intermezzo in einer Fotoagentur hatte er das Glück, ein Journalistikstudium in Köln aufzunehmen. In der zweitägigen Aufnahmeprüfung mit etwa 300 Bewerbern zählte Roland Hensel zu den 22 Ausgewählten. Das wurde dann sein vierter Berufsabschluss.

Mit 38 Jahren konnte er endlich wieder berufsrelevant arbeiten. Die Familie zog nach Franken, und er begann zunächst als technischer Redakteur im Automatisierungsbereich bei Siemens. Als die Werkzeugmaschinenbranche Anfang der Neunzigerjahre in die Krise kam, wechselte der Physiker als Teamleiter zur Gebäudeautomation und dokumentierte die Entwicklung von Leitsystemen für Gebäude und Kraftwerke. „Es war eine verrückte und spannende Zeit mit ausgezeichneten Kollegen, die schon mal bis Mitternacht oder auch an den Wochenenden arbeiteten, um eine Kundenanlage zum Laufen zu bringen", berichtet Roland Hensel. „Wir waren damals unserer Zeit weit voraus mit der Digitalen Fabrik und der Digitalen Anlage, hatten schon 1996 browserbasierte Industrieanwendungen, Client-Server-Systeme, dezentrale Datenbanken und eine abhörsichere Kommunikation."

Als bei Siemens Ende 2003 eine große Umstrukturierung anstand, konnte er als Pressesprecher in die Bereichskommunikation wechseln. Allerdings war das mit einem Altersteilzeitvertrag verknüpft. Gemeinsam mit vier Kollegen, die ebenfalls Physiker waren, schrieb er Pressemitteilungen, Fachartikel, White Papers und vieles mehr über das breite Industriespektrum des Bereichs, das vom Bergbau, Eisen und Stahl, Wasser, Abwasser bis hin zu Zellstoff und Papier, Flughafen- und Postlogistik reichte. „Kurz vor meinem Ausscheiden konnte ich ein weiteres Herzensprojekt verwirklichen." Roland Hensel spricht von seinem Buch „Menschen, Macher und Maschinen – Berichte über außergewöhnliche Frauen und Männer, komplexe Technik, große Baustellen und andere Welten". Es porträtiert Menschen, die auf Siemens-Großprojekten in unterschiedlichen Berufen weltweit unterwegs sind. Darin geht es nicht nur um Technik, sondern auch um andere Kulturen und wie man ein gemeinsames Projekt erfolgreich zum Laufen bringt.

Die Kraft des Ja

Was fängt man an, wenn man in den Vorruhestand geschickt wird? Entweder man setzt sich zur Ruhe, löst täglich Sudoku-Aufgaben im Expertenmodus und lässt zu, dass das Gehirn die nicht mehr gebrauchten Datenautobahnen abbaut, oder man wird wieder aktiv. Roland Hensel wählte die zweite Option und machte sich 2010 genau an seinem 60. Geburtstag als Fachjournalist und Fotograf freiberuflich. Zehn Jahre arbeitete er für Unternehmen und Fachzeitschriften, bis 2020 die Corona-Pandemie die nächste Zäsur setzte. „Da alle Industrieaufträge wegbrachen und die Fachzeitschriften ihre Erscheinungsfrequenz reduzierten, war dies der Zeitpunkt, mich wieder intensiver der künstlerischen Fotografie und neuen Projekten zu widmen. Im Vorfeld unseres Studienjahrestreffens mit der Verleihung des Goldenen Diploms im Jahr 2023 entstand die Idee zum vorliegenden Buch. Mit dem Buchkonzept bewarb ich mich um ein Stipendium bei der Kulturstiftung Thüringen und wurde einer von drei Stipendiaten im Bereich Bildende Kunst", sagt Roland Hensel und lächelt verschmitzt, denn schon ein Jahr später erhielt er ein weiteres Stipendium, diesmal von der Kulturstiftung Sachsen, um die 1984 begonnene Dokumentation über das Waldsterben und die Umweltzerstörungen im Erzgebirge zu vollenden und an denselben Stellen wie damals zu fotografieren.

„So gesehen, habe ich noch viel zu tun und kann mich noch nicht zur Ruhe setzen, auch wenn das erste Projekt nun fast fertig ist. Man braucht immer ein Ziel, das einen weiterbringt. Das hält jung und fit", sagt der Freelancer und erinnert sich an die gleichen Worte seines ehemaligen Seminargruppenbetreuers Wolfgang Karthe, der auch nach seinem Ausscheiden als Chef des Fraunhofer-Instituts für Angewandte Optik und Feinmechanik immer noch beratend tätig war.

Angepasst.

Rainer Nagler und die kleinen und großen Katastrophen.

„Glück hatte ich oft. Und ich denke, ich habe mein Glück ganz schön ausgenutzt", reflektiert Rainer Nagler seine berufliche Laufbahn. Er saß im Bunker, als die Sowjetarmee den Atomkrieg probte, aktivierte ein Messnetz in der DDR, als Block 4 des Kernkraftwerks Tschernobyl explodierte, erlebte hautnah, wie das erste ost-westdeutsche Joint Venture pleite ging und ist heute glücklich, dass er als Freiberufler noch arbeiten kann.

„Natürlich hätte ich in meinem Leben auch andere Wege gehen können", sagt Rainer Nagler. „Aber ich bin froh, zwei verschiedene Systeme erlebt zu haben. Oft ist mir der Blickwinkel zu einseitig, den die Gesellschaft heute nach außen trägt. Denn erst wenn man zwei Seiten einer Medaille gesehen hat, betrachtet man viele Dinge realistischer", betont der ehemalige Katastrophenmanager der DDR und heutige TÜV-Auditor für Industriebetriebe. „Ich konnte und kann mich mit beiden Lebenssituationen gut arrangieren und hatte nirgendwo ernste Probleme. Heute allerdings fehlt mir manchmal die erzwungene, aber durchaus auch positiv zu sehende Gemeinschaft der Menschen damals im Osten. In unserer Zeit leben Menschen oft in ihren engen Gedankenkreisen und ideologischen Blasen, ohne sich um ihre Mitmenschen zu kümmern."

Rainer Nagler verhielt sich in der DDR sehr angepasst und sagt selbst: „Ich war auf der dunklen Seite der Macht, insofern, als ich mich dort ohne Leidensdruck arrangiert habe. Aber kurioserweise hatte ich in der DDR durch diese Staatsnähe auch viele Freiheiten." Für den damaligen Major der Zivilverteidigung kam mit der Wende der tiefe Absturz. Raus aus der behüteten Welt, rein in die neue Welt, in der von da an und überall bundesdeutsche Beamte das Sagen hatten. „Ich hatte das Glück oder das Pech, dass ich nach der Wiedervereinigung in einer Umweltbehörde unterkam. Ich saß im selben Zimmer, am selben Schreibtisch wie vorher – nur die Schilder wurden ausgewechselt."

In der DDR war Rainer Nagler Leiter des Bereichs Bevölkerungs- und Volkswirtschaftsschutz des Bezirks Suhl und unterstand direkt der Hauptverwaltung Zivilverteidigung der DDR, die zur Armee gehörte. Jetzt wurde er ohne Umwege Mitarbeiter der Immissionsschutzbehörde. „Vielleicht, weil ich der Einzige war, der schon viele Störfallerfahrungen gesammelt hatte und noch im richtigen Alter war. Aber ich habe mich von Anfang an sehr unwohl gefühlt. So viel Unfreiheit hatte ich in den ganzen Jahren in der Armee nicht erlebt. Überall Beschränkungen, Vorschriften und Regelungen, kein Freiraum, sich selbst Ziele stecken zu können und Bürokratismus an jeder Ecke. Das kollidierte mit meiner Lebensplanung. Ich kündigte nach nur neun Monaten und meldete mich beim Arbeitsamt."

Und plötzlich war's Physik

Ursprünglich wollte Rainer Nagler Tierarzt werden, weil er Tiere liebte und viele Bücher über sie gelesen hatte. Dann kam ein neuer Physiklehrer in die Klasse. „Sein Unterricht begeisterte mich sofort, und er wurde mein Vorbild – sowohl menschlich als auch fachlich." Der Lehrer legte beim Schüler damit den Keim, selbst Physik zu studieren. Mit so einem Studium erweitere sich das Denken, meint Rainer Nagler. Während sich Ingenieure auf Berechnungen und Formeln verließen, betrachteten Physiker auch das Vorher und Nachher einer Situation oder der Messreihe und suchten nach dem, was zusätzlich noch einen erheblichen Einfluss haben könnte. „Man lernt im Studium eigentlich nur eine Denkform und das Rechnen in Wahrscheinlichkeiten. Selten klappen Experimente auf Anhieb, deshalb müssen ja immer wieder die Parameter geändert werden", sagt er.

Die 3. Hochschulreform sei insofern ein Glück gewesen, denn dadurch „hatten wir in Jena ein hervorragendes Lehrkollektiv. Die Sektionsleitung musste beweisen, dass so ein anspruchsvolles Studium auch in vier Jahren zu meistern ist."

Mit dem bestandenen Diplom wurde der frischgebackene Diplomphysiker zu Carl Zeiss Jena vermittelt, um Mikroskope zu entwickeln. „Hier merkte ich immer wieder, dass mir die Berufserfahrung fehlte. Das war unbefriedigend, und ich bewarb mich bei der nächstbesten Gelegenheit beim Vertrieb von Mikroskopen." Die Perspektive klang für einen DDR-Bürger verlockend: Vertriebsingenieur für Australien.

Nach einigen Vertriebsschulungen und nach einem halben Jahr kam die Ernüchterung. Weil die Stasi-Überprüfung negativ endete, wurde Rainer Nagler für keinen weiteren Auslandseinsatz vorgeschlagen. Also ging es wieder zurück in die alte Abteilung. „Diese Zeit habe ich dann als sehr schwierig empfunden. Jeder wusste, dass ich für einen Auslandseinsatz abgelehnt wurde. Folglich mutmaßte man, dass der Umgang mit mir gefährlich werden könnte. Ich war vom Großteil der Kollegen isoliert, und das zuvor gute Vertrauensverhältnis war weg. Also beschloss ich – auch aus Gründen der schlechten Bezahlung im Forschungszentrum –, mir eine neue Arbeit zu suchen."

Im Namen des Ernstfalls

Schon zuvor hatte sich Rainer Nagler bei der Zivilverteidigung angemeldet und wurde sofort zum ehrenamtlichen Leiter „Nachrichten" befördert. Mit zwölf Funktelefonen sollten im Katastrophenfall, bei Hochwasser und anderen verheerenden Ereignissen, die Kameraden alarmiert werden. Diese freiwillige Tätigkeit machte ihm viel Spaß. Wie es der Zufall so wollte, sprach ihn kurz darauf der Jenaer Stabschef der Zivilverteidigung, Oberstleutnant Günter Wolff, an und bot ihm einen Job als hauptamtlicher Offizier an. Was Rainer Nagler störte, war die Uniform; was ihn reizte, war das Gehalt von 935 DDR-Mark und die Vorstellung, seinem Abteilungsleiter zuerst die Kündigung – die innerhalb der Dreijahresfrist eigentlich nicht möglich war – und dann den Einberufungsbefehl auf den Tisch zu legen. „Das war für mich ein innerer Parteitag. So schnell war ich noch nie weg und habe es nicht bereut. Eigentlich wollte ich nie zum Militär oder in die Kampfgruppe, deshalb hatte ich mich ja zuvor auch zur Zivilverteidigung gemeldet."

Rainer Nagler wurde zunächst Offizier im Stab des Kreises Jena-Land und war als „Mädchen für alles" überall dabei: bei jeder Übung, aber auch bei jeder Katastrophe. Schnell wurde er befördert, auch aufgrund seiner Vorbildung als Offizier für KCB-Kernstrahlungs-, Chemischen und Biologischen Schutz. In dieser Funktion sollte er alle Gefahren erkennen und aufspüren, die von atomaren, biologischen oder chemischen Kampf- und Gefahrstoffen ausgingen und im Gefahrenfall betroffene Personen, Material und Infrastruktur dekontaminieren. Er plante sowohl Maßnahmen als auch Übungen für die Zivilverteidigung und führte sie durch, arbeitete aber auch bei realen Katastrophensituationen im Bezirk Gera mit. „So seltsam es auch klingt, hier fühlte ich mich viel freier als in meinem Job bei Zeiss. Meine Vorgesetzten vergaben nicht nur Aufgaben, die wir gemeinsam diskutierten, sondern steckten auch Ziele für die nächsten Jahre ab. Jeder wollte, dass der Laden läuft und es nicht knirscht. Das waren gute Lehrjahre."

Danach ging Rainer Nagler auf Wanderschaft: 1980 zunächst nach Berlin und 1986 nach Suhl. In Berlin war der junge Oberleutnant der Zivilverteidigung für den Kernwaffenschutz der DDR zuständig und betreute das gesamte radiologische Laborsystem der Zivilverteidigung der DDR. Irgendwann stand auch hier die Gretchenfrage im Raum: „Nun sag, wie hältst du's mit der Religion?" Im real existierenden Sozialismus bedeutete dies, sich als Offizier an der Bezirksparteischule weiterzubilden. Rainer Nagler hatte glücklicherweise einen Vorgesetzten, der ihn unterstützte, und er hielt das Physikdiplom in der Hand. Deshalb konnte er beim Staatlichen Amt für Atomsicherheit ein Zusatzstudium für Strahlenschutz und Kerntechnik machen, statt an der Bezirksparteischule zu versauern. „Und so bin ich auch heute noch Fachphysiker für Strahlenschutz mit allen relevanten Zertifikaten, die mir sowohl bei der Nationalen Volksarmee als auch bei meiner späteren Tätigkeit beim TÜV Thüringen sehr geholfen haben, denn in beiden Organisationen wurde die Fachkompetenz anerkannt."

Zwischen War-Games und Tschernobyl

Jedes Frühjahr und jeden Herbst standen diesseits und jenseits der Mauer Manöver an. Willy Brandts Entspannungspolitik wurde Anfang der Achtzigerjahre von einem erneuten atomaren Wettrüsten abgelöst, und so probten die russischen Streitkräfte im Herbst 1983 den Ernstfall in einem Atomkrieg. Auf der Gegenseite waren die amerikanischen Streitkräfte mit dem Manöver „Able Archer 83" dabei, sich die Bundesrepublik als Spielball für einen simulierten Atomkrieg auszusuchen. Rainer Nagler, befördert zum Leiter der Rechenauswertestelle Arig, saß im atombombensicheren Bunker und bekam eine Kriegslage vorgespielt, die sich an den technischen und militärischen Möglichkeiten beider Seiten orientierte. „Das Schlimme dabei war, dass sich mit jeder Übung die Zahl der eingesetzten Kernwaffen vergrößerte: Von Jahr zu Jahr wurde die Anzahl der Kernwaffen von 0,08 Kilotonnen bis zu mehreren Megatonnen immer größer, und die Städte wurden immer kaputter. Zum Schluss löschten etwa 600 Kernwaffeneinschläge auf dem Gebiet der DDR praktisch die ganze Bevölkerung aus. Allerdings wäre auch auf dem Gebiet der Bundesrepublik kaum etwas übriggeblieben. Das war dann der Zeitpunkt, wo auch der letzte General begriff, dass man mit atomaren Bedrohungen und Systemauseinandersetzungen nichts mehr erreichen und gewinnen konnte." Damit änderten sich auch die strategischen Ziele der Zivilverteidigung, die sich immer mehr mit Störfall- und Industrieschutzmaßnahmen beschäftigte.

Rainer Nagler war inzwischen als technischer Offizier für den Strahlen- und Kernwaffenschutz sowie in seinem Arbeitsbereich im Rahmen der Struktur der Zivilverteidigung gleichzeitig für den Schutz der kritischen Infrastruktur in der DDR zuständig. Als am 26. April 1986 der Block 4 des Kernkraftwerks Tschernobyl in der Ukraine explodierte, war er im Führungsstab verantwortlich für das radiologische System und arbeitete mit dem Staatlichen Amt für Atomsicherheit zusammen. Er aktivierte das System zum Messen des radioaktiven Fallouts der Zivilverteidigung der DDR und schickte Tagesberichte mit den Auswertungen an den Ministerrat. „Vielleicht hat das geholfen, dass sich die Bevölkerung darauf einstellen konnte. Wir kannten die Katastrophen vom britischen Kernkraftwerk

Windscale und dem amerikanischen in Harrisburg ja nur aus der Literatur. Jetzt waren wir aber selbst gefordert."

Auch nach damaligen Maßstäben hätte ein Reaktortyp wie in Tschernobyl nie gebaut werden dürfen. In der Sowjetunion war er jedoch kostengünstig und schnell zu errichten. Nachteil war, dass er einen positiven Dampfblasenkoeffizienten hatte und die Notschnellabschaltung 18 Sekunden brauchte, bis sie wirkte. In dieser Zeit hatte der Reaktor bei der Reaktorkatastrophe schon das Hundertfache seiner Nennleistung erreicht. Die Brennstäbe schmolzen, das Kühlwasser verdampfte schlagartig und der Graphitblock brannte. „Da baut sich ein unglaublicher Druck auf. Hätte man damals ein paar simple Überdruckventile eingebaut, dann wäre der Reaktor nie explodiert", meint der Spezialist für Kerntechnik. Der zweieinhalb Meter dicke Stahlbetondeckel konnte dem enormen Druck nicht standhalten. Das Ganze explodierte, und durch die starke Hitze wurden radioaktive Teilchen in große Höhen geschleudert und über weite Teile Europas verteilt. „Ich habe im Kerntechnikstudium gelernt, dass jeder Reaktor sieben Schutzstufen hat. In Tschernobyl hatten sie sechs davon abgeschaltet, und die siebte ist dann zerschmolzen."

„Zum Schluss löschten etwa 600 Kernwaffeneinschläge auf dem Gebiet der DDR praktisch die ganze Bevölkerung aus. Das war dann der Zeitpunkt, wo auch der letzte General begriff, dass man mit Bedrohungen und Systemauseinandersetzungen nichts mehr erreichen und gewinnen kann."

Der lange Weg nach Westen

1987 wurde Rainer Nagler in den Süden der DDR abkommandiert und war beim Rat des Bezirks Suhl verantwortlich für die technische Infrastruktur. „In Berlin war ich technischer Offizier für den Strahlen- und Kernwaffenschutz, in Suhl wurde ich Leiter der Abteilung Bevölkerungs- und Volkswirtschaftsschutz", sagt der inzwischen beförderte Major der Zivilverteidigung. Sein Arbeitsgebiet umfasste die Zusammenarbeit mit der gesamten technischen Infrastruktur des Bezirks – von Hygiene über Arbeitssicherheit bis zum Störfallschutz. Er entwickelte für bestimmte Ereignisse mathematische Ausbreitungsmodelle, simulierte Störfälle und sammelte bei jedem Umweltunfall oder Extremwetterereignis alle Führungsdaten. Sein Vorgesetzter schlug ihn daraufhin für eine Promotion vor. Rainer Nagler nahm all seine Aufzeichnungen und Modellrechnungen mit und bewarb sich an der Technischen Hochschule Ilmenau. „Ich wollte bei Professor Jürgen Wernstadt Risikomanagement studieren und promovieren. Er ignorierte mich zunächst, denn Uniformierte hatten hier nicht unbedingt den besten Ruf. Erst als er meine Unterlagen sah, war er plötzlich richtig begeistert, denn niemand hatte bisher solche Daten in dieser Größenordnung gesammelt. Danach war der Weg frei für die Promotion", so Rainer Nagler.

Als er seine Promotionsurkunde in den Händen hielt, war gerade die Mauer gefallen. Rainer Nagler beschreibt seine Wendeerlebnisse: „Ich war nun ein einfacher, aber freier Bürger. Allerdings hatten sich damit auch meine Wertvorstellungen in Luft aufgelöst. Alles war anders, bis hin zum Klingeln des Telefons. In dieser Welt habe ich mich anfänglich nicht zurechtgefunden. Deshalb habe ich in den ersten Jahren nach jedem Strohhalm gegriffen, der sich bot. Und ich lernte, dass ich nicht unverwundbar bin, sondern auch mal Probleme mit mir und meiner Umgebung bekommen kann, auch psychische."

Rainer Nagler blickt auf seine unruhigen Berufsjahre nach der Wende zurück: Bei seiner ersten Stelle in der Immissionsschutzbehörde fühlte er sich sehr unwohl. Einen Ausweg bot ihm dann die Raiffeisenbank mit ihrer Versicherungsgesellschaft R+V an. „Ich habe in diesen zwei Jahren gelernt, wie Geld funktioniert und weiß nun über Börsen, Kredite oder Marktwerte Bescheid. Das ist für mich heute ein offenes Buch und ermöglichte mir später, einen bescheidenen Wohlstand aufzubauen." Als eine Stelle für den Verantwortlichen für Arbeitssicherheit und Brandschutz bei Pilz-Robotron ausgeschrieben wurde, wechselte Rainer Nagler in das neue CD-Presswerk in Suhl-Albrechts. „Hier wurde ich schlagartig mit dem bundesdeutschen Kapitalismus und den Wirren um die Treuhand konfrontiert." Das Werk war das erste ost-westdeutsche Joint Venture. Doch 1991 liquidierte die Treuhand das Kombinat Robotron, und so blieb die Pilz-Gruppe auf ihren Investitionskosten sitzen. Nagler sprang rechtzeitig ab.

Prüfen, reisen, weiterleben

Das war auch der Zeitpunkt, an dem sich der Umweltexperte auf seine Kompetenzen besann und sich beim TÜV Thüringen bewarb. „Hier habe ich ganz klein angefangen, ohne Auftrag und Thema, aber mit dem Vertrauen meines Chefs. Er legte mir die Hand auf die Schulter und sagte: ‚Mach etwas draus!' Damit hatte ich endlich wieder die Freiräume, die ich brauchte. Angefangen habe ich im Bereich Umweltanalytik mit Probenahmen aller Art und Bewertungen für die unterschiedlichsten Abwässer. Dann habe ich Ölabscheider geprüft. Plötzlich war ich TÜV-Prüfer im Bereich wassergefährdender Stoffe und sogar kurzzeitig Hauptabteilungsleiter. Später wechselte ich in den Bereich Zertifizierung. Und das mache ich heute noch. Erst als ich beim TÜV anfing, hatte ich wieder festen Boden unter den Füßen. Vielleicht hat mich das gerettet." Doch den Transformationsprozess empfand er als äußerst schwer.

Nagler zertifizierte hauptsächlich Qualitäts-, Umwelt- und Energiemanagementsysteme sowie Arbeitssicherheitssysteme in Unternehmen. Da er immer noch alle gültigen kerntechnischen Zertifikate besaß, konnte er die Überwachung der Tätigkeiten der Außenstellen des TÜV Thüringen, insbesondere auch in Moskau auf dem Gebiet der sogenannten „Branche 11“ für kerntechnische Anlagen übernehmen. „Auf häufigen Dienstreisen nach Osteuropa, vor allem nach Russland, konnte ich viele Unternehmen von innen sehen, die man sonst nur vom Hörensagen kennt. Das war auf jeden Fall eine der interessantesten Zeiten meines Lebens.“

Das Arbeitsspektrum war so vielfältig wie die Unternehmen selbst, von Werkzeugherstellern für Kunststoffspritzmaschinen bis zu kasachischen Chromstahlwerken. Und da alle Unternehmen eine Zulassung brauchen oder die Auditierung nach einigen Jahren wiederholen müssen, arbeitet Rainer Nagler auch als Rentner heute noch für den TÜV – allerdings nicht mehr angestellt, sondern selbstständig. Und das sei eigentlich das letzte Stück vom Glück, betont er: „Ich bin dankbar, dass es mir so gut geht, denn ich merke, wie schnell man verblödet, wenn man überhaupt nichts Kreatives mehr tut. Mein Lebensweg war abwechslungsreich und interessant. Die vielen Stationen waren nur durch eine verständnisvolle Unterstützung der Familie möglich. Besonders meine Frau hat oft viel auf sich genommen, vor allem lange Trennungen und viele Ortsveränderungen. Das gehört zur Geschichte auch dazu.“

1950 geboren in Halle (Saale), Abitur und Facharbeiterabschluss als Feinmechaniker, Studium der Physik an der Friedrich-Schiller-Universität Jena
1973 Diplomarbeit bei Carl Zeiss
1983 Fachphysiker für Strahlenschutz und Kerntechnik
1989 Promotion im Bereich Risikomanagement an der Technischen Hochschule Ilmenau
1973–1990 Wissenschaftlicher Mitarbeiter in der Abteilung für Optikentwicklung und Vertriebsingenieur bei Carl Zeiss Jena, Technischer Offizier für Strahlen- und Kernwaffenschutz der Nationalen Volksarmee (NVA) in Berlin und Suhl
1990–2015 Leiter der Immissionschutzbehörde Suhl, Versicherungskaufmann bei der R+V Versicherungsgesellschaft, Sicherheitsbeauftragter bei der Firma Pilz-Robotron in Suhl, Gutachter für Umwelt-, Qualitäts- und Energiemanagement beim TÜV Thüringen
Seit 2015 freiberuflich.

Entschieden. Friedrich Miehe zeigt Haltung.

Friedrich Miehe durfte nur ein Jahr Physik in Jena studieren, dann wurde er exmatrikuliert. Nur weil er sich weigerte, eine obligatorische Bereitschaftserklärung zur aktiven Teilnahme an der sozialistischen Wehrerziehung zu unterschreiben. Dies hatte weitreichende Folgen für seinen Werdegang, machte ihn aber auch stärker.

Friedrich Miehe wurde in Beckwitz bei Torgau geboren, wo sein Vater von 1938 bis zu seinem Tod 1976 Pfarrer war. Die Eltern prägten die pazifistische Überzeugung ihres Sohnes. Der elf Jahre ältere Bruder hatte Physik studiert, und auch der jüngere Friedrich fand Gefallen daran. Allerdings musste der Schüler erst einmal für die Erweiterte Oberschule zugelassen werden. Für die Abiturstufe wurden in der DDR grundsätzlich Arbeiterkinder und Kinder von Parteifunktionären bevorzugt, während andere, durchaus sehr gute Schüler, aufgrund ihrer sozialen Herkunft abgelehnt wurden. Sein Vater kämpfte deshalb um die Aufnahme und wurde sogar vom evangelischen Konsistorium der Kirchenprovinz Sachsen in Magdeburg samt Bischof unterstützt. Friedrich Miehe konnte daraufhin vier Tage nach Beginn des Schuljahres noch zur Erweiterten Oberschule wechseln.

„An der Oberschule hatten wir einen sehr guten Physik- und Mathematiklehrer. Er wusste, dass es für mich wegen meiner Überzeugung und meiner Herkunft eng werden könnte mit der Zulassung zu einem Physikstudium. Deshalb meldete er mich ohne mein Wissen bei der Hochschularbeitsgemeinschaft Physik der Universität Leipzig an. Dort habe ich erste Eindrücke von den Arbeitsweisen der Physik bekommen. Die Teilnahme trug wahrscheinlich dazu bei, dass ich nach dem Abitur sofort an der Friedrich-Schiller-Universität Jena für das Physikstudium zugelassen wurde."

Noch in der zweiten Studienwoche mussten alle Kommilitonen zur vormilitärischen Ausbildung in das Lager der paramilitärischen Gesellschaft für Sport und Technik (GST) nach Schirgiswalde. „Dort bekam ich sofort den Spitznamen Schildkröte, denn es widerstrebte mir, irgendwelche Befehle zackig zu befolgen. Also habe ich alles langsamer gemacht", berichtet Friedrich Miehe. Nach den ersten Studienwochen zogen Harald Krüger und Friedrich Miehe aus dem Studentenwohnheim aus und in ein primitives, aber leerstehendes Zimmer in einem Gartenhäuschen in Jena-West ein. Die beiden kannten sich schon von der Jungen Gemeinde und der Erweiterten Oberschule in Torgau.

Zweifelnd, gehorchend

Einen entscheidenden Bruch in der Biografie von Friedrich Miehe gab es im Sommer 1970. Zu Beginn des zweiten Studienjahres führte die Friedrich-Schiller-Universität die sozialistische Wehrerziehung als obligatorischen Bestandteil des Studiums ein. Das Direktorat für Erziehung und Ausbildung verlangte von jedem Studenten die Unterschrift unter eine entsprechende Bereitschaftserklärung. „Harald Krüger und ich waren uns sehr schnell einig. Diese Unterschrift, mit der wir uns auf die Erfüllung nicht näher bezeichneter Pflichten einließen, konnten wir nicht vorbehaltlos geben, zumal es um Pflichten in einem für uns beide sehr sensiblen Bereich ging." So führten sie in einem Zusatz zur Bereitschaftserklärung ihre christliche Bindung und daraus entspringende mögliche Einschränkungen an.

„Diese Relativierung unseres Gehorsams wurde natürlich nicht akzeptiert; man wollte uns ganz oder gar nicht haben. Die nun folgende Zeit der persönlichen Entscheidung empfinde ich heute noch als sehr wichtig für mich. Ich habe lange nachgedacht über Grundwerte, stellte bisherige Positionen infrage und bemühte mich um Konsequenzen im Denken und Tun sowie im Umgang mit Kompromissen. Wichtig für mich schien dabei auch, meine Position im Verhältnis zur Macht und Staatsmacht zu bestimmen. Das war eine entscheidende Zeit des Selbstständigwerdens." Beide Studenten entschieden sich schließlich dafür, ihrer gesetzlichen Wehrpflicht waffenlos in einer Baueinheit als sogenannte Bausoldaten nachzukommen. Diese Möglichkeit für einen Wehrersatzdienst sah ausdrücklich die Anordnung über die Aufstellung von Baueinheiten vom 7. September 1964 vor.

Allerdings lehnte der Beauftragte für Wehrerziehung der Sektion, Gustav Schirmer, dieses Ansinnen mit einer mündlich gegebenen Begründung ab. Die Frage des juristischen Widerspruchs, einerseits die bewusste legitime Entscheidung für einen Dienst ohne Waffe, andererseits die Pflicht der vollumfänglichen militärischen Ausbildung, wurde nicht zugelassen. Beide Studenten wurden am 27. Oktober 1970 exmatrikuliert und zeitweilig vom Studium an allen Universitäten, Hoch- und Fachschulen der DDR ausgeschlossen. Zwar setzten sich der damalige evangelische Propst von Erfurt, Walter Verwiebe, der Erfurter katholische Bischof Hugo Aufderbeck und der Magdeburger evangelische Bischof Werner Krusche mehrfach für das Anliegen der Studenten bei staatlichen Stellen ein, auch und vor allem im Interesse einer grundsätzlichen Klärung. Doch letztlich blieb dies alles erfolglos.

Nach einer Beschwerde beim Ministerium für Hoch- und Fachschulwesen erhielt Friedrich Miehe fünf Monate später die folgende Antwort: „Wir bedauern, dass Sie die getroffene Entscheidung nicht verstehen und erkennen daraus, dass Sie sich über die Forderungen, die an einen sozialistischen Studenten gestellt werden, nicht bewusst sind." Dabei blieb es.

Ausgemustert, angekommen

Wirkliche praktische Solidarität erfuhren die beiden exmatrikulierten Studenten dann im Forschungsinstitut für Magnetische Werkstoffe Jena, bis 1969 von Max Steenbeck geleitet. Nur wenige Meter von der Sektion Physik entfernt, wehte ein ganz anderer Geist. „Hier herrschten ein ausgezeichnetes Arbeitsklima, Toleranz und weltanschauliche Pluralität. Der Chef, Wilfried Andrä, und seine Kaderleiterin versuchten alles, um uns zu helfen", berichtet Friedrich Miehe. Die Ex-Studenten konnten hier als Physiklaboranten in einer kleinen Gruppe arbeiten und legten nach einem Jahr die Facharbeiterprüfung zum Physiklaboranten ab. Dies ging ohne Schule, ohne Prüfung und nur mit einer schriftlichen Hausarbeit. Das hatte das Institut mit den Ausbildern bei Carl Zeiss Jena so festgelegt.

„Für uns beide war das schon mal ein wichtiger Start, sonst wären wir nach der Exmatrikulation in ein tiefes Loch gefallen", sagt Friedrich Miehe. „Wir haben in inoffiziellen Gesprächen sehr viel Sympathie für unsere Entscheidung erfahren. Aber ich kann es keinem verdenken, wenn er sich offiziell nicht auf unsere Seite geschlagen hat. Das musste damals jeder für sich persönlich entscheiden. Meine Eltern haben mich in jeder Beziehung unterstützt. Sie hätten es auch mitgetragen, wenn meine Entscheidung anders ausgefallen wäre. Ich bin meinem Vater immer noch dankbar, dass er den Beschwerdegang durch mehrere staatliche Stellen mit seinem Scharfsinn und seinen Erfahrungen maßgeblich unterstützt hat."

> *„Wir sind darauf angewiesen, anderen Menschen vertrauen zu können. Vertrauen heißt aber nicht, die Auffassungen anderer kritiklos zu übernehmen."*

Und diese Haltung zieht sich durch Miehes ganzes Leben hindurch. Es war für ihn immer wichtig, sich nicht verbiegen zu lassen und dafür auch die Konsequenzen zu akzeptieren. „Rückblickend bin ich mit meinem ganzen Werdegang und meinem Leben ziemlich zufrieden. Ich hatte eigentlich keine Probleme damit, einen anderen Weg zu gehen. Das hat mich nur stärker gemacht", erklärt er.

Nach dem Abschluss zum Physiklaboranten trennten sich die Wege der beiden Freunde. Friedrich Miehe begann ein Fachschulstudium an der Ingenieurschule für Wissenschaftlichen Gerätebau Unterwellenborn. Diese

Fachschule hatte in Jena eine Außenstelle mit der Vertiefungsrichtung Technische Optik. Im dritten Studienjahr arbeitete er dann überwiegend bei Carl Zeiss Jena und beschäftigte sich dort mit der Theorie des Fräsens von sphärischen Flächen und den daraus resultierenden möglichen Bearbeitungsfehlern. Diese sphärischen Körper wurden als Tragkörper zum Schleifen der Optiken gebraucht. Wenn es hier Abweichungen von der geplanten Form gab, konnte man die Fertigungsmaße nicht einhalten. Nach seinem Fachschulabschluss arbeitete Friedrich Miehe als Entwicklungstechnologe weiter am selben Thema, bis er 1976 zu seiner Frau nach Torgau zog. Doch dies ist eine andere Geschichte.

Gesucht, gefunden

Kennengelernt haben sich Katharina und Friedrich eigentlich eher zufällig über eine spaßige Anzeige. Wer damals jemanden kennenlernen wollte, ging entweder in die Jugendklubs oder inserierte auf den Kontaktseiten der „Wochenpost" oder der Jugendzeitschrift „Junge Welt". Es war im ersten Studienjahr; Friedrich Miehe gehörte noch zu den Physikstudenten und wohnte im Wohnheim. In der Wohnheimbaracke Haus 12 in Jena-Löbstedt wohnten immer vier Studenten in einem 16 Quadratmeter großen Zimmer mit zwei Stockbetten, vier Blechspinds für persönliche Sachen, vier Stühlen, einem Tisch und einem tragbaren Kachelofen. Wer es hier nicht mehr aushielt, ging 200 Meter weiter in die Eckkneipe „Zwei Linden" zum Heinz, trank seine Bierchen und philosophierte über die Welt. Es war eine wilde Zeit.

An einem tristen Oktobertag fassten Ulrich Meckel, Rolf Spitzer, Christian Elstner und Roland Hensel den Entschluss, in der Wochenendausgabe der „Jungen Welt" eine Annonce aufzugeben: „Suchen Mädchen, die den Mut haben, mit vier Ph.-Studenten (4 mal 19 J.) in Briefwechsel zu treten." Der Erfolg dieses Vierzeilers war umwerfend. Innerhalb von drei Wochen füllten die Zuschriften auf die Chiffreanzeige einen ganzen Waschkorb. Die 450 Zuschriften wurden ungeöffnet an interessierte Physikstudenten im Haus 12 verteilt.

Friedrich Miehe nahm sich auch einen Stapel. „Die meisten Zuschriften trafen nicht meinen Geschmack – bis auf eine. Katharina studierte damals zusammen mit drei weiteren Kommilitoninnen an der Universität Greifswald Pharmazie. Alle waren wohl am Abend ein bisschen angetütert, als sie diese Annonce lasen. Dann wurde gelost, wer was schreiben sollte", erzählt Friedrich Miehe, der so in den Besitz ihres Briefes kam. Er habe es

Annonce in der „Jungen Welt" vom 24. Oktober 1969.

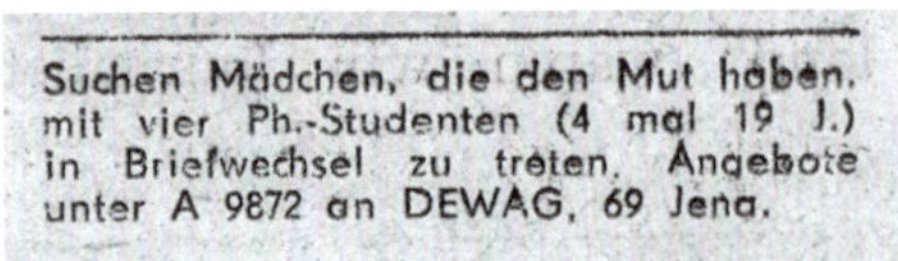
Suchen Mädchen, die den Mut haben, mit vier Ph.-Studenten (4 mal 19 J.) in Briefwechsel zu treten. Angebote unter A 9872 an DEWAG, 69 Jena.

Die Professoren Dietrich Unangst, verantwortlich für Erziehung und Ausbildung, und Bernd Wilhelmi besuchen die Studenten während ihrer Grundausbildung bei der Nationalen Volksarmee in Seelingstädt.

nicht unbedingt darauf angelegt, jemand zu finden. Und so hatten es auch die Studentinnen in Greifswald gesehen. „Aber es wurde mehr daraus. Und manchmal denken wir, es lag vielleicht an der gleichen Einstellung, geprägt von unseren Vätern. Aber vielleicht hat sich das auch nur zufällig ergeben", sagt der glückliche Ehemann, der bereits Goldene Hochzeit feierte.

1973 heirateten die beiden, und seine Frau bekam in Torgau die Stelle in einer Apotheke. Friedrich Miehe pendelte an den Wochenenden zwischen Torgau und Jena. Katharina wohnte damals im Nachtdienstzimmer der Apotheke. 1976 bekam die Familie eine schlichte Wohnung, was dann auch der Grund war, dass der Jungingenieur nach Torgau wechselte. Zunächst arbeitete er im Torgauer Hafen als Hauptmechaniker. „Das war ein Graus, denn mir fehlte hier jegliche praktische Erfahrung. Da ging es unter anderem um Materialbestellungen von Toilettenpapier bis zu Schrauben. Das war überhaupt nicht mein Ding." Und so war er froh, als ihm ein guter Bekannter eine gerade frei gewordene Stelle in der Arbeitshygieneinspektion anbot.

„Da hatte offenbar wieder jemand seine schützende Hand über mich gehalten." Denn hier im Gesundheitswesen waren die Erwartungen an ein staatskonformes Verhalten nicht so groß wie bei der Arbeitsschutzinspektion, die dem Freien Deutschen Gewerkschaftsbund unterstand. Da sich Arbeitshygiene mit dem Gesundheitsschutz am Arbeitsplatz beschäftigte, musste Friedrich Miehe eine ganze Reihe von Messbefähigungen für Lärm-, Staub- und andere Belastungen am Arbeitsplatz erwerben. „Und hier kam die Physik wieder ins Spiel. Die Arbeit hat Spaß gemacht, und ich hatte sehr viel mit Menschen zu tun, denn wir waren nicht nur Kontrolleure, sondern in erster Linie Berater", berichtet Friedrich Miehe.

Diplomiert, profitiert

Friedrich Miehe begann 1980 noch ein Fernstudium an der Technischen Universität Dresden und studierte Informationstechnik, die damals noch nicht von Computern geprägt war. Mit dem Hochschulabschluss konnte er sich durch ein Postgradualstudium in der Fachrichtung Technische Arbeitshygiene weiter zum Fachingenieur der Medizin qualifizieren, der in diesem Bereich einem Facharzt entsprach.

In seiner Diplomarbeit beschäftigte er sich mit der objektiven Audiometrie einer speziellen Schwerhörigkeit, die pegelabhängig ist. Das heißt, bei leisen Pegeln ist die Gehörempfindlichkeit sehr niedrig, aber ab einem bestimmten Pegel steigt die Empfindlichkeit des Hörsinns sprungartig an. Diese nichtlineare Wiedergabe verzerrt das Hören aber sehr stark. Sein Diplomvater war Wolfgang Kraak, der große Erfahrungen beim Messen von Lärmwirkungen sowohl in gesundheitlicher Hinsicht als auch bei der akustischen Gestaltung von Räumen hatte. 1986 war Friedrich Miehe endlich Diplom-Ingenieur und vier Jahre später auch Fachingenieur der Medizin.

Gerade noch rechtzeitig, denn in den Wendezeiten brachen die staatlichen Strukturen bei der Arbeitshygieneinspektion weg. Deshalb folgte Friedrich Miehe dem Rat eines guten Kollegen und bewarb sich um eine Tätigkeit als Technischer Aufsichtsbeamter bei einer Landwirtschaftlichen Berufsgenossenschaft. Die Berufsgenossenschaften wurden in Angleichung der Rechtssysteme zwischen West und Ost in den neuen Bundesländern neu aufgestellt, und sie mussten sich auch um die breite Palette des Gesundheits- und Arbeitsschutzes kümmern. „Hier hat mir natürlich mein gesamter Ausbildungsweg sehr geholfen. Auch kam mir mein arbeitshygienischer und messtechnischer Hintergrund sehr entgegen. Mit der ganzen Reihe von Messbefähigungen besaß ich hier ein gewisses Alleinstellungsmerkmal und habe viele arbeitshygienische Messungen auch über meinen Bereich hinaus in den anderen Bundesländern vorgenommen", berichtet Friedrich Miehe.

2011 konnte er über eine Vorruhestandsregelung seine ihm lieb gewordene Tätigkeit bei der Berufsgenossenschaft mit einem lachenden und einem weinenden Auge beenden. Danach zog es ihn und seine Frau immer wieder mit einem Wohnwagen nach Nordnorwegen bis hin zur Barentssee. Und dies tun sie noch heute.

1950 geboren in Beckwitz bei Torgau, Abitur und Studium der Physik an der Friedrich-Schiller-Universität Jena
1970 Exmatrikalution aus politischen Gründen
1971 Physiklaborant mit Facharbeiterabschluss im Akademieinstitut für Magnetische Werkstoffe
1975 Ingenieur für den wissenschaftlichen Gerätebau an der Ingenieurschule Unterwellenborn
1986 Diplom-Ingenieur für Informationstechnik und Fachingenieur in der Medizin.
1975–1990 Entwicklungstechnologe bei Carl Zeiss Jena, Hauptmechaniker im Hafen Torgau, Mitarbeiter in der Arbeitshygieneinspektor Torgau
1990–2011 Technischer Aufsichtsbeamter der Landwirtschaftlichen Berufsgenossenschaft.

Wenn man Friedrich Miehe nach dem Fazit seines doch beschwerlichen Werdegangs befragt, dann antwortet er geradeheraus, dass er froh ist, sich nicht verbogen zu haben, sondern sich treu geblieben zu sein – sowohl im zweiten Studienjahr als auch später noch. „Ich betrachte das eine Jahr Physikstudium nicht als vertane Zeit. Ich konnte nicht nur vom Zuwachs des Wissens profitieren, sondern vor allem auch vom Zuwachs der Methodenkenntnis. Das hat sehr oft geholfen, mir später einen Freiraum zu schaffen, das zu tun, was mir Spaß machte. Rein äußerlich hat die Exmatrikulation mein Leben verändert. Aber sie hat mir auch gutgetan, weil ich dort gelernt habe, mich klar zu entscheiden und diese Entscheidung mit allen Vor- und Nachteilen zu akzeptieren. Wenn ich heute zurückblicke, dann schaue ich auf ein ausgefülltes Leben“, sagt ein zufriedener Ruheständler und fügt hinzu, dass man gerade in diesen Brüchen viel mehr für das Leben lerne, als wenn man einen kontinuierlichen Weg ginge.

Gebrochen, gewachsen

Und er fügt hinzu: „In meinen beruflichen Tätigkeiten haben die Ausbildungen immer einen wichtigen Platz eingenommen, obwohl ich kaum im engeren Sinne im Ausbildungsfach tätig war. Aber das ist auch nicht notwendig, denn bei der Bildung geht es nicht vordringlich um Schule, Studium und Abschluss, sondern darum, wie selbstständig man im Denken ist.“ Auch stellte sich ihm oft die Frage: Wie sehr vertraue ich anderen? Und er sagt dazu: „In unserem Leben sind wir darauf angewiesen, Menschen vertrauen zu können. Vertrauen zueinander entwickelt sich, und es ist immer auch ein Prozess des Prüfens seiner Belastbarkeit. Vertrauen heißt für mich nicht, Ansichten, Auffassungen und Meinungen anderer unkritisch zu übernehmen, insbesondere, wenn sie grundlegende Dinge unseres Lebens betreffen. Das Nachfragen gehört für mich zur Bildung“, sagt Friedrich Miehe und lächelt.

Forschung neu justiert.

Physik nach Plan: Die 3. Hochschulreform der DDR

Der VI. Parteitag der SED von 1963 setzte – vor dem Hintergrund des Mauerbaus, von Ulbrichts Leitbegriff der „wissenschaftlich-technischen Revolution" zur Produktivitätssteigerung sowie der auf dem Parteitag gebilligten Einführung des „Neuen Ökonomischen Systems" – auch neue Leitlinien für das DDR-Hochschulwesen. Mit dem „Gesetz über das einheitliche sozialistische Bildungssystem" vom 25. Februar 1965 begann eine neue Phase. In der Präambel heißt es, zur „Meisterung der technischen Revolution und der Entwicklung der sozialistischen Gemeinschaft" sei ein qualitativ höheres, „einheitliches sozialistisches Bildungssystem" erforderlich.

Damit wurde die 3. Hochschulreform eingeleitet, die faktisch ab 1967/68 anlief und wodurch das traditionelle Fakultäts- und Institutssystem abgeschafft und damit jahrhundertealte Strukturen an den Universitäten zerstört wurden. Stattdessen gab es von nun an Sektionen und Wissenschaftsbereiche. Der Sektion Physik an der Friedrich-Schiller-Universität Jena wurde als Profillinie der wissenschaftliche Gerätebau zugewiesen. Ziel war vor allem, die wissenschaftlich-technischen und politischen Herausforderungen der damaligen Zeit zu bewältigen und die Universitäten nachhaltig zu verändern. Tobias Kaiser beschreibt in seinem Aufsatz „Die Hochschule im Sozialismus – Die so genannte ‚Dritte Hochschulreform' (1968) in der DDR", dass die Staatliche Plankommission die Bildungsplanung steuerte und auf Jahresplanerfüllung drängte. Eine parteiinterne Analyse von 1964 bemängelte jedoch, die FSU Jena erhalte „laufend sogenannte ‚Feuerwehraufträge'" und die Industrie verlange eine hohe Zahl von Absolventen, die sofort einsetzbar und „disponibel" seien sowie einen „festen Klassenstandpunkt" mitbringen sollten.

Die Pläne einer Erweiterung in der Industrie gingen davon aus, dass „zwischen 1969 und 1975 etwa 6.900 Hoch- und Fachschulabsolventen an den Standort [Jena] gebunden werden. Ein Großteil von ihnen sollte an industrienahen Instituten bzw. Sektionen der Universität Jena ausgebildet werden." Ende 1971 studierten an der Sektion Physik für den wissenschaftlichen Gerätebau 436 Direktstudenten, 40 befanden sich im Forschungsstudium, und 122 Studenten wurden neu immatrikuliert, berichtet Reinhard Buthmann in seinem Buch „Kadersicherung im Kombinat VEB Carl Zeiss Jena".

1969 wurde das Physikstudium in ein Grund- und ein Fachstudium mit den Vertiefungsrichtungen Allgemeine Physik, Elektronik und Optik inhaltlich neu ausgerichtet. Innerhalb einer vierjährigen Ausbildungszeit sollten „Absolventen mit hohem fachwissenschaftlichen Niveau und guten Kenntnissen im Marxismus-Leninismus herangebildet werden", so die Devise. Unterstützt wurde das Ganze durch die Einführung von Seminargruppen und Erzieherkollektiven, die einen Studienjahrgang von Beginn an bis zum vierten Studienjahr begleiten sollten. Leistungsstarke Studenten konnten daran ein dreijähriges Forschungsstudium anschließen, so Kaiser.

Auf der Suche nach neuen Formen eines praxisverbundenen Studiums wurde eine Quintalstruktur anstelle der Semestereinteilung eingeführt, die sich aber nicht durchsetzte. Um das selbstständige Arbeiten der Studenten zu fördern, wurden vertikale Studentengruppen über mehrere Studiengänge bis zu den Assistenten eingeführt, die kleine Forschungsaufgaben gemeinsam lösen sollten. Gleichzeitig wurden auch verstärkt Lehr- und Lernmaschinen eingesetzt sowie ein Selbststudienkabinett eingerichtet. Die „disponibel einsetzbaren Physiker mit hohem sozialistischem Bewusstsein" sollten neben einem ausgewogenen Verhältnis von theoretischer und experimenteller Ausbildung auch wichtige Lehrveranstaltungen wie das Forschungspraktikum, den Forschungsbeleg, die Festkörperphysik und die Technologie für Physiker besuchen", beschreibt Buthmann dabei die spezifischen Anforderungen an die Ausbildung im VEB Carl Zeiss Jena, einem zentralen Akteur in der DDR-Wissenschaftslandschaft.

Die praxisorientierte Physikausbildung schlug sich auch im Forschungsprofil der Sektion nieder. So entstanden aus den drei Arbeitsgruppen des Physikalischen Instituts die Wissenschaftsbereiche Nichtlineare Optik, Röntgenphysik und Hochfrequenzspektroskopie, aus dem Technisch-Physikalischen Institut die Wissenschaftsbereiche Ionometrie und Detektorenphysik, aus dem Institut der Angewandten Optik der Wissenschaftsbereich Kohärenzoptik und aus dem Theoretisch-Physikalischen Institut die Wissenschaftsbereiche Relativistische Physik und Quantentheorie. Der Wissenschaftsbereich Astronomie beinhaltete das Astrophysikalische Institut und die Universitätssternwarte. Forschungsschwerpunkte der Sektion waren die Herstellung von Schichten für die Kryoelektronik und die Halbleiterbauelemente sowie von optischen Schichten. Damit war die Sektion Physik in die Hochtechnologieforschung – auch für militärische Objekte – eingebunden.

Im Juni 1971 beschloss der VIII. Parteitag der SED einen für das gesamte Hochschulwesen der DDR verbindlichen, präzisierten Stundenplan für die Studienrichtung Physik, mit dem wieder eine fünfjährige Ausbildungszeit eingeführt wurde.

Vier Jahre Druck: Inside 3. Hochschulreform

Wolfgang Karthe betreute als Oberassistent die Seminargruppe 1 des Studienjahrgangs 1969. Von 1981 bis 1990 war er ordentlicher Professor für Angewandte Physik und zugleich Direktor der Sektion Physik an der Friedrich-Schiller-Universität Jena. Mit der Wende verlor er diesen Posten und gründete Anfang 1992 zusammen mit anderen Jenaer Physikern das Fraunhofer-Institut für Angewandte Optik und Feinmechanik. Dem renommierten Forschungsinstitut stand er bis zu seinem Tod im März 2025 beratend zur Seite.

Das folgende Interview beleuchtet die 3. Hochschulreform der DDR, die Besonderheiten des Studiums sowie die wissenschaftliche Forschung vor und nach der deutschen Wiedervereinigung.

Roland Hensel: **Die 3. Hochschulreform brachte den Übergang zum Vierjahresstudium mit sich. Was war schwierig?**

Wolfgang Karthe: Da das Physikstudium auf vier Jahre verkürzt wurde, mussten wir in dieser Zeit den ganzen Stoff des Studiums unterbringen. Uns war deshalb von Anfang an klar, dass dies eine große Anstrengung sowohl für die Studenten als auch für die Lehrkräfte werden würde. Das war schon eine echte Schinderei. Allerdings habe ich es nicht bereut, den ganzen Stoff nach mehr als zehn Jahren noch einmal so aufzufrischen, dass ich ihn der nächsten Generation von Physikern beibringen konnte. Ich persönlich fand es schon erstaunlich, wie ihr die vier Jahre hart durchgearbeitet habt. Aber es gab ja auch keine Alternative, als durchzuhalten oder zu gehen. Heute würden die Studenten alle sagen: „Dann gehe ich eben." Aber ihr hattet natürlich auch noch eine andere Sozialisation.

Welche Veränderungen gab es für die Assistenten im Zuge der 3. Hochschulreform?

Die Leidtragenden waren Studenten, Assistenten und Hochschullehrer. Vorher hatte ein Assistent die Praktika abgeschrubbt, und das war's dann. Aber jetzt mussten wir zusätzlich den gesamten Stoff in Übungen und Seminaren nachbereiten. Wir haben es positiv gesehen, denn danach waren wir wieder fit in Experimentalphysik. Und was natürlich Spaß gemacht hat, war die engere Zusammenarbeit zwischen den Studenten und uns. Ich kann mich nicht erinnern, dass ich je ernsthafte Auseinandersetzungen mit einem von euch hatte. Da gab es mal einen kurzen Krach, und dann lief es weiter. Aber am Ende war es ein Experiment, das nicht hätte sein müssen.

Welche Funktion hatten die Betreuer?

Als Seminargruppenbetreuer waren wir vier Jahre lang „Mädchen für alles" und sollten darüber hinaus im Grundstudium die Experimentalphysik mit Seminaren fachlich unterstützen. Von den Professoren Gerhard Weber, Ernst Schmutzer und Max Schubert kamen ebenfalls Fachassistenten dazu. Jeder Wissenschaftsbereich hatte seine eigenen Assistenten, die dann auch die Seminare hielten. Wir Seminargruppenbetreuer mussten die gesamte Experimentalphysik absolvieren. Das hat uns nicht geschadet, aber es war schon schwierig. Es war für uns genauso eine Schinderei wie für die Studenten, aber auch eine interessante Zeit.

Professor Manfred Pettig konnte die Experimentalphysik wunderbar vortragen. Worin bestand die Aufgabe eines Seminarleiters?

Es waren auch Fehler in den Vorlesungen drin. Und wenn jemand Vorlesungen hält – und auf dieser Basis mussten wir ja unsere Seminare aufbauen – da muss man schon genau hinschauen, dass man nichts Falsches unterrichtet. Es war selten, aber es passierte eben. Unser Problem dabei war, dass wir keine Vorlesungsskripte oder Unterlagen von ihm bekamen und nicht wussten, was er vorträgt. Und die Zeit, uns in die Vorlesungen zu setzen, hatten wir nicht.

Seminargruppenbetreuer waren überall mit dabei. War das Kontrolle?

Als Seminargruppenbetreuer waren wir bei allen gesellschaftlichen Aktionen dabei, beim vormilitärischen GST-Lager in Schirgiswalde genauso wie beim Kartoffeleinsatz oder beim Kulturpraktikum. Und wir wurden auch verdonnert, von Zeit zu Zeit die

Studenten zu kontrollieren, was abends in der Baracke 12 in Jena-Löbstedt los war. Das habt ihr gar nicht so mitbekommen. Wir sollten für Ordnung bei euch sorgen. Allerdings war ich nur ein- oder zweimal bei euch und habe geschaut, wie es aussieht. Im Anna-Seghers-Heim kontrollierten die Uniprofessoren, ob die Studenten früh aufstanden und in die Vorlesung gingen. In Löbstedt geschah dies nur einmal, als in einer Marxismus-Leninismus-Vorlesung nur 17 statt der 200 Physik- und Technologiestudenten saßen.

Wolfgang Karthe.

An der Uni wurden die Fakultäten abgeschafft und Sektionen gegründet. Was stand dahinter?

Allgemein wurde berichtet, dass die Partei- und Staatsführung auf diese Idee kam. Dabei ist völlig in Vergessenheit geraten, dass der Sektionsgedanke ursprünglich vom Nobelpreisträger Professor Rudolf Mößbauer in München eingeführt worden ist. Er kam damals mit der Idee der Departments aus den USA an die Technische Universität München und machte zur Bedingung, dass die physikalischen Institute der TU München nach Sektionen aufzuteilen seien. Die 3. Hochschulreform übernahm das.

Wer erstellte das Konzept für die Sektion?

Die Professoren Max Schubert und Günter Albrecht wurden damit beauftragt, später kam auch noch Professor Dietrich Unangst dazu. Sie haben uns damals leid getan. Ich habe mir erzählen lassen, dass es bei den Fakultäten erhebliche Machtkämpfe im Hintergrund gegeben hat. Jeder Professor war ja ein kleiner Gott für sich. Auch wenn sie keine Götter waren.

Was ist Ihnen von der 3. Hochschulreform im Gedächtnis geblieben?

Wir haben zwei Dinge verändern müssen: Zum einen wurde die Lehre völlig umstrukturiert, was aber nichts mit den Inhalten zu tun hatte. Davon haben wir als Dozenten eigentlich nicht viel mitbekommen, nur dass es keine Institute mehr gab. Zum anderen gab es die Auseinandersetzungen mit Carl Zeiss Jena. Unsere Sektion wollte kein Forschungsanhängsel des Kombinats sein. Deshalb richtete sich unsere ganze Aufmerksamkeit eher darauf, dass die Sektion Physik nicht völlig von Carl Zeiss Jena vereinnahmt wurde. Damals brauchte die Industrie viele Physiker. Unser Sektionsdirektor und drei weitere Professoren haben zum Glück gegen die Vorherrschaft von Zeiss gestimmt. Das führte am Ende zu einem Kompromiss, und wir nannten uns Sektion „Physik für den wissenschaftlichen Gerätebau“. Und das war alles in allem gut so, denn als ihr zusammen mit dem Studienjahr vor euch fertig wart, hatte das Kombinat Carl Zeiss Jena kaum noch Geld und Aufgaben für Physiker.

Sprach auch etwas gegen den Sektionstitel „Physik für den wissenschaftlichen Gerätebau"?

Die meisten haben akzeptiert, dass wir in Jena nach der Devise von Ernst Abbe arbeiten und die Theorie mit der Praxis verbinden sollten. Aber das muss man doch nicht auf ein Schild schreiben. Damit macht man sich die internationale Reputation kaputt. Trotzdem zieht sich die Idee von Ernst Abbe durch die gesamte Physik, und davon lebt Jena, nicht nur in der Optik, sondern in der gesamten Grundlagenforschung. Wenn man etwas erforscht, dann muss man es auch anwenden können.

Welche Kompromisse mussten Sie als Wissenschaftler in der DDR machen?

Ich hatte in der Mehrzahl mit vertraulichen Forschungsthemen zu tun. Damals übte der sowjetische Staatschef Leonid Breschnew einen erheblichen Druck auf die DDR aus. Wir sollten einen wesentlichen Beitrag leisten, um in Wirtschaft und Rüstung eine Pattsituation mit den USA zu erzielen. Die Rede war von fünf Milliarden Mark, für die die DDR liefern musste. Das hat die Staatsführung umgemünzt in wissenschaftliche Forschung mit den Unternehmen. Auf diese Weise sind wir in Jena zur integrierten Optik gekommen. Natürlich waren diese Themen strikt geheim. Da durfte ich noch nicht einmal die Mitarbeiter einweihen, die das bearbeitet hatten. Aber wir haben die Themen so gestrickt, dass wir sie als Grundlagenthemen veröffentlichen konnten. Doch zum Schluss sind die Dinge, die wir für die Rüstung gemacht haben, nichts geworden. Mit Michail Gorbatschow kam ein Mann an die Spitze der Sowjetunion, der sah, dass der Kampf zwischen den USA und der UdSSR im Weltraum viel zu teuer werden würde.

Sie waren von 1981 bis 1990 Sektionsdirektor. Wie war diese Zeit?

Natürlich hatte ich eine Verantwortung als Sektionsdirektor. Mir war damals von der Universität ein ehemaliger Oberleutnant der NVA zugeordnet worden, der alle Forschungsthemen in der Chemie und der Physik unterstützen, aber in Wirklichkeit überwachen sollte. Über ihn konnten wir für solche Themen Geld und Materialien bekommen und wenigstens die Grundlagenforschung mit Doktoranden betreiben und die Ergebnisse veröffentlichen. Das ging, wenn man wollte. Allerdings hatte die Industrie enorme Probleme, das auch zu produzieren, was wir erforscht hatten. Aber die Grundlagenforschung für die Mikrooptik war unsere einzige Chance, an der Weltspitze mitzumischen.

Wie ging es nach der Wende weiter?

Ich bin mein Leben lang immer Pragmatiker gewesen. Das Machbare muss gemacht werden, und von Utopien lassen wir die Finger. Unsere Forschung auf dem Gebiet der Optik kleiner Strukturen hatte in der DDR den Vorteil, dass wir immer nahe an der Physik und der Industrie waren. Wir waren optimistisch, dass unsere Erfahrungen mit der Auftragsforschung für DDR-Kombinate auch eine Perspektive nach der Wende haben würden. Und tatsächlich hatten wir dann im Fraunhofer-Institut keine Probleme, mit der AEG und Bosch in Kontakt zu kommen und Projekte zu akquirieren.

Die Nähe zur Industrie ist ein zentrales Motiv der Fraunhofer-Institute. Sie hatten das richtige Gespür, das Institut zu einer Institution zu machen.

Als wir Anfang 1992 das Fraunhofer-Institut für Angewandte Optik und Feinmechanik in Jena gründeten, sagten wir, wir entwickeln

Studenten des Studienjahres 1969 während ihrer Grundausbildung der Nationalen Volksarmee. Alle wehrtauglichen männlichen Studenten mussten, wollten sie ihren Studienplatz nicht verlieren, im dritten Semester für fünf Wochen in ein Militärlager im verschlafenen thüringischen Ort Seelingstädt.

Mikrosysteme und miniaturisieren alles. Damit hatten wir Erfolg. Mein Nachfolger als Direktor des Fraunhofer IOF, Andreas Tünnermann, hat auch noch einen Lehrstuhl als Professor am Institut für Angewandte Physik an der Friedrich-Schiller-Universität. Er hat die ganze Quantenoptik reingebracht, die heute ziemliche Fortschritte zeitigt. Leider sind bei der Umprofilierung nach der Wende viele Dinge kaputt gemacht worden. Professor Max Schubert hatte sich am Lehrstuhl für Nichtlineare Optik schon kurz zuvor mit dem Quantenphänomen „Squeezed Light", also gequetschtes Licht, beschäftigt. Aber er fand kein Gehör und wurde abserviert. Hätten wir damals die Quantenoptik konsequent weiterverfolgen können, hätte sich die Universität weltweit mit den anderen Zentren auf diesem Gebiet messen können. Aber die neuen West-Professoren haben diese Zukunft nicht gesehen und sich mit Laseroptik und anderen Dingen beschäftigt.

Kann man sich im Alter ausruhen, wenn man engagierter Wissenschaftler war?

Ich kann jedem nur raten, nach der Rente nicht so schnell aus dem Job auszusteigen. Denn wenn man anfängt, sich im Alter auszuruhen, ist man bald erledigt. Ich versuche jedenfalls, so lange wie möglich mitzuhalten, und ich kann jedem empfehlen, dies auch zu tun.

Auf Linie: Links um, Augen geradeaus!

Im Beschluss des Staatsrats der DDR über die Weiterführung der 3. Hochschulreform vom 3. April 1969 wird gefordert, „durch eine vervollkommnete, systematische militärische und militärtechnische Bildung und Erziehung die Verteidigungsbereitschaft und die Verteidigungsfähigkeit der Studenten weiter zu heben und auf ein einheitliches Niveau zu bringen."

Gemeint war damit eine Ausbildung zu Reserveoffizieren während des Studiums, die selbstverständlich den Eid auf die bedingungslose Treue zum sozialistischen Vaterland einschloss. Rechtzeitig vor Beginn des neuen Studienjahres 1970/71, in welchem das Studienfach Militärische Ausbildung den Studenten erstmals abverlangt wurde, versicherte sich das Direktorat für Erziehung und Ausbildung der Friedrich-Schiller-Universität Jena der Loyalität seiner Studenten. Jeder Student hatte eine entsprechende Bereitschaftserklärung zu unterschreiben.

Der Wortlaut: „Gemäß Weisung des Ministeriums für das Hoch- und Fachschulwesen wird an der Friedrich-Schiller-Universität Jena die militärische und Zivilverteidigungsausbildung als obligatorischer Bestandteil des Studiums durchgeführt. Ich bestätige durch meine Unterschrift, daß ich über diesen Bestandteil des Studiums in Kenntnis gesetzt wurde und werde allen sich daraus ergebenden Pflichten als Student und Soldat bzw. Teilnehmer an der Zivilverteidigungsausbildung nachkommen."

Die Studenten hatten damit weder das Recht noch die Möglichkeit, den offiziell möglichen Wehrdienst ohne Waffe in einer Baueinheit zu absolvieren. Friedrich Miehe und Harald Krüger verweigerten die entsprechende Unterschrift und wurden am 27. Oktober 1970 exmatrikuliert. Soweit die Fakten. Die beiden Studenten wollten aus christlicher Überzeugung und unter Berufung auf die Botschaft Albert Schweitzers aus Ehrfurcht vor dem Leben den Wehrdienst an der Waffe verweigern. Mit dem Bausoldatengesetz wähnten sie das Recht auf ihrer Seite. Weit gefehlt. Sie

Betr.: Rehabilitation
Bezug: Ihr Schreiben vom 21.09.1990

Sehr geehrter Herr Krüger,

zunächst möchte ich mein Bedauern darüber ausdrücken, daß ich erst heute eine sachliche Entscheidung zu Ihrem Schreiben vom 21.09.1990 Ihnen übermittle. Nach Prüfung der Unterlagen kann kein Zweifel bestehen, daß Sie aus politischen Gründen die von Ihnen im einzelnen dargestellten Nachteile in Ihrem beruflichen Werdegang erlitten haben. Die heutige Universitätsleitung bedauert außerordentlich, daß über einen langen Zeitraum durch die Universität Jena Mitarbeitern und Studenten aus wissenschaftsfremden Gründen Nachteile zugefügt worden sind. Ich erkläre Sie ausdrücklich für rehabilitiert. Die Exmatrikulation, die seinerzeit erfolgte, weil Sie sich geweigert haben, an einer militärischen Ausbildung teilzunehmen, ist aus rechtsstaatlichen Gründen eindeutig rechtswidrig. Sobald die Rehabilitationsfrage insgesamt zu einem vorläufigen Abschluß kommen wird, wird das geschehene Unrecht auch in der Universitätszeitung öffentlich dokumentiert werden.

Mit freundlichen Grüßen

Schmutzer

Prof.Dr.rer.nat.habil. E. Schmutzer

Gegenüberliegende Seite: ABC-Schutzübung während ihrer Grundausbildung der Nationalen Volksarmee in Seelingstädt.

Rehabilitierungsschreiben des FSU-Rektors Ernst Schmutzer aus dem Jahr 1990 an die beiden exmatrikulierten Studenten des Studienjahres 1969, Friedrich Miehe und Harald Krüger.

wurden in die Rolle von Außenseitern gedrängt, und jeder sie unterstützende Student wurde unter Sanktionsandrohungen erpresst, sie zu verleugnen. Wirklich praktische Solidarität kam vom Institut für Magnetische Werkstoffe der Akademie der Wissenschaften der DDR unter Leitung von Max Steenbeck, bei dem die beiden Exmatrikulierten innerhalb eines Jahres den Beruf des Physiklaboranten erlernen konnten und dann an einer anderen Hochschule studierten.

Andere Studenten wie Reinhard Guthke oder Joachim Bergmann wählten einen anderen Weg. Sie ergänzten ihre Unterschrift mit dem Nachtrag, dass sie die Eidesformel nicht sprechen würden. Wieder andere wie Roland Hensel hatten einfach Glück, dass sie aus gesundheitlichen Gründen ausgemustert wurden und zusammen mit den Studentinnen der Universität und den Theologiestudenten an der Zivilverteidigungsausbildung teilnehmen konnten.

Im Mai 1991 wurden die beiden exmatrikulierten Studenten Friedrich Miehe und Harald Krüger offiziell durch ein Schreiben des Rektors der Friedrich-Schiller-Universität, Ernst Schmutzer, rehabilitiert.

Belebt.

Reinhard Guthke und die Quantenphysik in der Biologie.

Ungewöhnlich war der Lebens- und Berufsweg von Reinhard Guthke nicht nur auf wissenschaftlich-fachlichem, sondern auch auf politischem Gebiet. Da er sich in den Sechzigerjahren – christlich motiviert – mit der Wehrdienstverweigerung befasste und während des Kalten Krieges bis ans Ende der DDR-Zeit sein Engagement dem Sozialen Friedensdienst galt, gab es immer wieder Konflikte mit der Staatsmacht. Trotzdem fand er eine wissenschaftliche Nische, in der er sehr erfolgreich forschen konnte. Auch über die Wende hinaus.

Als Reinhard Guthke in seiner hundert Seiten starken Stasiakte blätterte, entdeckte er in der Operativen Personenkontrolle „Lukas" einen Maßnahmenplan vom Juni 1989, nach dem der Dissident und seine Frau im Wohnumfeld überwacht und sein Arbeitsplatz verwanzt werden sollten. Zeitgleich verschaffte sich die Stasi noch Schriftproben und lagerte diese im Schriftenschrank in Gera ein. Wahrscheinlich wollten sie seine Unterschrift fälschen, um ihm dann eine strafbare Handlung nachweisen zu können. „Sie wollten uns in die Enge treiben, damit wir entweder für die Stasi arbeiten oder wie viele andere auch einen Ausreiseantrag stellen sollten. Aber meine Schwiegereltern waren damals sehr krank und wir hätten sie nicht verlassen können. Diese Freiheit hatten wir moralisch nicht. Und ich weiß nicht, ob ich das so überlebt hätte. Zum Glück kam die Friedliche Revolution dazwischen", sagt Reinhard Guthke mit tiefster christlicher Überzeugung.

Die Unschärfe-relation der Staatsmacht

Ziel der Stasi war es, mit diesen Maßnahmen einen Einblick in die „Ökumenischen Versammlungen für Gerechtigkeit, Frieden und Bewahrung der Schöpfung" zu erhalten. Diese DDR-weite Bewegung hatte sich mit 146 Delegierten aus 19 Kirchen und kirchlichen Gemeinschaften im Februar 1988 in Dresden gegründet. Innerhalb von sieben Monaten arbeiteten Gruppen, die sich inhaltlich fokussierten, an Textentwürfen. Diese wurden dann im Herbst 1988 in 10.000 Exemplaren gedruckt, versandt und in den Kirchengemeinden diskutiert. Im April 1989 beschloss die 3. Vollversammlung einen Forderungskatalog, der auf wesentliche gesellschaftliche Veränderungen in der DDR zielte.

Für die Staatssicherheit waren sowohl die Vollversammlung als auch deren Mitglieder so etwas wie eine organisierte Widerstandsgruppe. Entsprechend standen Delegierte, Berater und Freunde der Ökumenischen Versammlung unter Beschuss, denn sie waren Multiplikatoren für alle Bereiche des gesellschaftlichen Lebens und gestalteten die Friedliche Revolution sowie die Nachwendezeit maßgeblich mit. Viele von ihnen haben im September und Oktober 1989 politische Aktionsbündnisse und Parteien gegründet oder diese inhaltlich geprägt, wie man an Beispielen wie Neues Forum, Demokratie Jetzt, Sozialdemokratische Partei und Demokratischer Aufbruch sehen konnte.

Schon in seiner Oberschulzeit hatte sich Reinhard Guthke mit dem Thema Wehrdienstverweigerung beschäftigt. Und so stand er am Ende des ersten Studienjahres wegen seiner christlich motivierten Ablehnung des militärischen Fahneneides vor der politisch bedingten Exmatrikulation. Er entging ihr nur durch einen aus seiner Sicht faulen Kompromiss, indem er die sechs Wochen Grundausbildung in Seelingstädt mitmachte, aber den Fahneneid nicht sprechen wollte. Seine Kommilitonen Harald Krüger und Friedrich Miehe blieben auch da konsequent und wurden exmatrikuliert.

Dreizehn Jahre später wurde ihm im Zusammenhang mit einem Einberufungsbefehl zum Reservistendienst das Militärgefängnis angedroht, sollte er diesmal den Wehrdienst verweigern. Mit Rücksicht auf seine vierköpfige Familie, deren einziger Geldverdiener er damals war, blieb er kompromissbereit. „Da der Stab aber nicht sicher war, was ich demnächst anzettele, bekam ich weder ein Gewehr noch Munition in die Hand. So gesehen habe ich den Dienst an der Waffe nie abgeleistet", sagt Reinhard Guthke.

Ökumene unter Hochspannung

Ende der Siebzigerjahre gab es in Jena zehn verschiedene Friedensgruppen, die allerdings durch die Ausreise etlicher Mitglieder in die Bundesrepublik ausbluteten. Viele Menschen waren frustriert und am Ende ihrer Kräfte. Deshalb initiierte Reinhard Guthke mit einem Freund jeden Mittwoch um 17 Uhr in der römisch-katholischen Pfarrkirche St. Johannes Baptist ein ökumenisches Friedensgebet, das bis heute besteht. Um Wehrdienstverweigerer und Friedensbewegte zu informieren und ihnen Mut zu machen, gründeten sie eine Friedensbibliothek mit vielen Dokumenten aus Friedensseminaren und anderen kirchlichen Einrichtungen.

Im Verlauf der Achtzigerjahre richtete sich das politische Engagement von Reinhard Guthke auf den weltweiten christlich-ökumenischen Verbund des konziliaren Prozesses für Gerechtigkeit, Frieden und Bewahrung der Schöpfung. „Wir entwickelten Ende der Achtzigerjahre die Vision von der Umgestaltung von Gesellschaft und Wirtschaft. Wir waren davon überzeugt, dass sich etwas ändern musste und mit dem Personal, das bisher in der Politik tätig war, ließ sich nichts Neues gestalten. Viele Prozesse brauchten neue Leute, und ich war bereit für Veränderungen und wollte den Neuanfang mitgestalten."

Als Reinhard Guthke 1990 als Parteiloser in den Kommunalwahlkampf zog und für das Stadtparlament kandidierte, stellte er ein Programm mit zehn Kapiteln aus dem Abschlussbericht der Ökumenischen Versammlung von 1989 zusammen. Die letzten Kapitel beschäftigten sich mit der Ökonomie und Ökologie sowie der Energie der Zukunft. „Deshalb bin ich nach der erfolgreichen Wahl auch Vorsitzender des Ausschusses für Energie und Umweltschutz im Jenaer Stadtparlament geworden", berichtet Reinhard Guthke.

Der Physiker war auch an der Gründung der Jenaer Stadtwerke beteiligt. Nach dem Ende der DDR sollten die zehn ostdeutschen Energiekombinate von den großen Stromkonzernen übernommen werden. Dies stieß aber auf den Widerstand der Kommunen, die ihre Stadtwerke in den Fünfzigerjahren durch die Eingliederung in die Energiekombinate verloren hatten. Sie wollten die Energieversorgung wieder in die eigenen Hände nehmen. Etwa 140 Städte klagten vor dem Bundesverfassungsgericht. Aus Respekt vor den ostdeutschen Kommunen tagte das Bundesverfassungsgericht am 27. Oktober 1992 erstmals außerhalb von Karlsruhe im ehemaligen Reichsbahnausbesserungswerk Stendal. Einmalig in der deutschen Rechtsgeschichte entschied das hohe Gericht, dass sich die Energiewirtschaft und die klagenden Kommunen insbesondere vor dem Hintergrund der wirtschaftlichen und energieversorgungstechnischen Gegebenheiten außergerichtlich verständigen sollten. Daraufhin konnten sich die Stadtwerke als kommunale Versorger gründen und erneuerten einen Großteil der Netze für Strom, Gas, Wasser, Abwasser und Wärme. Reinhard Guthke resümiert: „Ich war damals der Einladende zu der Anhörung zur Gründung der Stadtwerke Jena, und es war alles andere als problemlos. Aber es gegen die großen Konzerne wie RWE, Bayernwerk, PreussenElektra und Co. geschafft zu haben, unseren Willen durchzusetzen, das hatte mich überzeugt. Ich war politisch dafür zuständig und konnte zeigen, dass Demokratie funktionieren kann."

Allerdings beschnitt so eine Stadtratstätigkeit auch das berufliche und familiäre Leben. „Dies und die Tatsache, dass nach vier Jahren Stadtparlament die Parteiinteressen immer mehr in den Vordergrund rückten, haben mich ohne Groll aufhören lassen. Ich war diese Jahre voll gefordert und habe mich fordern lassen. Für mich war das eine der spannendsten Zeiten, die ich je erlebt habe."

Von Sternenstaub zu Pilzsporen

Doch wie kam Reinhard Guthke eigentlich zur Physik? Die quälende Frage der Berufswahl stand für ihn ziemlich früh an. „Da unser Jahrgang das Abitur mit einem Berufsabschluss verbinden musste, sollte ich mich schon in der 8. Klasse, also mit etwa 14 Jahren, entscheiden, wohin meine Reise gehen sollte." In die Fußstapfen des humanistisch-geisteswissenschaftlich geprägten Elternhauses wollte er nicht treten. Er wählte eine Gärtnerausbildung, weil dieser Berufswunsch schon seit seinen Kindheitstagen in einem kleinen brandenburgischen Dorf existierte. Doch bereits während der Ausbildung merkte er, dass das nicht sein ganzes Leben ausfüllen würde.

Ein Schlüsselerlebnis für den Abiturienten war ein Radiobeitrag des Physikers Carl-Friedrich von Weizsäcker über sein Buch „Geschichte der Natur". Davon angeregt, beschäftigte sich der Schüler in den folgenden Schuljahren mit Relativitäts- und Quantentheorie, dem Urknall sowie der Vergangenheit und der Zukunft des Kosmos. Schon damals interessierte sich Reinhard Guthke für die Verantwortung der Wissenschaftler für ihre Forschung. „Als Studienort hatte mich Jena interessiert, weil nur hier die Spezialisierung auf Astrophysik angeboten wurde. Aber in Jena angekommen, habe ich diesen Gedanken sofort wieder begraben, als ich feststellte, dass aus unserem Studienjahr gefühlt die Hälfte aller Kommilitonen dasselbe Ziel verfolgte – und das mit besseren Voraussetzungen als ich. Die theoretische Physik interessierte mich dann aber doch vom Anfang bis zum Ende des Studiums und darüber hinaus", erklärt der Physiker.

Eine wichtige Person wurde für ihn Professor Gernot Neugebauer, damals wissenschaftlicher Oberassistent und später Professor für Theoretische Physik, der sich mit Albert Einstein und dessen Relativitätstheorie sowie mit der Gravitationstheorie beschäftigte. Dank seiner Vermittlung fand der Absolvent seinen Arbeitsplatz am Zentralinstitut für Mikrobiologie und experimentelle Therapie, einem Forschungsinstitut der Akademie der Wissenschaften der DDR auf dem Jenaer Beutenberg. Damit war der Berufsweg vom studierten Physiker über den promovierten Biophysiker, habilitierten Biotechnologen, Leiter einer Forschungsgruppe für Bioinformatik bis zum außerplanmäßigen Professor für Systembiologie vorbestimmt. „Es war eine interessante, spannende und schöne Zeit, sowohl fachlich als auch menschlich", resümiert Reinhard Guthke.

Seine Habilitationsarbeit schrieb er 1988 im Bereich der Biotechnologie. Dabei untersuchte er zyklische Prozesse, die in biologischen Prozessen von Mikroorganismen eine Rolle spielen. Beispiele dafür sind Wach- und Schlafzyklen oder die Produktion von Antibiotika. Damit Pilze sich verjüngen können, muss ein Teil geerntet werden, der Rest soll nachwachsen. Das kann man mathematisch mit verschiedenen Differentialgleichungen beschreiben und dabei die Alterung und die Reifungen mit einbeziehen. „Ich konnte nachweisen, dass man unter ganz bestimmten Voraussetzungen die Amplitude als Menge der Ernte und die optimale Periode als Zeitpunkt der Ernte rechnerisch bestimmen kann. Jenapharm hat das zyklische Verfahren angewendet und zum Schluss eine noch wesentlich höhere Ausbeute erzielt, als ich vorhergesagt hatte." Diese Erkenntnisse goss der Physiker in ein Expertensystem, das ihn über die Wendezeit rettete. „Eine österreichische Penicillin-Firma wurde auf mich aufmerksam, und so speiste ich deren Produktionsdaten in mein Simulationsmodell, entwickelte daraus Wenn-dann-Regeln und verbesserte deren Produktion. Das hat mich zehn Jahre lang beschäftigt", so der Biotechnologe Guthke.

Die Mathematik des Lebens

Am Forschungsinstitut habe er im Wesentlichen immer das Gleiche gemacht, nämlich Mathematik und Informatik mit Biologie und Medizin verbunden, und Mikroorganismen, hauptsächlich Bakterien und Pilze, biotechnologisch untersucht, berichtet Reinhard Guthke. Und logischerweise veränderten sich im Laufe der Zeit Computertechnik und Messtechnik. „Das hatte den Vorteil, dass man seit Ende der Neunzigerjahre mit einer ganz anderen Messtechnik das Verhalten aller Gene über die Messenger-RNA bestimmen kann." Reinhard Guthke erklärt dazu, dass jeder Mensch im Wesentlichen ein nahezu konstantes Genom hat. Von diesem wird die genetische Information für den Aufbau eines bestimmten Proteins mittels dieser Boten-Ribonukleinsäure ausgelesen. Wie viel von einem Gen, wann und wo ausgelesen wird, um daraus Proteine zu produzieren, bestimmt die mRNA sowohl qualitativ als auch quantitativ. Und genau diesen Prozess kann man seit den Neunzigerjahren technisch sehr ausgefeilt messen. Ein Mensch hat 25.000 Gene. Man kann also jeweils 25.000 verschiedene mRNA messen und sich daraus ein dynamisches Bild vom Geschehen auf molekularer Ebene machen. „So kann man beispielsweise sehen, wie viel Messenger-RNA aktiv ist beim Kuchenessen oder bei einer Krankheit. Man kann Unterschiede feststellen und daraus Therapien entwickeln. Das geht sowohl bei Menschen als auch bei Tieren, Pflanzen und Pilzen."

Reinhard Guthke hat in seinem Berufsleben eine ganze Reihe interessanter und wichtiger Forschungen betrieben und sich dabei vor allem auf Ribonukleinsäuren (RNA) und ihre Arten konzentriert. „Wir haben in den

„Das menschliche Genom verwendet nur fünf Prozent der Informationen, um daraus Proteine zu erzeugen. Was aber machen die restlichen 95 Prozent?“

letzten Jahren die Aktivitäten bei Schimmelpilzen für die Penicillin-Produktion gemessen. Mit einem kleinen Messgerät kann ich alle 13.000 mRNA auf einen Schlag in ihrer Aktivität messen. Bei 13.000 × 20 Zeitpunkten hat man alle pilzlichen oder bakteriellen Aktivitäten kartografiert. Und wenn man dann noch das Mikrobiom im Menschen dazurechnet, das den Menschen am Leben hält, hat man im wahrsten Sinne einen digitalen Zwilling. Die Lösung ist ein sehr komplexes System mit vielen, vielen Differentialgleichungen“, erläutert Reinhard Guthke den Grundgedanken der Systembiologie.

Eine praktische Anwendung dieser Ergebnisse bot die Forschung zum Rheuma. Technisch gesehen macht es laut Guthke keinen Unterschied, welche Daten man auswertet. Das hatte nichts mit der Mikrobiologie zu tun, sondern mit dem Menschen selbst. „Jeder Rheumapatient ist anders, und deshalb kann man aufgrund der Datenanalyse vorhersagen, welches Medikament in welcher Weise wirkt. Dazu wird die mRNA aus dem Blut gemessen und anhand der Erfahrungen klassifiziert, ob ein Medikament anschlägt oder nicht.“

In einem anderen Projekt zur Altersforschung untersuchte das Team von Reinhard Guthke das Phänomen Hormesis, das beschreibt, weshalb geringe Dosen schädlicher oder giftiger Substanzen oder stressauslösende Umweltfaktoren durchaus eine positive Wirkung auf Organismen haben können. Es komme vor allem auf die Dosierung an, betont der Bioinformatiker und nennt einige Beispiele: „Wir haben dies fünf Jahre lang untersucht und konnten zeigen, weshalb ein bisschen Sport gut ist, viel Sport schlecht. Gleiches gilt für die Ernährung: Ein bisschen hungern ist gut, viel hungern aber schlecht. Wir konnten sehen, dass Sauerstoffradikale, die einen Teil des Eiweißprozesses ausmachen, gut sind, wenn sie nur ein bisschen angeregt werden. Sie bereiten dann im Körper aufkommende Stresssituationen vor. Das Gleiche gilt auch für den Aminosäure-Stoffwechsel, der als Baustein für die Synthese aller Proteine dient.“

Die Knotenpunkte der Erkenntnis

Und damit sind wir wieder am Ausgangspunkt. Die beiden theoretischen Physiker Gert Heinrich und Reinhard Guthke schrieben ihre Diplomarbeit gemeinsam über quantentheoretische Effekte und beschäftigten sich im Beruf über viele Jahre hinweg mit komplexen Netzwerken – der eine bei Polymeren, der andere bei Organismen. „Im Grunde genommen kann man den gesamten Stoffwechsel und sein Verhalten mit entsprechenden Netzwerkmodellen abbilden und simulieren“, erklärt Reinhard Guthke. In der Systembiologie besteht ein solches Netzwerk aus Knoten, die etwa Gene, Proteine, Stoffwechselprodukte, Zellen, Organe, Organismen oder ganze

Arten darstellen. Diese Knoten sind durch Kanten miteinander verbunden, die molekularbiologische und biochemische Vorgänge wie das Ablesen von Genen (Transkription), enzymatische Reaktionen, Protein-Protein-Wechselwirkungen oder Stoffwechselprozesse abbilden. Werden Messwerte als Zahlen in die Knoten eingetragen, lassen sich die Zusammenhänge über die Kanten mit Hilfe mathematischer Gleichungen erkennen. „Je genauer die Eigenschaften des Netzwerkmodells mit den Messdaten übereinstimmen, desto besser ist der digitale Zwilling, mit dem sich Lebensprozesse simulieren lassen. Das kann letztendlich sogar zur Entwicklung völlig neuer Medikamente führen."

Mit großer Begeisterung erläutert er, dass die mathematische Modellbildung in der Systembiologie eine ähnlich große Rolle spielt wie in der Physik. Aber es fehlten hier noch die universalen Theorien. Ein Forschungsprojekt, das unter anderem mit der Berliner Charité durchgeführt wurde, verdeutlicht dies anschaulich. Ziel war es, eine künstliche Leber herzustellen. Dazu versetzten die Wissenschaftler Blutzellen in ein früheres Entwicklungsstadium und entwickelten daraus dann Leberzellen. „Es war hochinteressant, wie verschiedene menschliche Hormone und Botenstoffe die Zellen prägen, die Leber wachsen zu lassen und rechtzeitig zu stoppen, bevor daraus Tumorzellen werden. Uns beschäftigte die Frage, ob es dazu einen übergeordneten Informationsaustausch gibt, und wenn ja, welche Signalstoffe dafür verantwortlich sind", erläutert Guthke. „Das menschliche Genom verwendet nur fünf Prozent der Informationen, um daraus Proteine zu erzeugen. Was aber machen die restlichen 95 Prozent?" Er ist sich sicher, dass die Wissenschaft noch einige Jahre beschäftigt sein wird, „bis wir wissen, wer da was steuert. Das ist und bleibt ein spannendes Arbeitsgebiet."

1950 geboren in Kyritz, Abitur und Facharbeiterabschluss als Gärtner, Studium der Physik an der Friedrich-Schiller-Universität Jena
1973 Diplomarbeit im Wissenschaftsbereich Angewandte Quantentheorie bei Gerhard Weber
1978 Promotion an der Sektion Physik der Friedrich-Schiller-Universität Jena
1988 Habilitation im Bereich der Biotechnologie
1973–1991 Wissenschaftlicher Mitarbeiter im Zentralinstitut für Mikrobiologie und experimentelle Therapie, Jena
1992–2017 Forschungsgruppenleiter für Bioinformatik am Hans-Knöll-Institut Jena, außerplanmäßiger Professor an der Friedrich-Schiller-Universität Jena
1990–1994 Stadtverordneter und Vorsitzender des Ausschusses für Energie und Umweltschutz in Jena.

Geknackt.

Werner Wollmanns Sollbruchstelle für den Weltmarkt.

Sollbruchstellen sind strukturelle oder konstruktive Stellen in Materialien, die an einer definierten Stelle bei Belastung vorhersagbar brechen. Für einen der weltweit führenden Hersteller von Getränkekartons und Füllmaschinen entwickelte das Team um Werner Wollmann kurz nach der Wende Laserscanner-Anlagen, die erstmalig Sollbruchstellen in wiederverschließbare Karton-Aluminium-Verbundmaterialien einlaserten. Sein Konzept sicherte 180 Mitarbeitern den Arbeitsplatz und brachte weitere Aufträge aus der Automobilbranche und der Medizintechnik ein.

Aufgewachsen ist Werner Wollmann als viertes Kind in Dittersbach, einem Dorf bei Chemnitz. Seine Mutter arbeitete zuerst in der Landwirtschaft und später als Reinemachefrau in einer Kinderkrippe. Sein Vater arbeitete unter Tage im Uranbergbau bei der Wismut und war später in einer Eisengießerei als Auspacker tätig. Wahrscheinlich waren die damaligen Arbeitsbedingungen schuld daran, dass er bereits 1963 an Krebs starb. Fortan war bei den Wollmanns Schmalhans der Küchenmeister, und das Geld reichte kaum über den Monat hinaus. Sozialhilfe war im real existierenden Sozialismus nicht vorgesehen, dafür waren die Mieten und Lebensmittel sehr preiswert.

Ende der achten Klasse gab es die erste Sollbruchstelle im Lebenslauf des Schülers. Normalerweise hatten Schüler mit sehr guten bis ausgezeichneten Leistungen eine gute Chance, in einer Erweiterten Oberschule ihr Abitur zu machen. Bevorzugt wurden Kinder aus Arbeiter- und Bauernfamilien sowie Offiziersbewerber. Allerdings war die finanzielle Lage seiner Familie prekär, und das war der Grund, weshalb Werner Wollmann nach der achten Klasse trotz sehr guter Leistungen nicht die Erweiterte Oberschule besuchte, sondern in die Zerspanerklasse der Polytechnischen Oberschule ging. Hier lernte der Schüler neben dem normalen Unterricht noch den Beruf des Zerspaners und bekam ein Lehrlingsentgelt je nach Lehrjahr von 70 bis 110 DDR-Mark. Das besserte die Familienkasse deutlich auf. Nach Abschluss der 10. Klasse musste noch ein weiteres Jahr angehängt werden, um die dreijährige Ausbildung zum Präzisionsschleifer erfolgreich abzuschließen. Im Anschluss daran arbeitete der Facharbeiter im Schichtbetrieb bei den Barkas-Werken Karl-Marx-Stadt, die neben den bekannten Kleintransportern auch die Motoren für den Trabant herstellten.

Der letzte Schliff aus Jena

Zwischendurch setzte er sich noch abends auf die Schulbank und holte an der Abendoberschule sein Abitur nach. Sein Ausbildungsbetrieb delegierte ihn zum Physikstudium an der Friedrich-Schiller-Universität Jena. Von Vorteil war, dass es dafür auch noch ein Büchergeld gab. „Ich war bestimmt kein Streber, aber ich habe das Studium ernst genommen. Erstaunt war ich, dass ich nach dem ersten Studienjahr schon ein Leistungsstipendium bekam, denn dieses bekamen eigentlich nur die Besten; also war ich gar nicht so schlecht", berichtet Werner Wollmann rückblickend.

Während des Industriepraktikums untersuchte er im Zeiss-Forschungszentrum Technologien zur Herstellung von Optiken. „Es war eine interessante Zeit, auch wenn ich in der Abteilung der einzige Physiker blieb. Und deshalb war es das Einfachste, mich nach dem Diplom wieder in dieser Abteilung zu bewerben. Das hatte vor allem den Vorteil, dass ich in Jena mit meiner späteren Frau zusammen sein konnte, die hier noch Mathematik studierte. Ich wurde sofort als Themenverantwortlicher für die Rationalisierung von Optikfertigungsverfahren eingestellt und entwickelte neue Diamantwerkzeuge für die Feinbearbeitung von asphärischen Linsen. Das war ein spannendes und interessantes Themenfeld. Als sich das Themenspektrum ausweitete, wurde ich Gruppenleiter, veröffentlichte Fachbeiträge und hielt Vorträge."

Um spezielle Linsensysteme wie Fresnel-Optiken oder optische Spiegel aus den unterschiedlichsten Metallen herstellen zu können, wurden sowohl monokristalline Diamanten in Präzisionsdrehwerkzeugen als auch Diamantschleifwerkzeuge mit synthetischer Mikrodiamantkörnung eingesetzt. Letztere schliffen die Oberflächen vor dem Polieren auf den Mikrometer genau, ohne Kratzer dabei zu erzeugen. „Diese exakte, kratzerfreie Vorbearbeitung war sehr wichtig. Wir hatten ein Verfahren entwickelt, um die Spiegel für die Herstellung von mikroelektronischen Bauelementen computergesteuert an vordefinierten Stellen polieren zu können. In Verbindung mit einem Laserinterferometer, das Positionsveränderungen in der Größenordnung einer Lichtwellenlänge messen konnte, wurden Hochpräzisionsspiegel mit einem Durchmesser von 30 bis 40 Zentimetern mit einer maximalen Abweichung von der absoluten Sphäre von wenigen Nanometern erzeugt. Diese Präzision war damals beeindruckend."

Allerdings konnte man monokristalline Rohdiamanten nicht im sozialistischen Wirtschaftsraum kaufen. Selbst die Sowjetunion verkaufte ihre Diamanten nur über die Diamantbörsen in Amsterdam und London gegen frei konvertierbare Währungen bei sofortiger Bezahlung. Da die DDR-Währung nicht frei konvertierbar war, konnten Westwaren nur im Rahmen der verfügbaren und geplanten Valutabilanzen importiert werden. Für jede Warengruppe gab es sogenannte Bilanzorgane, und für Diamanten war Carl Zeiss Jena das zuständige Bilanzorgan. Und plötzlich fand sich Werner Wollmann als wissenschaftlich-technischer Berater in der Bilanzinspektion wieder. „Es war ein interessanter Nebenjob mit vielen Kontakten zu anderen Industriezweigen, die auch Industriediamanten einsetzten. Auf diese Weise hatte ich auch Kontakt zur INTRAC-Handelsgesellschaft, die zum Imperium von Alexander Schalck-Golodkowski gehörte", sagt Werner Wollmann.

Vom Parteibuch zum Kundenbuch

„Im Studium wurde ich überraschend zum Seminargruppensekretär gewählt, obwohl ich kein Parteimitglied war. Und auch bei Carl Zeiss Jena lavierte ich mich die ersten Jahre so durch, vor allem, weil es einen Aufnahmestopp für Akademiker gab." Als man ihn fünf Jahre später aufhob, erwartete man von Werner Wollmann als neuen Abteilungsleiter, in die Partei einzutreten. „Ich sah es pragmatisch, denn so hatte ich die Möglichkeit, im Leitungskreis immer wieder auf Probleme hinzuweisen und Änderungen herbeizuführen. Beispielsweise diskutierten wir schon 1986 über Gorbatschows Perestroika-Reformprogramm und befürchteten, dass wir bei offenen Grenzen überrollt werden würden. Denn mit dem technologischen Fortschritt der Mikroelektronik und der Automatisierung wuchs der Abstand zur Bundesrepublik extrem. Während dort die Großkonzerne international zusammenarbeiteten und wie Siemens im Halbleiterbereich eine überlebenswichtige Allianz mit IBM und Toshiba einging, konnte die DDR wegen des Embargos solche Partnerschaften weder eingehen noch hatte sie die entsprechenden Mittel dazu. Wir sahen diese Sollbruchstelle voraus, und der Crash, wie er dann 1989 auch auftrat, überraschte uns daher nicht sonderlich."

In dieser Zeit war der Physiker als Hauptabteilungsleiter Chef über vier Abteilungen mit 180 Mitarbeitern. Eine Abteilung entwickelte Optikbearbeitungsverfahren und die dazugehörigen Technologien, eine andere Abteilung entwickelte und konstruierte Sondermaschinen, die dritte Sonderverfahren und Montageanlagen und die vierte fertigte geteilte Optiken, Schichten und Maßstäbe. Bis zur Wende war die Auftragslage gut, danach brachen alle externen Aufträge weg. Die technologische Hauptabteilung erhielt nur noch Aufträge von anderen Zeiss-Abteilungen. „Wir waren somit die ersten, die nichts mehr zu tun hatten. Wir besannen uns auf unsere Stärken als Anlagenbauer und wollten unseren enormen Erfahrungsschatz bewahren und den Mitarbeitern eine Zukunft geben. Deshalb gründete der Leitungskreis sofort die Struktureinheit Präzisionsbau und übernahm einen großen Teil der Mitarbeiter vom Musterbau und der Konstruktion." Als Anfang 1992 die Entlassungswelle bei Carl Zeiss Jena einsetzte, wurden rund 10.000 der ehemals 24.000 Mitarbeiter entlassen. Die neugegründete Abteilung Präzisionsbau hatte aber damals schon für 14 Millionen D-Mark Aufträge – ohne eigenes Produkt. So eine Cashcow konnte nicht abgewickelt werden. Daher wurde die Systemtechnik ein eigener Geschäftsbereich der Jenoptik. „Allerdings fehlte uns neben neuen und vor allem externen Kunden auch ein gutes Projektmanagement und ein funktionierender Vertrieb. Für mich gab es deshalb nur eins: So viel neue Produktionsaufträge wie möglich für die neu gegründete Struktureinheit zu akquirieren." Also kaufte sich der ehemalige Hauptabteilungsleiter sofort nach der Währungsunion für 6.000 D-Mark einen neuen Wartburg und putzte in ganz Deutschland zwei Jahre lang Klinken, akquirierte Kunden und schaffte Aufträge heran. Einer der ersten Kunden war Rodenstock, der Zeiss als verlängerte Werkbank nutzen und eine auslaufende Serie von Scheitelbrechwertmessern kostengünstig produzieren lassen wollte. Diese „Lensmeter" sind für den Augenoptiker so etwas wie der Hammer für den Schlosser: Mit ihnen lässt sich die optische Wirkung von Brillengläsern oder Kontaktlinsen bestimmen. Also verhandelte der frischgebackene Vertriebsmann zum ersten Mal einen Auftrag für die Lohnfertigung über zwei Millionen D-Mark. Ob sich das Ganze am Ende gerechnet hat, weiß Werner Wollmann nicht. „Aber wir haben unsere Mitarbeiter beschäftigt und unsere Fachkompetenzen in Montage und optischem Geräte- und Sondermaschinenbau erhalten", und er nennt einen weiteren Glücksfall: „Wir hatten ein gewaltiges Problem, denn unsere potenziellen Kunden kannten uns nicht. Dies änderte sich erst, als wir mit den Papier- und Kunststoffwerken Linnich (PKL) einen großen Kunden gewinnen konnten."

Durchbruch am Sollbruch

PKL, das heute zur Schweizer SIG Combibloc Group gehört, ist neben Tetra Pak einer der weltweit führenden Systemhersteller von aseptischen Kartonverpackungen für ungekühlte Lebensmittel und Getränke und deren entsprechende Abfüllanlagen. „Von PKL bekamen wir bereits 1990 die ersten

Aufträge für die Fertigung von Edelstahlbaugruppen für Füllmaschinen von Getränkekartons. Dadurch lernte ich eine Reihe von Mitarbeitern bis hin zum Forschungsdirektor kennen. In einem Gespräch verriet er, dass sein Unternehmen jetzt auch größere Getränkekartons mit einem Fassungsvermögen von einem Liter oder mehr herstellen und vermarkten will. Diese Verpackungen würden aber nur gekauft, wenn sie wiederverschließbar wären." Für diese Bedingung müssen die erforderlichen Verschlüsse im Verbundpackstoff aus Karton und Aluminiumfolie Sollbruchstellen haben, die den Inhalt vor dem Öffnen dicht und aseptisch halten und gleichzeitig das Öffnen erleichtern. Heute dreht man einfach am Verschluss, und ein Nippel schneidet die Folie auf. „Damals war es ein Problem, solche Sollbruchstellen ohne Beschädigung der Aluminiumfolie herzustellen. Deshalb fragte mich der Forschungsdirektor von PKL, ob man das mit einem Laser machen könne. Prinzipiell sah ich darin keine Schwierigkeiten, denn ich kannte die Fähigkeiten unserer Mitarbeiter und die der physikalisch-astronomischen Sektion." Also reiste Werner Wollmann mit dieser Idee zurück nach Jena und testete zusammen mit den Wissenschaftlern der Fakultät verschiedene Bearbeitungsverfahren für die Kartonmuster. Dies überzeugte die Geschäftsleitung von PKL, und die Mannschaft um Werner Wollmann gewann den Auftrag für das Testmuster eines Laserscan-Systems mit Peripherie, Rechner, Software und Sensorik für 814.000 D-Mark. „Dieser Auftrag war für uns der Startschuss in die Zukunft. Ich konnte wieder Mitarbeiter einstellen, die bei Carl Zeiss schon auf der Entlassungsliste standen. Wir brauchten Softwareentwickler, Maschinenbauer und dazu noch Spezialisten, die sich mit Laser- und Scanner-Systemen auskannten." Das war für Werner Wollmann genau der richtige Zeitpunkt: „Laserbearbeitung für Metalle gab es schon, aber an Kunststoffe und Verpackungsmaterialien hatte sich damals noch niemand herangetraut. Das Problem dabei waren die Abbauprodukte, die beim Lasern entstehen und vollständig abgesaugt sowie gefiltert werden müssen."

„Wir waren die ersten, die nach der Wende nichts mehr zu tun hatten. Aber wir hatten als Anlagenbauer einen enormen Erfahrungsschatz, und diesen wollten wir bewahren."

Drei Monate später, nach dem erfolgreichen Test der Versuchsanlage, kam ein Anruf vom PKL-Geschäftsführer, und Werner Wollmann hatte den ersten Großauftrag für eine Produktionsanlage in der Tasche. Allerdings waren die technischen Bedingungen extrem herausfordernd: Bei Bahngeschwindigkeiten des Verpackungsmaterials von 380 Metern pro Minute – das sind über sechs Meter pro Sekunde – mussten die Sollbruchstellen unterschiedlicher geometrischer Muster mit bis zu sechs Laserscan-Systemen gleichzeitig auf der Bahn geschnitten werden. Technisch gesehen schneiden die Laser bei diesem Vorschub statt eines Kreises eine Sinuskurve, deren Frequenz sich in Abhängigkeit von der aktuellen Bahngeschwindigkeit ändert. Nur wenn beides präzise aufeinander abgestimmt ist, stellt die Anlage in einer Stunde eine Million Sollbruchstellen her. „Als ich das hörte, ist mir das Herz in die Hose gerutscht. Aber ich habe auf die Mitarbeiter vertraut und zugesagt." Der Erfolg gab Werner Wollmann recht. Inzwischen hat der Präzisionsbau von Jenoptik elf Anlagen im Wert von 2,4 Millionen Euro pro Anlage gebaut und installiert und ist heute dabei, die Anlagen der ersten Generation zu modernisieren.

Vertrauen ist im Geschäft besonders wichtig, denn immer wieder können Dinge passieren, an die niemand gedacht hat. So war es auch bei einer Maschine, die nach Frankreich verkauft wurde. Eines Tages waren plötzlich aus ungeklärter Ursache die Öffnungshilfen bei einigen Verpackungen an der falschen Stelle. PKL schickte daraufhin sofort sechs Mitarbeiter ins Werk nach Frankreich, um mehrere Hunderttausend bereits gefüllte Getränkekartons zu prüfen und auszusortieren. „Der Anruf kam am Freitagnachmittag. Wir suchten das ganze Wochenende nach Fehlern und hatten endlich am Montagnachmittag die richtige Antwort", erinnert sich Werner Wollmann. Dabei war die Lösung relativ einfach: Bei der Herstellung der Sollbruchstellen verhält sich die Packungsstoffbahn wie ein Gummiband – sie fährt mal schneller und auch mal langsamer, aber sie schwankt immer um einen Punkt. Um hier präzise zu schneiden, braucht man ständig Informationen, wie schnell das Band gerade läuft. Und mit diesen Informationen kann man die Laser entsprechend triggern. Deshalb werden auf den Verpackungen Markierungsbalken aufgebracht, die der Scanner ausliest und dem Laser das Signal zur Bearbeitung gibt. Die Anlage lief laut Wollmann reibungslos und ohne Störungen – bis es ein neues Verpackungsdesign gab und an einer Stelle eine italienische Flagge aufgedruckt wurde. Diese grün-weiß-rote Flagge erkannte der Scanner jedoch als Triggersignal, und die Maschine laserte an der falschen Stelle. „Als wir das erkannten, verbesserten wir unsere Software und wiesen Druckverbotszonen aus, die wir gleichzeitig noch zur Feinpositionierung nutzten", beschreibt Werner Wollmann die Lösung und betont, dass die Grundvoraussetzung vor allem das gegenseitige Vertrauen und die gute Zusammenarbeit waren.

Mit Laserschnitt ins Weltgeschäft

Der Geschäftsbereich Systemtechnik wurde 1994 in die eigenständige GmbH Automatisierungstechnik innerhalb des Unternehmens überführt. Bis zu diesem Zeitpunkt hatte sich der Präzisionsmaschinenbauer bereits ein zweites Standbein als Anlagenbauer für Automobilzulieferer geschaffen. In Luxuslimousinen sollten die Beifahrer-Airbags nicht mehr hinter einer großen Öffnung mit einem Deckel auf der Instrumententafel versteckt sein. „Deshalb schlugen wir vor, mit einem Laser eine Sollbruchstelle einzubauen.

Die Instrumententafeln bestehen aus Kunststoff von zwei bis drei Millimetern Stärke, verbunden mit Schaum und Dekormaterial. Wir schnitten von der Rückseite mit dem Laser tausende dicht beieinanderliegende Sacklöcher – also Bohrungen, die nicht durch das Material hindurchgehen – bis zu einer definierten Restrandstärke in die Tafeln und protokollierten dies rückverfolgbar nach Standards der Automobilindustrie. Die Anlage haben wir dann als Patent angemeldet und bis zur Serienreife entwickelt." Werner Wollmann ergänzt: „Heute stehen mindestens 300 dieser Anlagen in aller Welt. Wer im Auto den Schriftzug Airbag sieht, weiß jetzt, welchen Anteil die Jenoptik-Automatisierungstechnik daran hat."

1950 geboren in Dittersbach bei Frankenberg, Mittlere Reife, Facharbeiterabschluss als Präzisionsschleifer, Abitur auf der Abendoberschule und Studium der Physik an der Friedrich-Schiller-Universität Jena
1973 Diplomarbeit an der Sektion Chemie
1973–1990 Entwicklungstechnologe II, wissenschaftlich-technischer Spezialist, Gruppenleiter, Hauptabteilungsleiter bei Carl Zeiss Jena
1990–2018 Vertriebs- und Projektmanagement, Aufbau Laser-Materialbearbeitung und Anwendungsforschung bei Jenoptik.

Bis zu seinem Renteneintritt war der Physiker in Vollzeit und danach noch drei Jahre lang in Teilzeit weiter mit dem Laserschweißen von Kunststoffen beschäftigt. Entwickelt wurden Laserschweißmaschinen, die Seitenschutzstreifen an französische Autos oder Sensoren in den Stoßfängern kleben. Besonders diffizil war die Entwicklungsarbeit für das Schweißen von Abstandssensoren, denn hier darf auf der lackierten Seite nicht die geringste Änderung im Glanzgrad erkennbar sein. Hierfür entwickelte Werner Wollmann einen sehr kleinen Diodenlaser-Schweißkopf, den ein Roboter quasi in die Hand nehmen und damit den Sensor einschweißen kann.

„Ein bisschen stolz bin ich schon darauf, dass wir inzwischen einer der führenden Hersteller von Lasermaschinen und -systemen zur Materialbearbeitung von Nichtmetallen geworden sind. Wer hätte das vor 30 Jahren gedacht? Auch war für uns immer wichtig, unsere Entwicklungen patentrechtlich in unseren Hauptmärkten – der Europäischen Union, den Vereinigten Staaten von Amerika und China – schützen zu lassen. Ich selbst reichte gemeinsam mit Mitarbeitern eine ganze Reihe von Patentanmeldungen ein, die auch genutzt wurden. Auf diese Weise konnten wir bis heute mehr als 300 Airbag-Laseranlagen zu einem Stückpreis von etwa einer Million Euro weltweit verkaufen. Die meisten von ihnen stehen in China." Werner Wollmann entschuldigt sich fast, wenn das Beschriebene zu gut und zu positiv klingt. „Aber es zeigt doch, was durch Aktivität und Stehvermögen bei Schwierigkeiten, die es ständig gab, in guter Zusammenarbeit mit Forschungseinrichtungen und mit den Kunden sowie den Kollegen machbar war. Natürlich hat uns der Background von Carl Zeiss Jena und später von Jenoptik sehr geholfen, sei es durch den Rückhalt eines größeren Unternehmens oder durch die Nutzung der fachlichen Potenziale der Mitarbeiter. Damit hat der Erfolg viele Väter, allen voran unsere Mitarbeiter."

Abgestellt. Ilse Schönfelders Bilanz.

Ihr ursprüngliches Ziel, Astrophysikerin zu werden, war Ilse Schönfelder durch die 3. Hochschulreform der DDR unmöglich gemacht worden. Trotzdem studierte sie Physik, fühlte sich aber danach bei Carl Zeiss Jena zunächst wie auf dem Abstellgleis. Nach Aufgaben im Optikbereich fand sie ihre Erfüllung bei der Roboterentwicklung. Mit der Wiedervereinigung war dann alles vorbei. Nach einigen fachlichen Seitensprüngen hatte sie das Glück, in ihr altes Arbeitsgebiet zurückzukommen und wieder gebraucht zu werden.

Schon als Schülerin interessierte sich Ilse Schönfelder für Astronomie. Sie baute sich aus Papphülsen und Linsen ein Fernrohr und beobachtete die Sterne. Und als sie mit einem bisher unbenutzten Fernrohr von Freunden ihrer Eltern die Jupitermonde sehen konnte, war ihr Berufswunsch geboren. Sie wollte Astrophysikerin werden und bewarb sich an der Physikalisch-Astronomischen Fakultät in Jena. Doch mit der 3. Hochschulreform hatte sich ihre Entscheidung erübrigt: Über Astronomie brauchte sie sich keine Gedanken mehr zu machen, dieses Fachgebiet wurde gestrichen.

Das Physikstudium war auf vier Jahre reduziert. „Was das am Ende für uns bedeuten würde, war mir und der Mehrzahl meiner Kommilitonen noch nicht klar, denn im Jahr unseres Diplomabschlusses würde es die doppelte Anzahl von Absolventen geben." Ilse Schönfelder lernte folglich das Verlangte, ohne daran zu denken, wie es nach den vier Jahren weitergehen sollte. Entsprechend sah sie ihre Perspektive: „Ich war bereit, meine berufliche Zukunft abzuschreiben, noch bevor sie begonnen hatte. Ich würde nach dem Studium irgendetwas machen, womit ich Geld verdienen konnte."

Reformierte Fachkräfte

Der gesamte Studienbetrieb sollte sich als schulähnlich erweisen. Es gab Stundenpläne, die im Foyer aushingen, mit genauer Festlegung von Seminargruppe, Veranstaltung, Tag und Zeit. Die Studenten schrieben sie ab: Mathematik (Lineare Algebra, Analysis I und II, Mengenlehre), Physik (Theoretische Mechanik, Thermodynamik, Experimentalphysik), Anfänger- und Fortgeschrittenenpraktika, Russisch, Englisch und Sport. In den ersten bei-

Das Studienjahr ertrotzte sich gegen den Widerstand der Sektionsleitung eine Woche Kulturpraktikum. Es fand im April 1972 in einem zu dieser Jahreszeit unbelegten Ferienlager in Wolfsburg-Unkeroda bei Eisenach statt. Die Studenten konnten zwischen Singen, Zeichnen, Schreiben und Fotografieren wählen. Hier beim gemeinsamen morgendlichen Singen.

den Jahren kam Marxismus-Leninismus hinzu. Horst Lesser, der Dozent für marxistisch-leninistische Philosophie, hielt qualifizierte Philosophievorlesungen. „Mit seiner Vortragsweise unterschied er sich wohltuend von anderen Vertretern seiner Fachrichtung", erinnert sich Ilse Schönfelder. Trotzdem blieb eines Morgens die Mehrzahl der Bänke im Hörsaal 1 leer. Nach einem nächtlichen Gelage schliefen die Studenten im Wohnheim den Kater aus. Auch Ilse Schönfelder war abends dabei gewesen, hatte sich dennoch – blass, mit schwerem Kopf und rebellierendem Magen – in die Vorlesung geschleppt. Nach und nach trafen weitere Unglücksgestalten ein und schlichen sich auf ihre Plätze im Hörsaal. Die FDJ-Leitung war zusammen mit Professor Unangst, dem Prorektor für Erziehung und Ausbildung, ins Wohnheim gegangen, hatte die Säumigen aus den Betten geholt und zur Vorlesung geschickt.

Ilse Schönfelder blickt zurück: „Im zweiten Studienjahr, das wir mit Prüfungen abschlossen, unterrichtete uns Wolfgang Bohn in Politischer Ökonomie. Aber was sollten wir denn mit Politischer Ökonomie des Kapitalismus anfangen? Wir waren doch angeblich eine gesellschaftliche Epoche weiter, was ging uns so etwas Überlebtes an? Hätte ich damals geahnt, was zwanzig Jahre später passieren würde – nun, vielleicht hätte ich doch nicht nur Männchen gemalt und auf die bekritzelten Hörsaalbänke gestiert."

Im Fach Russisch nahm die Studentin in den Winterferien 1970/71 an einem Übersetzungswettbewerb teil. Sie brachte es schließlich bis zum Simultanübersetzen von kurzen Fachvorträgen. „Im Gegensatz zum Russischen sollte uns der Englischunterricht lediglich befähigen, Fachtexte zu verstehen und notfalls zu übersetzen; aktive Sprachkenntnisse oder gar die Fähigkeit zur Konversation wurden nicht angestrebt. Das führte später dazu, dass wir fast alle – von Ausnahmen besonderer Sprachbegabung abgesehen – uns in keiner der beiden Sprachen wirklich sicher fühlten."

Die Praktika im Grundstudium waren der willkommene Gegenpol zu Vorlesungen und Seminaren. Die Versuche waren für sie leicht, und die Auswertung machte ihr nicht allzu viel Mühe. Vielleicht auch, weil das zweite Studienjahr nicht nur Bücher an das erste verkaufte, sondern auch gleich die Versuchsergebnisse aus den Anfängerpraktika weitergab. Im nächsten Jahr gab es neben dem Fortgeschrittenenpraktikum auch das Elektronikpraktikum. „Das lag mir überhaupt nicht. Ich hatte im Gegensatz zu vielen meiner Kommilitonen nie zuvor an Schaltungen gebastelt. Ich bevorzugte optische Geräte, wo es etwas zu sehen und anzufassen gab." Der Hang zum Anfassen wurde ihr gleich am ersten Tag zum Verhängnis. Sie nahm einen speziellen Transistor in die Hand, noch bevor die Einführung gehalten wurde. „Die geringe statische Aufladung genügte, ihn zu zerstören. Somit hatte ich gleich eine dieser elektronischen Mimosen auf dem Gewissen", schmunzelt sie.

Kunst als Überlebensfach

Das Studium wurde ihr immer mehr zur lästigen Pflicht. Einen Ausgleich fand Ilse Schönfelder außerhalb der Universität. Sie wurde Gründungsmitglied des neuen Philharmonischen Chores, spielte Gitarre und gab bald selbst Unterricht. Das kostete einige Zeit und Kraft, die sie zwar nicht dem fachlichen, wohl aber dem gesellschaftlichen Teil des Studiums entzog. Eine Ausnahme bildete das Kulturpraktikum, das im Jahr des Studienbeginns 1969 von der Sektion Kunst- und Literaturwissenschaft ins Leben gerufen wurde. Dieses Experiment rettete diese Sektion, die nach dem Willen der Hochschulreformer eigentlich hätte verschwinden sollen. Daraus wurde letztlich ein sehr erfolgreiches Vorhaben, das in dieser einen Woche Lockerheit und Entspannung ins Studium brachte. In späteren Jahren war der Veranstaltungsort die Jugendherberge auf der Leuchtenburg bei Kahla. Für den Jahrgang 1969 hingegen stellte man im April 1972 ein zu dieser Jahreszeit unbelegtes Ferienlager in Wolfsburg-Unkeroda bei Eisenach zur Verfügung, bestehend aus mehreren Bungalows sowie Sanitär- und Essensbaracke. Die Studenten konnten zwischen Singen, Zeichnen, Schreiben und Fotografieren wählen. Ilse Schönfelder wählte Landschaftsfotografie, „denn das bot mir das größte Maß an Bewegungsfreiheit und Selbstverantwortlichkeit."

„Das Dreivierteljahr der Diplomarbeit war eine herrliche Zeit, die beste des Studiums. Ich konnte eigenverantwortlich schalten und walten, meine Aufgabe nach eigenem Gutdünken lösen, meine Zeit selbst einteilen."

Sie überlegte nicht lange, denn die anderen Kurse fanden in den unfreundlichen und schlecht geheizten Räumen statt, während draußen der Frühling begann. Und am Ende dieser zehn Tage drohte keine Prüfung, die ihr die Freude am Entdecken genommen hätte. „Ich lernte das Sehen neu. Diese Tage im Freien befreiten mich von der beginnenden seelischen Verkümmerung. Hätte man uns nicht so durchs Studium gehetzt, wäre ich vielleicht auch zur Fotografie umgestiegen, wie es Wolfgang Korall später getan hat." Ilse Schönfelder hält inne. „Aber ich war noch lange nicht soweit und fühlte mich als Anfängerin unsicher." Im Universitätsfotoklub hätte sie wahrscheinlich schneller etwas gelernt als aus Büchern und durch Probieren. „Doch was sollte ich bei diesem Doktor Walter Streit mit seinen ewigen Aktfotos?" tröstet sich Ilse Schönfelder über die damalige Zeit. „Ich war mir sicher, dass mein Interesse für Landschafts- und Architekturfotografie überheblich belächelt worden wäre. Ich hätte mich in diesem Männerverein fremd gefühlt, für den es selbstverständlich war, dass Frauen nackt vor die Kamera gehörten und nicht angezogen dahinter."

Quotenfrau im Klub

Irgendwann im vierten Studienjahr wurde Ilse Schönfelder unangekündigt in der Pause von der Sektionsleitung in ein Zimmer gebeten und gefragt, ob sie nicht nach Abschluss des Studiums an der Sektion Physik bleiben wolle, „um mit den Studenten zu arbeiten", so die wörtliche Formulierung. Sie lehnte ab: „Ich brauchte mir nicht einmal Bedenkzeit zu erbitten. Hätte ich zugesagt, so hätte ich über kurz oder lang in die Partei eintreten und auch daran mitwirken müssen, Wehrdienstverweigerer zu exmatrikulieren oder Versammlungen über die ‚Faschingsabrechnung' zu leiten. Nein und nochmals nein, hier war nicht mein Platz. Ich würde mir woanders eine Stelle suchen, wo ich vernünftig forschen könnte und man mich endlich mit der verdammten Ideologie in Ruhe ließe. An dieser Universität würde ich es nicht lange aushalten." Ihre Gründe für die Ablehnung konnte sie damals allerdings dort nicht benennen.

Sie rätselte, wie das Gremium gerade auf sie gekommen sei. Ihre Leistungen konnte man bestenfalls als gut, teils aber unausgeglichen bezeichnen. Denn manches begriff sie nur mit Mühe, anderes fiel ihr sehr leicht. Fachlich waren ihr andere voraus, die jedoch nicht gefragt wurden. Sie hatte ein Jahr zuvor zum zweiten Mal das Angebot abgelehnt, in der Sowjetunion zu studieren. Und auch sonst hatte sie sich keineswegs hervorgetan. Brauchte man eine Quotenfrau?

Es konnte nur ein anderer Grund sein: Ihr Vater war an der Universität Professor, Institutsleiter und vor allem Genosse. Im geschlossenen Klub der Universitätsleitung galten Kinder von Genossen als Nachwuchskandidaten. „Wie ließ sich da verhindern, dass einem der Begriff ‚Inzucht' in den Sinn kam?", resümiert Ilse Schönfelder. „Und auch die Tatsache, dass mein Vater seit Jahren immer nur schlechte Laune zeigte, wenn die Rede auf seine Arbeit an der Universität kam, hatte bei mir gar nicht erst den Wunsch aufkommen lassen, ihm nachzueifern."

Karriere nach Liste

Für die Diplomarbeit wählte sie ein Thema aus der nichtlinearen Optik: Die interferometrische Messung, wie sich Licht an winzigen Dichteschwankungen streut. Solche Schwankungen entstehen von selbst durch die Wärmebewegung im Material und breiten sich mit sehr hoher Geschwindigkeit aus. Der Versuchsaufbau stand schon bereit: ein Argon-Laser, ein fein einstellbares Fabry-Pérot-Interferometer und ein angeschlossener Sekundärelektronenvervielfacher mit Aufzeichnungsgerät. Ihre beiden Diplomvorgänger hatten die Lichtstreuung bereits in Flüssigkeiten gemessen. Schönfelders Aufgabe bestand darin, die gleichen Messungen an optischen Gläsern durchzuführen – was schwieriger war, da Glas das Licht deutlich weniger stark streut als Flüssigkeiten. Das Prinzip war klar, Literatur gab es kaum, eigentlich nur Arbeiten ihrer Vorgänger. „Das Dreivierteljahr der Diplomarbeit war eine herrliche Zeit, die beste des Studiums", beschreibt Ilse Schönfelder die damalige Zeit. „Ich konnte eigenverantwortlich arbeiten, meine Aufgabe nach eigenem Gutdünken lösen, meine Zeit selbst einteilen. Ich war in jeder Beziehung im Gleichgewicht. Keiner zerrte ständig an einem herum, die Ergebnisse zählten. Ich befand mich in einer Phase fortwährender Produktivität, Zwischen- und Diplomverteidigung klappten ohne Probleme."

Zu Beginn des letzten Studienjahres, im Herbst 1972, wurde eine Versammlung im großen Hörsaal einberufen. Anwesend waren alle „Überlebenden" des aktuellen und des vorangehenden Studienjahres. Es ging um Stellen und Arbeitsverträge. Ein Beauftragter der Sektion hatte eine Liste verfügbarer Stellen mitgebracht, auf die sich die Studenten bewerben konnten. Es waren genauso viele Arbeitsstellen wie Absolventen: fast 90 Stellen bei Zeiss, einige wenige bei den Keramischen Werken Hermsdorf und der Rest weit verteilt in der Republik. „Ich wollte zwar nicht zu Carl Zeiss Jena, aber wohin dann? Für das Astrolabor wurde keine Stelle angeboten. Also erschien mir eine Stelle in der Optikentwicklung des Zeiss-Forschungszentrums noch am passendsten. Die Abteilung nannte sich Glaslabor, und es klang so, als könnte ich dort an das Thema meiner Diplomarbeit anknüpfen." Eine förmliche schriftliche Bewerbung wurde nicht einmal verlangt. Eine Einladung zur Besichtigung der zukünftigen Abteilung, für die man sich blind entschieden hatte, ein Treffen mit dem dort verantwortlichen Leiter – nichts passierte.

Persönliches Vorsprechen war unmöglich, man kam ja nicht ins Werk hinein. Nicht einmal eine Telefonnummer teilte man den Studenten mit. „Wir waren wie eine Herde, die nach Gutdünken auf freie Boxen in verschiedenen Ställen aufgeteilt wurde. Meinen Arbeitsvertrag erhielt ich per Post. Er ist datiert auf den 20. Oktober 1972. Der Staat hatte im Vorfeld alles für mich entschieden, meine Alternative hieß: unterschreiben oder nicht – Arbeit und Einkommen oder gar nichts. Ich unterschrieb also den Vertrag."

Planmäßig überflüssig

1973 musste die doppelte Anzahl Physik-Absolventen auf dem Arbeitsmarkt untergebracht werden. Den Widerwillen gegen so viele Absolventen ließen auch die Betriebe deutlich spüren. Die Seminargruppenbetreuer rieten, die Zeit zu nutzen, um sich nach einer alternativen Stelle umzusehen. Das war eine verklausulierte Art, mitzuteilen, dass eigentlich keine Arbeit da war. Ein ganzer Absolventenjahrgang war offenbar überflüssig. Das Absolventengesetz verpflichtete aber nicht nur die Absolventen, sondern auch die Unternehmen, die erste Stelle für drei Jahre zu behalten.

Im Glaslabor gab es für Ilse Schönfelder irgendwann etwas zu tun: Messungen für Schott, Prüfung von Glasproben auf Schlieren und Spannungen mit verschiedenen Verfahren einschließlich der Angleichung von sowjetischen und DDR-Standards. Später schloss sich eine Testphase für ein neues Prüfverfahren an, das auf Beugung und Interferenz von Licht beruhte. Hier ging es nicht mehr um kleine, punktuelle Unregelmäßigkeiten, sondern um größere, über die gesamte Probe verteilte Abweichungen im Material. Getestet wurden Glasrohlinge für Objektive in der Fotolithografie. Wegen ihrer Größe und der teuren Materialmenge konnte man sie nicht wie Massenware einfach aussortieren. Die Tests verliefen erfolgreich: Einige Jahre später entstanden zwei funktionsfähige Prototypen eines Laserinterferometers, mit dem sich Brechzahlen sehr genau vergleichen lassen – einer ging an das Glaswerk Schott, der andere an Carl Zeiss. Die theoretischen Grundlagen hatte eine ältere Kollegin erarbeitet, Ilse Schönfelder wurde Themenleiterin und eine dritte Physikerin befasste sich mit der Abbildungsleistung dieser Objektive, von denen eines eine halbe Million Mark kosten sollte.

Nach dem X. SED-Parteitag 1981 erhielt das Zeiss-Kombinat die Auflage, innerhalb des Forschungszentrums eine Entwicklungsabteilung für Industrieroboter zu schaffen. Alle Abteilungsleiter sollten Vorschläge machen, wer aus ihren Abteilungen dafür infrage käme. Es gab keine Ausschreibungen oder Bewerbungen um die Stellen in der neu zu gründenden Abteilung. Ilse Schönfelder reizte die neue Aufgabe, außerdem war ihr bisheriges Thema abgeschlossen. Sie konnte wechseln. Das erste Automatisierungsprojekt war für den Optikbetrieb von Zeiss bestimmt: Die Beschickung von Glasschleifmaschinen zur Fertigung von Feldstecher-Objektiven. Im Mai 1983 beschloss die Kombinatsleitung, die Forschungs- und Entwicklungsabteilung Industrieroboter aus dem Forschungszentrum herauszulösen und dem Ingenieurbetrieb für Rationalisierung anzugliedern.

Bereits ein Jahr später entwickelte Carl Zeiss selbst keine Roboter mehr. Sie wurden mittlerweile in anderen DDR-Betrieben serienmäßig hergestellt und von Zeiss nur noch an seine Produktionsstätten angepasst. Die Projektleiterin Schönfelder plante und konstruierte Roboterzellen zur Beschickung der Bearbeitungsmaschinen und Einlegevorrichtungen für die Prismenfertigung. Als sich diese Roboterzellen im März 1990 in der Endphase der Erprobung befanden, stornierten die Produktionsstätten alle Aufträge, die Treuhandanstalt wurde gegründet und die volkseigenen Betriebe wurden in Kapitalgesellschaften umgewandelt. Ilse Schönfelder beschreibt die resignierende Situation: „Für uns blieb nur die Abbruchverteidigung. Meine Kollegen schätzten nach dem Wahlsieg der ‚Wiedervereinigungsparteien' die Situation realistisch ein. Wir Beschäftigten in Forschung und Entwicklung würden als Allererste auf der Strecke bleiben. Wozu brauchte der Westen eine Industrieforschung im Osten?" Genauso kam es. Im September des gleichen Jahres schickte man die gesamte Abteilung in die sogenannte Kurzarbeit Null, im August 1991 kamen die Kündigungsschreiben.

ABM ins Glück

Ilse Schönfelder stellte sich Fragen wie: Auf welchem Gebiet gab es in dieser Zeit noch Wachstum, was war im Osten nachzuholen und was könnte sie als Physikerin interessieren? Beispielsweise mussten die Infrastruktur saniert und die Umweltverschmutzung beseitigt werden. Hier würden demnächst Leute gebraucht, und so begann sie eine zweijährige Fortbildung zur Umweltschutztechnikerin. „Wir waren mehrere Hochschulabsolventen, darunter vier Physiker, und manche fanden es ziemlich absurd, nun eine Fachschulausbildung zu absolvieren. Aber es war eben eine Ausnahmesituation", erklärt Ilse Schönfelder. Auch mit einem Technikerabschluss war es angesichts der ausufernden Arbeitslosigkeit im Osten aussichtslos, eine neue Stelle zu finden. Ehemalige Universitätsangehörige hatten den Verein Regionale Förderung von Innovation und Technologie (ReFIT) gegründet, der als Träger von ABM-Projekten fungierte. Hier kam Ilse Schönfelder unter, erarbeitete Konzepte für den regionalen Bildungstourismus und wurde 1997 stellvertretende Projektleiterin in einer ABM-Maßnahme.

Wenige Monate später bot ihr die Vermittlerin im Arbeitsamt eine unbefristete halbe Stelle als Laboringenieurin an der damaligen Fachhochschule Jena an. „Laboringenieurin? Ich war wissenschaftliche Mitarbeiterin gewesen. Stellen für wissenschaftliche Mitarbeiter gab es aber nur noch befristet, meist für zwei Jahre, oft auch kürzer. Ich dachte jedoch an mein fortgeschrittenes Alter, die beiden schulpflichtigen Kinder und an meinen ebenfalls arbeitslosen Ehemann, der wahrscheinlich nie wieder einen vernünftigen Job bekäme. Ich nahm die Stelle sofort an, zumal der künftige

1951 geboren in Jena, Abitur und Facharbeiterabschluss als Feinmechanikerin, Studium der Physik an der Friedrich-Schiller-Universität Jena **1973** Diplomarbeit in der Abteilung Nichtlineare Optik über „Interferometrische Messungen der Lichtstreuung an Dichteschwankungen" **1973–1991** Optikentwicklerin im Forschungszentrum von Carl Zeiss Jena, Projektleiterin Roboterzellen **1992–2016** Weiterbildung als Umweltschutztechnikerin, stellvertretende Projektleiterin für regionalen Bildungstourismus, Laboringenieurin an der Ernst-Abbe-Hochschule Jena Gestorben am 28. Juni **2023**.

Chef zusicherte, die Aufstockung auf eine volle Stelle sei geplant. Das klappte dann nach zwei Jahren." Ihrem Vorgesetzten mit einer Professur für Fertigungsautomatisierung unterstand ein noch im Aufbau befindliches Maschinenlabor. Die Physikerin sollte hier die neu anzuschaffenden Geräte in Betrieb nehmen, die vorhandenen funktionsfähig halten, bei den Praktika assistieren und Projektarbeiten betreuen. Das Labor verfügte über zwei Industrieroboter mit Bildverarbeitungssystemen und Kameraführung, eine komplette Fertigungszelle mit einem 6-Achs-Roboter, einen Schweißroboter, ein Werkstückträgerumlaufsystem, einen Längstaktautomat für die Fertigung großer Serien und Zuführgeräte. Zwei Nachbarräume des Labors gehörten dem Fachbereich Umwelttechnik, der später in „Fachbereich Medizintechnik" umbenannt werden sollte. Als sie ihren Kommilitonen Karl-Heinz Feller, der dort Professor war, zufällig auf der Werksstraße traf, zeigte er sein gut ausgestattetes Labor. Dort standen „in echt" alle Messeinrichtungen, von denen sie in der Ausbildung zum Umweltschutztechniker nur theoretisch erfahren hatte. Wäre dort die Laboringenieurstelle frei gewesen, dann hätte Ilse Schönfelder genau die passende Ausbildung dafür gehabt. Doch auch bei den Robotern hatte sie Erfolg. Einer ihrer neuen Kollegen sagte bald: „Wir betrachten es als einen Glücksfall, dass wir Sie bekommen haben." Das klang ganz anders an als seinerzeit der Empfang bei Carl Zeiss und war zusätzlicher Ansporn.

Die Praktika übernahm sie schließlich allein, als ihr Chef Dekan wurde und seine Stundenzahl reduzieren musste. Außerdem hielt sie ein Semester lang als Lehrbeauftragte Vorlesungen über Handhabungstechnik an der Berufsakademie in Eisenach. Schließlich hatte sie noch ein neues Rechnerlabor zu betreuen, in dem per Simulationssoftware Roboterzellen und ganze Fertigungssysteme am Rechner entworfen werden konnten.

Die Sanierung des Laborgebäudes, verbunden mit zweimaligem Umzug der gesamten Laborausstattung und zeitweiligem Weiterbetrieb auf einer im Zeiss-Werk gemieteten Fläche, sowie die Mitarbeit an der Bauplanung verlangten noch einmal den Einsatz aller Kräfte. Ilse Schönfelder wurde Vorstandsmitglied im Förderverein des Fachbereichs, der gleichzeitig als Absolventennetzwerk diente und eigene Weiterbildungsveranstaltungen organisierte. Trotz dieser Aufgabenfülle ging sie ab 2010 in Altersteilzeit, da ihre Eltern schon sehr betagt waren und zunehmend Hilfe brauchten, bis sie 2016 ihr Rentenalter erreichte. Ilse Schönfelder starb im Juli 2023 an einer Krebserkrankung, kurz nachdem alle Absolventen des Jahrgangs 1969 ein halbes Jahrhundert nach ihrem eigentlichen Abschluss noch einmal ein – diesmal goldenes – Diplom überreicht bekamen.

Bilanz mit Restposten

Ilse Schönfelder zieht ein gemischtes Fazit ihres Berufslebens als Physikerin: „Das Erreichen meines ursprünglichen Zieles war mir durch die 3. Hochschulreform unmöglich gemacht worden. Das Studium hatte erfreuliche und unerfreuliche Phasen – die letzteren hielt ich durch, mehr aus Mangel an Alternativen. Bei Zeiss fühlte ich mich zunächst wie auf dem Abstellgleis, dennoch fanden sich später befriedigende Aufgaben, mit denen es nach der als ‚deutsche Wiedervereinigung' genannten feindlichen Übernahme der DDR durch die Bundesrepublik wieder vorbei war. Die folgende Weiterbildung nutzte zwar am Ende nichts, hätte es bei anderer Konstellation der äußeren Umstände durchaus aber tun können. Nach fachlichen Seitensprüngen in ABM-Projekten, die ich trotzdem mit Engagement betrieb, kam ich – wohl auch zur Hälfte durch Glück – wieder in mein altes Arbeitsgebiet zurück, wenn auch leider nicht in der Forschung. Dennoch war ich trotz zeitweiliger Überlastung damit ganz zufrieden. Eine Empfehlung für junge Physikinteressierte könnte ich nicht aussprechen, denn die heutigen Voraussetzungen und Möglichkeiten sind mit unseren damaligen nicht zu vergleichen."

Bewegt.

Andreas Bräuers Licht zur Welt.

Manchmal ist es der Physiklehrer, dem bei der Berufsberatung nichts weiter einfällt als seinem Schüler zu raten, Physik zu studieren. Aber es war eine ausgezeichnete Wahl, resümiert Andreas Bräuer, der ein halbes Berufsleben an der Universität und die andere Hälfte am Fraunhofer-Institut für Angewandte Optik und Feinmechanik verbrachte. Dazwischen lagen drei Jahre Dozentur in Eritrea, die seine Sicht auf die Welt veränderte und die Liebe zu Afrika weckte.

Natürlich hätte es seine Mutter gern gesehen, wenn wenigstens das jüngste der drei Kinder am Wohnort Dresden studiert hätte. Aber Andreas Bräuer vertraute seinem acht Jahre älteren Bruder. „Mein Bruder fand es toll, Architektur in der Kleinstadt Weimar zu studieren. Man läuft einmal durch die Stadt und trifft das halbe Studienjahr." Daher reizte es ihn sehr, Physik in der kleinen Stadt Jena zu studieren, auch wenn der Abschied von seiner Dresdner Freundin tränenreich war.

Damals wusste er noch nicht, dass die Friedrich-Schiller-Universität und speziell die Sektion Physik eine wichtige Vorreiterrolle bei der Umsetzung der 3. Hochschulreform der DDR spielen sollten und das Kollegium das ganze Physikstudium auf den Kopf stellen musste. Stundenpläne wurden mit heißer Nadel gestrickt, die Seminargruppenbetreuer mussten sich wieder in die Grundlagen der Experimentalphysik einarbeiten, und am Ende des ersten Semesters stand noch nicht einmal fest, welche Vorlesungen im zweiten Semester gehalten werden sollten. Da in den Lehrkörperkonferenzen auch Studenten vertreten waren, erfuhr Andreas Bräuer als Seminargruppensekretär von diesen Schwierigkeiten. „Die Dozenten bastelten sich irgendetwas zurecht, von dem sie dachten, dass es die Studenten gebrauchen könnten." Andreas Bräuer wurde schnell klar, „dass es Defizite geben würde, denn uns fehlte die Zeit für praktisches Wissen und die Arbeit im Labor. Wir lernten zu entscheiden, was unbedingt sein muss und was man weglassen kann. Anders wäre das Studium nicht schaffbar gewesen. Und wir haben gelernt, uns selbst zu organisieren. Das half uns durch unser weiteres Leben."

Mentor als Motor

Ein Mensch beeinflusste den beruflichen Lebenslauf von Andreas Bräuer maßgeblich – und zwar vom ersten Studientag an bis zu seinem Renteneintritt. Dies war Wolfgang Karthe, Seminargruppenbetreuer der Erststudenten, vielleicht der markanteste aller Betreuer der sechs Seminargruppen. Er forderte Leistung und war selbst Vorbild. Er war prägend für die ganze Gruppe und nach seiner Habilitierung auch für die gesamte Sektion Physik. Konsequent, manchmal bis zur Unerbittlichkeit, aber auch sozial und vorausschauend – so kann man ihn beschreiben. Er setzte gegen den Willen des damaligen Sektionsdirektors Max Schubert durch, dass die Studenten im dritten Studienjahr eine Woche ins Auswärtsseminar fahren konnten, und unterrichtete sie dort in mehreren Fächern. „Hier haben wir mehr gelernt als in den Vorlesungen", davon ist Andreas Bräuer überzeugt. Später war Wolfgang Karthe sein Diplombetreuer und auch sein Doktorvater. In beiden Arbeiten untersuchte Bräuer Festkörper mit der elektronenparamagnetischen Resonanz (EPR) auf Kristalldefekte. Ziel war, Laserkristalle zu finden, die dann unter anderem bei Carl Zeiss Jena verwendet werden konnten. Von 1974 bis 1978 führte Andreas Bräuer an der georgischen Staatlichen Universität Tbilissi (TSU) Messungen mit einer speziellen Doppelresonanzmethode durch und promovierte nach der Auswertung der Ergebnisse. Danach arbeitete er drei Jahre lang als wissenschaftlicher Sekretär des Sektionsdirektors, zuerst bei Max Schubert, danach bei Gerhard Götz. Anschließend ging er wieder zurück in den von Wolfgang Karthe geleiteten Wissenschaftsbereich.

Nach der deutschen Wiedervereinigung brach in Ostdeutschland die gesamte akademische Landschaft zusammen. Die Sektion, mittlerweile wieder Fakultät, musste sich erst neu finden. Erste Professoren wurden Ende 1991 berufen, einzig die Astronomen und die theoretischen Physiker blieben auf ihren Positionen. Das Institut für Angewandte Physik, an dem Andreas Bräuer forschte, stand vor dem Aus. Der damalige Personalbeauftragte der Fakultät sagte ihm, dass dieses Institut nicht an die Universität gehöre, und riet dazu, sich etwas anderes zu suchen. „Trotzdem hatte ich nie das Gefühl, dass es nicht weitergeht." Zunächst entstand unter anderem die Idee, mit einem Mineralogen eine Umwelt- und Recyclingfirma in Berlin zu gründen. „Allerdings sah ich meinen Lebensmittelpunkt eher in Thüringen. Es kam für mich emotional einfach nicht infrage, irgendwo im Westen zu arbeiten. Dort kannte ich niemanden. Meine Frau hatte als Psychologin in einem Krankenhaus eine sichere Arbeitsstelle, und unser renovierungsbedürftiges altes Haus war gerade wieder bewohnbar geworden." Andreas Bräuer wäre ohne die Wende vielleicht an der Fakultät geblieben und hätte sich dort sogar habilitiert. „Aber aus heutiger Sicht wäre es für mich fast eine Katastrophe gewesen, denn ich wäre nie zu einem so interessanten Job gekommen. Insofern bin ich dem Schicksal dankbar, dass diese Umwälzung stattgefunden hat."

Durch einen Glücksumstand kam es so: Wolfgang Karthe legte in einer Ausschreibung der Fraunhofer-Gesellschaft das beste Konzept für ein neues Institut in Thüringen vor. Er wurde Gründungsdirektor des Fraunhofer-Instituts für Angewandte Optik und Feinmechanik (IOF) in Jena. Von der Fakultät übernahm er 60 Mitarbeiter, gründete vier Abteilungen und begann unmittelbar danach mit der Forschung und Entwicklung von Projekten. „Das Institut wurde im Januar 1992 gegründet, und ich bin im Dezember 1992 dazugestoßen. Das bestimmte mein weiteres Berufsleben – und das war mein Glück." Bräuers Mentor hat das Institut maßgeblich inhaltlich geprägt und strategisch ausgerichtet. Auf dieser Grundlage und mit dem Ehrgeiz der Mitarbeiter wurde das IOF innerhalb weniger Jahre zu einem der erfolgreichsten Fraunhofer-Institute in ganz Deutschland.

„Vielleicht wäre ich ohne die Wende an der Fakultät geblieben und hätte dann sogar habilitiert. Aber aus heutiger Sicht wäre es für mich fast eine Katastrophe gewesen, denn ich wäre nie zu einem so interessanten Job gekommen."

Als Wolfgang Karthe im Jahr 2003 emeritiert wurde, übernahm Andreas Tünnermann die Institutsleitung. „Er ist ein glänzender Außenpolitiker und entwarf die Konzepte für die Weiterentwicklung des Instituts. Wir wuchsen um mehr als zehn Prozent pro Jahr, und ein Gebäude nach dem anderen wurde gebaut." Andreas Bräuer leitete von 1999 bis 2016 die Abteilung Mikrooptische Systeme. Zu den vielen erfolgreichen Projekten zählte auch eine Kooperation mit Osram, wofür die Forscher gemeinsam mit Osram 2007 den Deutschen Zukunftspreis erhielten. „Manchmal hatten wir das Glück, zur richtigen Zeit mit der richtigen Entwicklung befasst zu sein." Osram entwickelte damals eine hocheffiziente Dünnschicht-LED, die in den gesamten Halbraum oberhalb des Chips strahlte. Die Mitarbeiter um Andreas Bräuer entwarfen dafür ein mikrooptisches Systemdesign, mit dem das Licht eingefangen und anwendungsspezifisch in viele nutzbare Strahlformen gewandelt werden konnte.

„Das Wichtigste für uns war aber nicht die Preisverleihung, sondern die Zusammenkunft hinterher und das Netzwerken. Schon am Abend der Preisverleihung wurden weitere Projektideen entworfen und später erfolgreich verwirklicht. Durch meine zahlreichen Vorträge über die Preisverleihung bekam ich Kontakt zum Ost-West-Forum im Gut Gödelitz und bin dort bis heute Beiratsmitglied", berichtet der Zukunftspreisträger. „Wir wollen erreichen, dass sich die Menschen in Ost und West näher kommen und dass sie mehr voneinander lernen. Nur wer sich auch in den anderen hineinversetzen kann, ist friedensfähig. Aber heute denken sehr viele Menschen, sie seien im Besitz der absoluten Wahrheit. Dies führt zur Polarisierung und zu Gruppen, die in sich geschlossen sind. Damit wird die Dialogfähigkeit eingeschränkt. Glücklicherweise haben wir viel in dieser Hinsicht in unserem Leben gelernt, weil wir uns mit zwei unterschiedlichen Systemen auseinandersetzen mussten." Andreas Bräuer war in seiner Arbeit ständig gefordert und nie routinemäßig unterwegs. „Ich war der Steuermann auf dem Schiff. Aber es fährt nur, wenn die Mannschaft und die Maschinisten funktionieren. Deshalb arbeiten wir immer im Team und haben das auch so gehalten, dass jeder wusste, an welchen Projekten mit welchen Lösungen gearbeitet wird."

Mikrolinsen, Maxi-Effekt

Die Arbeit am Fraunhofer-Institut sei für ihn genau das Richtige gewesen. Nicht im Elfenbeinturm zu arbeiten und der reinen Wissenschaft zu frönen, sondern immer der angewandten Forschung mit Ergebnissen verpflichtet zu sein, die man auch verwerten kann, reflektiert Andreas Bräuer seine berufliche Laufbahn. Ein besonders erfolgreiches Projekt war die Entwicklung eines lichttechnischen Elements für den Automobilbauer BMW. Dieses sogenannte „Welcome Light Carpet" projiziert beim Öffnen des Autos einen speziellen Lichteffekt auf den Boden. Dafür wird im Seitenschweller nur ein wenige Kubikzentimeter großes Optikmodul eingebaut. Es arbeitet nach einer am Fraunhofer IOF entwickelten mikrooptischen Technik, bei der mehrere Lichtstrahlen gezielt projiziert werden. So entstehen - selbst bei schrägem Lichteinfall - scharfe Streifenmuster auf einer Fläche von rund vier Quadratmetern. Andreas Bräuer hält fest: „Die patentierte Methode wirkt sich nicht nur sehr positiv auf die Kontostände der beiden Entwickler und Patentinhaber aus unseren Reihen aus, sondern auch auf die Fraunhofer-Gesellschaft." Auf gleicher technologischer Basis wurde auch eine Scheinwerfer-Kombination mit 800.000 Mikrolinsen entwickelt, die die Fahrbahn optimal ausleuchtet, sich leicht an unterschiedliche Scheinwerferlayouts anpassen lässt und bei Gegenverkehr automatisch abblendet. „Es verbessert zwar nicht die Welt, aber es macht sie schöner."

Auch andere Kooperationen waren erfolgreich. So arbeiten die Fraunhofer-Forscher schon seit 1994 mit einem Kollegen aus der berühmten Erlanger Optikschule zusammen, der im schweizerischen Neuchâtel eine Mikrooptik-Technologiefirma gründete, die großflächige Mikrooptiken durch Trockenätzen von Glas herstellt. „Ich konnte ihn dazu bewegen, auch die IOF-Technologie mit der Polymerabformung auf Glas zu verwenden und so das Potenzial seiner Firma zu erweitern. Inzwischen hat er damit den Umsatz verdreifacht." Andreas Bräuer fasst zusammen: „Unsere Philosophie war immer, Netzwerke zu knüpfen und auch die Besten

1951 geboren in Dresden, Abitur, Facharbeiterabschluss als Maschinenbauer, Studium der Physik an der Friedrich-Schiller-Universität Jena **1973** Diplomarbeit im Wissenschaftsbereich Detektorenphysik **1976** Promotion **2004** Thüringer Forschungspreis **2007** Deutscher Zukunftspreis **1973–1991** Wissenschaftlicher Assistent und wissenschaftlicher Sekretär an der Sektion Physik der Friedrich-Schiller-Universität **1983–1986** Gastdozent an der Universität Asmara, Eritrea **1992–2016** Leiter der Fachabteilung Mikrooptische Systeme beim Fraunhofer Institut für Angewandte Optik und Feinmechanik Jena.

ziehen zu lassen, selbst wenn es schmerzhaft ist. Denn irgendwann sind sie in einer Position, wo wir wieder kooperieren können. Und diese Netzwerke braucht es. So hat uns einer unserer besten Entwickler in Richtung Amerika verlassen und seine Ideen mitgenommen. Dort entwickelt er inzwischen für den Tesla-Konkurrenten Lucid die Optik für 1.000-PS-Boliden."

Eritrea – Hilfe mit Herz

Die Augen leuchten, wenn Andreas Bräuer von seinem Äthiopien-Aufenthalt in Asmara spricht. Mitte der Siebzigerjahre versuchte die DDR, auf internationalem Parkett Fuß zu fassen und diplomatisch anerkannt zu werden. Sie baute vor allem mit Angola, Mosambik und Äthiopien enge Entwicklungspartnerschaften auf und war einer der ersten Staaten, die nach dem Militärputsch des Diktators und späteren Präsidenten von Äthiopien, Mengistu Haile Mariam, ein Wirtschaftsabkommen aushandelten - Kaffeebohnen gegen Waffen. Neben Militärberatern wurden ausgesuchte Wissenschaftler als Entwicklungshelfer ins Land geschickt, um Bildung, Forschung und Industrie nach sozialistischem Vorbild aufzubauen.

Andreas Bräuer erhielt von 1983 bis 1986 an der Universität Asmara eine Gastdozentur und war mit seiner Frau und den beiden Kindern dort. 1989 ging er noch einmal für ein Semester und hielt Physikvorlesungen. Zu den Menschen in Asmara - inzwischen Hauptstadt von Eritrea - bestehen bis heute freundschaftliche Verbindungen. „Wir haben das Land in unser Herz geschlossen." 1997 besuchte die ganze Familie Bräuer noch einmal Eritrea, diesmal als Touristen. Danach war es durch den äthiopisch-eritreischen Grenzkrieg lange Zeit nicht mehr möglich.

Gemeinsam mit einem Medizinprofessor hilft Andreas Bräuer nun wieder. Seit 2015 fliegen sie jedes Jahr gemeinsam in ein Krankenhaus nach Asmara - der Mediziner operiert Verletzte, und Bräuer repariert die Technik. „Im Krankenhaus haben wir inzwischen sehr vertraute Kollegen. Sie schreiben, was sie brauchen, und dann fliegt jeder von uns mit 46 Kilo Gepäck hin." Auch sammelte er 20.000 Euro für eine Solaranlage. Träger der Aktionen ist die Hilfsorganisation „Archemed e. V.", die von Ärzten und Bürgern der Stadt Hamm gegründet wurde. Für Andreas Bräuer ist diese Form der Hilfe ganz nach seinem Geschmack: „Das ist das ideale Ehrenamt: Man bekommt so viel Dankbarkeit und betrachtet sein eigenes Dasein kritischer."

Ruhestand in Bewegung

Was macht Andreas Bräuer nach einem arbeitsreichen Leben und mit einem anspruchsvollen Ehrenamt noch? Er bringt sich das Klavierspielen bei. „Meine erste Klavierstunde nahm ich mit dem Renteneintritt. Das ist für mich eine Demenz-Verzögerungsübung. Musik, Tanz und viel Bewegung halten jung." In guten Zeiten spielt er montags Volleyball, dienstags und freitags Tennis. Und jeden Morgen laufen er und seine Frau mindestens eine halbe Stunde um das Dorf.

Erleuchtet.

Richard Kowarschik bei Ernst Abbe.

Richard Kowarschik hatte das seltene Glück, ein halbes Jahrhundert lang am selben Ort zu lernen und zu lehren. Dazwischen lagen die 3. Hochschulreform der DDR, seine Promotion und Habilitation, das Ende der DDR, die Bescheinigung, „persönlich geeignet" zu sein, eine neue Professur und der Neuaufbau des Universitätsbetriebs nach dem bundesdeutschen System sowie die Arbeit als Dekan und Studiendekan. Selbst als Pensionär war er noch aktiv, um das Institut für Angewandte Optik, das einst auf Wunsch des Physikers, Industriellen und Sozialreformers Ernst Abbe gegründet wurde, in profunde Hände legen zu können.

Richard Kowarschik kennt wie kein anderer die drei Seiten des Universitätsbetriebs an der Friedrich-Schiller-Universität Jena – als Student, als Dozent an der Sektion Physik für wissenschaftlichen Gerätebau und als Professor an der Physikalisch-Astronomischen Fakultät. Während sich die Welt um ihn herum änderte, stand sein Schreibtisch immer im Umfeld des Max-Wien-Platzes in Jena. Wer das heutige Eingangsschild der Fakultät umdreht, erblickt auf der Rückseite noch die alte Bezeichnung „Sektion Physik für wissenschaftlichen Gerätebau". Ursprünglich wollte Richard Kowarschik Flugzeugingenieur werden und baute während seiner Schulzeit in der Arbeitsgemeinschaft Modellbau viele kleine Flugzeuge aus Holz. Aber dann wurde der Flugzeugbau in der DDR eingestellt, und der Abiturient wählte dasjenige Fachgebiet, das zu erklären versucht, woraus die Welt besteht und wie sie sich bewegt.

Was schon fast wieder vergessen ist: Bis es soweit war, gab es Vorstellungsgespräche, man musste die in einer Auflage von 7.500 Exemplaren monatlich herausgegebene Sektionszeitschrift „Impuls 68" lesen und Aufgaben lösen. Ende der elften Klasse besuchten alle interessierten Schüler die Sektion in Jena und schrieben eine kleine Klausur. Auch Richard Kowarschik: „So bin ich hierher gekommen und habe Physik studiert."

Studenten beim jährlichen Sportfest der Universität. Von links: Thomas Korte, Richard Kowarschik, Reinhard Guthke, Lothar Bade, Harald Lindig.

Das Wochenpensum war hoch, um das Studium zu schaffen. Die Umfrage der FDJ-Leitung ergab 70 Stunden ohne Fahrzeiten und Pausen. Die Vorlesungen und Seminare begannen am Montag um acht Uhr und endeten am Samstag um zwölf Uhr. Es gab kaum ein Wochenende, an dem es nicht noch Aufgaben zu lösen galt. Geschuldet war dieser hohe Zeitaufwand dem neu eingeführten Vierjahresstudium, denn der Stoff von fünf Jahren musste ja untergebracht werden. „Heute wäre das undenkbar, ebenso wie die Tatsache, dass fast alle Studenten eines Jahrgangs im Wohnheim in Vierer- oder Sechser-Zimmern gewohnt haben." Allerdings hatte es auch den Vorteil, dass man ins Nachbarzimmer gehen konnte und sich erkundigte, wie die eine oder andere Aufgabe zu lösen war.

Die Studenten mussten eine hohe Frustrationstoleranz entwickeln – die Devise war: „Wenn ihr hier durchkommen wollt, müsst ihr hart sein." Wer nicht der absolute Überflieger war, musste arbeiten, arbeiten, arbeiten und durfte sich von Schwierigkeiten nicht abschrecken lassen. Kowarschik resümiert: „Das Wichtigste am Physikstudium ist, dass man nicht so schnell aufgibt. Denn sobald eine Hürde genommen war, sah man schon die nächste. Dieses Nichtaufgeben ist wahrscheinlich das Wichtigste am Studium. Wir lernten zu arbeiten, durchzuhalten, nachzudenken, Zweifel anzumelden und es danach besser zu machen. Dabei entwickelt man auch eine gewisse Demut, denn man kann noch so viel lernen und versteht dennoch nicht alles. Aber das strukturierte Denken hilft, in Ruhe nachzudenken, Randbedingungen einzubeziehen und dann an einer Lösung zu arbeiten." Trotz aller Mühen sagt er heute, er würde noch einmal Physik studieren.

Kohärente Karriere

Im Industriepraktikum bei Carl Zeiss Jena, das vor dem Diplom stattfand, beschäftigte sich der Student mit Forschungen zum optischen Computer. Damals nutzte man photorefraktive Kristalle wie Lithiumniobat, in denen sich Informationen mit Hilfe von Holografie speichern ließen. Carl Zeiss Jena hatte für diese optischen Speicher die ersten Modulatoren für die Informationseingabe und auch Detektoren entwickelt, mit denen man die Hologramme aufzeichnen und rekonstruieren konnte. Prinzipiell waren die Versuchsaufbauten deckungsgleich mit dem in der Bundesrepublik von Siemens entwickelten System. Doch die weitere Forschung wurde eingestellt, weil die Industrie leistungsfähigere Computer und modernere Elektronik herstellte.

Nach seinem Diplom konnte Richard Kowarschik noch ein Forschungsstudium anhängen: „Das gab mir eine gewisse Freiheit, weiter zu forschen." Diplomanden konnten sich für ein Promotionsstudium bewerben, und die Institutsleitung entschied nach Leistung und gesellschaftlicher Aktivität, wobei besonders die Parteigenossen punkteten. „Eigentlich wollte ich in der Quantentheorie bei Professor Gerhard Weber promovieren, aber er hatte keine Forschungsstudentenstelle. Also bin ich in die Kohärenzoptik zu Professor Gerhard Hesse gegangen und habe mich mit Holografie befasst." Das war für Richard Kowarschik schon 1972 ein spannendes Forschungsgebiet: „Im Studium war Kohärenzoptik ein mystisches Ding. Es gab zwar Vorlesungen in Wellenoptik, aber bei weitem nicht so viele, wie wir brauchten, um zu verstehen, was die Kohärenz von Wellenfeldern wirklich bedeutet."

Der Holografie blieb er über Jahre treu. Er promovierte über den Wirkungsgrad von Hologrammen und war anschließend wissenschaftlicher Assistent im Wissenschaftsbereich Kohärenzoptik der Sektion Physik. Doch irgendwann stellte sich die Frage nach der persönlichen Weiterentwicklung. Wer sich als Dozent an der Universität bewerben will, braucht eine Habilitation und eine freie Hochschullehrerstelle im entsprechenden Fachbereich. Die verfügbaren Stellen waren besetzt und konnten auf absehbare Zeit auch nicht neu besetzt werden. „Dennoch haben mich Sektionsdirektor Wolfgang Karthe und Bernd Wilhelmi überredet, es zu versuchen", erinnert sich Richard Kowarschik. „Mitte der achtziger Jahre hatte ich die Habilitation fertig, bekam 1988 eine Dozentenstelle und wurde Studienjahresleiter. Diese Arbeit hat mir richtig Spaß gemacht."

Geprüfte Gelegenheit

Nach dem Mauerfall und noch vor dem Zerfall der DDR überprüfte die Universität jeden einzelnen Mitarbeiter. In der Sektion Physik mussten fast alle Institutsdirektoren sowie die übrige Sektionsleitung die Universität verlassen. Grund war ihr dienstlicher Kontakt zu staatlichen Stellen, weil sie unter anderem im Auftrag von Carl Zeiss Jena auf Gebieten forschten, die auch militärisch genutzt werden konnten. Einzig die Astronomen und theoretischen Physiker waren davon ausgenommen. Gleichzeitig wurde eine Kommission aus politisch unbelasteten Menschen gebildet, die sämtliche verbliebenen Mitarbeiter – vom Professor bis zum Angestellten – auf ihre persönliche Eignung hin überprüfte. Richard Kowarschik meint: „Heute würde man es einen ‚Demokratiecheck' nennen. Dieses Vorgehen gab es in der noch bestehenden DDR an keiner anderen Universität, jedenfalls nicht in dieser Form wie in Jena, und auch nicht so schnell. Eine siebenköpfige Kommission fällte über alle Beteiligten ein Urteil, ob sie persönlich geeignet seien oder nicht. Es gab keine Anhörung, sondern nur eine endgültige Entscheidung."

Es war eine bleierne Zeit, in der jeder das Ergebnis seines Checks abwartete. Trotzdem musste der komplette Lehrbetrieb vollständig aufrechterhalten werden. „Ich muss sagen, ich habe Glück gehabt. Ich hätte genauso gut auch als persönlich nicht geeignet eingestuft werden können." Richard Kowarschik war als Genosse in der Partei aktiv und auch einmal FDJ-Sekretär der Sektion. „Ich hätte mich nicht gewundert, wenn vor diesem Hintergrund jemand gesagt hätte, dass ich nicht geeignet bin. Es gab eine ganze Reihe von Kollegen, die dieses Glück nicht hatten. Sie haben sich aus meiner Sicht nichts zuschulden kommen lassen, mussten aber gehen. Das war ein ungeheurer Bruch." Weil es dadurch an fast allen Instituten keine Leitung mehr gab, wählten die Mitarbeiter ihre Institutsdirektoren selber. Das gab es später nie wieder. „Ich habe mich überreden lassen und mit zwei anderen kandidiert. 1990 wurde ich gewählt, und bin damit der einzige Institutsdirektor an der Universität, der von 1990 bis 2015 durchweg im Amt war. 25 Jahre lang wurde ich immer wieder gewählt."

„Es war eine bleierne Zeit, in der jeder das Ergebnis des Demokratiechecks abwartete. Ich hatte Glück, denn ich hätte genauso als ‚persönlich nicht geeignet' eingestuft werden können."

Nur wer in diesen Wendezeiten das Siegel der persönlichen Eignung bekommen hatte, konnte sich auf eine der freigewordenen Professorenstellen bewerben. Mit dem unfreiwilligen Ausscheiden des Institutsleiters der Angewandten Optik wurde eine C4-Professur mit Lehrstuhl frei. Richard Kowarschik bewarb sich um diese Stelle und holte die für die Berufung notwendigen Gutachten ein. „Und hier kommt mein nächstes Glück ins Spiel. In der Kohärenzoptik hatten wir den Vorteil, dass wir an Themen arbeiteten, die nicht der Geheimhaltung unterworfen waren. Deshalb konnte ich hin und wieder wissenschaftliche Forschungsartikel im Ausland veröffentlichen und mir auf dem Gebiet der Holografie einen Namen machen. Dadurch kannten mich die gutachterlichen Wissenschaftler und stellten die entsprechenden Gutachten aus."

Lehrende Leidenschaft

Die Wende war für Richard Kowarschik eine spannende, aber auch belastende Geschichte. Die neu ernannten Institutsdirektoren mussten die Strukturen aus dem Freistaat Bayern übernehmen, was das Ende der Institutswerkstätten bedeutete. „Wir hatten damals Glasbläser, Mechaniker, Laboranten und viel zu viele fest angestellte Mitarbeiter. Auf bayerisches Niveau zurückzugehen, hieß vor allem: Entlassungen." Glücklicherweise machte der damalige Fraunhofer-Präsident Max Syrbe den Vorschlag, in jedem neuen Bundesland ein Fraunhofer-Institut zu gründen. Schon damals lag auf der Hand: Als Ort mit jahrhundertealter Tradition in Optik und Feinmechanik sollte Jena ein starkes Institut mit enger Ankopplung an die Universität bekommen. Also setzten sich die vier Physik-Professoren Dietrich Unangst, Prorektor für Forschung und Entwicklung der Universität, der ehemalige Sektionsdirektor Wolfgang Karthe, Lutz Wenke und Richard Kowarschik vom Institut für Angewandte Optik Ende 1990 zusammen und entwickelten ein Konzept, das die Stärken der Fakultät mit den Stärken der Fraunhofer-Gesellschaft verband.

Anfang 1992 wurde das Fraunhofer-Institut für Angewandte Optik und Feinmechanik (IOF) gegründet, Wolfgang Karthe wurde Chef, und Richard Kowarschik Abteilungsleiter für optische Systeme. „Wir hatten eine gesicherte Finanzierung und fingen mit 60 Mitarbeitern an." Später kamen weitere Mitarbeiter dazu, so auch sein Kommilitone Andreas Bräuer, der spätere Zukunftspreisträger 2007. In kürzester Zeit avancierte das Fraunhofer IOF zum Vorzeigeinstitut mit einer hohen Quote an Industriefinanzierung.

Dieser Spirit von damals wirkt auch heute noch in Jena. Richard Kowarschik beschreibt nicht ohne Stolz eine der nächsten ausgezeichneten Wissenschaftsleistungen. „Das Institut für Angewandte Optik der Universität Jena und das Fraunhofer IOF entwickelten gemeinsam ein hochdynamisches 3D-Messverfahren, für das wir den Thüringer Forschungspreis bekamen." Im Gegensatz zum Verfahren mit Streifenprojektionen projiziert dieses Verfahren statistische Muster in einem großen Raum, sogenannte „Speckles" (Lichtflecken), und erzeugt so ultraschnelle dreidimensionale Bilder. Das Besondere an dieser Methode ist die Kombination vollkommen neuartiger Hochgeschwindigkeits-Projektionsprinzipien mit ebenfalls neuen Auswerteverfahren. Anwendungsfelder sehen die Forscher unter anderem im medizinischen Bereich bei der Diagnostik von Krankheiten, bei der Erfassung biometrischer Daten oder in der Qualitätssicherung in Fertigungslinien.

Anschauliche Aufgabe

1992 waren an der Physikalisch-Astronomischen Fakultät bis auf drei Lehrstühle alle Professorenstellen unbesetzt. Als die Berufungen ausgesprochen wurden, war das der Startschuss für Richard Kowarschik, Karl-Heinz Lotze (ab 2000, beide Studienjahrgang 1969) und Paul Seidel (Studienjahrgang 1971), loszulegen. Bereits ab 1. Januar 1993 sollte Richard Kowarschik die Experimentalphysik-Vorlesungen im ersten Studienjahr halten. Die Zeit der Vorbereitung war extrem knapp, und beim IOF war er ja auch noch Abteilungsleiter. „Glücklicherweise habe ich das Manuskript von meinem Vorgänger und den Übungsassistenten bekommen, und die Hörsaalassistenten halfen mir sehr, die Experimente vorzubereiten."

Es machte ihm großen Spaß, und er kniete sich richtig rein, wie er sagt. Weil der Aufwand für die Lehrveranstaltungen aber enorm blieb, gab er die Abteilungsleitung beim Fraunhofer IOF ab. Gern berichtet er von den Experimenten im Hörsaal: „Wir hatten eine alte Orgel mit Holzpfeifen, da konnten wir in der Akustik richtig gut Schwingungen und Töne behandeln. Mit einem Geigerzähler haben wir die Strahlung einer radioaktiven Probe gemessen und mit einer starken Senderöhre Glühlämpchen auf Drähten zum Leuchten gebracht. Physiker haben uns später bestätigt, dass sie in den Vorlesungen sehr viel gelernt hätten."

Kritik äußert Richard Kowarschik am Wissensverlust der Abiturienten. Viele Studenten hätten heute Probleme beim Differenzieren und Integrieren, beim Rechnen mit trigonometrischen Funktionen und bei der analytischen Geometrie. Um die für das Studium notwendigen Vorkenntnisse zu festigen oder überhaupt bereitzustellen und den Einstieg in die höhere Mathematik vorzubereiten, brauchten die Lehrkräfte nicht mehr nur eine Woche, sondern zwei. „Ich war 15 Jahre Vorsitzender der Studienkommission und sehr lange Vorsitzender der Prüfungskommission als Studiendekan und sehe einen wunden Punkt auch im Bachelor- und Master-System", sagt der ehemalige Uni-Professor. „Aus Sicht der Physik ist dieses verschulte System ein Fiasko. Vorher hatten wir ein gut strukturiertes Physikstudium mit Fächern, die aufeinander aufbauten. In der Vordiplomprüfung konnten die Studenten ihr Wissen in der Zusammenschau unter Beweis stellen. Heute sammeln die Studenten von Modul zu Modul Noten und lernen zu wenig, die vermittelten Inhalte in einem größeren Zusammenhang zu begreifen."

Optische Obhut

Dem Institut für Angewandte Optik der Friedrich-Schiller-Universität Jena ist Richard Kowarschik seit seiner Diplomzeit verbunden. Da hängt gewissermaßen sein Herz dran, und deshalb achtet er ganz besonders auf dessen Fortbestand. „Ernst Abbe hatte es vor 120 Jahren einrichten lassen, und das will ich erhalten. Heute ist es leider gang und gäbe, dass Professoren kommen und schnell wieder abberufen werden, womit das Weiterbestehen des

Instituts immer wieder infrage gestellt wird. Es geht nicht an, dass in Jena die angewandte Optik nur noch außeruniversitär am Fraunhofer-Institut gemacht wird."

Zum Glück sahen es verschiedene Menschen ähnlich, und seit sieben Jahren gibt es mit Christian Eggeling einen Nachfolger für Richard Kowarschik. Er entwickelte am Max-Planck-Institut für biophysikalische Chemie in Göttingen vor allem hochauflösende optische Mikroskope jenseits der Beugungsgrenze. Mit diesen STED-Mikroskopen, die mit Fluoreszenzfarbstoffen arbeiten, lassen sich Strukturen unterscheiden, die deutlich enger beieinander liegen als die von Ernst Abbe 1873 postulierte lichtmikroskopische Auflösungsgrenze. So schließt sich der Kreis, und die Institutsstruktur für die Mikroskopie bleibt erhalten. Der Physiker blickt am Ende zufrieden zurück: „Jetzt bin ich nur noch beratend tätig. Ich war 50 Jahre an derselben Universität, weiß, wie der Laden läuft, und habe ein riesiges Netzwerk. Und solange es mir Spaß macht, mitzuhelfen und ich auch das Gefühl habe, gebraucht zu werden, mache ich immer noch ein bisschen mit. Man muss sich auch als Rentner etwas suchen, was einen fordert. Das hält jung."

1950 geboren in Schleiz, Abitur und Facharbeiterabschluss als Maurer, Studium der Physik an der Friedrich-Schiller-Universität Jena
1973 Diplomarbeit im Wissenschaftsbereich Kohärenzoptik
1977 und 1985 Promotion und Habilitation an der Sektion Physik der Friedrich-Schiller-Universität Jena
2013 Thüringer Forschungspreis
1973–1990 Wissenschaftlicher Assistent, Dozent und Studienjahresleiter an der Sektion Physik der Friedrich-Schiller-Universität Jena
1991–2016 Abteilungsleiter im Fraunhofer-Institut für Angewandte Optik und Feinmechanik und Professor für Experimentalphysik, Direktor des Instituts für Angewandte Optik, Dekan der Physikalisch-Astronomischen Fakultät der Friedrich-Schiller-Universität Jena.

Getaktet.

Erhard Döpel im Puls des klaren Neins.

1970 konnte man in Jena fünf Fernsehprogramme empfangen, drei aus dem Westen und zwei aus dem Osten. Es gab noch kein Internet und keine sozialen Medien. Die Studenten sind nach getaner Arbeit in die umliegenden Kneipen oder Studentenklubs gegangen, haben geschwatzt, Bier getrunken und fröhliche Lieder gesungen. Eines davon handelte von einem gewissen Novak, der sein Weib nicht verkommen ließ. Erhard Döpel dichtete diese Moritat von Hugo Wiener immer wieder auf aktuelle Anlässe um. Sie wurde sein Markenzeichen und Novak sein Spitzname.

Obwohl das Physikstudium vollgepackt mit Wissen war, fanden die Studenten immer wieder kurze Freiräume, in denen sie sich eine Auszeit nahmen. Einer dieser Freiräume war das Kulturpraktikum im dritten Studienjahr. Es war eine herausragende Erfahrung. Die Studenten kamen endlich heraus aus ihrem Fachidioten-Trott und konnten etwas anderes tun, sehen und hören. „Am Ende des Abiturs in der Schule hatte ich ein sehr schönes Gefühl, was die Breite des allgemeinen Wissens betraf", erzählt Erhard Döpel. „Aber mit dem Studium sind wir in diese Schmalspur-Physik-Schiene gekommen. Wir haben zwar alles gelernt, aber es war nur Physik. Im Kulturpraktikum konnten wir endlich mal wieder sehen und hören, was das Leben ausmacht."

Damals lebten im Haus 12 des Studentenwohnheims Jena-Löbstedt 60 Physiker, verteilt auf 15 Zimmer mit Ofenheizung, je zwei Doppelstockbetten, vier Spinden, vier Stühlen und einem Tisch. Das Leben auf 16 Quadratmetern in einer solchen Enge hält man nur aus, wenn man jung ist. „In unserer Baracke fanden wir in einem Spind im Nachbarzimmer eine Gitarre, bei der der Steg vom Korpus abgeplatzt war. Wir haben diesen einfach wieder mit Holzschrauben befestigt, allerdings etwas nach hinten versetzt, weil es dort eine Querverstrebung im Korpus gab. Damit war die Gitarre

Erhard Döpel und Andreas Bräuer singen beim Kulturpraktikum in Unkeroda das umgedichtete Lied vom „Möbius, der uns nicht verkommen lässt".

nicht mehr bundrein, und wenn man im Barré höher gehen wollte, stimmte überhaupt nichts mehr. Aber so habe ich angefangen, Gitarre zu lernen", berichtet Erhard Döpel.

Taktvoll reformiert

Sein Mitbewohner Reinhard Wulfert besaß eine zwölfsaitige Gitarre und brachte ihm viele Lieder bei, unter anderem auch das Lied vom Novak. Diese Moritat schrieb Hugo Wiener 1954 für seine Frau und Revuepartnerin Cissy Kraner, deren einzigartige Interpretation sie zum Erlebnis machte. Vor allem den Refrain kannten irgendwann alle Physikstudenten und sangen ihn immer wieder mit – ob in den Studentenklubs Rosenkeller oder Schmiede, zum Bergfest oder zu anderen Gelegenheiten:

Ich habe einen Mann, den viele möchten
Der immer mich bewahrt vor allem Schlechten
Ein jeder kennt ihn, Novak ist sein Name
Ihm dank ich es, dass heut ich eine Dame
Ob angezogen oder als a Nackter
Der Novak hat am ganzen Leib Charakter
Ich hätt schon längst ein böses End genommen
Aber der Novak lässt mich nicht verkommen.

„Dieses Lied fand ich damals so gut, dass ich es auch später noch oft in geselliger Runde sang, so dass es letztendlich mein Markenzeichen wurde." Erhard Döpel erzählt auch, wie der Text an aktuelle Anlässe wie das Kulturpraktikum im dritten Studienjahr angepasst wurde. Die Physikstudenten kämpften damals mit Vehemenz dafür, das Kulturpraktikum überhaupt durchführen zu können. Normalerweise wäre es dem Vierjahresstudium zum Opfer gefallen, aber die Seminargruppensekretäre ließen nicht locker, bis sich die 80 Physikstudenten im April 1972 eine Woche lang in einem Kinderferienheim in Unkeroda in der Nähe von Eisenach treffen konnten.

Organisiert und initiiert hatten das der Jenaer Kulturwissenschaftler Friedrich Möbius, der Kunsthistoriker Bernd Wächter und der Universitätsmusikdirektor Hans-Joachim Ludwig. Ludwig setzte durch, dass der Tag mit einem gemeinsamen Singen begonnen wurde. „Mit Witz, Charme und zupackender Fröhlichkeit gelang es ihm immer wieder, die müden, unausgeschlafenen und verdrießlich aus ihren Zimmern herausschlappenden jungen Männer aufzumöbeln, munter zu machen und Glanz in deren Augen und Stimmen zu bringen", beschreibt Friedrich Möbius diese Tage in seiner Autobiografie „Wirklichkeit, Kunst, Leben". Die Physikstudenten sangen zusammen Volks- und Scherzlieder, Quodlibets und Kanons. Das alles schuf eine derart kreative Atmosphäre, dass die Studenten zum Schluss ihr altbekanntes Studentenlied umdichteten:

Wir müssen uns mit vielen Dingen plagen
An die wir in der Schule nie gedacht
Wir müssen uns durchs Vierjahresstudium schlagen
Denn Hochschulreform, die ist wie eine Schlacht

Ums Forschungsstudium gibt's ein Hau'n und Stechen
Was dabei fehlt, das ist die Zeit zum Zechen
Das Studium hätt' ein schlimmes End' genommen
Aber der Möbius, der ließ uns nicht verkommen

Wir sind als Träumer in die Welt gezogen
Und stießen an die Pforten der Gewalt
Und auch das Kupra schien davongeflogen
All unser Streben ging um sein' Erhalt
Das heißt: ein Lager bau'n durch eig'ne Taten
Das heißt: Gedanken vieler Chefs erraten
Die uns die Hoffnung ziemlich oft genommen
Aber der Möbius, der ließ uns nicht verkommen.

Die Ernte der Neugier

Aufgewachsen ist Erhard Döpel auf einem Bauernhof in Görkwitz bei Schleiz. „Das war schon ein kleines Gut, aber gerade noch klein genug, dass der Bauernhof nicht sofort nach dem Krieg enteignet wurde." Sein Elternhaus war christlich geprägt; trotzdem ließen ihm seine Eltern freie Hand. Nah an der Grenze zur Bundesrepublik und zum Sender Ochsenkopf stand der Schüler immer im Zwiespalt zwischen Schulsozialisation und Westfernsehen. Und so empfing er sowohl die Jugendweihe als auch die Konfirmation. Einerseits hatte er alle Freiheiten, was die Schule betraf, und erhielt außerschulisch Klavierunterricht. Auf der anderen Seite war seine Mithilfe auf dem Hof notwendig. Und als 1960 alle privatwirtschaftlich tätigen Bauern zwangskollektiviert wurden, entschieden sich die Bauern in Görkwitz für eine Landwirtschaftliche Produktionsgenossenschaft (LPG) „Typ I", bei der nur das Ackerland kollektiviert wurde; die Tiere blieben zunächst noch auf dem Hof und mussten jeden Tag versorgt werden. Erhard Döpel erinnert sich: „Im Sommer war es ziemlich frustrierend, wenn ich auf dem Heuwender saß und das Pferd dirigierte, während meine Klassenkameraden ins Freibad gingen. Aber dafür war es ein schönes Gefühl, nach getaner Arbeit in den Teich zu springen oder mit dem Pferd auszureiten. Das hatte ich mir dann auch redlich verdient. Ich hatte schöne Erlebnisse auf dem Bauernhof, aber der Funke zur Landwirtschaft ist nie übergesprungen."

Seinem Vater zuliebe lernte der Schüler der Erweiterten Oberschule Schleiz neben dem Abitur den Beruf des Landmaschinen- und Traktorenschlossers. Trotzdem gab es beim Studienwunsch endlose Diskussionen um die Berufswahl. Da aber die LPG unterdessen weiter kollektiviert wurde und nun auch Vieh, Maschinen und Gebäude eingebracht werden mussten, gab es ohnehin keine Perspektive. Döpels Interesse an der Landwirtschaft war nie sehr groß, so entschloss er sich, Physik in Jena zu studieren. „Ich konnte mich schon immer für Naturwissenschaften begeistern. Für Biologie und Chemie musste man zu viel lernen, dagegen fand ich die Physik einfach. Hier konnte man schnell Zusammenhänge herstellen und sich sehr viel herleiten. Das war mir sympathisch, und von Jena nach Schleiz war es der kürzeste Weg, um mit meiner späteren Frau Karin zusammen zu sein und am Wochenende auf dem Hof mitzuhelfen."

Das Studium empfand er allerdings als anstrengend, „denn wir wurden in den vier Jahren derartig mit Stoff zugeschüttet, und das in einer Dichte, dass uns nichts anderes übrig blieb, als gehörigen Galgenhumor zu entwickeln." So gesehen waren die Vorlesungen in Experimentalphysik bei Manfred Pettig eine willkommene Unterhaltung. „Sie waren richtige Theatervorstellungen. Der Professor erschien, und seine Assistenten tanzten um die verschiedenen Versuchsaufbauten herum." Erst als die Theorievorlesungen begannen, verstand Erhard Döpel die Mathematik dahinter zum ersten Mal richtig. „Plötzlich konnten wir sie sinnvoll anwenden."

Seine Diplomarbeit schrieb der Student im Fachgebiet Kohärenzoptik. Darin leistete er einen kleinen Beitrag zu den damals intensiv untersuchten Verfahren, mit denen die Frequenz von Helium-Neon-Lasern stabilisiert wurde. Anschließend wurde er hier als befristeter Assistent eingestellt und promovierte mit einem Thema zur hochauflösenden Spektroskopie. Die ganze Arbeitsgruppe fand sich danach im Fachgebiet Nichtlineare Optik wieder. Unter der Leitung von Bernd Wilhelmi arbeitete die Gruppe dort sehr erfolgreich an der Ultrakurzzeitspektroskopie. Das Ziel war, die Zeitauflösung von einigen Billionstelsekunden (Pikosekunden) auf wenige Billiardstelsekunden (Femtosekunden) zu verbessern. Das gelang mit Farbstofflasern, deren Lichtpulse durch eine spezielle Technik – die passive Modensynchronisation – extrem kurz gemacht wurden. Für kurze Zeit hielt das Labor sogar den Weltrekord: den kürzesten Laserimpuls mit nur 32 Femtosekunden. Die Strecke, die der Lichtblitz dabei zurücklegt, ist kürzer als die Dicke eines menschlichen Haares.

„Ich konnte meine Professur antreten und meine Frau konnte Lehrerin bleiben. Da haben wir gemerkt, dass es durchaus ein Vorteil sein kann, nicht dem Mainstream, sondern seinen Prinzipien zu folgen."

Die Arbeit im Forschungslabor war in der DDR oft mühselig, denn die Wissenschaftler mussten in Zusammenarbeit mit den Werkstätten vieles selbst herstellen und wegen des allgegenwärtigen Mangels an fast allem viel improvisieren. „Die Arbeitsatmosphäre innerhalb der Arbeitsgruppe war sehr gut, die Aufstiegschancen allerdings für mich sehr begrenzt. Trotzdem hätte ich diese Arbeit wohl noch ein ganzes Stück fortgeführt, denn wir forschten hier wirklich an der Weltspitze." Aus seinem Umfeld wurde Erhard Döpel immer wieder bestärkt, seine eigenen Beiträge zur Untersuchung der Erzeugung und Anwendung von Femtosekundenimpulsen in einer weiteren Promotionsarbeit zusammenzufassen. Dies wäre zudem die Voraussetzung für eine weitere Universitätskarriere gewesen. Doch in der Wendezeit lag die Arbeit auf Eis, und erst 1991 konnte Erhard Döpel sie als Habilitationsschrift einreichen. „Eigentlich nur, um dieses Projekt abzuschließen, was dann erst 1993 formal mit der Verteidigung und der Lehrprobe erfolgte."

Im Takt des Aufbruchs

„Die Wendezeit brachte zunächst Unsicherheit, weil klar war, dass die akademische Mittelschicht an der Uni drastisch reduziert werden würde. Ich begann deshalb, mich außerhalb der Uni zu bewerben, und begriff bald, dass sich für mich ganz neue Möglichkeiten eröffneten." Erhard Döpel fand seine erste neue Stelle in der Abteilung Mikrooptik am neu gegründeten Fraunhofer IOF. Die Arbeit im Labor nahm hier aber nur noch einen kleinen Platz ein. Hauptsächlich sollte er Projekte akquirieren und hierzu ständig reisen. „Das war für mich auf Dauer unbefriedigend, und als ich von einer Ausschreibung für eine Professorenstelle an der neu gegründeten Fachhochschule Jena hörte, bewarb ich mich." Dass er in der Fachhochschule anfangen konnte, empfand Döpel als Riesenglück.

Die heutige Ernst-Abbe-Hochschule war eine der ersten Fachhochschulen in den neuen Bundesländern. Die Professorenstelle im Fachbereich Grundlagenwissenschaften war ausgeschrieben für die Physikausbildung der gesamten ingenieurtechnischen Fachgebiete, quasi als Dienstleister für alle anderen Fachbereiche. „Diese Tätigkeit hat mir richtig Spaß gemacht. Ich hielt im Wesentlichen Physikvorlesungen für Medizintechniker, Biotechnologen, Augenoptiker und Umwelttechniker. Und ich betreute Bachelor- und Masterarbeiten. Die Studenten schrieben sie meist extern in ihren Betrieben, und ich betreute sie von der Hochschule aus."

Seit 2016 lebt Döpel als Privatier. Doch von einem geregelten Ruhestand kann man bei ihm nicht sprechen, denn es gibt in Haus und Garten in Nerkewitz bei Jena immer etwas zu tun. Gleichzeitig betreut der Pensionär auch die laufenden Baumaßnahmen in der Dorfkirche. „Damit ich wieder regelmäßig üben kann, spiele ich in unserer Dorfkirche auch zu den Gottesdiensten Orgel. Das weckte natürlich Begehrlichkeiten in den anderen Kirchen der Umgebung. Auf dem Land sind Organisten knapp. Manchmal wird es mir sogar zu viel, weil ich auch Zeit für Familie und Enkel haben möchte. Aber es macht mir Freude, und das Geld spende ich gleich wieder für den Kirchenbau." In der Corona-Zeit hat er seine Liebe zum Wandern entdeckt, „weil wir ja nicht reisen konnten, und das halten wir inzwischen auch weiterhin durch."

Stromaufwärts

Mit Blick zurück stellt Erhard Döpel fest, dass sich sein Leben stetig und kontinuierlich entwickelte. „Allerdings gab es auch einige Ereignisse, bei denen die Weichen für mich günstig gestellt worden sind", resümiert er und erzählt die Begebenheit mit der Werbung für Soldaten auf Zeit. „Ich war nie ein Verfechter der sozialistischen Ideen, aber wir waren Teil des Systems und mussten uns öffentlich dazu bekennen. Bei der Werbung in der Schule für einen dreijährigen Wehrdienst glaubte ich in meiner kindlichen Naivität, dass ich Argumente finde, um mich selbst raushauen zu können. Also habe ich das Ganze erst einmal kritisch hinterfragt, merkte aber schnell, dass dies sofort von meinem Gegenüber als potenzielles Interesse interpretiert wurde. Lavieren ging also nicht. Deshalb beschloss ich, ganz klar zu sagen, was ich will und was nicht. Ich schaltete auf stur und sagte zu jedem Argument des Gegenübers konsequent Nein – ohne jeden Zusatz und ohne ein Gegenargument. Diese Erkenntnis hat sich bei mir eingebrannt, und ich habe bei der darauffolgenden Werbung für die Partei bei der ersten Frage sofort Nein gesagt. Das schützte mich vor jeglicher weiteren Befragung", erzählt Erhard Döpel.

Später bei der Absolventenvermittlung hielt es der Diplomand genauso. Auch hier gab es zuerst ein Gespräch mit einem gewissen Karl-Heinz Müller im Hauptgebäude der Universität. „Meine dort geäußerte Ablehnung, bei Carl Zeiss Jena in der militärischen Forschung zu arbeiten, wollte er nicht sofort akzeptieren. Ich sollte nach einer Bedenkzeit eine geheime Telefonnummer anrufen und meine endgültige Entscheidung mitteilen. Obwohl ich hier sofort eine Neubauwohnung sowie weitere Vorteile und Vergünstigungen bekommen hätte, sagte ich gleich am Anfang Nein, und damit war das Gespräch beendet." Dieser Lernprozess des Nein-Sagens hat Erhard Döpel auch später immer begleitet.

Als bei seinem Sohn Martin in der Schule obligatorische Gespräche zur Dienstverpflichtung in der Nationalen Volksarmee bevorstanden, überlegte er: „Wie bekommen wir unser Kind aus dieser Schlinge heraus? Wie soll meine Frau als Lehrerin an derselben Schule der Schulleitung erklären, dass sie ihr Kind nicht in der Armee haben will?" Glücklicherweise kam dem die Wende zuvor. Und weil die Familie so konsequent geblieben war, hatten sie auch nach der Wende keine beruflichen Schwierigkeiten. „Ich konnte meine Professur antreten, und meine Frau konnte Lehrerin an der Schule bleiben. Da haben wir gemerkt, dass es durchaus ein Vorteil sein kann, nicht dem Mainstream, sondern seinen Prinzipien zu folgen."

1950 geboren in Görkwitz (Schleiz), Abitur und Facharbeiterabschluss als Landmaschinen- und Traktorenschlosser, Studium der Physik an der Friedrich-Schiller-Universität Jena
1973 Diplomarbeit im Wissenschaftsbereich Kohärenzoptik
1979 Promotion (Sektionspreis)
1993 Habilitation
1989 Gustav-Hertz-Preis der Physikalischen Gesellschaft der DDR für die Ergebnisse bei der Untersuchung des „Colliding-Pulse Mode-Locking" (CPM) Farbstoff-Ringlasers für ultrakurze Laserimpulse (Kollektivpreis)
1973–1992 Wissenschaftlicher Assistent an der Sektion Physik der Friedrich-Schiller-Universität Jena
1992–2016 Wissenschaftlicher Mitarbeiter am Fraunhofer Institut für Angewandte Optik und Feinmechanik Jena, Professor für Experimentalphysik an der Ernst-Abbe-Hochschule Jena.

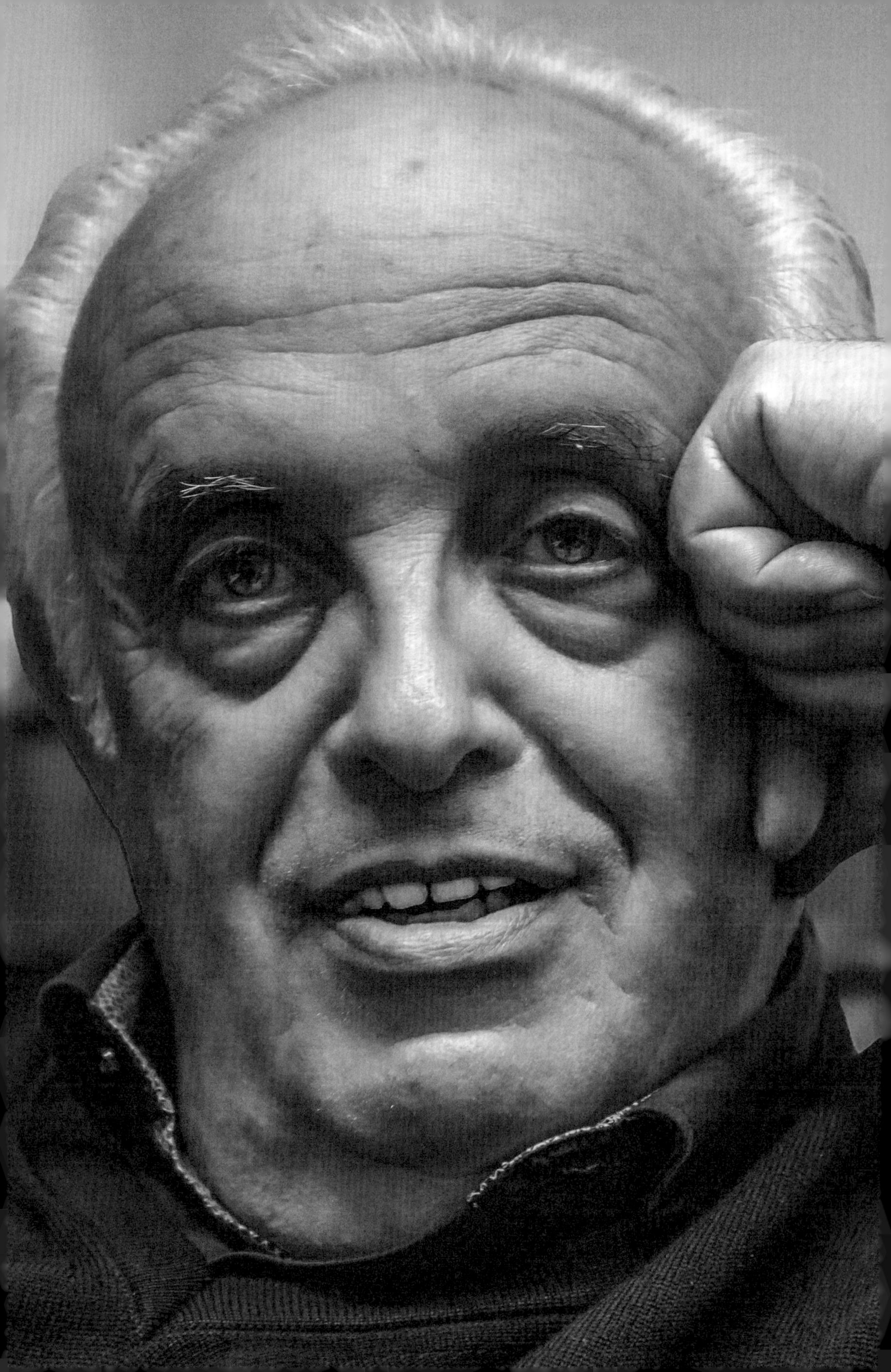

Geleitet.

Karl-Heinz Lotzes Lust auf Wissenschaft.

Karl-Heinz Lotze konnte komplexe Sachverhalte schon immer gut erklären. So half er im Studium seinen Kommilitonen, die Hürden der Quantenmechanik zu nehmen. Später als Physik- und Astronomiedidaktiker lotste er jahrelang Erstsemester durch die Klippen der Mathematik. Inzwischen genießen seine Vorlesungen Kultstatus und sind auch im Internet verfügbar. Was ihn auszeichnet, ist sein besonderes Händchen dafür, die Begeisterung für sein Fach weiterzugeben.

Im Vorkurs Mathematik, der für die Erstsemester der Naturwissenschaften an der Friedrich-Schiller-Universität Jena verpflichtend ist, legte Karl-Heinz Lotze den Grundstein für das weitere Verständnis der Naturwissenschaften. Schon Galileo Galilei, Wegbereiter der modernen empirisch-mathematischen Naturwissenschaft, sah das „Buch der Natur" in der Sprache der Mathematik geschrieben. „Und wer diese nicht versteht, hat keine Chance zu verstehen, was wir heute die Physik nennen", sagt der Didaktikprofessor. „Wir alle, die wir Physiker geworden sind, können uns lebhaft daran erinnern, wie mühsam und auch qualvoll es für den einen oder anderen war, sich in diese Welt hineinzudenken und zu lernen, sie handzuhaben. Denn wenn man Physik studiert, muss man in einem großen Umfang auch die Mathematik mitstudieren." Karl-Heinz Lotze führte die Mathematik-Vorkurse vor 25 Jahren in Jena ein, verbesserte sie auch in reger Diskussion mit den Studenten immer wieder und kann deshalb auf eine große Schar dankbarer Studenten zurückblicken. Manch einer sagt später, dass ihn der Professor gerettet habe, weil dieser das Wissen um die geforderte Mathematik so aufbereitet hat, dass es verständlich war.

Sicher liegt dies auch daran, dass Karl-Heinz Lotze mit wachem Geist seine eigene Situation von damals betrachtet. Er habe sich immer daran gestört, dass er im Studium und darüber hinaus wie ein Erziehungsobjekt

Gegen Ende des dritten und zu Beginn des vierten Studienjahres konnten die Studenten einige Spezialvorlesungen besuchen. Hier: Professor Gerhard Wiederhold mit einigen Studenten.

behandelt worden sei, also wie ein unmündiges Kind, dem man die Welt erklären müsse. Deshalb empfand er die Wende auch als eine Befreiung, und dieses Freiheitsgefühl möchte er weitergeben. „Schon seit dreißig Jahren begrüße ich meine Studenten mit ‚Liebe Kommilitoninnen und Kommilitonen, liebe junge Kolleginnen und Kollegen. Uns unterscheidet doch nur das Mehr an Berufserfahrung, ansonsten sind wir alle Physiker und ich nehme Sie in diesem Sinne ernst.' Zuerst lächeln die Studenten darüber, wenn ich sie so begrüße. Aber spätestens, wenn ich ihnen ihre Diplome überreiche, wissen sie, dass ich es ernst gemeint habe", sagt der ehemalige Studiendekan der Physikalisch-Astronomischen Fakultät der Universität Jena und berichtet davon, dass die heutigen Studenten viel achtsamer miteinander umgingen als seine Kommilitonen damals. „Wenn man damals etwas nicht gut fand, muss man es heute besser machen. Diese partnerschaftliche Einstellung ist mir sehr wichtig."

Wer den Leiter der Physik- und Astronomiedidaktik heute besuchen will, findet ihn in einem klassizistischen Bau der Universität in der August-Bebel-Straße 4. Die breite Treppe hoch, am großen Hörsaal vorbei, der den Namen des DDR-Oppositionellen Matthias Domaschk trägt, befindet sich rechts das Arbeitszimmer des Seniorprofessors. Die Wilhelm- und Else-Heraeus-Stiftung vergab ihm im Jahr 2016 eine Stiftungsprofessur, um einen Wissenschaftler zu würdigen, der auch nach seinem Eintritt in den Ruhestand sein Wissen und seine Erfahrungen nutzbringend weiterzugeben vermag. Doch bis es dazu kam, war es ein weiter Weg.

Lebenslanges Lernen, gepaart mit einer unbändigen Neugier, ist die Zutat, die ein erfolgreiches Physikerleben ausmacht. Als Karl-Heinz Lotze mit 13 Jahren und dem Fernglas seiner Eltern den Jupiter mit seinen Monden beobachtete, weckte dies seine Neugier. Denn schon am nächsten Tag waren sie anders angeordnet. „Das war ein Erlebnis, das ich nicht vergesse. Von da an beschäftigte ich mich mit Astronomie. Mein Vater war Werkzeugmacher und half mir, ein Fernrohr zu bauen. Sooft es möglich war, beobachtete ich den Himmel und damit stand auch schnell mein Berufswunsch fest: Ich wollte Astronom werden."

Damals leitete Cuno Hoffmeister auf dem Sonneberger Hochplateau eine Sternwarte, die sich bei der Entdeckung von veränderlichen Sternen international verdient gemacht hatte. Die Sternwarte lag in der Fünf-Kilometer-Sperrzone der innerdeutschen Grenze und man brauchte einen Passierschein. Aber der Schüler ließ sich davon nicht abschrecken und fuhr hin. Gleich zu Beginn stellte er die Frage, wie er mit möglichst wenig Geld zu einem möglichst großen Fernrohr kommen könne. Die Antwort war absolut enttäuschend: Wenn man Astronom werden will, braucht man erst einmal kein Fernrohr. Man muss die Mathematik lernen. „Das war natürlich nicht das, was ich hören wollte. Mathematik verband ich im achten Schuljahr hauptsächlich mit Kopfrechnen, und da war ich nicht besonders gut. Doch Professor Hoffmeister gab mir noch einen Rat. Ich solle mir einen Pendelquadranten bauen und damit Winkelmessungen am Himmel machen. Und wenn ich das alles könne, könnte ich wiederkommen und nach dem Fernrohr fragen. Ich war total niedergeschlagen, nahm aber Hoffmeisters Rat so ernst, dass ich am Ende der zehnten Klasse schon die Matheprüfungsaufgaben fürs Abitur löste."

„Mit der Wende veränderte sich auch das Weltbild. Die Zeit der Bevormundung war endlich vorbei, aber eben auch die der vermeintlichen Sicherheit. Das war ungemütlicher und schwerer, aber auch interessanter."

Seinen Berufswunsch fest vor Augen, konsultierte Karl-Heinz Lotze im Zuge der Studienberatung Helmut Zimmermann von der Universitätssternwarte in Jena. Dieser saß am alten Schreibtisch seines Vorgängers Ernst Abbe. Und wieder wurde der Schüler in Bezug auf das Astronomiestudium enttäuscht. In der DDR waren die Arbeitsplätze reglementiert, und wenn nichts Besonderes passierte, wusste man genau, wann und wo ein Arbeitsplatz frei werden würde. „Deshalb durften sich alle paar Jahre Physikstudenten im Diplom auf Astronomie spezialisieren, um diese Stellen auszufüllen." Für Karl-Heinz Lotze war das dann auch die Zeit, „wo ich meinen Berufswunsch Astronom erst einmal aufgab."

Die Physik fesselte ihn aber nach wie vor. An seiner Schule unterrichtete ab der neunten Klasse ein neuer Physiklehrer, der von vielen älteren Schülern als völlig unmöglich verschrien war, weil er sofort Punkte abzog, wenn der Bruchstrich nicht in Höhe des Gleichheitszeichens war und man längere Bruchstriche nicht mit dem Lineal zog. „Für mich allerdings war er der beste Lehrer, den ich je hatte. Er verehrte Albert Einstein und war für mich nicht nur Pädagoge, sondern auch ein Repräsentant seines Faches. Ich begriff aber das Ganze erst, als ich später selbst anfing, Physik zu lehren." Dieser Lehrer hatte nämlich die Eigenart, dass er jeden Dienstag in der Schule fehlte. Er fuhr an diesem Tag mit dem Zug nach Jena, denn punkt 11 Uhr hielt Ernst Schmutzer ein Seminar über relativistische Physik ab. „Später erfuhr ich, dass diese Zeit seit Jahren fix war. Dies war sowohl in unserem Studium als auch später so. Und bei diesem Professor schrieb unser Physiklehrer aus Suhl seine Diplomarbeit zu einem Thema der relativistischen Physik! Er blieb mir im Gedächtnis, und wir haben uns bis zu seinem Tod regelmäßig geschrieben und getroffen."

In der elften Klasse gründete dieser Physiklehrer eine Arbeitsgemeinschaft zur Speziellen Relativitätstheorie. Das war damals noch kein Schulstoff, denn die Sowjetphilosophie hatte noch nicht abschließend über Wert oder Unwert dieser Theorie geurteilt. Aber der Lehrer erzählte viel über Albert Einstein und machte den Schülern Lust auf Naturwissenschaften. „Diese Arbeitsgemeinschaft war das größte intellektuelle Erlebnis meiner ganzen Schulzeit. Und da habe ich gedacht, wenn das so interessant ist, dann will ich auch Physik in Jena studieren. Den Berufswunsch Astronom kann ich mir ja vielleicht auch noch für später aufheben." Karl-Heinz Lotze kommt später tatsächlich noch einmal darauf zurück.

Relativ frei

Im vierten Studienjahr wollte Karl-Heinz Lotze seine Diplomarbeit in Quantentheorie bei Gerhard Weber schreiben, aber Ernst Schmutzer war schneller. Dieser sprach ihn nach einer Vorlesung an, ob er nicht Lust hätte, in der relativistischen Physik seine Arbeit zu schreiben. Schmutzer war in der DDR einer der führenden theoretischen Physiker. Er versuchte, die Allgemeine Relativitätstheorie um eine zusätzliche Dimension zu erweitern. Als international anerkannte Autorität für Gravitationsphysik holte Schmutzer 1980 die 9th International Conference on General Relativity and Gravitation nach Jena – ein Jahr nach dem hundertsten Geburtstag von Albert Einstein. Das war ein Großereignis und zugleich ein Politikum. Gerade wurden die Olympischen Spiele in Moskau vom Westen boykottiert, und die DDR hatte zu einigen Ländern nicht einmal Postverbindungen. Aber unter Schmutzers Leitung hatte das Internationale Komitee erreicht, dass zumindest für diese Zeit Wissenschaftler aus der ganzen Welt ohne Beschränkungen einreisen konnten. Karl-Heinz Lotze erinnert sich: „So bekamen wir mit diesem Weltkongress und endlich durch persönliche Begegnungen einen repräsentativen Überblick über unser Wissenschaftsgebiet. Bisher hatten wir, abgesehen von der Literatur, wenig mehr als die DDR-Konkurrenz als Vergleichsmaßstab und damit automatisch eine viel zu positive Selbsteinschätzung. Ein Déjà-vu erlebte ich unmittelbar nach der Wende, als wir uns von nun an dauerhaft im internationalen Wettbewerb befanden."

Zurück zum Diplom. Für den Studenten war die Arbeit in der Gruppe um Ernst Schmutzer ein Glücksfall, denn so konnte er sich der Astronomie und der Kosmologie auf andere Art nähern. Er erhielt die Aufgabe, auf dem Grenzgebiet von Allgemeiner Relativitätstheorie und Quantentheorie zu arbeiten und sollte herausfinden, wie sich die von der Quantenelektrodynamik beschriebenen Prozesse verändern, wenn sie in einem expandierenden Universum oder in der Nähe schwarzer Löcher stattfinden. Das wichtigste Ergebnis auf diesem Arbeitsfeld erzielte Stephen Hawking 1975. Es wurde über den Kreis von Spezialisten hinaus als Hawking-Strahlung beinahe populär. Damals wurde die Relativitätstheorie in Verbindung mit der Astrophysik modern.

Nach seiner Promotion wurde Karl-Heinz Lotze Vater zweier Söhne und lebte weiter in Suhl. „Ich habe eine Zeit lang überlegt, mich zu verändern, habe auch an der TH Ilmenau vorgesprochen und an einer Schule, um als Lehrer im Seiteneinstieg zu arbeiten. Am Ende bin ich dann doch an der Universität geblieben, um mich mit dem Thema Quanteneffekte in der Kosmologie zu habilitieren." Erste Erfahrungen in der Hochschullehre und der Betreuung von Studenten kamen hinzu.

„Es gibt keine andere vernünftige Erziehung, als Vorbild sein, wenn's nicht anders geht, ein abschreckendes", wird Albert Einstein gern zitiert. „Bei den Lehrveranstaltungen unseres Studiums gab es zweifellos abschreckende Beispiele, aber auch echte Vorbilder. Mich beeindruckte besonders Professor Hans Stephani, der nicht nur Verfasser erfolgreicher Lehrbücher war, sondern auch exzellente Vorlesungen hielt" – Karl-Heinz Lotze erlebte seine Vorlesungen als dessen langjähriger Übungsassistent noch einmal. „Und so wurde für mich auch die Lehre zu einem Teil meiner Tätigkeit, die in ihrer Bedeutung der Forschung in nichts nachstand. Das war meine Einstellung, die bei weitem nicht alle meine Kollegen teilten." Im September 1989 bekam Karl-Heinz Lotze sein Zeugnis über die abgeschlossene Habilitation und die Lehrbefähigung für die Theoretische Physik. Kurz darauf fiel die Mauer.

Urknall im Klassenzimmer

Natürlich hat die Wende auch das Weltbild von Karl-Heinz Lotze verändert. Das ging mit dem Ändern von Idealen und Verhalten einher. „Die Zeit der Bevormundung war endlich vorbei, aber eben auch die der vermeintlichen Sicherheit. Das war ungemütlicher und schwerer, aber auch interessanter." Alle unbefristeten Verträge derjenigen Wissenschaftler, die ein gewisses Alter noch nicht erreicht hatten, wurden gekündigt und in befristete Verträge umgewandelt. Viele Mitarbeiter wurden nicht übernommen, und so wurden rund zwei Drittel der Beschäftigten der damaligen Sektion Physik für den wissenschaftlichen Gerätebau binnen weniger Jahre entlassen.

An der Physikalisch-Astronomischen Fakultät, wie sie nun wieder hieß, sollte auch die Arbeitsgruppe Methodik des Physikunterrichts neu aufgebaut werden. „Ich war froh, als Professor Stephani mich ermutigte, mich auf die Professur für Didaktik der Physik in Jena zu bewerben. Es wurde eine Kommission mit Gutachtern vor allem aus der alten Bundesrepublik zusammengestellt, und ich bin tatsächlich auf Platz eins gelandet." Aber wie es damals so war, erinnert sich Karl-Heinz Lotze, dominierten die alten Bundesländer jetzt auch die Wissenschaftslandschaft in Jena. So konnte ein Professor aus den alten Bundesländern, der auf einem gänzlich anderen Gebiet forschte, die Forderung aufstellen, er käme nur, wenn er noch einen weiteren Kollegen mitbringen könne. Und der Fakultät fiel es nicht schwer, die Didaktik-Professur dafür zu opfern.

Auf Tagungen gab es Wettbewerb und Schaulaufen von jungen Wissenschaftlern aus Ost und West um die nächste freie Stelle im Wissenschaftsbetrieb. Karl-Heinz Lotze bewarb sich an dreißig Universitäten in Deutschland und Österreich: „Ich hatte siebenmal das Glück, dass ich eingeladen wurde und vortragen durfte. Nie kam ich über den zweiten Platz hinaus, was sicherlich zum Teil auch an meiner Herkunft aus dem Osten lag. Aber manchmal ist es deprimierend, nur der zweite Sieger zu sein."

Fünf Jahre später wurde die Didaktik-Stelle in Jena noch einmal als Hochschuldozentur ausgeschrieben. „Ich wollte einfach nur einen Job und möglichst einen, in dem ich auch gerne arbeitete, also nahm ich ihn nach einem erneuten Berufungsverfahren an. Aber bis dahin war es schwer, den Mut und die Zuversicht zu behalten und jahrelang vor Semesterbeginn auf den Bescheid zu warten, ob ich auch im nächsten Semester noch dabei bin. Natürlich wäre ich sehr gerne in der Theoretischen Physik geblieben, aber ich bedaure nichts, was diesen Wechsel in die Fachdidaktik angeht." Karl-Heinz Lotze war über die Wendezeiten nie arbeitslos und betrachtet sich auch nicht als Wendeopfer. „Das wäre ungerecht gegenüber Menschen, die wirklich etwas zu ertragen hatten."

Eine Bedingung für die neue Stelle war, dass der Inhaber Schulpraxis nachweisen konnte. Deshalb unterrichtete Karl-Heinz Lotze neben seinem Job an der Uni ein bis zwei Tage pro Woche an Gymnasien in Jena und Suhl von der siebten bis zur zwölften Klasse Physik, und das mindestens ein halbes Jahr in jeder Klassenstufe. „Mir war wichtig, auch mal eine Schule von innen aus der Perspektive des Lehrers gesehen zu haben. Das war eine lehrreiche Zeit, die ich keineswegs bereue." Noch mehr Lehrerfahrung sammelte Karl-Heinz Lotze als Kursleiter auf Sommerschulen eines bundesweiten Projekts zur Förderung hochbegabter Schüler der gymnasialen Oberstufe, der Deutschen Schüler-Akademie. „Ich habe die Erfahrung gemacht, dass gerade gute Schüler die Ideen kennenlernen und verstehen wollen, die hinter der jeweiligen Physik stehen. Wichtig sind Lehrer, die gut in ihrem Fach sind und Ausstrahlung haben. Schüler bekommen sehr schnell mit, was ein Lehrer von seinem Fach versteht und was nicht." Karl-Heinz Lotze erinnert an seinen Physiklehrer, der 1973 seine Diplomarbeit in relativistischer Physik schrieb.

1951 geboren in Suhl, Abitur und Facharbeiterabschluss als Werkzeugmechaniker, Studium der Physik an der Friedrich-Schiller-Universität Jena
1973 Diplomarbeit im Wissenschaftsbereich relativistische Physik bei Ernst Schmutzer
1977 Promotion **1989** Habilitation
1973–1990 Wissenschaftlicher Assistent an der Sektion Physik der Friedrich-Schiller-Universität Jena
1990–2016 Oberassistent, Hochschuldozent, Leiter der Arbeitsgruppe Physik- und Astronomie-Didaktik der Friedrich-Schiller-Universität, außerplanmäßiger Professor für Physik, Astronomie und ihre Didaktik, Studiendekan
2016–2021 Seniorprofessor der Wilhelm und Else Heraeus-Stiftung an der FSU Jena.

Damit ist auch beinahe schon der Gegenstand fachdidaktischer Forschung und Entwicklung beschrieben, dem sich Karl-Heinz Lotze zuwandte. Es ging um die Frage, ob und wie es möglich ist, moderne Physik auf unterschiedlichen Anspruchsniveaus zu unterrichten. Mit anderen Worten: Müssen wir insbesondere in der Schule auf wesentliche Teile der Physik des 20. Jahrhunderts verzichten? Diese Frage lässt sich nur von Fachwissenschaftlern in Zusammenarbeit mit engagierten Lehrern beantworten. Die Spezielle Relativitätstheorie war mittlerweile Gegenstand des Schulunterrichts. Aber auch schwarze Löcher, der Urknall, Gravitationswellen, Quantenphysik, Quarks und vieles mehr werden von Schülern als interessant und motivierend empfunden und erfreuen sich obendrein einer großen medialen Aufmerksamkeit.

Seinen Interessen und seiner Expertise folgend, wählte Karl-Heinz Lotze die Allgemeine Relativitätstheorie und damit die schon erwähnten schwarzen Löcher, die Kosmologie, die Gravitationswellen und den Gravitationslinseneffekt zu Themen für seine fachdidaktische Forschung. Defizite im Physikunterricht der Schulen spiegeln oft solche in der Ausbildung der Lehrer an der Universität wider. Also kam es darauf an, neue Vorlesungen und Übungen zur Speziellen und Allgemeinen Relativitätstheorie und zur Kosmologie speziell für Lehramtsstudenten zu konzipieren und mit diesen zu erproben. Zu diesem Zweck veranstaltete der Didaktik-Professor mit gleichgesinnten Kollegen von anderen Universitäten sowie mit Kollegen, Lehrern und Studenten aus Italien auch Lehrerfortbildungswochen der Deutschen Physikalischen Gesellschaft.

Wenn man den Wert der Physik für die Allgemeinbildung vermitteln will, muss man auch die Fachdidaktik von ihrer Reduktion auf die Unterrichtsmethodik befreien und über die Natur der Naturwissenschaft und die Entwicklung der Physik als Teil der geistesgeschichtlichen Tradition diskutieren. Karl-Heinz Lotze macht deutlich, dass noch viel zu viele hausbackene Vorstellungen über die Exaktheit der exakten Naturwissenschaften, die Sicherheit ihrer Aussagen, das Verhältnis von Theorie und Experiment und ähnliche Fragen weit verbreitet seien. „Als ich nach der Wende die Didaktik-Arbeitsgruppe leitete, gehörte auch die Ausbildung von Astronomielehrern dazu. Thüringen ist inzwischen das einzige Bundesland, in dem Astronomie in allen Schulstufen ab der zehnten Klasse mit Pflicht- und Grundkurs vertreten ist. Und es gibt nur ganz wenige Universitäten, die noch Astronomielehrer ausbilden, wie etwa in Halle, wo ich jahrelang Gastvorlesungen hielt. Auf diese Weise bin ich wieder zur Astronomie zurückgekommen. Für mich persönlich schließt sich damit der Kreis", resümiert Karl-Heinz Lotze versöhnlich. Diese Aussage war zum Zeitpunkt des Interviews zutreffend. Inzwischen hat leider auch der Freistaat Thüringen Astronomie als eigenständiges Unterrichtsfach wieder abgeschafft.

Bulimie des Lernens

„Als ich mein Diplom überreicht bekam, war das für mich ein sehr nachdenklicher Moment. Ich fragte mich, was wir eigentlich in den nur vier Jahren gelernt haben. Wir hatten vieles angerissen, aber bei weitem nicht so viel wirklich verstanden", sagt Karl-Heinz Lotze heute. „Später, als Prüfungsbeisitzer bei Professor Max Schubert, ist es mir öfter passiert, dass ich schlauer aus einer Prüfung rausgegangen bin, als ich reinkam. Wenn ein Student etwas nicht wusste, dann drehte sich der Professor zu mir um und fragte mich, ob ich es denn wüsste. Dabei ging es ihm nur um die Sache und das Verständnis, und ich war dann hochzufrieden, wenn ich etwas Zutreffendes antworten konnte. Aber genau dieses Gefühl der fachlichen Unfertigkeit hatte mich damals sehr beschäftigt. Andererseits wird dieses Gefühl aber auch zum Lebensgefühl, weil der Lernprozess ein Leben lang andauert." Heute ist Karl-Heinz Lotze dankbar für alles, was er sowohl im Physikstudium als auch später im Forschungsstudium gelernt hat.

In seiner Studien- und Berufspraxis hat er drei Arten zu studieren miterlebt. Die erste Art war seine eigene, nämlich innerhalb von vier Jahren zum Diplom zu gelangen. Gleich danach wurde das Fünfjahresstudium wieder eingeführt und bis zum Jahr 2000 beibehalten. Die dritte Art ist das heutige fünfjährige Bologna-Studium. „Ich war sechs Jahre Studiendekan und habe mich immer wieder gefragt: Was heißt eigentlich studieren?" Bei seinen Überlegungen wägt er ab: Wenn man genügend Zeit hat, kann der Hochschullehrer in aller Ruhe den Stoff vermitteln, damit die Studenten ihn dann durchdringen und durchdenken. Muße und Zeit zum Denken gehören zum Studium, nicht zu verwechseln mit Müßiggang. Hierbei sei immer noch die Wiederholung die Mutter des Lernens. Dagegen fördere das vereinheitlichte europäische Bologna-System die Bulimie des Lernens, also das Lernen für die Prüfung. „Die Studenten jagen Leistungspunkten nach und sind fast unter einem ähnlichen Druck wie wir es waren. Das finde ich nicht gut." Karl-Heinz Lotze sprach mit Professor Weber bei der Feier zu dessen 90. Geburtstag über dieses Thema, um den eigenen Blick zu relativieren. Und Gerhard Weber meinte, dass bisher noch kein Studiensystem dazu geführt hätte, dass im Durchschnitt die Absolventen besser wurden. Wer Physik studieren will, tue es unter allen Umständen. Mit anderen Worten: „Es ist gar nicht so wichtig, nach welchem System man studiert, wenn man es nur wirklich will." Der Didaktikprofessor will damit zukünftigen Physikern Mut machen.

Entgrenzt. Karl-Heinz Feller wandelt zwischen Disziplinen.

Karl-Heinz Feller diplomierte auf dem Gebiet der theoretischen Physik, promovierte als Experimentalphysiker in der Polymerchemie, habilitierte als Physikochemiker und entwickelt heute als Seniorprofessor neue biotechnische Chips zum Erkennen von Krankheiten oder zum Regenerieren von Gewebe. Dass er bei seiner Bewerbung 1977 zurück an die Sektion Physik in Jena als politisch unzuverlässig angeschwärzt wurde und die Assistentenstelle nicht bekam, bezeichnet er heute als Glücksfall. „Das hat mich dazu gebracht, meine ganze berufliche Zukunft neu zu gestalten. In der Physik wäre ich nur einer von vielen gewesen."

Karl-Heinz Feller war auf sehr vielen Tagungen zu Laserentwicklungen und Spektroskopie unterwegs. Meist wurden sie von russischen Wissenschaftlern organisiert, und der russische Delegationsleiter begann seinen Vortrag damit, dass er die wissenschaftlichen Ergebnisse der letzten Jahre für den Teil der Welt zusammenfasse, für den Russland verantwortlich war. Also berichtete er über neue wissenschaftliche Erkenntnisse in Moskau, Sankt Petersburg, Vilnius, Braunschweig, Bordeaux, Madrid und Rom. „In jeder dieser Städte forschte ein russischer Wissenschaftler, für den er sich verantwortlich fühlte", so beschreibt Karl-Heinz Feller das Weltbild eines russischen Wissenschaftlers. „Wir Ostdeutschen sind dagegen viel zu bescheiden. Wir sind erzogen worden, uns zurückzuhalten und im Kollektiv zu arbeiten."

Im ersten Studienjahr Physik sollte seine Seminargruppe im Rahmen des FDJ-Studienjahres genau diese Frage nach dem Einfluss des Kollektivs auf den Einzelnen klären und befragte verschiedene Wissenschaftler.

Werner Heisenberg schrieb einen langen Brief zurück, der damit endete: „Es wird immer Dinge in der Wissenschaft geben, die so kompliziert sind, dass sie nur einer allein lösen kann.“ Karl-Heinz Feller beschreibt sein Credo: „Ich finde diesen Spruch genial. Einstein wäre nichts geworden, wenn er in einem Kollektiv eingebunden gewesen wäre und die anderen alle dagegen diskutiert hätten. Dann hätte er weder den Mut noch die Chance gehabt, sich davon völlig freizumachen und ein ganz anderes Wissenschaftsgebilde zu entdecken. Er nutzte seine Freiheit als Patentingenieur und entwickelte die Relativitätstheorie. In der DDR wollte man uns ins Kollektiv pressen, aber dazu war das Physikstudium gar nicht geeignet. Jeder Einzelne von uns war in der Lage, Probleme zu lösen. So sind wir ausgebildet worden.“ Und: „Deshalb möchte ich jungen Menschen sagen: Ihnen steht heute die ganze Welt offen, und sie sollten dies durch hervorragende Studienleistungen nutzen.“

Denken statt Pauken

Karl-Heinz Feller war in der Schule schon nahe dran, dem Rat seiner Lehrer zu folgen und Mathematik und Physik auf Lehramt zu studieren. Glücklicherweise riet ihm seine Mathematiklehrerin dazu, etwas Ordentliches zu studieren. „Das war ein weiser Vorschlag. Allerdings wandte mein Physiklehrer ein, dass nur derjenige Physik studieren könne, der auch ein Radio basteln kann.“ Also baute der Schüler einen Einkreis-Transistor-Empfänger. Das war ein ziemliches Drahtgeflecht mit einem Kopfhörer daran, aber damit konnte er wirklich etwas empfangen. Danach schrieb er sich an der Universität ein. Den ersten Schock erhielt Karl-Heinz Feller bereits in den ersten Tagen des neuen Studienjahres, „als unser Seminargruppenbetreuer nach unseren Abiturnoten fragte. Fast alle hatten eine 1,0 oder 1,2. Ich hatte bisher immer einen Durchschnitt von 2,4, nur im zwölften Schuljahr lief es besser mit 1,8. Damit gehörte ich bei der Aufzählung zu den absolut Schlechten.“ Als dann aber viele Kommilitonen mit den Spitzennoten – außer Gert Heinrich – schon nach einem halben Jahr ins Lehramtsstudium oder anderswohin wechselten, war das eine späte Genugtuung.

„Das Studium war hart, wir haben uns das Wissen erarbeitet und immer alles abgeleitet und in Formeln gefasst. Als Physiker lernten wir die Herangehensweise an ein Problem.“ Und auch wenn man nicht alles weiß, wird man in die Lage versetzt, sich das fehlende Wissen zu erarbeiten. Aus diesem Grund ist er bis heute stolz auf seine Dozenten. „Wir haben bei Professor Ernst Schmutzer die Prinzipien der Mechanik gehört, der sagte: ‚Alles, was ihr wissen müsst, sind die Geschichten mit dem Hamilton-Operator.‘ Oder bei Professor Gerhard Weber, der die Vorlesung zur Elektrodynamik las. Wir fragten nach den Schwerpunkten der Prüfung, und er sagte: ‚Es gibt keine Schwerpunkte. Es gibt die Maxwell-Gleichungen und damit habt ihr die Materialgleichungen und davon leitet sich alles Mögliche ab. Da braucht ihr nichts auswendig zu lernen, sondern denken, denken, denken.' Das fand ich toll. Aber sich so reinzuknien, war nicht immer einfach."

Die Diplomarbeit schrieb er bei Gerhard Weber in der angewandten Quantentheorie. Acht Diplomanden teilten sich im Abbeanum ein riesiges Zimmer mit großen Schreibtischen und einem Sofa. Auf diesem machte Gert Heinrich regelmäßig seinen Mittagsschlaf. „Und Professor Weber öffnete dann immer ganz vorsichtig die Tür und sprach ganz leise, damit Gert nicht munter würde. Das wäre heute wahrscheinlich unvorstellbar. Aber jeder wusste, was für ein genialer Mensch Gert ist und dass er bis spät in die Nacht hinein mit seinen Theorien beschäftigt war."

„Wir hatten weder Lehrpläne noch sonst etwas, aber einen ungeheuren Enthusiasmus. Und quasi über Nacht war ich plötzlich Dekan an der Fachhochschule. Das hatte ich mir nicht träumen lassen."

Karl-Heinz Feller untersuchte in seiner Diplomarbeit Stoßprozesse und deren Interaktionen. Das war damals neu, aber er wollte das Thema anschließend nicht weiterverfolgen, denn es war ihm zu theoretisch. Deshalb bewarb er sich zusammen mit Gert Heinrich an der Technischen Hochschule Merseburg. Die Hochschule hatte ideal ausgestattete Labore und attraktive Arbeitsbedingungen. „Aber alle vier Absolventen aus Jena bekamen eine Ablehnung, frei nach dem Motto: Wenn die Universität Jena euch nicht haben will, dann wollen wir euch auch nicht haben. Daraufhin schrieb der stellvertretende Prorektor für Erziehung und Ausbildung, Professor Gustav Schirmer, einen bitterbösen Brief nach Merseburg und betonte darin, dass es eine Unverschämtheit sei, Topstudenten der Universität Jena abzuweisen und zu behaupten, sie seien schlecht. Die Sektion Physik habe nur sieben Doktorandenstellen in diesem Jahr, aber mindestens 20 Studenten, die absolut super seien. Als Ergebnis dessen wurden alle vier Physiker genommen, und die Hochschule hat es sicher nicht bereut", sagt Karl-Heinz Feller heute.

Der junge Doktorand untersuchte Polymerlösungen unter hohem Druck mit Ultraschall. Etwas Ähnliches untersuchte auch Gert Heinrich, allerdings als Theoretiker. Nach der Promotion wollte Karl-Heinz Feller zurück nach Jena und fand dort auch eine Wohnung. „Zufällig traf ich Professor Bernd Wilhelmi im Zug und er versprach, dass ich wieder in der Physik einsteigen könne. Allerdings scheiterte das, weil ein Kommilitone aus meinem Studienjahr festgestellt hatte, dass ich politisch nicht tauglich sei", sagt er. Daraufhin bewarb er sich an der Sektion Chemie und war am Aufbau eines methodisch-diagnostischen Zentrums für optische Spektroskopie beteiligt. „Die Sektion Chemie hatte keine Probleme, mich zu nehmen, weil ich in der Forschung arbeiten sollte, ohne Lehrtätigkeit. Insofern half es mir, dass mich jemand denunziert hatte. Das veranlasste mich, meine ganze Zukunft neu zu gestalten, sonst wäre ich in der Sektion Physik einer von vielen Physikern gewesen."

In der physikalischen Chemie boten sich den Forschern im Bereich Fotochemie viele Möglichkeiten, Neues auszuprobieren. Sie untersuchten zusammen mit ORWO Wolfen neue Farbstoffe für Farbfilme und entwickelten für Carl Zeiss Jena die Software für ein neues UV/VIS-Spektrometer für die optische Molekülspektroskopie. Sie waren eine eingeschworene Truppe von Postdoktoranden. Obwohl ihr Chef eine Parteikarriere gemacht hatte, hielt er ihnen den Rücken frei und beschaffte vor allem Geld und Aufträge. Alle Forscher hatten unbefristete Stellen, waren kreativ, warben Projekte ein und bauten Netzwerke auf. „Also haben wir all das gemacht, was wir nach der Wende dringend brauchten. Und dann gab es immer noch den kleinen Dienstweg. Wenn wir ein Spezialglas benötigten, wandten wir uns an unsere ehemaligen Kommilitonen, die bei Schott Jena arbeiteten, und bekamen es unter der Hand. Offiziell hätten wir es innerhalb des Fünfjahresplans anmelden müssen. So halfen wir uns zu DDR-Zeiten und auch darüber hinaus."

Messen statt Meinen

Karl-Heinz Feller arbeitete 14 Jahre in der physikalischen Chemie und habilitierte dort im Bereich der Pikosekundenspektroskopie. „An der litauischen Universität Vilnius stand eine fantastische Apparatur für diese Art der Spektroskopie. Ich kam mit meinen Proben dorthin und wir haben dann ein halbes Jahr lang gemessen. Bis weit über die Wendezeit hinaus haben wir das fortgesetzt. Insgesamt gesehen habe ich über zwei Jahre meines Lebens in Litauen verbracht."

Die Beziehungen zwischen Litauen – wie auch den baltischen Staaten insgesamt – und dem Sowjetstaat waren historisch bedingt überwiegend von Misstrauen und Konflikten geprägt. Litauer haben ein ausgeprägtes Nationalbewusstsein, das Karl-Heinz Feller zwar bewunderte. „Aber sie mochten niemanden, der Russisch sprach. Deshalb habe ich mich immer zuerst auf Litauisch vorgestellt und dann erst weiter Russisch gesprochen." Richtiges Russisch habe er sowieso erst in Litauen gelernt; dadurch sprach er Russisch mit baltischem Akzent. „Das hat mir sehr geholfen, in den Achtzigerjahren unerkannt durch die Sowjetunion zu reisen. Ich war in Minsk, Tallinn, Tartu, Riga, Moskau und Leningrad und wurde immer als Balte angesehen, nie als Deutscher." Um 1988 herum begann die litauische Unabhängigkeitsbewegung. Es waren anfangs wenige, die auf die Straße gingen und dann verhaftet und ins Gefängnis gesteckt wurden. Die litauischen Kollegen sprachen von Extremisten. Später gab es riesige Demonstrationen mit Hunderttausenden Litauern, was 1990 in der Unabhängigkeit Litauens von der Sowjetunion mündete. Karl-Heinz Feller wunderte sich, dass die Litauer ihren Unabhängigkeitskampf mit einer möglichen deutschen Wiedervereinigung verknüpften. Für sie war klar, dass die Litauer, Polen und Ungarn immer Nationen bleiben würden, ganz egal, ob das Wirtschaftssystem nun sozialistisch oder kapitalistisch sei. Aber ein kapitalistisches Ostdeutschland könnten sie sich niemals vorstellen. Das hätte aus ihrer Sicht überhaupt keine Perspektive neben einem kapitalistischen Westdeutschland. „Damals dachte ich, das ist völliger Unsinn, und das wird es sowieso nie geben. Aber es war logisch", so Karl-Heinz Feller. „Und als ich die Demonstrationen am 9. Oktober 1989 in Leipzig sah, habe ich mich an diese Demonstrationen in Litauen erinnert."

Aufbauen statt Abwickeln

In der Wendezeit lernte Karl-Heinz Feller einen Wissenschaftler vom Max-Planck-Institut für biophysikalische Chemie in Göttingen kennen, der ebenfalls auf dem Gebiet der Pikosekundenspektroskopie forschte. Dieser lud ihn ein, für ein Jahr in Göttingen zu arbeiten. Am 1. Oktober 1990 fing der Physiker dort an und bekam einen Vertrag, der aber nicht verlängert werden durfte, damit ehemalige DDR-Bürger nicht heimisch werden. Zur gleichen Zeit wandelte die Friedrich-Schiller-Universität alle unbefristeten in befristete Verträge um. So war es im Einigungsvertrag festgeschrieben. Deshalb bewarb sich Karl-Heinz Feller auf mehrere Positionen an der neuen Fachhochschule in Jena. Durch seine Habilitation in der Chemie, der Auslandstätigkeit in Litauen und seine Forschungen am Max-Planck-Institut erfüllte er alle Punkte und bekam eine Stelle als Fachbereichsleiter.

Am 7. September 1992 wurde er der erste und einzige Professor an der Fakultät Medizintechnik. Deshalb ernannte ihn der Wirtschafts- und Wissenschaftsminister Thüringens gleichzeitig zum Dekan. „Wir hatten weder Lehrpläne noch sonst etwas, aber einen ungeheuren Enthusiasmus. Und über Nacht war ich plötzlich Dekan. Das hatte ich mir nicht träumen lassen." Die später nach Ernst Abbe benannte Hochschule wurde im Oktober 1991 als eine der ersten Fachhochschulen in den neuen Bundesländern gegründet. Damals schrieben sich 300 Studenten ein; heute studieren hier 4.300.

In den Nachwendejahren von 1992 bis 1994 wurden viele Spitzenwissenschaftler freigesetzt und hatten keine wissenschaftliche Perspektive mehr. Der frisch ernannte Dekan holte einige von ihnen an seinen Fachbereich und berichtet nicht ohne Stolz: „Plötzlich waren hier sieben Habilitierte im Fachbereich und 14 Professoren. Das war damals außergewöhnlich. Wir waren eine starke Wissenschaftlertruppe, und unser Rektor begrüßte es sehr, dass hier etwas ganz anderes passierte als in den alten Bundesländern."

Geld für den Aufbau des Instituts stand zur Verfügung und musste nur sinnvoll investiert werden, manchmal kamen die Investitionszusagen auch über Nacht. „Ich bekam Anfang Dezember 1992 einen Anruf vom Kanzler der Fachhochschule, der noch Geld für Ausrüstung zur Verfügung

1950 geboren in Jena, Facharbeiterabschluss als Industriekaufmann, Abitur und Studium der Physik an der Friedrich-Schiller-Universität Jena
1973 Diplomarbeit im Wissenschaftsbereich angewandte Quantentheorie bei Gerhard Weber
1978 Promotion in Polymerphysik
1989 Habilitation in Physikalischer Chemie
1973–1992 Wissenschaftlicher Assistent in der Sektion Physik der Technischen Hochschule Carl Schorlemmer Leuna-Merseburg, wissenschaftlicher Assistent an der Sektion Chemie der Friedrich-Schiller-Universität Jena
1992–2017 Professor für Instrumentelle Analytik und Physikalische Chemie an der Ernst-Abbe-Hochschule Jena
Seit 2018 Seniorprofessor.

hatte. Er fragte, wie viel ich bräuchte. So hatte ich plötzlich an einem Freitag um neun Uhr 50.000 D-Mark zur Verfügung und musste bis Montagmittag die Rechnungen abliefern. Glücklicherweise hatten wir mit der Firma Analytik Jena eine sehr gute Geschäftsbeziehung. Also bekam ich auf die Schnelle ein Infrarotspektrometer, ein UV/VIS-Spektrometer, ein Fluoreszenzspektrometer und einen Gaschromatografen. Dies legte den Grundstein für ein Labor mit einem sehr guten Gerätepark."

1994 erschien ein dickes Buch über die Erfolge der technischen Fachhochschulen in den letzten 25 Jahren. Auffällig dabei war, dass an den Fachhochschulen in den alten Bundesländern kaum geforscht wurde und in all diesen Jahren nur vier Absolventen zur Promotion geführt wurden. „Damit hatte ich ein Ziel: Es in den neuen Bundesländern besser zu machen. Ich wollte forschen und dass mehr Absolventen den Doktorgrad erlangen." In seinen 25 Jahren an der Ernst-Abbe-Hochschule führte Karl-Heinz Feller 14 Absolventen zur Promotion. Der Anfang gestaltete sich sehr schwierig, denn eine Fachhochschule hatte damals kein eigenes Promotionsrecht. Deshalb wurden Co-Betreuer von anderen Instituten benötigt. Aber sowohl die Technische Hochschule Ilmenau als auch die Physikalisch-Astronomische Fakultät in Jena sagten ab. Für seinen ersten Doktoranden kam Unterstützung von der Technischen Universität Clausthal. „Sie hatten in meinem Fachgebiet keine Doktoranden und waren froh, dass sie endlich einen abrechnen konnten, ohne etwas dafür zu tun. Inzwischen brauchen wir keine Sonderprüfung mehr, denn jeder weiß, dass wir Qualität liefern, und sie wird nicht mehr infrage gestellt." Das war ein langer Prozess.

Heute betreut Karl-Heinz Feller noch immer Doktoranden, obwohl er längst im Ruhestand ist. „Ich bekomme dafür keinen einzigen Cent, aber ich mache es aus dem Verantwortungsgefühl für meine Studenten und um Projekte abzuschließen. Leider gibt es keinen Nachfolger, der das fortführt."

Identität statt Etikett

„Ich habe 14 Jahre in der Chemie gearbeitet, bin aber kein Chemiker. Ich wollte nie einer werden, denn sie denken ganz anders, und ich habe trotzdem in der Chemie Seminare gehalten. Zum Schluss war ich eigentlich Biologe und Ingenieur und betrieb Tissue-Engineering, also Gewebezüchtung, um einen biotechnischen Chip zu entwickeln", fasst der Wissenschaftler seinen Lebensweg zusammen. „So betrachtet, ist meine Laufbahn eine sehr spannende Geschichte, die mich aber wieder zum Ausgangspunkt zurückbringt: Bin ich heute überhaupt noch Physiker?"

Unterm Strich empfindet Karl-Heinz Feller es als Glück, dass er nach seiner vierjährigen Assistentenzeit an der Technischen Hochschule

Merseburg keine Stelle an der Sektion Physik in Jena bekam. In der Chemie machte ihm das Forschen viel mehr Spaß. „Wir nutzten die Freiheiten und Möglichkeiten, und obwohl keine Professoren- oder Dozentenstellen frei wurden, konnte ich mich sogar habilitieren." 1990 hatte sich die Arbeit ausgezahlt, denn als sich die gesellschaftlichen Verhältnisse änderten, wurde plötzlich alles anders. „Das war schon eine verrückte Zeit. Ich bin glücklich mit meinem Leben, und ich weiß nicht, ob die nächste Generation so etwas erleben kann wie wir."

Umgeschaltet.

Holger Lippmann zwischen Physik, Programmierung und Produktion.

Holger Lippmann handelte in seinem Arbeitsleben nach dem Motto: Auch wenn es brenzlig wird – immer Kopf hoch und durch! „Wir waren im Studium keineswegs erfolgsverwöhnt, aber dieses Motto hat mir geholfen. Als ich viel später Mitarbeiter einstellte, fragte ich immer: ‚Können Sie abends nach einem Misserfolg heimgehen, ohne zu wissen, wie es weitergeht, und machen morgens einfach mit frischem Mut weiter?'" Wenn man etwas Neues macht, kann das Ding manchmal völlig danebengehen. Dann braucht man Zeit, um erst einmal in Ruhe nachzudenken und den Kopf oben zu behalten.

Denn danach geht es immer weiter, weiß Holger Lippmann aus Erfahrung: „Ich habe viele Menschen erlebt, die es in der Schule oder im Studium nicht leicht hatten. Sie waren aber meist diejenigen, die sich auch von Misserfolgen nicht von ihrem Weg abbringen ließen. Wenn aber Überflieger zum ersten Mal ein Fiasko erlebten, taten sie sich verdammt schwer damit, alles zu verdauen. Menschen, die das schon öfter erlebt hatten, standen sofort wieder auf und machten weiter."

Vielleicht ist das auch eine besondere Eigenschaft der Südthüringer – wie Holger Lippmann einer ist –, die es vor und nach der Wende nicht leicht hatten. Vor der Wende siedelte sich in diesem strukturschwachen Gebiet unter anderem die Elektronik- und Datenverarbeitungsindustrie an. Nach der Wende war es vor allem die Treuhand, die in den Bezirken Suhl und

Erfurt fast alle Unternehmen abwickelte und keinen Ersatz schaffte. Noch heute leidet diese Gegend unter dem gewaltigen Braindrain, der daraufhin erfolgte. Diejenigen, die flexibel, ungebunden und gut ausgebildet waren, fanden schnell einen Arbeitsplatz im Westen; zurück blieben Rentner und Funktionäre. Wer kam, waren die Glücksritter aus dem Westen, die im Ausverkauf des Ostens die schnelle Mark machten, und die Beamten, die freiwerdende Posten besetzten und die Buschprämie nutzten, um kurz vor ihrer Pensionierung noch einmal befördert zu werden. „Einzig die Menschen, die sich während des Wirtschaftswunders in der Bundesrepublik bereits eine Existenz aufgebaut hatten, waren ein bisschen anders gestrickt als diejenigen, die man sonst erlebte." Holger Lippmann erzählt: „Der Makler aus Essen, bei dem ich dann die IT-Infrastruktur betreute, sagte mir damals: ‚Das, was die Treuhand hier macht, ist eine Kampagne, und das geht vielleicht drei bis vier Jahre gut. Dann ist Schluss.' Er sollte recht behalten."

Feilen, Fakten, Formeln

Die Sechzigerjahre waren in der DDR geprägt von einem allgemeinen, gesellschaftlich geförderten Interesse an Technik und Naturwissenschaften. Das erklärte Ziel war, eine größere Wirtschaftskraft und einen höheren Lebensstandard zu erreichen. Deshalb arbeiteten die Schüler der siebten und achten Klassen etwa alle zwei Wochen einen halben Tag in der Produktion und bekamen so einen Eindruck vom Berufsleben. Und während ihrer Gymnasialzeit erlernten sie neben dem Abitur noch einen Lehrberuf. In Südthüringen wurden traditionell Glasbläser, Instrumentenbauer, Mechaniker und Werkzeugmacher ausgebildet. Holger Lippmann erlernte im Schreibmaschinenwerk Mercedes in Zella-Mehlis den Beruf eines Mechanikers für Büromaschinen. Er erinnert sich: „Das war mitunter hart, wenn man acht Stunden lang am Schraubstock steht und feilt. Dann werden spätestens eine Stunde vor Feierabend die Arme schwer und man muss sich durchbeißen. Unser Lehrlingsentgelt war hart erarbeitet. Aber diese Erfahrung ist meines Erachtens unverzichtbar. Wenn eine Passung klemmt, der rechte Winkel keiner ist oder das Maß abweicht, so liegt das weder am Lehrausbilder noch am Material oder der Mathematik, sondern an einem selbst. Das war der Umgang mit einer harten und elementaren Wahrheit, oder wie man damals sagte, mit der objektiven Realität. Da gab es nichts daran zu deuteln, das konnte jeder nachmessen. Und damit bekommt man eine Achtung vor dem Beruf. Das ist genau das, was ich heute vermisse, wenn man alles passend reden will."

Für den Schüler stand sehr schnell fest, dass er Physik studieren würde. Das Fach interessierte ihn einfach. Natürlich hätte er gern wie viele Studenten aus unserem Studienjahr Astronomie studiert. Aber das wäre nur über eine Spezialisierung im vierten Studienjahr möglich gewesen. Und in Jena merkte er schnell, dass er dazu nicht der Überflieger war. Nun blickt er auf seine Studienzeit zurück: „Als die Stoffdichte anzog, fiel es mir teilweise schwer, mitzukommen. Ich musste richtig kämpfen und brauchte mehr Zeit, um die Vorlesungen in Ruhe zu verdauen. Folglich hatte ich das Gefühl, ständig ein Defizit hinter mir herzuschleppen. Mein Zimmernachbar Karl-Heinz Lotze war hier eine große Hilfe. Er konnte die Lösungswege ganz klar und strukturiert erklären. Das half mir, vieles selbst logisch herzuleiten und zu begreifen, bis zum letzten Studienjahr."

Glas, Gauß, Grundrauschen

Nach dem Studium wurde Holger Lippmann an die Firma Elektrokeramik Sonneberg vermittelt. Das Unternehmen stellte elektrische Porzellanisolatoren, Zündkerzen und elektrische Heizungsrohre für große Heizkörper und Eisenbahnweichen her. Die Heizrohre wurden aus einer Magnesiumoxidmasse in einem Rohr gezogen, darin wurden Widerstandsdrähte eingezogen, und außen wurde alles von Stahlrohren ummantelt. Es waren alles eingespielte Produktionsprozesse, und für den wissenschaftlichen Mitarbeiter gab es hier wenig zu tun. Deshalb gab der Betrieb auch sein Okay, als Absolvent Lippmann schon nach anderthalb Jahren wieder zurück nach Zella-Mehlis wollte. Hier, in einer Außenstelle des Kombinats Technisches Glas, untersuchten Wissenschaftler das Festkörperverhalten von Glas. Bisher konnte man die mechanischen Belastungen und das Bruchverhalten von Gläsern nur statistisch vorhersagen, indem man einige Proben bei Belastungstests zerstörte und das Ergebnis auf die Gesamtheit übertrug. Dies war aber aufgrund der Streuung ziemlich ungenau. Daher wollten die Wissenschaftler das Problem zerstörungsfrei und akustisch lösen. Im Gefüge von Glas hört man vor dem irreversiblen Bruch ein Knistern. Die entsprechende Knisterquote kann man mit empfindlichen Mikrofonen messen, das Ergebnis mit bekannten Proben vergleichen und daraus auf die Festigkeit des untersuchten Exemplars schließen. „Das war äußerst interessant und spannend, aber leider wurde die Forschungsstelle zwei Jahre später aufgelöst und zurück ins Hauptwerk nach Ilmenau verlagert. Für mich hätte das einen Arbeitsweg von zweieinhalb Stunden bedeutet."

Holger Lippmann bewarb sich in seinem alten Ausbildungsbetrieb Mercedes, der inzwischen zum Kombinat Robotron gehörte. In der Entwicklungsabteilung waren alle Stellen besetzt, aber das Rechenzentrum suchte händeringend Mitarbeiter. Vom Studium her kannte er die Programmiersprache Algol 60. Das machte ihm keine Freude und schon damals hoffte er,

„Die Marktwirtschaft, wie wir sie uns gedacht haben, war dann doch nicht so eingetreten. Man denkt immer, es gibt einen Wettbewerb. Aber es gibt immer einige, die etwas an den Regeln drehen können, um die Konkurrenz auszuschalten."

dass er im Leben nie wieder programmieren werde, doch „kurioserweise habe ich mich die meiste Zeit meines Lebens mit Computern, Software und deren Entwicklung beschäftigt." Schon in der Forschungsstelle beim Technischen Glas stand ein C8205-Rechner des VEB Büromaschinenwerke Zella-Mehlis. Er hatte die Größe zweier Schreibtische, an der Seite einen Lochstreifeneinzug und einen Algol 60-Compiler. Mit ihm schrieb der Physiker ein Programm, das eine Liste inklusive der Gauß-Verteilung auf dem Fernschreiber ausdruckte. „Später habe ich Fourier-Analysen gemacht und das Frequenzverhalten der Schallemissionen gemessen. Um aus einem Zeitverlauf einen Frequenzverlauf zu berechnen, musste ich den Rechner frühmorgens starten und gegen Feierabend kam dann das Spektrum raus. Der Rechner hatte einige tausendmal Sinus- und Kosinusfunktionen zu durchlaufen und jedes Unterprogramm lief etwa eine Sekunde. Das war mein erster Kontakt zur Rechentechnik."

ES1040, Ehrgeiz, Eigenbau

Im Rechenzentrum gab es den neuen Rechner ES1040. Technisch gesehen war dies eine Großanlage und das Pendant zum IBM-Rechner System/370. Für diesen Rechner schrieb Holger Lippmann einige Jahre lang System- und Materialwirtschaftsprogramme in Assemblersprache für maschinennahe Programmierung. 1982 wechselte er dann zu einem Zeitpunkt in die Entwicklungsabteilung, als die Mikroprozessortechnik interessanter wurde. Robotron stellte damals das Bildschirmterminal VT100 für Großrechner her. Herzstück des Terminals war der Mikroprozessor U880 – im Prinzip ein nachgebauter Zilog Z80 –, das mit zusätzlichem Speicher und einer V.24-Schnittstelle für die Datenfernübertragung versehen wurde. „Wir hatten den Ehrgeiz, die Terminals auch autonom zu betreiben und entwickelten dafür in 8-Bit-Technik Programme und Betriebssysteme. Als Speicher nutzten wir Magnetbandkassetten und als Computerbildschirme ausgesuchte Röhren vom Radeberger Fernsehwerk Rafena. Diese wurden vorn mit grünem Klarlack beschichtet, damit sie das typische grüne Bildschirmbild erzeugten. Wir hatten damals eine sehr enge Kooperation mit der Technischen Hochschule Ilmenau. Sie selbst nutzten unsere Technik und entwickelten jede Menge Software dafür."

Der gute Draht zur TH Ilmenau zahlte sich für beide Seiten aus, denn alle zukünftigen Professoren mussten vor ihrer Berufung ein Jahr lang in der Industrie ein Praktikum machen. Auf diese Weise beschäftigte Holger Lippmann in seiner Gruppe auch den künftigen Professor Harald Killenberg. „Ich wollte etwas später bei ihm promovieren. Allerdings gab es an der TH Ilmenau nur technische Fachrichtungen, und für eine Promotion brauchte man den Hauptabschluss in einer technischen Fachrichtung." Also studierte der Physiker Holger Lippmann noch einmal drei Jahre Mikroprozessortechnik im Fernstudium. „Das war recht interessant und gespickt mit viel Theorie über digitale Automaten. Da half es mir, durch die harte Schule bei Professor Schubert gegangen zu sein. In seinen Vorlesungen über Quantenfeldtheorie war es ähnlich abstrakt. Aber nun hatte ich ein Gefühl für die Materie und war abgebrüht genug, das alles durchzustehen. Zudem hatte ich im Fernstudium immer mal wieder Zeit dazwischen, in der ich den Stoff in Ruhe etwas sacken lassen konnte. Das hat mir ganz gutgetan." Und seither steht auf der Visitenkarte von Holger Lippmann neben Physiker auch noch der Titel Fachphysiker für Mikroprozessortechnik, was dem Diplom-Ingenieur gleichkommt. Seine Promotion fiel der Wende zum Opfer.

An die Zeit bei Robotron Zella-Mehlis erinnert er sich gern. „Sie war recht erfüllt. Wir entwickelten dort die ersten PC-ähnlichen Geräte. Als wir in die Mikroprozessortechnik und 16-Bit-Technik einsteigen wollten, holte uns aber die deutsche Wiedervereinigung ein." Das letzte große Projekt von Holger Lippmann war die Entwicklung eines Harddisk-Controllers für die Winchester-Plattenspeicher des Werkes in Meiningen. „Da haben wir uns noch mal richtig die Sporen gegeben." Insgesamt habe er zwar wenig mit Physik zu tun gehabt, aber die Jahre bei Robotron, besonders die von 1982 bis 1990, waren für ihn befriedigend und erfüllend.

Wende, Wunden, Weitergehen

Als die Wende kam, schlug die Marktwirtschaft brutal zu, erinnert er sich. Der Betrieb in Zella-Mehlis mit seinen 2.000 Mitarbeitern wurde abgewickelt und die Gebäude abgerissen. „Die Marktwirtschaft, wie wir sie uns gedacht hatten, war dann doch nicht so eingetreten. Man denkt immer, es gibt einen Wettbewerb. Aber es gibt immer einige, die etwas an den Regeln drehen können, um die Konkurrenz auszuschalten." Zuerst versuchte Holger Lippmann, den EDV-Vertrieb für eine kleine Firma zu organisieren, aber diese ging schon nach kurzer Zeit pleite. Nach einem halben Jahr Arbeitslosigkeit traf er dann den erwähnten Makler aus Essen, der für die Treuhand in Südthüringen alle Ferienobjekte verwaltete. Bei ihm managte er die gesamte IT-Infrastruktur und pendelte mit seinem alten Trabi zwischen den Büros in Suhl, Essen, Waren (Müritz) und Berlin hin und her. „Die Bezahlung war nicht üppig, aber ich war froh, dass ich überhaupt etwas hatte. Ringsum gab es kaum etwas, was die Menschen machen konnten. Es war eine schwierige Zeit."

Durch einen Hinweis aus Freiburg im Breisgau bekam Holger Lippmann einen neuen Job in einem dort ansässigen kleinen Privatinstitut, das Sensorik für die Raumfahrt entwickelte. In einer großen Vakuumprüfkammer sollten Solarzellen für Satellitenführungen getestet werden. Die Aufgabenstellung: Im Weltall verursachen die geladenen Teilchen des Sonnenwinds immer wieder Probleme. Sie sammeln sich in der Glasschicht der Solarzellen an, wodurch eine Spannung entsteht, die gelegentlich einen

Durchschlag verursacht und die Zellen beschädigen kann. In einer speziell dafür entwickelten Prüfvorrichtung wurden die Solarzellen mit einem Teilchenstrom beschossen, mit Sensoren überwacht und nach Fehlern gesucht. Leider drehte kurz darauf Deutschland seine wirtschaftlichen Aktivitäten im Bereich der Raumfahrt auf Sparflamme und lagerte sie nach Frankreich aus. „Als die Aufträge ausblieben, versuchten wir, unser Wissen in der Medizintechnik unterzubringen und entwickelten Sensoren für die Sauerstoffsättigung im Blut. Mit einem Wissenschafts-Tool wollten wir Informationen für ein medizinisches Verfahren in der Krebsforschung bereitstellen. Aber hierbei hätte das kleine Unternehmen zu stark in Vorleistung treten müssen. So waren wir im Jahr 2000 insolvent", sagt Holger Lippmann.

Die gute Nachricht war, dass er nicht mehr an jedem Wochenende 1.000 Kilometer pendeln musste. So konnte er in Zella-Mehlis sein Elternhaus ausbauen und brauchte keine Miete mehr zu zahlen. Die schlechte Nachricht war, dass es äußerst schwierig war, in dieser Gegend eine neue Arbeit zu finden. In Suhl gab es ein Unternehmen, das sich auf individuell angepasste Linearmotoren spezialisiert hatte. Hier kam Holger Lippmann unter. Allerdings blieben die größeren Serienaufträge aus und Einzelaufträge brachten kaum Gewinn und so stand der Physiker mit 54 Jahren wieder auf der Straße.

Doch wie es der Zufall wollte, traf er genau in dieser Situation alte Robotron-Kollegen, die den Kontakt zur ADVA Optical Networking in Meiningen herstellten. Das Unternehmen stellte hochspezialisierte Glasfasertechnik für die Nachrichtenübertragung her und Holger Lippmann bekam einen neuen Job. „Ich sollte dort für die Produktion die entsprechende Prüfsoftware entwickeln. Und schon nach zwei Wochen fragte mich der Produktionsleiter, ob ich am Wochenende freiwillig zum Produktionseinsatz kommen könnte. Ich sagte: ‚Klar, prima, mache ich, wenn ich gebraucht werde.'" Zu diesem Zeitpunkt hatte das Unternehmen von der British Telecom einen Großauftrag bekommen und sollte schnell tausende Geräte mit Übertragungstechnik für große Netzknoten liefern. „Das war mein Einstieg und doch noch eine richtig gute Zeit. Und ich habe diesen Job bis zu meinem Renteneintritt gemacht." Die Arbeit machte Spaß und wurde ordentlich entlohnt. Aber vor allem konnte er seine gesamten Kenntnisse wiederverwenden und war tief in der Programmierung drin. Holger Lippmann baute ein Servernetz für die Produktionsstandorte in den USA, in Rumänien und in China auf. Die Server sammelten Arbeitsdaten und Messprotokolle von allen Arbeitsstationen, verdichteten die Daten und übertrugen sie nachts nach Meiningen. „Das war sehr preiswert und ersparte dem Unternehmen jede Menge teure MES-Produkte, also Software für

1950 geboren in Oppach (Oberlausitz), Abitur und Facharbeiterabschluss als Mechaniker für Büromaschinen, Studium der Physik an der Friedrich-Schiller-Universität Jena
1973 Diplomarbeit in der Abteilung HF-Spektroskopie
1988 Fachphysiker für Mikroprozessortechnik an der TH Ilmenau
1973–1990 Wissenschaftlicher Mitarbeiter bei Elektrokeramik Sonneberg und beim Kombinat Technisches Glas in Zella-Mehlis Ilmenau, Programmierer im Rechenzentrum und später Progammierer in der Entwicklungsabteilung von Robotron
1991–2015 IT-Betreuung, wissenschaftlicher Mitarbeiter bei Physikalisch-Technische Studien Freiburg, Entwicklungsingenieur für Linearmotoren Suhl, Entwickler bei der ADVA Optical Networking Meiningen.

die Überwachung von Produktionsprozessen in Echtzeit. Und bis die Firma irgendwann wieder etwas Neues einführt, betreue ich die Server noch immer aus dem Homeoffice."

Plan, Praxis, Perspektive

Wenn Holger Lippmann sein Arbeitsleben reflektiert, spricht er von ständigen Höhen und Tiefen. „Nichts war wie geplant. In der Elektrokeramik in Sonneberg hatten sie keinen passenden Job für mich und ich musste öfter die Abteilung wechseln. Beim Kombinat Technisches Glas hätte es für einen Physiker fachlich recht anspruchsvoll werden können, doch dann wurde die Außenstelle geschlossen. Und bei Robotron programmierte ich, anstatt zu forschen. Bis hierher hatte ich immer das Gefühl: Kopf hoch, und schauen, was geht." Doch mit der Wende kamen der große Umbruch und die Rückbesinnung auf die Stärken eines disponiblen Physikers. „Wir hatten gelernt, mit großen Belastungen umzugehen, immer wieder die Systematik einzubringen und einen Weg zu suchen. Das hat mich ein Leben lang begleitet." Und er hatte dazu seine Methodik entwickelt: Bei etwas Neuem brauchte er erst einmal einen groben Überblick, dann konnte er loslegen und sich hineinvertiefen. Der Physiker und Diplom-Ingenieur resümiert: „Im Studium klappte das nicht immer, und ich habe bei den Vorlesungen in Quantenfeldtheorie schnell den Überblick verloren. Heute kenne ich meine Koordinaten."

Zugehört.

Karl-Heinz Möckel und die Präzision der Akustik.

Karl-Heinz Möckel hat in seinem Leben viel erreicht. Nach der Wende machte sich der Fachphysiker für Medizin selbstständig, legte die Meisterprüfung ab und gründete ein Familienunternehmen, das heute 100 Mitarbeiter beschäftigt. So gesehen war er immer erfolgreich. Trotzdem schwingt im Gespräch eine gewisse Unsicherheit mit, wenn der Hörgerätespezialist über die vergangenen Pandemiejahre spricht. „Es war ein Warnschuss, dass auch manches anders verlaufen könnte."

Manchmal trafen ihn Rückschläge und manches Mal hatte er einfach Glück. Das ist Karl-Heinz Möckel bewusst. Umso mehr störte es ihn, wenn er sich Dingen ausgeliefert sah, die er nicht beeinflussen konnte. „Das war schon zu DDR-Zeiten so. Damals konnte man sich seine Nische suchen und irgendwie überleben. Und während der Corona-Zeiten kam dieses Gefühl wieder hoch. Unsere Hörakustik-Geschäfte durften zum Glück geöffnet bleiben, weil wir eine systemrelevante Berufsgruppe waren, im Gegensatz zu anderen Gewerken und der Gastronomie, die monatelang geschlossen blieben. Aber auch diese mussten ihre Mitarbeiter und die Miete bezahlen, während die Lagerbestände kaputtgingen. Die Insolvenzen hatten nichts mit unternehmerischer Unfähigkeit zu tun. Das waren äußere Einflüsse. Deshalb bin ich vorsichtiger und wachsamer geworden. Schon aus Verantwortung meinen Mitarbeitern gegenüber."

In der Wendezeit schlug der Physiker mit unternehmerischem Mut noch einmal einen völlig neuen Weg ein und machte sich 1991 als Hörakustiker selbstständig. Das Filialnetz des Unternehmers Möckel reicht inzwischen von Südthüringen bis nach Oberfranken, und das Unternehmen legt besonderen Wert auf die eigene Ausbildung seiner Mitarbeiter. Ein großer Teil seiner Mitarbeiter ist von Anfang an dabei. Sie sind inzwischen Generation 50+, gehen auf die Rente zu und haben eine andere Lebens- und Denkart als die Jugend heute. Auch das stimmt ihn nachdenklich: „Die jungen Mitarbeiter sind nicht besser oder schlechter, aber man merkt, dass sie eine völlig andere Sicht auf die Lebens- und Arbeitswelt haben. Wir wurden noch angetrieben vom Pflichtbewusstsein und haben uns für eine Sache oder ein Ziel engagiert. Das ist heute nicht mehr der Fall, und wir merken, dass es hier wirklich ein Übersetzungsproblem zwischen den Generationen gibt."

Von der Physik ins Ohr

Als Schüler war Karl-Heinz Möckel schon immer technisch und naturwissenschaftlich interessiert. Eigentlich wollte der Funkamateur Lehrer für Mathematik und Physik werden. Aber sein Umfeld riet ihm, keine halben Sachen zu machen und lieber gleich Physik als Naturwissenschaft zu studieren. „Ich glaube, dass mein Leben ganz anders verlaufen wäre, wenn ich meinem inneren Drang nachgegeben hätte und Lehrer geworden wäre. Ich wäre in der damaligen Zeit sicher ein guter Lehrer gewesen. Heute wäre das etwas anderes, aber Ende der Sechzigerjahre geschah alles noch in festen Bahnen. Da gab es die Schule, das Abitur mit Berufsausbildung und das Studium. Das war alles getaktet, und trotzdem war es eine schöne und intensive Zeit. Ich musste viel arbeiten, aber es ist mir nicht schwergefallen."

Im Studium waren Kurt Walter, Konrad Bach, Ernst Glaser und Karl-Heinz Möckel die Clique aus der Rhön, die etwas seltsam das „R" rollten und aus Kaltensundheim oder Umgebung kamen. Die vier gingen in Meiningen auf das neusprachliche Gymnasium und studierten danach Physik in Jena. Sie waren in derselben Seminargruppe und fuhren jedes Wochenende mit demselben Zug nach Hause. „Ich habe ein Jahr lang in Jena-Zwätzen in der Studentenbaracke gewohnt und bin mit dem Gemeinschaftswohnen überhaupt nicht klargekommen. Wir lebten zu sechst in einem Zimmer mit Doppelstockbetten, Tisch und Stuhl. Aber jeder von uns hatte einen eigenen Wohn- und Lebensstil, und da war es schwierig, alles unter einen Hut zu bringen. Deshalb habe ich mir ganz schnell ein möbliertes Zimmer bei einer 80-jährigen Frau gesucht. Vielleicht habe ich da etwas im Studium verpasst, denn ich wollte nicht unbedingt ein Einzelgänger sein. Aber die Bedingungen waren halt so, dass ich mehr oder weniger einer geworden bin. Im Nachhinein betrachtet war es eigentlich schade."

Nach dem Studium arbeitete Karl-Heinz Möckel fünf Jahre bei Carl Zeiss Jena im Laserlabor. Er denkt zurück an eine schöne Zeit mit guten Kollegen. Doch am liebsten hätte er an das Physikstudium noch ein Medizinstudium angehängt. Die Medizin habe ihn schon immer sehr interessiert. Allerdings war es in der DDR kaum möglich, zwei Hochschulabschlüsse hintereinander zu machen. Also versuchte es der Physiker auf einem anderen Weg und bewarb sich auf Stellen im medizinischen Bereich. Durch Zufall wurde er in Meiningen mit einem HNO-Arzt bekannt, der im Bezirkskrankenhaus Meiningen ein Hörzentrum aufbauen sollte. „Also haben wir gemeinsam ein Rehabilitationszentrum für Hörgeschädigte aufgebaut. Wir hatten gute Messtechnik, ausgezeichnete personelle und räumliche Ausstattung und ein Einzugsgebiet von Eisenach bis Sonneberg. Während dieser Zeit habe ich noch ein postgraduales Studium in Biomedizintechnik und Bionik gemacht und bin seitdem Fachphysiker für Medizin. Die Arbeit war eine richtige Erfüllung, denn ich konnte viele Dinge selbst gestalten. Das war eine tolle Geschichte!“

Vom Hörsaal ins Handwerk

In der Wendezeit wurde das audiologische Zentrum im Bezirkskrankenhaus von vielen Verantwortlichen sehr beachtet und gelobt. Aber am Ende fand sich dafür kein Träger – weder die Stadt noch der Landkreis noch das Bundesland Thüringen wollten dies sein. Allen war es zu aufwendig und zu teuer. „Nach reiflicher Überlegung habe ich damals die gesamte Messtechnik übernommen und versucht, selbst etwas in Sachen Hörakustik auf die Beine zu stellen.“ In der Bundesrepublik wurde bereits damals die medizinische Diagnostik entweder in den Kliniken oder in den Arztpraxen durchgeführt. Gleichzeitig ist die Hörgeräteversorgung ein eigener Beruf. „Es ist mir nicht leichtgefallen, in diese Richtung zu gehen, schon aus meinem akademischen Anspruch heraus. Aber ich habe gesehen, dass es nicht anders geht.“ Alle relevanten Arbeitsplätze in den großen Kliniken waren schon vergeben. Karl-Heinz Möckel hätte den Ort wechseln und mit der Familie wegziehen müssen. Doch seine damalige Frau war Zahnärztin und hatte sich bereits selbstständig gemacht. Dies war für ihn der Grund, auch den Schritt in die Selbstständigkeit zu gehen. „Noch aus der DDR-Zeit hatte ich Kontakte in den Westen über Kongresse, Veröffentlichungen oder Korrespondenz. Also wusste ich ungefähr, was mich erwartete. Im Grunde genommen habe ich das, was ich zu DDR-Zeiten gemacht habe, zum Teil übernommen und manches neu gemacht, vor allem mit den neuen Strukturen im Handwerk.“

Es war die Zeit, in der viele Verwaltungsstrukturen vom Westen in den Osten übernommen wurden. Und das war keinesfalls einfach. Plötzlich brauchte der Akademiker mit zwei Hochschulabschlüssen auch noch eine Handwerksmeisterprüfung, denn nur damit durfte er sich selbstständig machen. Die einzige Meisterschule für Hörgeräteakustiker war damals in Lübeck. „Dort hatte man uns – es gab einige von meiner Sorte – sehr unter die Arme gegriffen und uns die Abschnitte, die wir nicht kannten, im Eiltempo beigebracht. Wir haben dann im Schnellverfahren eine richtige Meisterprüfung vor dem Meisterprüfungsausschuss abgelegt.“ Damit waren die Voraussetzungen für die Selbstständigkeit geschaffen, und der frischgebackene Hörakustikmeister übernahm fast alle Mitarbeiter des ehemaligen Hörzentrums. Von Vorteil war, dass das audiologische Zentrum zu DDR-Zeiten schon alle Schwerhörigen im Bezirk Suhl mit Hörgeräten versorgt hatte. Damit schuf dieser Kundenstamm die Basis für den Geschäftserfolg. Schon im ersten Jahr konnte Karl-Heinz Möckel vier Geschäfte eröffnen und im darauffolgenden Jahr noch einmal zwei. In der Folgezeit kamen noch weitere zehn Geschäfte hinzu. „Ich habe es nicht bereut. Aber ich musste mich immer mehr um die wirtschaftlichen Dinge kümmern, Marketing und Verkauf lernen, Preise kalkulieren und Steuern abrechnen. So gesehen hat das Physikstudium mich befähigt, meinen Weg zu finden. Wir haben gelernt, praktisch und logisch zu denken, zu kombinieren und uns auf neue Dinge einzustellen. Von daher war mein Lebensweg gar nicht so abwegig."

„Ich musste von meinem akademischen Anspruch abrücken und mich mehr um die wirtschaftlichen Dinge kümmern, Marketing und Verkauf lernen, kalkulieren und die Steuer abrechnen."

Dass er nach der Wende schnell die Kurve gekriegt und nicht seinen akademischen Ambitionen nachgehangen habe, bezeichnet der erfolgreiche Unternehmer als Glück. „Ansonsten wäre es mir wirtschaftlich auch nicht so gut gegangen. Ich wurde vielleicht immer ein bisschen gedrängt und geschubst." Und wenn man – wie er – nicht den Mut oder das Wissen hat, eine Unternehmensgründung allein zu stemmen, sucht man sich einen Partner, der zur Bank geht, ein Konzept erarbeitet, den Kreditzins aushandelt und die Banker überzeugt. „Das haben wir nie gelernt, daher nahm ich mir einen Partner aus dem Westen und hatte ausgesprochenes Glück mit ihm. Er hat mich zwar Geld gekostet, aber mich auch auf den richtigen Weg gebracht. Von da an bin ich allein gegangen."

Generationenwechsel im Hörraum

Seine Kinder drängte Karl-Heinz Möckel nie dazu, das zu machen, was er macht. Die Tochter studierte in Jena an der Fachhochschule für Augenoptik und entwickelt heute Scheinwerfer für Hella, BMW und Audi. Der Sohn interessierte sich zwar für Hörakustik und machte eine entsprechende Ausbildung im väterlichen Betrieb. Danach kamen der Zivildienst in einer HNO-Klinik in Tübingen und ein Wirtschaftsingenieurstudium. Viele Jahre später kam er zurück nach Meiningen. „Ich war sehr überrascht, und natürlich freute ich mich. Später habe ich ihm dann die Hälfte der Firma überschrieben. Jetzt ist er Geschäftsführer, macht alles allein. Ich erledige nur noch einige Verwaltungsaufgaben und betreue das Personalwesen."

Damit hat Karl-Heinz Möckel nun endlich Zeit, auf Reisen zu gehen. Es war immer sein Traum, mit einem allradgetrieben Reise-Lkw durch die

Welt zu fahren. Inzwischen haben Carlo und Angela, wie er und seine Frau auf ihrer Website heißen, ihren Autark Explorer E3 nach Südafrika verschifft und in Pretoria untergestellt. Sie fliegen regelmäßig dorthin und verbringen schon mal neun Monate in Afrika. „Solange es eben Familie und Arbeit erlauben. Wir nehmen uns diese Freiheit. Das Leben ist zu kurz, als dass man etwas aufschieben könnte. Wir hätten mit dem Reisen viel früher beginnen müssen, aber das hatte die Tätigkeit in der Firma nicht hergegeben." Und der Abenteurer fügt hinzu, dass es ein tolles und früher nicht gekanntes Gefühl sei, am Anfang einer Reise nicht gleich deren Ende im Blick zu haben.

Trotzdem sieht er es als einen Segen an, dass er immer noch arbeiten kann. Es gibt Monate, an denen er jeden Tag acht bis zehn Stunden im Büro ist. „Aber dann sind wir wieder weg." Es ist ihm wichtig, den Kopf weiter zu benutzen und wirklich auch zu arbeiten. „Wenn man das Glück hat, bedingt eine geistige Fitness auch die körperliche Fitness", sagt er. „Und irgendwann sind der Keller aufgeräumt, der Garten bestellt und alle Bücher durchgelesen. Das ist keine Kompensation. Wenn man selbst bestimmen kann, wie viel man arbeitet, ist es besser." Karl-Heinz Möckel bezeichnet das als den wahren Luxus.

1950 geboren in Meiningen, Abitur und Facharbeiterabschluss als Kraftfahrzeugschlosser, Studium der Physik an der Friedrich-Schiller-Universität Jena
1973 Diplomarbeit
1983 Fachphysiker der Medizin
1973–1990 Wissenschaftlicher Mitarbeiter im Forschungszentrum bei Carl Zeiss Jena, Leiter des audiologischen Zentrums des Bezirkskrankenhauses Meiningen
1991 Hörgeräte-Akustik-Meister, Audiologe, Pädakustiker und öffentlich bestellter und vereidigter Sachverständiger
Seit 1991 Geschäftsführer und Inhaber der Firma Hörgeräte Möckel – Audiologie und Hörakustik.

Zwischen zwei Welten hören

Ein Wunsch bleibt. Und er fasst ihn so zusammen: „Mit dem Zusammenbruch der DDR kam ein großer Wendepunkt, bei dem sich das Leben auch für mich total geändert hat. Ich musste vom Akademiker zum Handwerker wechseln und habe mich dann bewusst politisch engagiert. Über 25 Jahre war ich Vizepräsident im bundesweiten Berufsverband der Hörgeräteakustiker und habe in dieser Zeit versucht, nicht immer diese Unterschiede zwischen Ost und West herauszustreichen. Jeder Mensch hat seine eigene Geschichte, ein Bayer hat eine andere als ein Ostfriese oder ein Sachse. Nach 35 Jahren Wiedervereinigung bin ich enttäuscht, dass es immer noch so große Unterschiede im Denken und Fühlen gibt, und dass es im Westen etliche narzisstische Menschen gibt, die immer noch denken, sie seien besser." Dies präge auch die nächste und übernächste Generation: „Ich hätte mir gewünscht, dass nach so langer Zeit diese Gräben zugeschüttet wären."

MAX-PLANCK-INSTITUT FÜR PHYSIK UND ASTROPHYSIK

INSTITUT FÜR PHYSIK

PROF. W. HEISENBERG

8 MÜNCHEN 23, den 20. Mai 1970
FÖHRINGER RING 6
TELEFON 327001-015

Herrn
Harald K r ü g e r
Sektion Physik für den wissenschaftl.
Gerätebau
I. Studienjahr - Seminargruppe 6
Friedrich-Schiller-Universität

X 69 J e n a
Max-Wien-Platz 1

Sehr geehrter Herr Krüger!

Entschuldigen Sie, wenn ich die Fragen Ihres Briefes nur aus dem Stegreif ohne viel Vorbereitung beantworte:

Zu 1. Um mit einem speziellen Beispiel anzufangen: Die Apparaturen, die zum Zwecke irgendeiner Messung an modernen Großbeschleunigern in der Atomphysik aufgebaut werden müssen, sind viel zu kompliziert, als daß ein einzelner zeitlich oder nach seinen Erfahrungen die Möglichkeit hätte, sie allein aufzubauen. Sie können also nur von zusammenarbeitenden Gruppen tüchtiger Physiker konstruiert, aufgebaut und betreut werden. Aber auch in der theoretischen Physik ist es einem einzelnen kaum mehr möglich, die für sein Problem einschlägige Literatur wirklich zu kennen; er muß sich also mit anderen zusammentun, um die für die Bearbeitung des Problems notwendige Übersicht zu gewinnen.

Zu 2. Der einzelne Wissenschaftler muß stets die Freiheit behalten, sich sein Forschungsgebiet zu wählen und die Ergebnisse zu veröffentlichen. Die Einordnung in eine Gemeinschaft muß nicht eine Beschränkung dieser Freiheit bedeuten.

Zu 3. Die Arbeit in einer Gemeinschaft sollte eine willkommene Gelegenheit darstellen, die Verantwortung des Wissenschaftlers gegenüber der Gesellschaft zu diskutieren und auch den anderen bewußt zu machen.

Zu 4. Da die Einordnung in die Gesellschaft ein zentrales Problem aller Erziehung ist, wird die Einordnung in eine kleine Physikergemeinschaft in der Regel für die Entwicklung der Persönlichkeit wertvoll sein.

Im FDJ-Studienjahr sollte die Frage des Beitrags eines Forschers für das Kollektiv untersucht werden. Hier antwortete Werner Heisenberg auf die gestellten Fragen.

Freiheitsgrade eines Jahrgangs.

Versuchsanordnung: Das FDJ-Studienjahr

Jede Seminargruppe war verpflichtet, einmal im Monat an einer etwa zweistündigen Veranstaltung des FDJ-Studienjahres teilzunehmen, die der politisch-ideologischen Bildung diente. Die Themen wurden staatlich vorgegeben, und eine der ersten Aktionen in diesem Rahmen war die Klärung der Frage, ob und wie die Forschung in Zukunft stattfindet.

Im ersten Studienjahr hatte jede Seminargruppe die Aufgabe, Wissenschaftler zu ihrem Verhältnis zum Kollektiv und zur Freiheit der Forschung zu befragen. Für die Seminargruppe 6 formulierte Harald Krüger als Seminargruppensekretär einen Brief mit Fragen an Werner Heisenberg, der in München lebte. Der Nobelpreisträger antwortete persönlich darauf.

Seine Antwort auf die Frage „Sehen Sie Grenzen für die Leistungsfähigkeit eines solchen Forscherkollektivs?“ wurde zum geflügelten Wort eines ganzen Studienjahres: „Es wird immer wieder Probleme geben, die so schwierig sind, dass man sie eigentlich nur allein lösen kann.“ Heisenberg relativierte seine Aussage noch mit dem eingeschobenen Nachsatz: „Aber auch dann wird die Zugehörigkeit zu einem Kollektiv die Gelegenheit geben, die Lösung mit anderen zu diskutieren und kritisch zu prüfen.“ Vor allem die erste Antwort ist jedem Studenten bis heute im Gedächtnis geblieben.

MAX-PLANCK-INSTITUT für Physik und Astrophysik Blatt Nr. 2

z. Schr. v. 20.5.1970 an Herrn H. Krüger, Jena

Zu 5. Es wird immer wieder Probleme geben, die so schwierig sind, daß man sie eigentlich nur allein lösen kann. Aber auch dann wird die Zugehörigkeit zu einem Kollektiv die Gelegenheit geben, die Lösung mit anderen zu diskutieren und kritisch zu prüfen. Ich habe also keine Sorge wegen der in Ihrem Brief erwähnten Grenze.

Zu 6. Die Kollektivarbeit ist sicher auch schon in der Ausbildungszeit wertvoll und sollte daher früh geübt werden.

Mit den besten Grüßen

Ihr

W. Heisenberg

Unter Aufsicht: Gesellschaftliche Aktivitäten einer Seminargruppe

Zu Beginn der Studienzeit teilte die Sektionsleitung die Studenten in Seminargruppen ein und berücksichtigte dabei regionale Zugehörigkeiten. Die Studenten blieben bis zum Ende ihres Studiums in der jeweiligen Gruppe und besuchten nach einem vorgegebenen Stundenplan gemeinsam Vorlesungen und Seminare. Joachim Bauer beschreibt in seiner Dissertation „Die Universität Jena in der DDR (1945–1989)" die Rolle der Seminargruppen als „eine feste organisatorische Einheit, die studentische Zusammenarbeit förderten und der politischen Schulung und gegenseitigen Kontrolle dienten. Die Ideologie spielte eine zentrale Rolle, da in enger Zusammenarbeit mit der FDJ auf einen ständig zunehmenden Selbsterziehungsprozess hingewirkt werden sollte." Aus dem Kreis der Studenten einer Seminargruppe wurden sogenannte Seminargruppensekretäre gewählt, die meist organisatorische Aufgaben erfüllten, die Studenten bei kritischen Situationen unterstützten und die Schnittstelle zur Sektionsleitung bildeten. Sie bestimmten auch, welche Studenten aufgrund ihrer gesellschaftlichen Leistungen für ein Leistungsstipendium vorzuschlagen sind und welche Jugendobjekte in Angriff genommen werden sollten.

Alle Aktivitäten einer Seminargruppe wurden in ein sogenanntes Gruppenbuch eingetragen. Die Funktion des Gruppenbuches bestand in der „Selbstkontrolle der einzelnen Studenten, der kollektiven Überprüfung des Entwicklungsstandes einzelner Studenten und der gesamten Seminargruppe", schreibt Joachim Bauer. Gleichzeitig wurden in dieses Gruppenbuch Stellungnahmen der Seminargruppe zu einem Hochschulwechsel, zu einer Exmatrikulation und Auszeichnungen eingetragen. Es bildete auch die Grundlage, um Disziplinarmaßnahmen einzuleiten. Theoretisch sollte dieses Buch eine ständige Informationsquelle für die FDJ-Leitung und die Sektionsleitung sein; in der Praxis erwies es sich aber als untauglich, da die Schriftführer nicht unbedingt ihre Kommilitonen anschwärzen wollten. Die einzige Funktion, die dieses Buch wirklich erfüllte, war eine geschönte Abrechnung zum Erreichen des Titels „Sozialistisches Studentenkollektiv der Friedrich-Schiller-Universität", denn dies war mit einem Zusatzstipendium für jedes Seminargruppenmitglied verbunden.

Wie weit die Bevormundung der Studenten reichte, soll am Beispiel der Volkskammerwahlen am 14. November 1971 exemplarisch gezeigt werden. Im Gruppenbuch der Seminargruppe 2 des Studienjahrgangs 1969 war zu lesen, dass die gesamte Seminargruppe am 27. Oktober 1971 um 14 Uhr Einsicht in die Wählerlisten im Uni-Hauptgebäude nahm. „Auf diese Weise konnte unsere Stellung zu den Volkskammerwahlen gut dokumentiert werden", schrieb Rainer Müller ins Gruppenbuch.

Am 2. November um acht Uhr traf sich die Seminargruppe vollständig zur FDJ-Versammlung zur Vorbereitung der Volkskammerwahlen in der Wagnergasse. Als Ergebnis legte die Seminargruppenleitung fest, dass alle Studenten geschlossen und im FDJ-Hemd an der Wahl teilnehmen. Anschließend wollten die Studenten gemeinsam wandern gehen. Insofern wurde auch ein starker Druck aufgebaut, dass jeder Student „eine besondere moralische Verpflichtung" habe, den Wahlakt gemeinschaftlich zu begehen, so ist es nachzulesen im Gruppenbuch des dritten Studienjahres.

Studentenwohnheim Haus 12
in Jena-Löbstedt.

In einem vor der Wahl stattfindenden Wählerforum wollten die Studenten verschiedene Fragen stellen, beispielsweise warum der Informationsfluss zur Absolventenlenkung so schlecht sei, warum die Studenten immer noch in den 16 Quadratmeter großen Zimmern in den Baracken in Jena-Zwätzen leben müssten, warum das Mensaessen so schlecht sei. Einen Tag später fand dann das Wählerforum im Hörsaal 1 der Sektion Physik mit dem Prorektor für Erziehung und Ausbildung, Dietrich Unangst, statt. Er lobte die Erfolge des Bezirks Gera beim Aufbau des Sozialismus. Die SED-Grundorganisation der Sektion Physik und die FDJ erteilten in dieser Veranstaltung den beiden Volkskammerwahl-Kandidaten den Auftrag, sich um eine effektivere Ausnutzung der Qualifikation der Absolventen zu kümmern. Und der Seminargruppensekretär Werner Wollmann hielt danach fest, dass von den kritischen Fragen, die in der Seminargruppe 2 bestanden, keine gestellt werden durften.

Fragen nach Vorschrift: Aufgaben aus dem FDJ-Studienjahr

Im Rahmen des FDJ-Studienjahres wollten die Studenten eine Umfrage unter den Absolventen des Studienjahrgangs 1967 starten, die bereits ein Jahr in der Industrie tätig waren. Die Umfrage bestand aus 15 Fragen, die das „sozialistische Physikerbild in der Theorie und der Praxis“ beleuchten sollten.

Die Seminargruppe 4 feierte ihr Bergfest mit einem Ausflug zur Jenaer Kunitzburg. Von links nach rechts: Erhard Döpel, in der Mitte Elisabeth Tschada, Lienhard Körner, Thomas Korte, Detlef Unterreitmeier und Berndt-Joachim Lau.

So fasste ein Arbeitsthema die „gesellschaftlichen und persönlichen Interessen beim Einsatz der Physiker in der Praxis" zusammen. Ein anderes Thema beschäftigte sich mit der Frage der „Disponibilität und Spezialisierung von Physikern". Weitere Themenkomplexe betrafen die „postgraduale Weiterbildung von Industriephysikern" und Fragen zur „schöpferischen Arbeit von Physikern in Bezug auf Produktivität und Kreativität". Der letzte Punkt betraf dann den „Physiker im sozialistischen Arbeitskollektiv". Für diese fünf Punkte sollte es jeweils ein Kolloquium mit kompetenten Gästen geben.

Das Ergebnis der Studie sollte dann auf der Studentenkonferenz vorgetragen werden. Arbeitsthema war „Die Bedeutung der Praxisbeziehungen im Studium für die persönliche Identifikation mit den gesellschaftlichen Grundanforderungen des Berufsbildes." Auch wenn es hier politisch angepasst aussieht, so hatten die Studenten durchaus eine dezidierte Meinung – eine öffentliche und eine private. Und bei diesem Kolloquium galt es herauszufinden, wie man am besten eine Stelle in der Industrie annimmt oder ablehnt. Sie fragten beispielsweise den Hauptabteilungsleiter eines Forschungsbereiches bei Carl Zeiss, wie der Alltag und die Karriere eines Industriephysikers aussehen und was Hans-Joachim Pohl auf dem Lehrstuhl von Ernst Abbe zu den Kenntnissen und Fähigkeiten der Vierjahresstudenten sagt. Im Ergebnis zeigte sich immer wieder, dass Physiker, die an der Sektion und in den Akademieinstituten verblieben, richtige Grundlagenforschung betreiben konnten und alle anderen in der Industrie disponibel eingesetzt oder vielmehr verheizt wurden.

Für Studenten, die mit der Fülle des Stoffes im Vierjahresstudium überfordert waren, gab es Patenschaften wie zum Beispiel zwischen Holger Lippmann und Karl-Heinz Lotze. Das wäre allerdings auch ohne Seminargruppen geschehen. In den verschiedenen Seminargruppen bildeten sich Gemeinschaften heraus, die teilweise bis heute noch freundschaftlich bestehen. Man wusste mit Studenten umzugehen, die in der SED waren und zeigte sich solidarisch mit denjenigen, die exmatrikuliert werden sollten – sei es aus politischen oder fachlichen Gründen.

Widerstandswerte: Universell einsetzbare Physiker in der Praxis

Da Physiker im Allgemeinen immer an verschiedenen Experimenten scheitern, bis sie die Randbedingungen vereinheitlicht und optimiert haben, entwickeln sie während des Studiums eine hohe Frustrationstoleranz. Diese Eigenschaft half ihnen, sich selbst besser einzuschätzen, welche Möglichkeiten der Weiterentwicklung bestanden und welche nicht. Da die Klausurergebnisse im Gegensatz zu heute öffentlich aushingen, wusste man spätestens im dritten Studienjahr, wer aufgrund seiner Leistungen als Forschungsstudent an der Sektion bleiben konnte und wer nicht. Die Parteizugehörigkeit war dabei nicht immer entscheidend, sondern tatsächlich die fachliche Exzellenz, wie der Lebensweg von Erhard Döpel zeigt. Aber es war auch kein Geheimnis, dass Parteigenossen wie Richard Kowarschik und Karl-Heinz Lotze ein solches begehrtes Forschungsstipendium bevorzugt bekamen. Die Plätze waren begrenzt, maximal zehn Studenten konnten nach dem Diplom noch bleiben. Und so mussten sich auch exzellente Studenten wie Gert Heinrich und Karl-Heinz Feller ihren Platz an anderen Hochschulen erst erkämpfen.

Ganz anders war es in der Industrie. Bei Carl Zeiss konnte nur derjenige Karriere machen, der sich angepasst verhielt. SED-Mitgliedschaft wurde vorausgesetzt, hinzu kam die Mitgliedschaft in der Deutsch-Sowjetischen Freundschaft und in der Kampfgruppe. Wer dies nicht akzeptierte, blieb vom Aufstieg verschont, hatte aber seine Ruhe. Für alle anderen konnte es irgendwann kritisch werden, wie das Beispiel von Ivo Senff zeigt. Da dies alles bekannt war, suchte sich jeder seine eigene Nische. Wer sich zu sehr angepasst hatte, wurde spätestens mit dem Fall der innerdeutschen Mauer unsanft geweckt. Für andere war dieser Akt eine Befreiung.

So gesehen hatte das Kolloquium schon die Fragestellung nach der flexiblen Verfügbarkeit – der „Disponibilität“ – vorweggenommen.

Messreihen: Die schnellsten Physikstudenten

Als die ersten Physikstudenten des neuen Studienjahres am 1. September 1969 den großen Hörsaal am Max-Wien-Platz in Jena betraten, wussten sie noch nicht, dass sie im wahrsten Sinne des Wortes ein außergewöhnliches Studium erwartete. 108 erwartungsfrohe Studienanfänger sollten hier innerhalb von vier Jahren ein komplettes

Studium inklusive Diplomarbeit erfolgreich abschließen. Sie waren die ersten und einzigen Versuchskaninchen der 3. Hochschulreform der DDR und mussten das nicht ganz einfache Physikstudium in vier statt in fünf Jahren absolvieren. Im ersten halben Jahr verließen 15 Studenten die Sektion und sattelten meist auf Lehramt Physik/Mathematik um. 85 Studenten erhielten im September 1973 ihr Diplom, vier Studenten bekamen es ein Jahr später. Zwei Studenten wurden exmatrikuliert, einer starb durch Unfall, und einer warf kurz vor dem Diplom das Handtuch.

Was niemand damals ahnte: Dieser Studienjahrgang 1969 sollte sich als Erfolgsgeschichte herausstellen! 19 Studenten promovierten noch zu DDR-Zeiten, sieben von ihnen habilitierten sich noch kurz vor oder kurz nach der Wende und erhielten im Laufe der Zeit einen Lehrstuhl. Fünf weitere Studenten hatten das Pech, dass während ihrer Promotionsphase die Wende dazwischenkam und sich die Wissenschaftslandschaft derart radikal veränderte, dass sie ihre Promotionen nicht weiterverfolgen konnten.

Einige Studenten absolvierten noch eine weitere Ausbildung zum Fachphysiker in der Medizin, in der Elektronik und in der Kerntechnik oder wurden Fachkraft für Holzschutz oder Werkstoffkunde. Aber auch die Abschlüsse von verwaltungstechnischen Ausbildungen wie Verwaltungsfachwirt oder Handelswirt zeugen von einer lebenslangen Lernbereitschaft. Zwei Physiker hängten die Physik völlig an den Nagel und wurden Fotografen. Etwa ein Drittel der Absolventen arbeitet heute im Ruhestand weiter, teils mit Arbeitsvertrag, teils freiberuflich.

Das alles zeigt auch, wie in Jena der Wille zur Selbstbestimmung und Selbstverwirklichung geformt wurde. Vielleicht ist es der besondere Geist des Freiheitsgedankens der Urburschenschaften aus dem Jahr 1815, der hier noch wandelt und sich in der Kombination aus Tradition und Fortschritt in Verbindung mit Wissenschaft und Industrie sublimierte, wie es schon Carl Zeiss, Ernst Abbe und Otto Schott vorlebten.

Zeitstrahl:
Die einzelnen Studienjahre
im Überblick

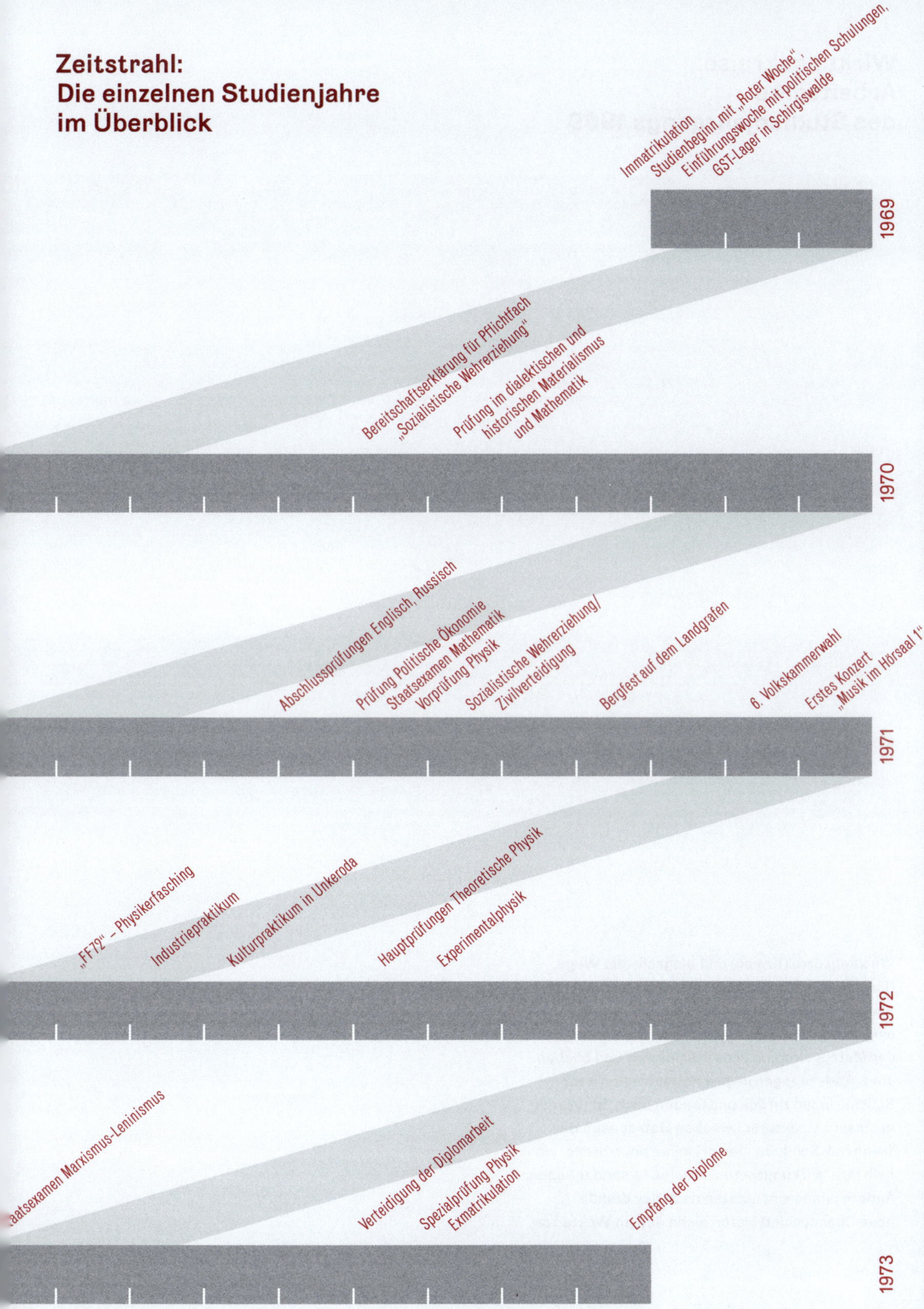

Wirkungskreise: Arbeitsorte des Studienjahrgangs 1969

Wirkungsorte (Kreise) und biografische Wege (Linien) der „Matrikel 69". Manche Lebenswege überschneiden sich und sind hier nur einmal eingezeichnet. Viele Absolventen arbeiteten in der Metropolregion Jena-Hermsdorf und blieben dort. Andere zogen in ihre Heimatregion nach Südthüringen zurück und fanden nach der Wende in diesem strukturschwachen Gebiet nach den Treuhand-Schließungen oft keine neue Stelle, weshalb ihre Wirkungsorte weiter auseinander liegen. Andere wiederum nutzten nach der Wende neue Chancen und traten einen Job im Westen an.

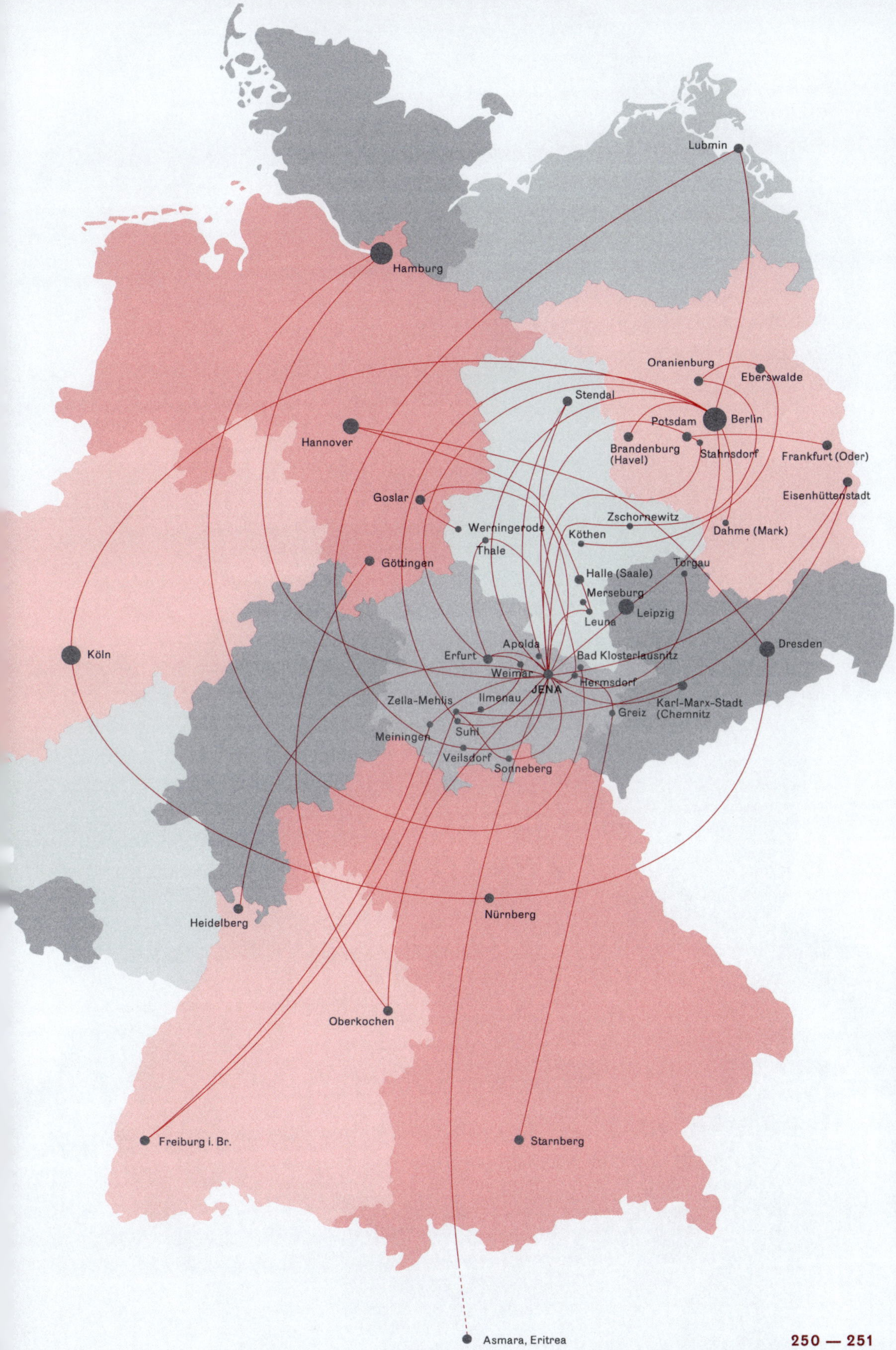
Lubmin
Hamburg
Oranienburg
Eberswalde
Stendal
Berlin
Potsdam
Hannover
Brandenburg (Havel)
Stahnsdorf
Frankfurt (Oder)
Eisenhüttenstadt
Goslar
Zschornewitz
Wernigerode
Köthen
Dahme (Mark)
Thale
Göttingen
Torgau
Halle (Saale)
Merseburg
Leipzig
Leuna
Apolda
Dresden
Köln
Erfurt
Bad Klosterlausnitz
Weimar
JENA
Hermsdorf
Zella-Mehlis
Ilmenau
Karl-Marx-Stadt (Chemnitz
Greiz
Meiningen
Suhl
Veilsdorf
Sonneberg
Heidelberg
Nürnberg
Oberkochen
Freiburg i. Br.
Starnberg
Asmara, Eritrea

Extrudiert.

Wolfgang Fabers Kunst des Geschmacks.

Im veganen Supermarktregal sind Sojaprodukte en vogue. Doch auch die heimische Ackerbohne hat es in sich. Als ökologische Alternative steht sie der importierten Sojabohne in keiner Hinsicht nach, auch wenn dies lange Zeit vergessen wurde. An einer derart alternativen Ernährung forschte Wolfgang Faber bereits nach seinem Physikstudium. Ab den Siebzigerjahren war er Laborleiter beim Geheimprojekt „Neue Eiweißnahrung" am Institut für Milchforschung in Oranienburg. Und als Personalratsvorsitzender musste er nach der Wende zusehen, wie sein Institut sukzessive als Konkurrenz zur Bundesanstalt für Milchforschung in Kiel abgewickelt wurde.

Manchmal geht es ganz einfach mit der Berufswahl. „Mein Vater war Berufsschullehrer für Mathematik und Physik im Chemiefaserkombinat Schwarza und riet mir, Physik zu studieren. Dementsprechend habe ich mich in Jena beworben und dort angefangen zu studieren. Das war damals so. Man hörte auf seine Eltern." Wolfgang Faber ist darüber nicht sonderlich traurig. Nach dem Studium wurde der Physiker an die Elektroschmelze Zschornewitz vermittelt. Das Werk bei Gräfenhainichen stellte Korund her, ein sehr hartes Schleifmittel für Schleifmaschinen. Außerdem stellte es hitzebeständige Steine her, aus denen die Schmelzwannen in Glasfabriken gebaut wurden. Diese Steine aus Zirkonoxid oder Aluminiumoxid hatten direkten Kontakt mit dem flüssigen Glas und wurden in Graphitformen gegossen. Neu war jetzt, dass sie mit Diamantwerkzeugen geschliffen, geschnitten und auf Maß gebracht wurden. Damit ließen sich die Steine nahtlos zusammenstellen, und man hatte weniger Glasverluste. In der Forschungsabteilung untersuchte der Absolvent die verschiedenen Zusammensetzungen der Zuschlagstoffe und deren Einfluss auf Festigkeit und Hitzebeständigkeit.

Inzwischen verheiratet, wechselte Wolfgang Faber nach anderthalb Jahren an das Institut für Milchforschung in Oranienburg. Seine Frau stammte aus der Mittelmark in Brandenburg und wollte nach ihrem Mathematikstudium in Jena zurück in die alte Heimat. Da traf es sich gut, dass das Milchinstitut gerade eine Abteilung aufbaute, die sich mit neuer Eiweißnahrung und synthetischem Fleisch beschäftigte und einen Laborleiter suchte.

Bohnen für die Republik

Das Projekt „Neue Eiweißnahrung“ war ein geheimes Forschungsprojekt des DDR-Landwirtschaftsministeriums, in das einige Hochschulen und Forschungsinstitute eingebunden waren. Es sollte die Nutzung von pflanzlichem Eiweiß aus heimischen Quellen untersuchen, um daraus Lebensmittelprodukte für die Ernährung der Bevölkerung zu entwickeln. Als überaus erfolgreich erwies sich dabei die Ackerbohne. Mit ihren ovalen Samen gilt sie als eine der ersten Hülsenfrüchte, die die Menschheit in ihrer langen Geschichte überhaupt anbaute. Während und kurz nach dem Zweiten Weltkrieg war die Ackerbohne ein wichtiges Nahrungsmittel für arme Leute. Getrocknet enthält sie bis zu 30 Prozent Eiweiß, 40 Prozent Stärke und ist reich an der essenziellen Aminosäure Lysin. Doch mit steigendem Wohlstand wechselten auch die Geschmacksvorlieben.

Die ernährungswissenschaftlichen Grundlagen sowie den Anbau von Ackerbohnen erforschte das damalige Zentralinstitut für Ernährung Potsdam-Rehbrücke der Deutschen Akademie der Wissenschaften zu Berlin. Passend dazu sollte das Milchinstitut in Oranienburg verschiedene Verarbeitungsmethoden entwickeln, wie man aus Ackerbohnensamen proteinreiche Lebensmittel wie Mehl, Pasta, Burger oder andere Produkte herstellen konnte. Die Lebensmittelforscher nutzten dazu die emulgierende Eigenschaft des Ackerbohnenproteins und die verbindende Eigenschaft der Stärke: Aus einer Lösung wurden Fäden ähnlich Fleischfasern extrudiert – also gepresst –, die dann zu einer fleischähnlichen Masse versponnen wurden. Diese Fäden konnte man dann in minderwertige Fleischsorten einarbeiten. Zu Beginn der Achtzigerjahre wurden schließlich vegetarische Hackfleischröllchen und Schnitzel großtechnisch auf einer Versuchsanlage hergestellt und als Testessen rund 1.000 Beschäftigten in den Kantinen des Hennigsdorfer Stahlwerks und des Lokomotivbaus Elektrotechnische Werke Hennigsdorf serviert. Die Meinung der Werktätigen war geteilt: Der einen Hälfte schmeckte das Essen, der anderen Hälfte schmeckte es nicht. Die Einführung der neuen Eiweißnahrung zur Versorgung der Bevölkerung scheiterte aber. Es fehlte an der Produktionskapazität des modularen Großküchensystems Ascoblock, ab 1980 zum DDR-Kombinat Nagema gehörend, und an der Verfügbarkeit von lebensmitteltauglichen Werkstoffen wie Nirosta, PTFE und Perfluorkautschuk sowie an den entsprechenden elektronischen Steuerungen, die unter das Embargo westlicher Länder fielen. Und als dann Kaufleute das Ganze durchrechneten, stellten sie fest, dass es sich niemals amortisieren würde, denn die Produkte wären zur damaligen Zeit in der Herstellung viel zu teuer gewesen.

40 Jahre später wird dieses Verfahren von anderen Herstellern allerdings als großer ökologischer Fortschritt gefeiert, denn die heimischen Fleischalternativen wie Ackerbohnen und Körnererbsen müssen nicht um die halbe Welt geschippert werden. Schon heute bieten Supermärkte Nuggets, Burger-Hack und veganen Aufschnitt aus Ackerbohnenprotein an. Das DDR-Projekt „Neue Eiweißnahrung" wurde 1982 eingestellt. Einzig die Würzflüssigen sind übrig geblieben und wurden damals als Patent an eine holländische Firma verkauft. Sie sind das bessere Maggi, denn dieses ist nur hydratisiert und mit viel Salz versetzt. „Bei uns im Milchinstitut wurden die Eiweiße hydrolysiert, damit sie aufgespalten wurden und dabei Aromen bilden konnten. Auf den Markt kam das Produkt als flüssige Würze oder in Gläsern als klare Hühnerbouillon und Gemüsebrühe."

„Wir forschten einfach anders als die Westdeutschen, denn wir mussten uns immer wieder etwas Neues einfallen lassen, um mit der Mangelwirtschaft in der DDR umgehen zu können. Dadurch sind ganz neue Ideen entstanden."

Als Wolfgang Faber 1975 in das Forschungsprojekt „Neue Eiweißnahrung" einstieg, baute er das physikalische Labor auf und rüstete die kleintechnischen Anlagen mit Betriebsmess- und Regeltechnik sowie Steuerungstechnik aus. Als die Ackerbohnenforschung eingestellt wurde, blieb das physikalische Labor erhalten. Im Labor wurde dann physikalisch alles untersucht, was Wissenschaftler und Technologen entwickelten. „Wir hatten die besten Untersuchungsgeräte und das beste Technikum in der Lebensmitteltechnik im gesamten Ostblock. Weil die ‚Neue Eiweißnahrung' ein Staatsprojekt war, kamen unsere kleintechnischen Maschinen fast ausschließlich aus dem Westen, angefangen von Trocknern über Eindicker bis zum Extruder. Und wenn man so will, haben wir Astronautennahrung hergestellt. Unsere Ersatznahrung war mindestens gleichwertig oder sogar besser als das, was heute als vegan oder vegetarisch auf dem Markt ist. Denn mich stören heute die vielen chemischen Zusatzstoffe, mit denen man versucht, Fleisch nachzumachen."

Als Nachfolgeprojekt sollte das Milchinstitut ein elektronisches Refraktometer entwickeln, das durch Totalreflexion den Brechungsindex von Flüssigkeiten oder Feststoffen bestimmt. Aus diesen Informationen konnte man im kontinuierlichen Produktionsprozess direkt auf die Zusammensetzung und Stoffkonzentrationen der Trockenmasse schließen. „Leider war die geforderte Qualität beim Nachbau der Gerätekomponenten nicht gut genug, weshalb das Projekt zur Wende abgebrochen und das Milchinstitut abgewickelt wurde."

Milch mit Verfallsdatum

Das 1923 gegründete Milchinstitut Oranienburg spielte bereits im vergangenen Jahrhundert eine wichtige Rolle bei der Entwicklung von Standards für die Milchproduktion und die Milchverarbeitung. Nach dem Zweiten Weltkrieg wurde es als Institut für Milchforschung neu gegründet und 1984 in ein Wissenschaftlich-Technisch-Ökonomisches Zentrum (WTÖZ) der Milchindustrie umgewandelt. Es spielte eine wichtige Rolle bei der Modernisierung der Milchindustrie in der DDR und sollte helfen, deren Wettbewerbsfähigkeit zu steigern.

Nach der Wende liefen sämtliche Arbeitsverträge aus und wurden durch die im Einigungsvertrag festgelegten Bedingungen für Akademie- und Universitätsinstitute in befristete Verträge umgewandelt. Sämtliche Leiter bis zur Gruppenleiterebene wurden als zu staatsnah entlassen und das WTÖZ in ein landeseigenes Forschungsinstitut umgewandelt. Nach den Vorstellungen der damaligen Bundesregierung sollte damit etwas Neues gegründet werden. „Allerdings war das landeseigene Forschungsinstitut von vornherein als Auslaufmodell geplant", sagt Wolfgang Faber. Er war damals gewählter Personalratsvorsitzender, wandte sich in dieser Funktion an die Evaluierungskommission und stellte ein Konzept vor, wie das Institut erhalten werden könnte. „Doch die Bundespolitiker der CDU und die brandenburgischen Staatssekretäre waren dagegen, das Institut weiterzuführen. Sie setzten einen emeritierten West-Professor als Direktor ein, der uns das Leben schwer machte, denn strenggenommen waren wir die Konkurrenz zur Bundesforschungsanstalt für Ernährung und Lebensmittel in Kiel. Technologisch gesehen waren wir besser aufgestellt. Wäre es damals fair zugegangen, hätte uns die Bundesforschungsanstalt als technologische Abteilung übernehmen können. So aber haben sie nur die Ökonomen übernommen." Anfang des Jahres 1990 beschäftigte das WTÖZ noch etwa 350 Mitarbeiter, zwei Jahre später waren es noch 100, und das neu gegründete Institut übernahm schließlich nur 57 Mitarbeiter.

Neu etikettiert

Wolfgang Faber erinnert sich: „Als Personalrat habe ich die Abwicklung hautnah mitbekommen. So kümmerte ich mich auch um alle Dinge, die das Arbeitsamt betrafen. Ich setzte durch, dass ältere Kollegen in Altersteilzeit oder in den Vorruhestand gehen konnten und sorgte dafür, dass sich die jüngeren Leute am neuen Institut bewerben konnten. Jeder eingestellte Mitarbeiter bekam einen Arbeitsvertrag für ein halbes Jahr. Danach wurde das Milchinstitut in eine Lehranstalt für die Milchindustrie zurückverwandelt." Forscher, die nicht in die Lehranstalt passten, gingen in das als eingetragener Verein neu gegründete Landesinstitut. Innerhalb von vier Jahren mussten sich die Wissenschaftler eine Universität oder Hochschule suchen. Für Wolfgang Faber und sein Team war dies die Hochschule Anhalt mit den Standorten Köthen, Dessau und Bernburg, zu der sie schon zu DDR-Zeiten Verbindungen hatten. „Als die Förderung 1996 auslief, wurde das Team nach dem Wissenschaftler-Integrationsprogramm und dem dritten Hochschulsonderprogramm als eine Außenstelle der Hochschule Anhalt übernommen und in das ehemalige Tierhygiene-Institut eingegliedert."

Alle Wissenschaftler bekamen Jahresverträge, aber nur 80 Prozent des normalen Gehalts bei vollem Arbeitseinsatz einer 40-Stunden-Woche. Die eingesparten 20 Prozent der Lohnkosten ersetzten die Eigenmittel, die man brauchte, um Forschungsförderung zu beantragen. „Unsere Gruppe bestand aus zwei Wissenschaftlern auf technologischem Gebiet und mir als Physiker sowie einigen Ingenieuren, Technikern und milchwirtschaftlichen Laboranten", sagt Wolfgang Faber. Als dieses Förderprogramm Ende 2000 auslief, wurden nur die beiden Wissenschaftler von der Hochschule übernommen, da sie an projektbezogenen Grundlagenthemen arbeiteten. Da Wolfgang Faber aber kein eigenes Thema hatte, wurde er genauso entlassen wie die übrigen Mitarbeiter.

Schlag der Zeit

Die drohende Entlassung hatte Folgen, und Wolfgang Faber bekam kurz vor Weihnachten 2000 einen leichten Schlaganfall. „Als Personalrat hatte ich gelernt, die Dinge nicht zu sehr an sich heranzulassen. Und es war schon besonders schlimm, was alles nach der Wende gelaufen ist. Ich konnte mich emotional abschotten. Aber es gab trotzdem immer wieder Zeiten, wo es mir nicht besonders gut ging. Kurz vor dem Schlaganfall kam alles wieder zu nahe an mich ran, weil alles auf einmal zusammenbrach. Glücklicherweise hatte ich während meiner Arbeitslosigkeit ein Jahr lang Zeit, mich zu regenerieren", räumt Wolfgang Faber ein.

Obwohl sich der Physiker in diesem einen Jahr bei mehr als 20 Unternehmen bewarb, bekam er weder einen Job als Wissenschaftler noch als Ingenieur in Richtung Informatik oder BMSR-Technik. Wer zu dieser Zeit über 50 war, hatte keine Chance auf dem Arbeitsmarkt. Deshalb war es für ihn ein großes Glück, dass an der Hochschule Anhalt eine Laborantin aufhörte, die in der Ausbildung von Studenten beschäftigt war. So konnte Wolfgang Faber mit einer halben Stelle direkt in die praktische Studentenausbildung für Lebensmitteltechnologen einsteigen. Das war zwar finanziell nicht sehr lukrativ, aber er war wieder fest angestellt. „In dieser Zeit unterstützte uns meine Mutter finanziell, sonst hätte ich die halbe Stelle nicht annehmen können, denn unsere Rücklagen als Familie mit drei Kindern waren damals sehr gering. Als ich wieder an einem Projekt mitarbeiten

1951 geboren in Teichröda bei Rudolstadt, Abitur mit Facharbeiterabschluss als Feinmechaniker, Studium der Physik an der Friedrich-Schiller-Universität Jena **1973** Diplomarbeit im Wissenschaftsbereich Kohärenzoptik **1973–1990** Wissenschaftlicher Mitarbeiter in der Elektroschmelze Zschornewitz, Laborleiter im Institut für Milchforschung Oranienburg **1991–2016** Laborleiter und Personalratsvorsitzender des neuen Milchinstituts als Abwicklungsgesellschaft der Akademie der Wissenschaften (KAI), Wissenschaftler in einem Institut der Hochschule Anhalt, wisssenschaftlich-technischer Mitarbeiter in der Ausbildung von Studenten an der Hochschule Anhalt in Köthen.

konnte, wurde daraus die andere halbe Stelle bezahlt." Wolfgang Faber untersuchte Lebensmittel unter physikalischen Gesichtspunkten und bestimmte ihre Struktur, Festigkeit und Teilchengröße bis hin zu hauchdünnen Schnitten für das Mikroskop, den „Mikrotomschnitten".

Drei Jahre später konnte er die gesamte praktische Ausbildung der Studenten im Bereich Lebensmitteltechnologie und -verfahrenstechnik übernehmen und hatte nun eine unbefristete Stelle. Die Fachhochschule Anhalt agiert seit 1998 als Hochschule und sieht sich damit auf Augenhöhe mit Universitäten. Das kommt vor allem der Forschung zugute, die damit auf universitärem Niveau arbeitet. „Wer beispielsweise einen schön geschäumten Cappuccino möchte, muss vorher die Inhaltsstoffe in ihren Relationen optimieren, damit sich der Schaum richtig ausbilden kann. Das alles hat mit der Struktur von Lebensmitteln zu tun, die wir technologisch gelöst haben. Wenn man bestimmte Eiweiße separieren will, muss man vorher die Inhaltsstoffe bestimmen und die Weiterverarbeitungsschritte festlegen. Erst danach kann man die Frage stellen, wie man daraus die Lebensmittel herstellt." Nach diesem Prinzip entwickelten Lebensmitteltechnologen der Hochschule beispielsweise koschere Milchersatzstoffe für Israel oder alkoholfreien Sekt für den deutschen Markt. „Unser Chef, Professor Thomas Kleinschmidt, wurde Gutachter auf dem Gebiet der Lebensmitteltechnologie und konnte damit gleichberechtigt Forschungsprojekte durchbekommen, die sonst weggegangen wären."

Wolfgang Faber ging 2016 in den wohlverdienten Ruhestand und widmet sich jetzt nur noch seinem Hobby, dem Briefmarkensammeln. Er ist Vorsitzender des regionalen Vereins und Vorsitzender der bundesweiten Arbeitsgemeinschaft Bezirksstempelaufdrucke SBZ 1948 im Bund Deutscher Philatelisten. „Ich sammle alles über Johann Sebastian Bach, denn er wirkte ja auch in Köthen."

Entsorgte Pionierarbeit

Wolfgang Faber zieht sein Resümee: „Im Nachgang muss ich sagen, wenn wir in der Wendezeit aktiver gewesen wären, hätte die Zukunft ganz anders aussehen können. Wir Wissenschaftler waren damals zu gutgläubig. Nur unsere Ökonomen hatten einen Tipp bekommen, sind in das Landwirtschaftsministerium nach Bonn gefahren und haben durchgesetzt, dass sie an die Bundesanstalt für Milchforschung in Kiel angeschlossen wurden." Er betont, dass die Ostdeutschen schon immer anders forschten als die Westdeutschen, „weil wir uns durch die Mangelwirtschaft in der DDR immer wieder etwas Neues einfallen lassen mussten." Dadurch sind oft ganz neue Ideen entstanden. So war es auch bei den Themen vegetarisch und vegan.

„Wir konnten nicht mit der Sojabohne forschen, sondern nur mit der heimischen Ackerbohne, schufen neue Produkte und waren damit dem Zeitgeist um 30 Jahre voraus."

Dass damit die ehemaligen DDR-Wissenschaftler eine unliebsame Konkurrenz zu den Wissenschaftlern in der Bundesrepublik darstellten, konnte er als Personalratsvorsitzender am WTÖZ der Milchindustrie genau beobachten. Er war in die Verhandlungen eingebunden, die dazu führten, dass das neue Folgeinstitut nur auf Landesebene und nicht wie andere Institute auf Bundesebene gegründet wurde. „Es waren gezielte politische Entscheidungen, in deren Folge nur wenige Spitzenforscher überlebten. Der Rest ist untergegangen."

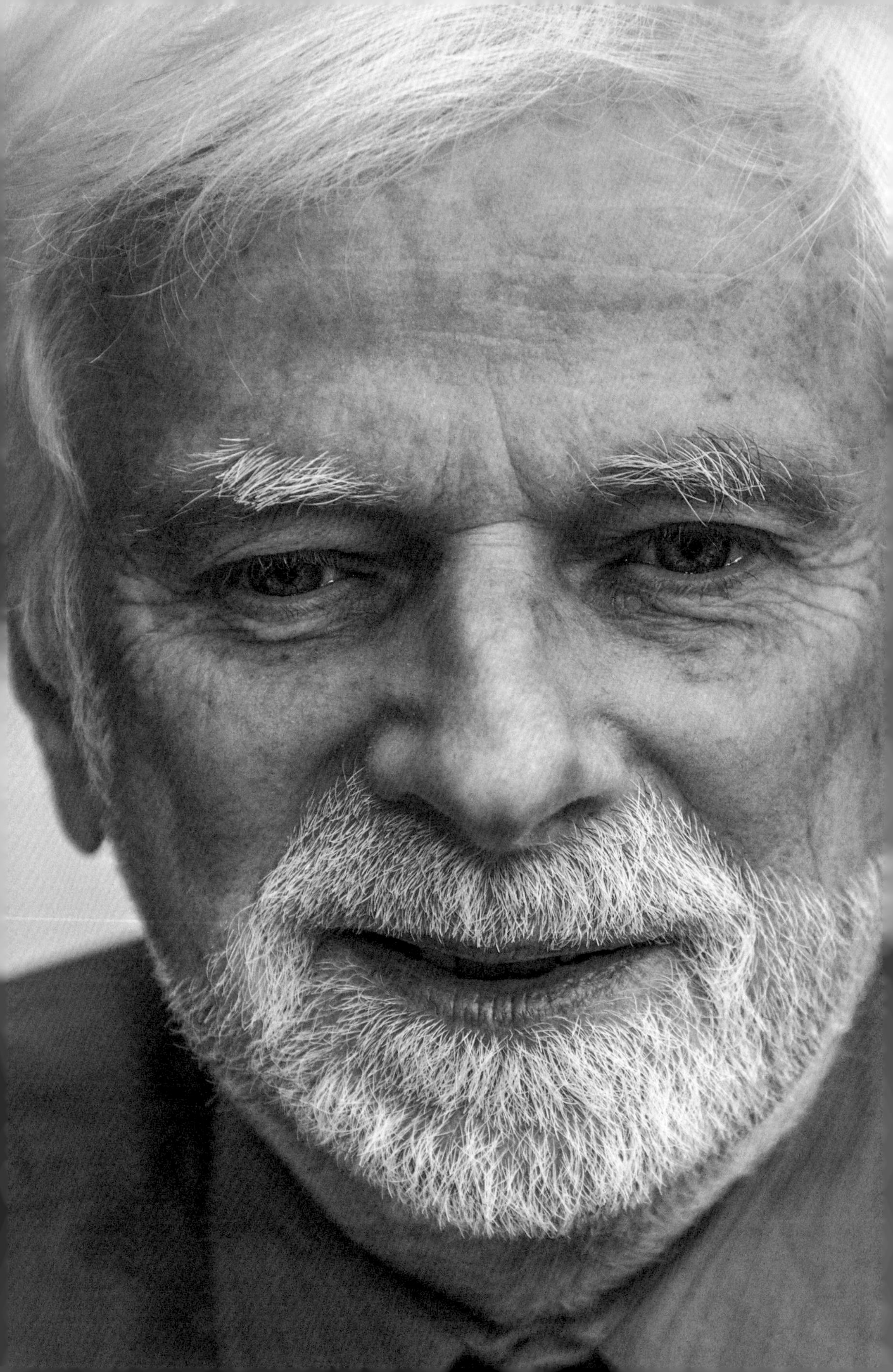

Interferiert.

Rainer Riesenberg auf der Spur des Lichts.

Rainer Riesenberg untersuchte in seiner Diplomarbeit die magnetischen Flüsse mit supraleitenden Quanteninterferometern. Die Interferometrie blieb auch Ausgangspunkt für alles andere, was der Physiker nach der Wende erforschte. Mit seinem Multiobjekt-Spektrometer suchte die Europäische Raumfahrtagentur im Weltall im Infrarotbereich nach Sternen und Schwarzen Löchern. Und auf der Erde befasste sich Rainer Riesenberg mit neuen Anwendungsfeldern der Optik, wie zum Beispiel einem objektivlosen Mikroskop.

Rainer Riesenberg sagt von sich, er sei sprachlich und musisch nicht sehr begabt gewesen, eher interessierten ihn die Naturwissenschaften. In der Biologie faszinierten ihn die Mendelschen Gesetze, in der Chemie das Periodensystem der Elemente und in der Physik begeisterte ihn das dynamoelektrische Prinzip oder die Lichtbrechung am Prisma als Ergebnis der unterschiedlichen Ausbreitungsgeschwindigkeiten in Abhängigkeit von der Farbe des Lichts. Seine Schulzeit bewertet er dementsprechend positiv: „Vergleicht man die heutige Schulausbildung mit der aus unserer Zeit, so hatten wir in der Schule eine wesentlich bessere Technikerausbildung und eine naturwissenschaftliche Prägung." In der Folge entschied sich Rainer Riesenberg für ein Physikstudium und erinnert sich an seine Lehr- und Studienjahre: „Wenn man das einmal begriffen hatte, dann sah man die Schönheit dahinter. Das faszinierte mich, dennoch bin ich in das Physikstudium mit Demut und Vorsicht gegangen. Ich wollte immer alles verstehen und am Ende hat es dann auch geklappt."

Seine Diplomarbeit schrieb er im Wissenschaftsbereich Detektorenphysik. Hier sollten neue, wissenschaftlich anspruchsvolle Verfahren und Technologien für Teilchen- und Strahlungsdetektoren entwickelt werden. Ausgangspunkt bildete der Tunnelstrom zwischen zwei Supraleitern, den der Nobelpreisträger Brian David Josephson vorhergesagt hatte. Auf den sogenannten Josephson-Effekt aufbauend, entwickelten die Jenaer Wissenschaftler supraleitende Ringe, die an zwei Stellen durch dünne sogenannte Josephson-Kontakte, unterbrochen wurden. Sie maßen die Änderung des magnetischen Flusses durch die Ringschleifen, wodurch sich extrem kleine Magnetfeldänderungen als Spannungsänderungen präzise erfassen lassen. Rainer Riesenberg resümiert: „Ich sollte supraleitende Parallelfeld-Quanten-Interferenz-Detektoren entwickeln. Das war ein ganz neues Forschungsfeld. Meine Arbeit wurde publiziert und patentiert. Und wenn man so will, begleitete mich diese Interferometrie ein Leben lang."

Aber zuerst hatte der Absolvent mit den Mühen des Alltags zu kämpfen. Wie immer stand die Frage nach dem Wohnraum wie ein Elefant im Raum, wenn es um eine Arbeitsstelle ging. Manche Unternehmen wie Carl Zeiss Jena hatten in Lobeda-West Arbeiterwohnheime. Dort teilten sich drei Absolventen eine normale Zwei-Zimmer-Wohnung. Allerdings war es selbst für einen gebürtigen Jenaer Absolventen schwierig, hier einen Platz zu finden. Die lokalen Wohnraumverwalter gingen davon aus, dass bei einer Meldeadresse in der elterlichen Wohnung auch ein Bett bereitstand. Vermittelt wurde der junge Absolvent schließlich an das Forschungszentrum bei Carl Zeiss Jena, aber der Betrieb konnte ihm keine Bleibe bieten. Also wandte sich Rainer Riesenberg an seinen Alternativwunschbetrieb, das Büromaschinenwerk Sömmerda. „Die Arbeit in der Mikroelektronik schien interessant zu sein, und man versprach mir hier ein Zimmer. Allerdings gab es nur Schlafräume in der 40 Minuten mit dem Bus entfernten Runneburg. Das war dann doch nichts für mich." Rainer Riesenberg bewarb sich daraufhin am Zentralinstitut für Festkörperphysik und Werkstofforschung in Dresden, vor allem auch deshalb, weil er hier auf seinem Fachgebiet Supraleitung hätte weiterforschen können.

Nur wurden dem Akademieinstitut keine weiteren Stellen genehmigt, und es schickte den Physiker mit einem Empfehlungsschreiben zu Heinz Bethge nach Halle an das Institut für Festkörperphysik und Elektronenmikroskopie. „Das Institut hatte ein Internat und vielleicht hätte ich hier später auch eine Wohnung bekommen können. Aber als ich in Halle war, bekam ich starke Kopfschmerzen, bedingt durch die extreme Luftverschmutzung durch das nahe Chemiekombinat Leuna. Also habe ich abgesagt. Aus heutiger Sicht war das natürlich ein riesengroßer Fehler, aber damals ging ich nicht gern Kompromisse ein."

Professor Gerhard Weber in der Vorlesung über Elektrodynamik.

Nach dieser Odyssee erhielt Rainer Riesenberg doch noch eine Stelle in Jena im Forschungsinstitut für magnetische Werkstoffe. „Meine Arbeit war kein geradliniger Weg, sondern ein ständiges Wollen und Suchen. Und wie es immer so ist, wurde am Schluss alles gut. Genauso wie mit der Wohnung, die ich durch Zufall bekam. Ulrich Meckel, mein Kommilitone und Institutskollege, war gerade am Renovieren einer sogenannten Ausbauwohnung, als er keinen Mietvertrag dafür bekam. Zufälligerweise bekam ich dann diese Wohnung zugewiesen und hatte damit eine Bleibe für meine Familie. Weshalb das so war, weiß ich bis heute nicht."

Zinn und Zähigkeit

Mikroelektronik und Datenverarbeitung waren Zauberwörter in der DDR, und alle Forschung an den wissenschaftlichen Instituten richtete sich an staatlichen Vorgaben aus. Die DDR musste aufgrund des Handelsembargos viele Komponenten und Technologien selbst entwickeln. Durch die Planwirtschaft gab es zusätzliche Verzögerungen und weitere Probleme. Rainer Riesenberg untersuchte am Werkstoffinstitut Zinndioxid, das sich zu halbleitenden Dünnschichten verarbeiten lässt. Diese interessante Forschung bescherte ihm sogar einen halbjährigen Aufenthalt in der Industrie. Die Keramischen Werke Hermsdorf, die die Dünnschichten herstellten, verfügten über eine großtechnische Anlage von Manfred von Ardenne. „Für mich brachte dieser Ausflug eine neue Erkenntnis, denn hier hatte man bei weitem nicht die Möglichkeiten, wie wir sie am Institut hatten. Ich habe die Mitarbeiter bewundert, wie sie mit viel Geschick etwas bastelten, was man woanders nicht bekam", fasst Rainer Riesenberg seinen Abstecher zusammen.

Nach Ablauf seines Vierjahresvertrags am Institut für magnetische Werkstoffe, das zur Akademie der Wissenschaften der DDR gehörte, suchte sich der Physiker eine Aspirantur auf dem Gebiet der Mikromechanik an der Technischen Hochschule Ilmenau. „Das Herstellen von gedruckten Schaltungen in Hybrid-Dünnschichttechnik ist ein interessanter Prozess, denn die bekannten mechanischen Gegebenheiten verändern sich in Bereichen von 100 bis 10 Mikrometer und darunter. Hier können sich kaum noch Kräfte aufbauen, und man hat ein ganz anderes mechanisches Verhalten. Die Zeit in Ilmenau war sehr abwechslungsreich, aber auch anspruchsvoll. Ich konnte forschen, was und wie ich es wollte, und hatte alle Freiheiten." Rainer Riesenbergs Arbeit wurde von Gutachtern aus Ilmenau, Jena und Dresden für sehr gut befunden; frisch gekürt zum Doktor erhielt er eine unbefristete Stelle im Physikalisch-Technischen Institut in Jena. Hier sollte er hochpräzise Analog-Digital-Wandler für die Messtechnik entwickeln. Dazu wurden äußerst präzise und stabile Spannungsteiler gebraucht, deren Alterungsprozesse man über einen sehr langen Zeitraum untersuchen musste. Der promovierte Physiker entwickelte verschiedene Simulationsmodelle, für die er sich tief in die Mikrostrukturen der Legierungen eingearbeitet hatte. Doch das Schicksal wollte es, dass die Analog-Digital-Wandler produktionsreif waren, als die politische Wende kam.

„Plötzlich konnten wir uns fragen, ob wir lieber ins Management gehen oder als Physiker immerzu modellieren und experimentieren wollten oder in die Politik gehen sollten. Das Alte war ja weg und das Neue noch nicht da."

Aus dieser Zeit nahm Rainer Riesenberg eine Erkenntnis mit in die neue Ära. „Als meine Promotion fertig war, wollte mich der Institutsdirektor ans Zentrum für Forschung und Technologie Mikroelektronik nach Dresden delegieren. Ich hatte gerade in Jena ein altes Haus gekauft, in dem alles marode war und das modernisiert werden musste. In dieser Situation wollte ich nicht nach Dresden gehen. Also fragte ich Professor André, was ich machen solle, denn ich wollte Stress vermeiden und nicht querschießen. Er gab mir den klugen Rat, niemals Nein zu sagen, sondern die Bedingungen so zu wählen, dass andere Nein sagen." Die Dresdner wollten Rainer Riesenberg; sie wussten, was er konnte. Darüber staunte er und erklärte sich bereit, aber nur für ein halbes Jahr. Und da haben die Dresdner abgesagt. „So bin ich doch rausgekommen, ohne Nein sagen zu müssen, und habe meinen Platz in Jena behalten." Und das war gut so, denn „mit einem Mal waren das ganze Gebiet der Festkörperphysik, auf dem ich geforscht hatte und die Mikroprozessortechnik obsolet."

Abwicklung und Aufbruch

Aber wo eine Tür zugeht, öffnet sich eine andere. „Plötzlich konnten wir uns fragen, ob wir lieber ins Management gehen oder als Physiker immerzu modellieren und experimentieren wollten oder in die Politik gehen sollten. Das Alte war ja weg und das Neue noch nicht da. In der Politik muss man gut reden können und immer wieder unschöne Kompromisse schließen. Das war mir zuwider. Besser war da schon die Alternative im Management. Hier fokussiert man sich nur auf ein Ziel, und wenn man die Fähigkeiten der Mitarbeiter richtig einsetzt, kann man viel erreichen. Ich habe mich hierfür entschieden und dabei viel von einem erfahrenen Projektingenieur aus der Raumfahrt gelernt."

Kurz nach der Wende schaute sich der Physiker nach neuen Stellen um und bekam ein Angebot, in Saudi-Arabien auf dem Gebiet der Infrarottechnik zu forschen. „Das war eine Aufgabe mit toller Finanzierung und sehr guten Bedingungen. Aber ich habe mich schweren Herzens dann entschlossen, das Angebot doch auszuschlagen. Das alte Haus war zwar gerade ausgebaut, aber die Kinder gingen noch zur Schule. Die Entscheidung, zu gehen oder zu bleiben, bereitete mir viele schlaflose Nächte." Rainer Riesenberg weiß heute: Im Nachhinein war es richtig. Denn zum 31. Dezember 1991 wurden alle Institute der Akademie der Wissenschaften der DDR abgewickelt. Sie passten einfach nicht in die wissenschaftliche Landschaft der Bundesrepublik. Allerdings standen die Akademieinstitute als bedeutende Forschungseinrichtungen der DDR in der Nachfolge der einst vom Universalgelehrten Gottfried Wilhelm Leibniz geleiteten Kurfürstlich Brandenburgischen Societät der Wissenschaften. Also wurde das Physikalisch-Technische Institut in Jena von einem Wissenschaftsrat aus dem Westen wohlwollend begutachtet, am 31. Dezember 1991 formal aufgelöst, einen Tag später hieß es dann Institut für Physikalische Hochtechnologie (IPHT) und wurde als Landesinstitut neu gegründet. Alle unbefristeten Arbeitsverträge der Mitarbeiter wurden gekündigt. Jeder musste sich neu bewerben, und nur ein Drittel der ursprünglichen Wissenschaftler wurde mit einem befristeten Arbeitsvertrag wieder neu eingestellt. Für alle anderen gab es keine Verwendung mehr, und sie standen buchstäblich auf der Straße.

„Ich hatte das Glück, dass ich genommen wurde. Wir alle waren in der Mitte unseres Berufslebens, hatten uns hochgearbeitet und qualifiziert. Plötzlich sollte alles wieder von vorn losgehen? Das war schon bitter", sagt

Rainer Riesenberg. Die Neunzigerjahre waren prägend für Jena. Bei Carl Zeiss Jena, Schott und Co., an der Universität und in den Instituten auf dem Beutenberg wurden sehr viele Mitarbeiter entlassen. „Das bleibt im Gedächtnis und strahlt auch auf die Kinder aus. Da war kaum eine Wertschätzung für die Mühen, die wir in der DDR geleistet hatten, und für die Hürden, die wir gemeistert hatten, und was ein Physiker überhaupt darstellt. Das ist bis heute nicht geschehen. Im Institut bekamen die Doktoranden für die Ingenieurwissenschaften dann ein volles Gehalt – die Physiker nur die Hälfte. Ich habe meinen Mitarbeitern immer mehr bezahlt. So zwischen 60 und 80 Prozent, je nachdem, wie die Ergebnisse waren." Rainer Riesenberg verweist auf das marktwirtschaftliche Prinzip, nach dem die Nachfrage das Angebot regelt. „Viele Ingenieure sind lieber nach Baden-Württemberg in die Autoindustrie gegangen. Dort bekamen sie mehr Geld. Aber die Physiker konnte man knebeln."

Im neu gegründeten IPHT wurde jedem Mitarbeiter ein neues Arbeitsgebiet zugewiesen. Und so beschäftigte sich Rainer Riesenberg in der zweiten Hälfte seines beruflichen Lebens mit Optik. Er baute eine eigene Forschungsgruppe auf und akquirierte Projekte. „Natürlich gab es auch ein paar Dinge, die uns geholfen haben. So sind beispielsweise in den USA auf Konferenzen die Chairmen zu mir gekommen und haben sich das Poster aus Jena erläutern lassen. Neben mir standen italienische Kollegen mit ihren Postern, die ich genauso gut fand. Sie wurden ignoriert. Wir hatten mit Jena einen ganz großen Standortvorteil. Hier forschten Carl Zeiss Jena, die Institute für Angewandte Physik und für Angewandte Optik der Friedrich-Schiller-Universität, das Fraunhofer-Institut für Angewandte Optik und Feinmechanik. Deshalb waren die amerikanischen Kollegen sehr neugierig, was wir so leisteten. Und das gab uns wieder einiges Selbstvertrauen."

Kohlendioxid und Kosmos

Als Erstes entwickelte Rainer Riesenberg mit seiner Gruppe ein nichtdispersives Infrarotphotometer – ein spezielles und hochgenaues Messgerät für Infrarotlicht – für die Messung von Kohlendioxid. Es deckte einen besonders großen Messbereich über vier Größenordnungen ab, also von geringen Mengen bis zum 10.000-Fachen. „Das war damals ganz neu und hat die Aufmerksamkeit der Industrie geweckt. Wenn man einmal das Prinzip begriffen hat, ist der Rest nur noch eine technische Aufgabe." Folglich nahmen die Forscher auch die anderen Kohlenwasserstoffe und Bodenschadgase unter die Lupe und entwickelten entsprechende Geräte. Die Technische Universität Ilmenau entwickelte daraus TOC-Geräte, die hochempfindlich den Gesamtgehalt an organischem Kohlenstoff („Total Organic Carbon") messen. „Für die Messung im ppm-Bereich haben sie auf unser Know-how zurückgegriffen. Als wir die Auswertung für mehrere Wellenlängen brauchten, entwickelten wir ein Vielkanal-Gitterspektrometer." Mit ihm kann man die Intensitäten mehrerer Wellenlängen im Infrarotbereich gleichzeitig messen. Dazu wird das Licht einer Lichtquelle über mehrere Eingangsspalten geleitet und in Beugungs- und Interferenzmuster zerlegt, die ein Sensor aufnimmt. Mit Hilfe einer mathematischen Hadamard-Transformation werden diese Muster rechnerisch entmischt, wodurch den einzelnen Wellenlängen ihre Intensitäten zugeordnet werden können – ein Verfahren, das der diskreten Fourier-Transformation strukturell ähnlich ist und auch in der digitalen Signalverarbeitung und der Datenkompression verwendet wird. Da durch die Spaltanordnung viel mehr Licht hindurchgeht als beim Einzelspalt, ergibt sich ein Signalvorteil und ein günstigeres Signal-Rausch-Verhältnis. „Die Spalten, die wir bis dahin verwendet hatten, waren in Folien geätzt und etwa 20 Mikrometer breit. Mit neuen Maschinen konnten wir beschichtete Metallmembranen strukturieren, die Spaltbreite problemlos auf vier Mikrometer verringern und damit die Auflösung entsprechend verbessern." Aufgrund dieses innovativen optischen Konzepts konnte das Hadamard-Spektrometer soweit verkleinert werden, dass es auf eine Handfläche passt.

„Mit der höheren energetischen und spektralen Auflösung haben wir es der European Space Agency (ESA) angeboten und die Ausschreibung in Europa für uns entscheiden können. Das war natürlich ein Achtungszeichen für unsere Wissenschaftler und die ganze Region", erinnert sich Rainer Riesenberg stolz. „Plötzlich waren wir im internationalen Maßstab Mitbewerber zu anderen Instituten und Firmen. Wir hatten die kleinsten Spektrometer, um Ozon in der Atmosphäre vom Raumschiff aus messen zu können. Die Geräte der Mitbewerber waren bei gleicher Leistungsfähigkeit doppelt so groß." Bei Carl Zeiss Jena wurde das Gitterdesign gerechnet und gefertigt, und Alfred Reichmann von der Physikalisch-Astronomischen Fakultät lieferte Erfahrungen für Messungen im Infrarotbereich. Dies war nicht trivial, denn alle Parameter wie Abstand, Apertur, Spaltbreite, Spalthöhe, Pixelgröße, Pixelhöhe mussten numerisch berechnet und iterativ optimiert werden. „Wir untersuchten Hunderte verschiedener Varianten von Gitter-Arrays und hatten zur Jahrtausendwende den ersten Durchbruch. Für die Entwicklung miniaturisierter Hochleistungsspektrometer bekamen wir im Jahr 2001 den Thüringer Forschungspreis. Wichtiger als das Preisgeld war uns die Anerkennung, die eine innere Ruhe und Selbstvertrauen für Dinge gab, die man weiterverfolgen kann."

Danach waren die Forscher an der Entwicklung eines Multiobjekt-Spektrometers zusammen mit der ESA und der NASA beteiligt, mit dem das James-Webb-Weltraumteleskop einen Stern auf seinem Weg verfolgen und gleichzeitig spektral charakterisieren kann. Die Strahlung im Infrarot-

1951 geboren in Jena, Abitur und Facharbeiterabschluss als Feinmechaniker, Studium der Physik an der Friedrich-Schiller-Universität Jena
1973 Diplomarbeit im Wissenschaftsbereich Detektorenphysik
1980 Promotion an der Technischen Hochschule Ilmenau
2001 und 2016 Thüringer Forschungspreis
1973–1991 Wissenschaftlicher Mitarbeiter am Institut für Magnetische Werkstoffe, Aspirantur an der Technischen Hochschule Ilmenau, wissenschaftlicher Mitarbeiter im Physikalisch-Technischen Institut Jena
1992–2018 Forschergruppe im Institut für Physikalische Hochtechnologie Jena
Seit 2018 freiberuflicher Forscher.

bereich ist sehr energiearm, man braucht lange Belichtungszeiten. Während die bildgebenden Sensoren im sichtbaren Bereich ein Bild mit 100 Kanälen machen, braucht man im Infrarotbereich die zehn- bis hundertfache Belichtungszeit. „Deshalb haben wir zusammen mit einem Ottobrunner Raumfahrtunternehmen Arrays vorgeschlagen, die nicht mehr reflektiv, sondern transmissiv arbeiten. Wir entwickelten kleine Spalte oder Löcher, die man öffnen oder schließen kann. Das war ein mühsamer Prozess und dauerte Jahre. Jetzt kann man mit einer Belichtung im Infrarotbereich ein Bild machen und es gleichzeitig spektral auflösen." Daraus entstand das NIRSpec, das mittlerweile an Bord des James-Webb-Weltraumteleskops eingesetzt wird. „Da diese Projekte vom Land Thüringen, vom Bund und von der europäischen Raumfahrtbehörde finanziert wurden, hatte ich Geld, um meine Mitarbeiter weiterzubeschäftigen. Es war ein harter und stressiger Job, der enorm viel Energie kostete. Aber es hat sich im Endeffekt immer gelohnt."

Licht und Leben

Nach der Entwicklung von Infrarot-Spektrometern entwickelte die Forschergruppe um Rainer Riesenberg das objektivlose Mikroskop. Das Prinzip ist einfach: Man beleuchtet eine Lochblende mit einer Pointer-Laserdiode, stellt dahinter das zu untersuchende Objekt und nimmt das Licht mit einem CCD-Sensor auf. Die Interferenzen hinter der Lochblende bilden das Objekt holografisch ab. Rechnet man das Signal des CCD-Sensors danach zurück, kann man das Objekt wieder sehen. „Die Berechnungen sind komplex und aufwendig, aber mit der heutigen Computertechnik möglich. Auf diese Weise kann man auf dem Bildschirm beispielsweise sehen, wie weiße Blutkörperchen des Immunsystems Pilze verschlingen." Mit dieser Technik könnten Blutproben vor Ort analysiert werden, was die medizinische Diagnostik deutlich beschleunigen würde. Noch ist das linsenlose holografische Mikroskop Zukunftsmusik, denn es wird noch eine ganze Weile dauern, bis die Software fertig entwickelt ist. „Aber wir haben gezeigt, dass es geht, und wurden wieder mit dem Thüringer Forschungspreis ausgezeichnet."

Als letztes Projekt vor dem Rentenbeginn entwickelte Rainer Riesenberg mit seinen Kollegen ein sogenanntes Laser-Speckle-Photometer. Hier wird eine raue Fläche mit dem kohärenten Licht einer Laserdiode beleuchtet, und die Oberflächenstrukturen und Inhomogenitäten der Fläche erzeugen dann im reflektierten Licht Interferenzen. „Normalerweise ist das in der Optik unerwünscht, aber wir nutzen diesen Effekt gezielt aus und können Oberflächenfehler berührungslos erfassen", erläutert Rainer Riesenberg. Genutzt werden soll das beispielsweise in der Hautkrebsdiagnostik, damit der Arzt untersuchen kann, ob es sich bei einer verfärbten Hautstelle um ein Karzinom oder um gesunde Haut handelt. Weist die Hautoberfläche keine Unregelmäßigkeiten auf, so erscheint das Speckle-Muster vollkommen zufällig. Deshalb suchen die Forscher nach fraktalen Strukturen und Rauigkeiten. „Mit der Speckle-Photometrie sehen wir Unterschiede in den Fraktalen um den Faktor vier. Jetzt könnte der Hautarzt die Bilder nehmen, und eine Auswertesoftware würde ihm sagen, ob die verfärbte Hautstelle gutartig ist oder nicht. Das wäre ein Riesenfortschritt in der Diagnostik“, sagt Rainer Riesenberg, der jetzt als freiberuflicher Forscher mit südkoreanischen Instituten zusammenarbeitet, um ein entsprechendes mobiles Gerät auf den Markt zu bringen.

Gewirkt.

Bärbel Voigtsberger im Holzland der Hightech.

Bärbel Voigtsberger kommt aus Gera. Sowohl die Liebe als auch ihr Job führten sie ins Thüringer Holzland, wo sich die promovierte Physikerin anfangs wie eine Exotin fühlte und stark behaupten musste. In ihrem gesamten Berufsleben blieb sie den Keramischen Werken Hermsdorf treu, auch über die Wende hinaus und bis heute. Sie erlebte Höhen und Tiefen der Firmengeschichte, bis der Niedergang und die Zerschlagung des Großunternehmens in den Neunzigerjahren ihren Kampfgeist aktivierten. Zusammen mit Politikern und Unternehmern setzte sie alles daran, dass das Holzland nicht zu einer Konsumwüste verkam. Damals entließen die Keramischen Werke Hermsdorf 80 Prozent ihrer Belegschaft. „Und wir haben es geschafft, dem Holzland wieder eine nachhaltige Perspektive zu geben, weil wir den Mut, die Kraft und den unbändigen Willen hatten."

Als Bärbel Voigtsberger nach ihrem Studium ins Thüringer Holzland kam, musste sie sich an viele regionale Gepflogenheiten gewöhnen. In diesem Gebiet zwischen Gera und Jena mit seinen ausgedehnten Wäldern pflegten die Bewohner früher traditionelle Holzberufe wie Leitermacher, Pechschmied und Muldenhauer, bis Ende des 19. Jahrhunderts die Keramik- und Porzellanindustrie dazukam. „Das war schon ein sehr traditionelles Umfeld und ein facettenreiches Bild." Bärbel Voigtsberger zog nach ihrer Heirat mit ihrem Kommilitonen Hans-Jürgen in das Haus der Schwiegereltern in Bad Klosterlausnitz. „Da wurde natürlich extrem darauf geachtet, dass die ganze Familie Voigtsberger im Ort angesehen war. Hans-Jürgen war eine Institution. Er war fünf Jahre lang Chef der Burschengesellschaft des Maibaumsetzens und 20 Jahre lang Büttenredner beim Fasching, damals schon politisches Kabarett." Leicht war es für die Großstädterin nicht, in einem Vier-Generationen-Haus aus dem Jahr 1850 mit zwei kleinen Kindern zu leben. Aber sie sei Hans-Jürgen ewig dankbar, dass er den Mut hatte, mit dieser verrückten Frau sein Leben zu verbringen, sagt sie. „Er hat vieles miterleben müssen von meinem großen Überengagement und dem Einsatz auf meiner Arbeit. Ich war national und international sehr viel unterwegs, habe viel akquiriert und konnte mich frei entfalten. Er hat mir den Rücken freigehalten. Damals gab es nicht so viele Männer, die mir das zugebilligt hätten", betont Bärbel Voigtsberger.

Sie und ihr Mann fingen nach dem Studium in den Keramischen Werken Hermsdorf an, arbeiteten auch sehr viel zusammen und erforschten interessante Dinge. So entwickelte Bärbel Voigtsberger Zinkoxid-Varistoren – spannungsabhängige Widerstände für elektronische Schaltkreise –, und Hans-Jürgen untersuchte mit der Elektronenstrahlmikrosonde deren Strukturgefüge. Nebenher bauten sie das alte Haus gemeinsam aus und meisterten die üblichen Probleme mit der Materialbeschaffung und den Handwerkern. „Und meine Schwiegermutter hat mit viel Liebe unsere Kinder betreut. Das hat uns sehr entlastet und viele Dinge erst möglich gemacht. Aber ich musste mich erst einmal daran gewöhnen, dass sonntags Punkt zwölf Uhr die ganze Großfamilie mit allen Eltern und Großeltern gemeinsam am Tisch saß und grüne Klöße und Rouladen aß. Dieser Aspekt der Bodenständigkeit spielte sowohl im familiären als auch im beruflichen Umfeld eine große Rolle. Und er zeigt uns, dass wir Verantwortung übernehmen müssen. Für unsere Kinder, für die ältere Generation, für die Mitarbeiter und für das kulturelle Umfeld."

Pionierin im Planland

Für Bärbel Voigtsberger wäre es einfach zu sagen, dass sie zur Physik über ihren Vater kam. Er hatte auch Physik in Jena studiert und danach in Berlin in einem Institut gearbeitet. „Als Kind nahm mich mein Vater einmal mit ins Institut. Da stand ein Elektronenmikroskop, mit dem Sedimente untersucht und Strukturen ausgezählt wurden. Das hat mein Verständnis für die Welt geweckt, denn tüfteln und basteln konnte ich schon immer." Doch es war ihr eigener Antrieb, ihre Neugier, weshalb sie nach dem Abitur die Herausforderung suchte und Physik studierte. „Und es war natürlich eine spannende Geschichte, als ich sah, wie wenig Mädchen Naturwissenschaften studierten. Später habe ich festgestellt, dass es eine sehr gute Schule war. Wir haben hier mehr oder weniger eine Methodik gelernt und Teamgeist in den Seminargruppen herausgebildet, um die Herausforderungen des Studiums gemeinsam zu bewältigen. Mit dem erlernten Methodengerüst konnten wir später viele komplizierte Situationen analysieren und eine entsprechende Strategie entwickeln. Das war schon eine sehr prägende und herausfordernde Zeit", berichtet die Physikerin. Nach dem Diplomabschluss promovierte sie auf dem Gebiet der Protonenresonanz in speziellen Einkristallen, die durch Wasserstoffbrückenbindungen zusammengehalten werden.

In den Keramischen Werken Hermsdorf (KWH) war der Start nicht simpel. „Ich wurde hier bestaunt wie ein Fabelwesen: Was soll eine junge Frau als promovierte Physikerin in der Industrie machen?“ Und so fand sich für die wissenschaftliche Mitarbeiterin ein Gebiet, das vorher noch niemand bearbeitet hatte. Ziel war es, Zinkoxid-Mikrostrukturen zu untersuchen, um das Material als Überspannungsableiter oder Schutzelement in elektrischen Schaltungen für kleine Ströme verwenden zu können. Zinkoxid ist eine polykristalline Keramik, also ein Material aus vielen kleinen Kristallkörnern. An den Grenzen dieser Körner entsteht eine sogenannte „Schottky-Barriere“, die dazu führt, dass der elektrische Strom nicht linear mit der Spannung ansteigt, sondern eine spezielle, nichtlineare Beziehung zeigt. Diese Eigenschaft macht Zinkoxid besonders nützlich, um Spannungsspitzen in elektrischen Geräten abzufangen und so empfindliche Bauteile zu schützen. Also musste die Physikerin erst einmal den physikalischen Effekt grundlegend erkunden und danach die chemische Zusammensetzung nach Kriterien wie Korngröße, Homogenität und Zwischenphasen optimieren. Zum Schluss sollte alles verfahrenstechnisch so umgesetzt werden, dass es industriell nutzbar wird. Aber der Aufbau einer Fertigung von Zinkoxid-Varistor-Überspannungsableiterscheiben wurde auf unbestimmte Zeit verschoben, weil die Staats- und Parteiführung unterdessen andere Produktionsschwerpunkte vorgab.

„Man muss eine Vision haben, aber die verwirklicht sich nicht von allein, sondern nur zusammen mit Partnern, die auch Risiken mit eingehen.“

In den KWH erlebte Bärbel Voigtsberger auch die Zwickmühle hautnah mit, in der das Unternehmen steckte und die exemplarisch für die gesamte DDR-Wirtschaft war. Die Planvorgaben des Politbüros und der Kombinatsleitung konnten unter den existierenden materiellen und finanziellen Bedingungen unmöglich umgesetzt werden. Viele der Roh- und Hilfsstoffe, die man für eine qualitativ hochwertige Keramik brauchte, mussten teuer gegen Valuta importiert werden. Gleichzeitig sollten sich aber die veredelten Produkte mit einer hohen Devisenrentabilität am Weltmarkt verkaufen lassen. Das konnte nicht funktionieren. Auch fehlten spezielle Maschinen zum Foliengießen von Substraten und mehrlagigen Bauelementen oder andere technologische Spezialausrüstungen. Und alles wurde zusätzlich noch durch das hierarchische System der DDR-Kombinate blockiert. Bärbel Voigtsberger, 1988 zur stellvertretenden Leiterin des Bereichs Forschung und Technologie aufgestiegen, berichtet: „Im Prinzip haben wir immer mehr das Nicht-mehr-Können verwaltet. So gesehen war es nur logisch, dass die Menschen sagten: ‚So wollen wir nicht mehr weitermachen‘ und auf die Straße gingen.“

Jeder, der den Zerfall und den Niedergang der Industrie in der DDR erlebt hat, kann seine eigene Story erzählen. Und sicher haben die Menschen auf der Straße eine große Rolle gespielt, um Veränderungen voranzutreiben. Bärbel Voigtsberger sagt dazu aus ihrer Sicht: „Die Mitarbeiter haben sich aufgerieben an der Zielerfüllung und konnten die Ziele gar nicht erfüllen. Deshalb war die Zeit zwischen 1985 und 1989 extrem spannungsgeladen. Und es wurden die falschen Dinge vorangetrieben. Man setzte auf Mikroelektronik, Automobilindustrie und Konsumgüterindustrie. Aber diese Unternehmen hatten nach der Wende einen Wert von null, weil der Wettbewerb im Ausland viel weiter war."

Treuhand trifft Kampfgeist

In den Keramischen Werken Hermsdorf arbeiteten allein im Holzland zur Wendezeit rund 8.000 Menschen. Das ganze Kombinat beschäftigte von Wismar bis Annaberg-Buchholz und von Pappenheim bis Krauschwitz über 20.000 Mitarbeiter und produzierte mehr als 60.000 Bauteile, keramische Elemente, Ferrite, Buchsen, Klemmleisten, Lampenfassungen und vieles mehr. „Es gab historisch gesehen nur eine ganz kurze Zeit, in der man unter dem letzten DDR-Ministerpräsidenten Modrow eine Übergangsphase zur Marktwirtschaft hätte organisieren können. Aber dann haben sich die Dinge im Wochentakt geändert, und keiner wusste so richtig, wo es hingeht", berichtet eine damals desillusionierte Wissenschaftlerin.

Als die Währungs-, Wirtschafts- und Sozialunion beschlossen wurde, war der Kombinatsleitung klar, dass die bisherigen Produktionslinien keinen Bestand mehr haben würden. Keiner würde noch einen Trabant oder Wartburg oder einen RFT-Fernseher kaufen, wenn er Westgeld in der Tasche hatte. Damit war das Schicksal eines Zulieferers für diese Branchen besiegelt. Die Keramischen Werke Hermsdorf kamen schnell in Treuhandverwaltung. Westunternehmen wie die Gesellschaft für Elektrometallurgie (GfE) in Nürnberg schnitten sich Filetstücke heraus und privatisierten sie. Viele andere Unternehmensteile schienen dem Niedergang geweiht.

Nach der Wende durchschritt das Thüringer Holzland, wie so viele andere Regionen in den neuen Bundesländern, das Tal der Tränen. Die Märkte in den ehemaligen RGW-Staaten waren mit einem Schlag weggebrochen, und neue Märkte waren nicht in Sicht. „Plötzlich waren wir mit Dingen konfrontiert, die wir bisher nicht kannten. Wie geht man mit Massenentlassungen um? Welche Kriterien müssen in der Sozialauswahl erfüllt werden?" Das fragte sich nicht nur Bärbel Voigtsberger, die ihre wissenschaftlichen Mitarbeiter entlassen sollte. „Dies betraf ja nicht nur Hermsdorf, sondern die ganze Republik. Keiner wusste, wohin die Reise geht. Das war ein tiefer Umbruch mit vielen Existenzängsten. Einige unserer Top-Experten konnten ihr Wissen meistbietend an den Mann bringen und bekamen schnell gute Jobs im Westen. Andere schulten um und wurden Steuerberater oder

Mitarbeiter im Arbeitsamt. Als Hans-Jürgen die Möglichkeit hatte, in Pforzheim zu arbeiten, haben wir drei Jahre lang eine Pendlerehe geführt. Es musste irgendwie weitergehen. Die Kinder gingen noch zur Schule, und die Großeltern lebten noch im Haus."

Der Personalabbau in den Keramischen Werken war drastisch, und 80 Prozent der Mitarbeiter wurden entlassen. Die verbliebenen Produktionsbereiche pickten sich die Entwicklungsingenieure aus dem Forschungsbereich heraus, die sie für die Produktion brauchten. „Damals war es eigentlich das erklärte Ziel, den Forschungsbereich für obsolet zu erklären. Mein Chef wechselte in die Produktionssparte, um Wertschöpfung zu generieren und damit vielleicht eine Zukunft aufzubauen. Und unser Häufchen wurde immer kleiner. Im Sommer 1992 schickte die Treuhand alle meine Mitarbeiter in Kurzarbeit Null, und ich bekam die Kündigung."

Doch Bärbel Voigtsberger ist eine Kämpfernatur. Sie unternahm alle Anstrengungen, um die Reste des Unternehmens zu retten und wenigstens einigen der bestens ausgebildeten Fachkräfte und dem Holzland eine Restperspektive zu geben. „Mein Ansinnen war es, in den Monaten davor wenigstens einen kleinen Kern von Wissenschaftlern und Technikern zu halten und daraus eine eigenständige, unabhängige, wirtschaftsnahe Forschungseinrichtung zu schmieden. Das wurde von der Treuhand nicht unterstützt. Wir aber wollten das Holzland nicht zu einer reinen Konsumwüste verkommen lassen. Deshalb wandten wir uns an den Chef der Jenoptik, Lothar Späth, und an das Wirtschaftsministerium des Freistaats Thüringen. Der neugewählte Landrat des Holzlandkreises war ein Import aus den alten Bundesländern und ein CDU-Mann. Mit ihm entwickelten wir ein Konzept, um uns Zeit zu kaufen und den Transformationsprozess gestalten zu können." So kam die Tridelta, wie die Keramischen Werke Hermsdorf inzwischen hießen, für drei Jahre unter das Dach der Jenoptik und wurde mit dem Geld der Treuhand saniert. Ziel war es, die wissenschaftliche und die keramische Kompetenz im Holzland zu erhalten und aus dem, was da war, etwas Zukunftsträchtiges zu entwickeln. „In den zwei Jahren nach der Wende haben wir zusammen mit renommierten Beratungsgesellschaften wie Kienbaum und Arthur D. Little bestimmte Zukunftsfelder definiert. Ich habe diese Chance wahrgenommen und die Initiative ergriffen, das Hermsdorfer Institut für Technische Keramik als eingetragenen Verein zu gründen", sagt Bärbel Voigtsberger. Getragen wurde das Institut von Jenoptik und Tridelta. Damit hatte es einen marktwirtschaftlich freien Status und eine schlagkräftige Truppe mit 47 Wissenschaftlern und Technikern.

„Ich wurde als Geschäftsführerin eingesetzt, und wir versuchten von Anfang an, unsere Entwicklungs- und Dienstleistungen zu verkaufen. Ich hatte einige Leute mit langjähriger Erfahrung, gute Experten und ein paar junge Leute. Normalerweise kostet Forschung und Entwicklung einem

1951 geboren in Gera, Abitur mit Facharbeiterabschluss als Krankenschwester und Studium der Physik an der Friedrich-Schiller-Universität Jena **1973** Diplomarbeit im Wissenschaftsbereich HF-Spektroskopie **1979** Promotion **1973–1992** Forschungsstudentin im Wissenschaftsbereich HF-Spektroskopie, wissenschaftliche Mitarbeiterin, stellvertretende Leiterin des Zentrums für Forschung und Technologie der Keramischen Werke Hermsdorf **1992–2016** Geschäftsführerin des Hermsdorfer Instituts für Technische Keramik, stellvertretende Institutsleiterin des Fraunhofer Instituts für Keramische Technologien und Systeme IKTS Dresden, Standortleiterin Hermsdorf, Geschäftsleitung des IKTS im Bereich Marketing und Strategie.

Unternehmen Geld. Aber als wir uns ausgegründet hatten, wurden wir plötzlich wieder interessant. Und so unterzeichneten wir 1992 einen Kooperationsvertrag mit der Tridelta mit einem festen Auftragsvolumen, das ein Drittel unserer Kosten deckte. Die restlichen Aufträge mussten wir uns selbst suchen. Das war aus meiner Sicht eine Riesenchance zur Gestaltung, denn wir waren weg von der Treuhand, die uns jederzeit hätte plattmachen können.“ Von Anfang an reiste Bärbel Voigtsberger mit ihren Mitarbeitern quer durch Deutschland, zu Dornier am Bodensee, nach Saarbrücken an die Universität und zu ABB nach Heidelberg. „Wir haben sehr gute Erfahrungen mit unseren Gesprächspartnern auf dem Level der technischen Intelligenz gemacht. Alle waren sehr respektvoll und neugierig. Und so konnten wir verschiedene Projekte in den Unternehmen der alten Bundesländer akquirieren. Das gab unseren Mitarbeitern einen riesigen Motivationsschub.“

Mit finanziellen Mitteln von Bund, Land und anderen Fördertöpfen konnten marktorientierte Vorlaufentwicklungen vorangetrieben werden. Im ersten Geschäftsjahr erwirtschaftete das Hermsdorfer Institut für Technische Keramik (HITK) knapp fünf Millionen D-Mark aus Forschungs- und Entwicklungsarbeiten. Der wirtschaftliche Geschäftsbetrieb wurde in die Tochtergesellschaft Inocermic als Gesellschaft für innovative Keramik mbH ausgegliedert. Erklärtes Ziel des neuen Unternehmens war die Entwicklung von Technologien im Industriemaßstab und die Herstellung von Kleinserien und Produkten.

Keramik mit Köpfchen

„Zehn Jahre nach dem Mauerfall war das HITK soweit saniert, dass wir endlich auch strategische Kooperationen eingehen und risikobehaftete Zukunftsprojekte machen konnten“, sagt Bärbel Voigtsberger. So entwickelte das Institut keramische Filtrationsmembranen im Nanometerbereich zum Entfärben von Abwässern der Textilindustrie, trockenpressfähige Aluminiumoxidkeramik höchster Reinheit für neue Drucksensormembranen mit erhöhter Festigkeit und Korrosionsbeständigkeit, neue Herstellungsverfahren für nanodisperse, oxidische Pulver sowie spritzgießfähige Polymerkeramik. Besonders interessierten sich die Forscher für keramische Strukturen kleiner als ein Tausendstel Millimeter, weil sich dort neue Eigenschaften zeigten und sich daraus neue Anwendungen für die Mikroelektronik und die Medizintechnik entwickeln ließen.

Zwanzig Jahre nach dem Mauerfall beschäftigte das Institut 130 Mitarbeiter und hatte bei einem Auftragsvolumen von elf Millionen Euro einen deutlichen Industrieanteil von 40 bis 45 Prozent. „Das war der richtige Zeitpunkt, dem Hermsdorfer Institut eine zukunftsfähige Perspektive zu geben und es mit dem Fraunhofer-Institut für Keramische Technologien und

Systeme (IKTS) in Dresden zu verknüpfen“, berichtet die Institutsleiterin. „Wir hatten schon zu DDR-Zeiten enge Kooperationen mit dem ehemaligen Akademieinstitut, und sind uns nach der Wende immer mal wieder im Wettbewerb begegnet. 2008 sprach mich der damalige Institutsdirektor, Professor Alexander Michaelis, an, ob wir nicht gemeinsam unseren Weg gehen könnten. Wir haben das in den Gremien beraten und unser Institut sauber und schuldenfrei in das Fraunhofer IKTS integriert.“ Heute erwirtschaftet das IKTS 80 Millionen Euro Umsatz und ist eines der größten Fraunhofer-Institute. 2013 gab Bärbel Voigtsberger ihre Geschäftsführung ab und war noch drei Jahre lang stellvertretende Institutsleiterin des Fraunhofer-Instituts. „Seit 2016 bin ich beruflich dort ganz raus und war bis 2021 nur noch beratend tätig.“

Spuren im Holzland

„Es freut mich, dass ich meinen Anteil leisten konnte, den Standort zu sichern. Nicht nur als Forschungsstandort, sondern gemeinsam mit unseren Unternehmenspartnern auch als Industriestandort. Als wir 1992 anfingen, waren alle Märkte besetzt, und wir haben wie die Trüffelschweine Nischen gesucht, wo wir etwas entwickeln konnten. Dinge, die es noch nicht gab oder die noch nicht soweit entwickelt waren. Auf dieser Basis haben wir unser Wachstum generiert.“ Das hat funktioniert, für das Institut ebenso wie für viele Unternehmen am Standort Hermsdorf. Die ehemalige Institutsleiterin erzählt: „Inzwischen ist das Holzland ein Hightech-Standort für Keramik und Mikroelektronik, und 34 Partner sind im Tridelta-Campus zusammengeschlossen. Unser größtes Problem ist inzwischen, dass wir zu wenig Nachwuchs und zu wenig Fachkräfte haben. Das hätten wir nie gedacht. Zur Wende hatten wir hier eine Arbeitslosenquote von über 20 Prozent, und jetzt suchen wir händeringend Leute.“

Der erste Slogan des Hermsdorfer Instituts hieß: „Innovation aus Tradition“. Aus den traditionellen Wurzeln wurden durch Innovationen neue Geschäftsfelder entwickelt und ein nachhaltiges Konzept realisiert. „Das hat mich viel Kraft gekostet, aber es hat auch viel Spaß gemacht. Das Können der Mitarbeiter und das Know-how sind ein Riesenschatz, den wir gehütet haben. Man kann Know-how nicht einfach kopieren, und die erfolgreichsten Projekte waren die mit Industriepartnern, die eine lange Kooperation nach sich gezogen haben.“

Bärbel Voigtsberger fasst die Zeit so zusammen: „Wir haben in den letzten 30 Jahren eigentlich immer unmögliche Dinge möglich gemacht. Es war spannend. Wir haben interessante Leute kennengelernt, und es hat das Team zusammengeschweißt. Dieser innere Zusammenhalt, speziell in dieser Generation, hat alles mitgetragen. Es war extrem befriedigend, wenn sich die Dinge wirklich umsetzen ließen und danach ihre praktische Anwendung fanden.“

Gefiltert.

Ulrich Meckel unter Randbedingungen.

„Ohne das Physikstudium hätte ich das, was ich später in meinem Leben gemacht habe, nie machen können“, sagt Ulrich Meckel. Er forschte in der DDR zur Kernfusion und versuchte danach, die Luft sauberer zu machen. Nach der Wende erarbeitete er Umweltrichtlinien für die Landesregierungen in den neuen Bundesländern, erstellte Gutachten für Unternehmen in Umweltfragen, war selbst Geschäftsführer eines solchen Unternehmens und wechselte zum Schluss in die Medizintechnik. Ein rastloses Berufsleben mit vielen Jobs, die immer aufeinander aufbauten. Jetzt im Ruhestand schult er Kinder und Jugendliche bei der Deutschen Verkehrswacht.

„Ich kann jedem Schüler nur empfehlen, Physik zu studieren“, propagiert Ulrich Meckel. „Man lernt hier viel über das Leben. Wir haben im Physikstudium eine Denkstruktur gelernt, durch welche wir Informationen miteinander verknüpfen können. Das ist etwas anderes als wenn man Formeln auswendig lernt und nur die Parameter austauscht. Wenn wir Gleichungen herleiten, können wir auch Voraussagen darüber treffen, unter welchen Randbedingungen dieses oder jenes Ereignis eintritt.“ Er selbst vermisste im Studium die philosophischen Aspekte der Physik und schlussfolgert daraus, weshalb es in unserer Zeit so viel Wissenschaftsfeindlichkeit gibt. „Kaum ein Problem wird im Gesamtkontext betrachtet, sondern immer nur ein gerade passender Punkt herausgegriffen und aufgeblasen. Nichts wird mehr nachgerechnet.“

Der Weg zum Studium war für Ulrich Meckel steiniger als für andere Schüler. Seine Eltern engagierten sich in der Neuapostolischen Kirche, die in der DDR ein Nischendasein führte. Hinzu kam, dass sein Vater kein Arbeiter war, sondern zur Intelligenz zählte, weshalb die Tür zur Erweiterten Oberschule Greiz für seinen Sohn verschlossen blieb. Um das Abitur zu erlangen, bot sich die Alternative der Berufsausbildung mit Abitur als

Schlosser an. Diese Lehrstelle gab es allerdings im 20 Kilometer entfernten sächsischen Werdau. Im Kraftfahrzeugwerk „Ernst Grube" lernte er, Lkw, Busse und Fahrzeuganhänger zu bearbeiten und zu montieren. Danach strebte Ulrich Meckel ein breitgefächertes, naturwissenschaftliches Grundlagenstudium an und bewarb sich für das Physikstudium in Jena. Teil der Zulassungsprüfung war damals das Lösen von Aufgaben, die in der von einem Studentenkollektiv der Sektion Physik vierteljährlich herausgegebenen Schülerzeitschrift „Impuls 68" abgedruckt waren.

Als Ulrich Meckel sein Studium begann, suchte die Sektion Mathematik für ihre ähnlich gelagerte Schülerzeitschrift „Wurzel" neue Mitstreiter aus den Reihen der Erstsemester. Also bewarb er sich, und gemeinsam tippten die Studenten viele Artikel und Aufgaben zu den verschiedensten Teilgebieten der Mathematik und zu den in der DDR regelmäßig stattfindenden Mathematik-Olympiaden. Die Heftausgaben wurden auf einer Erika-Kofferschreibmaschine getippt und von Hand erstellt. Weil die Zeitschrift gut war, wurden die Macher als Hervorragendes Jugendkollektiv ausgezeichnet, und jeder erhielt bis zum Studienende ein monatliches Zusatzstipendium. „Und damit konnte man sehr gut leben."

„Ich war kein Revolutionär"

Ulrich Meckel sagt von sich selbst, er sei immer mit dem Strom geschwommen. Eine eigene Meinung hat er sich trotzdem bewahrt. So trat er kurz nach dem Abitur in die CDU ein, um sich den fruchtlosen Diskussionen um eine Mitgliedschaft in der SED erfolgreich zu entziehen. Dies hatte den Vorteil, dass er auch bei seiner Tätigkeit im Bezirkshygieneinstitut nicht in der Kampfgruppe kämpfen und nicht jede Woche montags an der Parteiversammlung teilnehmen musste.

Als einziges Zugeständnis an den Staat verpflichtete sich Ulrich Meckel während des Studiums, bei der Volkskammerwahl 1971 als Wahlhelfer tätig zu sein. „Wir versuchten im Vorfeld herauszubekommen, wie eine gültige Nein-Stimme zustande kommt. Das ist nicht gelungen, denn nach Wahlschluss wurden alle Wahlhelfer nach Hause geschickt. Ich war fünfmal Wahlhelfer, aber ich habe nie eine Auszählung miterlebt. Damit war klar, wie die Wahlen so ablaufen. Josef Stalin wird der Spruch zugeschrieben: ‚Die Leute, die die Stimmen abgeben, entscheiden nichts. Die Leute, die die Stimmen zählen, entscheiden alles.' Und so war es auch hier."

Erschrocken ist Ulrich Meckel später, als er seine Stasiakte einsehen konnte und die verschiedenen Denunziationen gegen sich las. Trotzdem wussten die Tschekisten offenbar nicht, dass er und sein Cousin eine Republikflucht vorbereiteten. Die beiden wollten mit gefälschten Pässen am Flughafen Praha-Ruzyně in einen Flieger nach Frankfurt steigen. Ulrich Meckel erinnert sich: „Aber als die Personalausweise fertig waren und wir das Ding hätten durchziehen können, kamen uns Bedenken. Wir sind eine ganze Nacht lang durch den Thüringer Wald gelaufen und haben alles abgewogen. Danach haben wir das Projekt verworfen, weil wir unsere Eltern nicht im Stich lassen wollten. Ob es geklappt hätte, weiß ich nicht. Aber die Stasi wusste von dem Ganzen nichts."

Lange Funken, langer Atem

Seine Diplomarbeit schrieb der Physiker am Institut für Magnetohydrodynamik. Der Institutsgründer und langjährige Direktor Max Steenbeck war anerkannter Spezialist in der Physik der Gasentladungen und Plasmen und wurde zweimal für den Physik-Nobelpreis nominiert. Nach seiner Emeritierung 1969 wurde Steenbeck von Ludwig Rothhardt als Institutsleiter abgelöst. Steenbeck, der immer noch einen Schreibtisch im Institut hatte, setzte sich für politisch Verfolgte ein. So gab er beispielsweise 1971 den beiden exmatrikulierten Physikstudenten Friedrich Miehe und Harald Krüger einen Ausbildungsplatz in seinem Institut.

Nach seinem Diplom wurde Ulrich Meckel für die nächsten vier Jahre fest am Institut angestellt und sollte während dieser Zeit promovieren. „Wir hatten damals die Idee, mit langen Funken eine Kernfusion zu zünden und dachten, dass dies in den nächsten zehn Jahren möglich sein würde. Allerdings war die zentrale Akademieleitung in Berlin anderer Meinung, und so entwickelten wir Plasmaschalter für das Schalten von Höchstspannungen." Mit dem neuen Direktor wurde die Forschungsstätte in das Institut für Elektronenphysik der Akademie der Wissenschaften in Berlin integriert. Neue Forschungsschwerpunkte kamen hinzu, andere fielen weg, und einige Wissenschaftler wurden aus politischen Gründen entlassen. Als dann auch die Forschung im Bereich der Plasmaphysik wegfiel, konnte Ulrich Meckel seine Promotion auf diesem Gebiet nicht mehr beenden. Er bekam kein anderes Forschungsthema, und der Vierjahresvertrag lief einfach aus. „Später las ich in meiner Kaderakte, dass es nicht die fachlichen Dinge waren, die gegen eine Weiterbeschäftigung sprachen, sondern politische. Ein Teil der fachlichen Leitung des Hauses war an einer klaren politischen Haltung interessiert, und da war ein Mitarbeiter mit CDU-Parteibuch, dessen Vertrag sowieso ausläuft, ein kleiner Teil der Lösung."

Von heute auf morgen stand der Physiker buchstäblich auf der Straße und suchte eine neue Arbeit. Doch voller Zuversicht gab er einfach eine Annonce in der Wochenzeitschrift Wochenpost auf. Wenn man nicht wie er Optimist gewesen wäre, hätte man das Unterfangen sein gelassen. Denn die Rubrik für Anzeigen in der Wochenpost quoll damals mit Kontaktanzeigen über, nicht aber mit Arbeitsgesuchen. In der DDR gab es per Dekret Vollbeschäftigung, folglich sah man auch keine Stellenangebote. Aber wie es der Zufall so will, bekam Ulrich Meckel auf seine Annonce eine einzige Zuschrift. Sie kam vom Bezirkshygieneinstitut Karl-Marx-Stadt. Dieses staatliche Institut überwachte die Hygiene der Bereiche Luft, Wasser, Abwasser,

Boden und Lebensmittel und auf technischer Seite die Trinkwasserinstallation und die Raumlufttechnik. Sie suchten einen Naturwissenschaftler, der sich mit mathematischer Statistik beschäftigte. „Wir hatten zwar im Studium ein bisschen davon gehört, aber kaum die Statistik ausgelotet. Glücklicherweise konnte ich von meinem Vorgänger auf dieser Stelle viel dazulernen." Ulrich Meckel wurde Referatsleiter in der Lufthygiene und später stellvertretender Abteilungsleiter.

Staatsgeheimnis Smog

Die Abteilung Lufthygiene pflegte seit den Sechzigerjahren einen wissenschaftlichen Arbeitsstil. So erfassten die Wissenschaftler rastermäßig die wichtigsten Luftschadstoffe wie Schwefeldioxid, Sedimentationsstaub und Schwebstaub. Die Messverfahren wurden zunehmend automatisiert. Da aber dafür notwendige Messgeräte, obwohl sie in der DDR hergestellt wurden, nur in geringen Stückzahlen zur Verfügung standen, mussten immer wieder Importgeräte bestellt werden.

Als Referenzlabor für Immissionsmessungen führte die Lufthygiene Karl-Marx-Stadt später auch erste Vergleichsmessungen mit den östlichen Nachbarländern einschließlich der Sowjetunion durch. „Ich war Mitglied in mehreren dieser länderübergreifenden Arbeitsgruppen. Leider waren die Arbeitsergebnisse sehr überschaubar. Manche Lufthygieneabteilungen, dazu gehörte auch Karl-Marx-Stadt, führten über viele Jahre große Forschungsprogramme zu Spezialfragen durch. So untersuchten wir beispielsweise Schwermetalle in Boden, Wasser und Luft in Gebieten, die jahrzehntelang durch die Hüttenindustrie im Erzgebirge geprägt waren, und verglichen sie mit unbelasteten Vergleichsgebieten. Später kam dann die Messung der tschechischen Emissionen hinzu, die die Erzgebirgsregion extrem hoch belasteten." Auf den erzgebirgischen Kammlagen roch es alle sechs Wochen nach Katzendreck, besonders in den Nächten, in denen die böhmischen Kohlekraftwerke ihre Staubfilter reinigten. Immer wieder klagten danach die Erzgebirgler über Kopfschmerzen, Durchfall oder Erbrechen. Offiziell waren allerdings die gesundheitlichen Schäden durch den schwefelsauren Smog aus Böhmen kein Thema.

„Die offizielle Lesart lautete, alle Schadstoffmesswerte hielten sich im gesetzlich zulässigen Rahmen. Die tatsächlichen Messwerte waren streng geheim, selbst die Messmethodik blieb ein Staatsgeheimnis." Als in der zweiten Hälfte der Achtzigerjahre in der DDR eine erste Smogverordnung in Kraft trat, installierte man erstmals ein automatisches Immissionsmessnetz in und um Karl-Marx-Stadt. Wirksam wurden diese Aktivitäten in den letzten Monaten der DDR aber nicht mehr. Folglich führten sie auch nicht zu einer Verbesserung der Umweltsituation. Die Ergebnisse der Immissionsmessungen, die teilweise eine vielfache Überschreitung der an sich schon hohen Grenzwerte aufzeigten, wurden statistisch ausgewertet und bewertet.

Anschließend diskutierten Fachleute aus verschiedenen Bezirken der DDR die Ergebnisse, die danach in den Stahlschränken verschwanden.

„Alle Aktivitäten in der Umweltüberwachung der DDR waren, wie viele andere Gebiete auch, durch eine fast wahnhafte Geheimhaltung geprägt. Es gab dazu eine gesonderte Verordnung. Vertrauliche Verschlusssache war fast jede Einzelmessung. Sobald eine Datenreihe entstanden war, was logischerweise bei Umweltmessungen Grundlage jeder Messaktivität ist, waren die Daten ‚geheime Verschlusssache' und eigentlich nicht mehr nutzbar, da nur ein bis zwei Personen pro Abteilung eine Berechtigung hatten, sie zu lesen." Die Ergebnisse der Schwermetallmessungen waren die Grundlage für die Habilitation des Abteilungsleiters in Chemnitz. Diese Arbeit war in Fachkreisen natürlich bekannt und wurde diskutiert. Aber sie hatte keinerlei Außenwirkung, beispielsweise für Verzehrempfehlungen in Kleingärten rund um die Hüttenbetriebe in Freiberg. Für Ulrich Meckel war das eine zwielichtige Geschichte: „Die Lufthygiene war eine eingeschworene Truppe, sehr wissenschaftlich orientiert, aber auch sehr von der Geheimhaltung geprägt. Wenn wir überhaupt etwas veröffentlichen durften, mussten wir die Zahlen immer durch einen Umrechnungsfaktor fälschen. Allerdings konnte jeder, der dies wusste, die Daten wieder zurückrechnen."

„Als ich im Rheinland ein Gutachten über die Mängelbilanz erstellen sollte, kam ich mir vor wie der Tanzbär. Menschen liefen um mich rum und schauten, was der Ossi so kann. Doch am Ende erhielt ich ausgezeichnete Bewertungen."

Aufstieg mit Auflagen

Die Chemiker, Physiker und wenigen Ingenieure sowie das hochspezialisierte Laborpersonal der Abteilung Lufthygiene waren Mitarbeiter des Gesundheitswesens. Und hier gab es immer wieder Konflikte mit den höher eingestuften Ärzten. „Es gab keine Chance für die Naturwissenschaftler, im Gesundheitswesen ein den Fachärzten vergleichbares Gehalt zu erreichen." Das wurde erst Mitte der Achtzigerjahre durch ein Postgradualstudium für Fachwissenschaftler in der Medizin angeglichen. Der Abschluss war dann einem Facharztabschluss angepasst und ein attraktives Fortbildungsziel für wissenschaftliche Mitarbeiter der Lufthygiene. Deshalb studierte Ulrich Meckel noch einmal auf medizinischem Gebiet. „Dieses Zweitstudium hat mir über die Wendejahre hinweggeholfen. Dadurch wurde ich in die Pettenkofer-Gesellschaft aufgenommen, die sich speziell mit hygienischen Fragestellungen beschäftigte, und das Institut wurde als Referenzlabor anerkannt und konnte an internationalen Vergleichstests teilnehmen. Das war eine gute und sehr erfolgreiche Zeit."

Einige Jahre zuvor stellte sich Ulrich Meckel die Frage nach einer Promotion. Er und ein Kollege aus der Nachbarabteilung pflegten gute

1950 geboren in Greiz, Abitur und Facharbeiterabschluss als Maschinenbauer, Studium der Physik an der Friedrich-Schiller-Universität Jena
1973 Diplomarbeit am Institut für Magnetohydrodynamik der Akademie der Wissenschaften
1983 Fachphysiker der Medizin
1973–1990 Wissenschaftlicher Mitarbeiter am Institut für Magnetische Werkstoffe Jena, Abteilungsleiter im Bezirkshygiene Institut Karl-Marx-Stadt
1990–2015 Stellvertretender Direktor im Aufbaustab des Sächsischen Umweltministeriums, Consultant und Gutachter für Umweltschutz bei der GfBU Consult Berlin, Geschäftsführer der RWE Umwelt Thüringen, Fachphysiker in einer Intensivklinik
Seit 2015 freiberuflicher Gutachter.

Beziehungen zu einem Professor am Meteorologischen Institut der Karl-Marx-Universität Leipzig. Sie wurden für eine außerplanmäßige Aspirantur vorgeschlagen, die zur Promotion führen sollte. Dazu war aber die Genehmigung des Hygieneinstitutsdirektors erforderlich. Nach einer ersten Zusage befürchtete dieser, dass die Arbeitsproduktivität der beiden Wissenschaftler darunter leiden könnte, und stellte ihnen eine Bedingung: Entweder Promotion und danach das Institut verlassen oder hierbleiben und einen bescheidenen beruflichen Aufstieg haben. Eine schwierige Entscheidung für beide, die Meckel so schildert: „Mein Kollege entschied sich für die Promotion, und ich für die Familie. Meine Frau war zu Hause und kümmerte sich um die Kinder. Und ich wollte mir nicht noch einmal nach vier Jahren einen neuen Job suchen müssen."

Mit der politischen Wende wurde Ulrich Meckel von der CDU-Blockpartei delegiert, die Umweltabteilung des Bezirksrats zu leiten. In dieser Funktion wurde er stellvertretender Leiter im Aufbaustab für den Bereich Umweltschutz im damaligen Regierungspräsidium. „Hier nahm ich neben dem Aufbau der neuen Verwaltung im Bereich Umwelt gemeinsam mit Leihbeamten aus Baden-Württemberg die Einstellungen für die neuen Stellen vor." Doch wo es Licht gibt, ist auch Schatten. Als Vertreter der alten DDR-CDU musste man täglich beweisen, dass für den begründeten schlechten Ruf der ehemaligen Blockpartei nicht jedes alte Mitglied verantwortlich war. Damit waren zwischen alten und neuen CDU-Mitgliedern, die oft ehemalige Bürgerrechtler waren, Konflikte vorprogrammiert. Mit dem Amtsantritt eines neuen Staatsministers für Umwelt wurde die frühere Tätigkeit aller Führungskräfte überprüft. „Ich musste mich nun dafür rechtfertigen, dass ich im August 1988 bei der Großveranstaltung des VIII. Pioniertreffens in Karl-Marx-Stadt mit der Stasi zusammengearbeitet hatte. Tatsächlich stand bei so einer Massenzusammenkunft von Kindern die Lebensmittelhygiene an vorderster Stelle, die ich als verantwortlicher Hygieniker im Arbeitsstab sicherzustellen hatte. Zwangsläufig saß bei allen Besprechungen auch immer die Staatssicherheit mit am Tisch. Diese Kontakte wurden nun zum Problem. Das war eine sehr unschöne Zeit. 1993 bin ich freiwillig aus dem Regierungspräsidium ausgeschieden."

Chef auf Zeit, Optimist auf Dauer

Aber Ulrich Meckel wäre nicht der Optimist und Netzwerker, wenn er nicht sofort eine Alternative gefunden hätte. Kaum war bekannt, dass er wieder frei sei, erhielt er einen Anruf vom Chef einer Berliner Unternehmensberatung. Die GfBU-Consult war ein führendes Beratungs- und Ingenieurbüro im Bereich der Umwelt- und Genehmigungsdienstleistungen. „Hier war ich der Erste, der von Anfang an eine ganzheitliche Umweltberatung anbieten konnte. Ich kannte mich sowohl auf dem Gebiet der Umwelttechnologie als auch im Bereich des Umweltrechts und des Verwaltungsrechts aus. Diese Kenntnisse hatte ich mir kurz nach der Wende auf den Verwaltungsschulen in Hof und in Magdeburg angeeignet. Damit war ich für die gesetzlichen Genehmigungsverfahren und Gutachten prädestiniert."

Sein erster Auftrag war dann auch, ein Gutachten für eine rheinländische Müllverbrennungsanlage zu erstellen. „Als ich von der Geschäftsleitung des Consultingbüros mit dem Auftrag vorgestellt wurde, ein Gutachten über die Mengenbilanz zu erstellen, kam ich mir vor wie der Tanzbär. Menschen, die dort schon seit vielen Jahren arbeiteten, liefen um mich herum und schauten, was der Ossi denn so kann. Aber ich erhielt am Ende ausgezeichnete Bewertungen und blieb noch sechs Jahre bei der GfBU." Während dieser Zeit arbeitete Ulrich Meckel hauptsächlich als ständiger Berater für das Umweltministerium von Mecklenburg-Vorpommern und begutachtete Bauvorhaben und Unternehmen.

Kurz vor der Jahrtausendwende musste in einem Unternehmen der RWE Umwelt in Thüringen die Geschäftsleitung ausgetauscht werden, da die bisherige Unternehmensleitung für illegale Müllentsorgung im großen Stil angeklagt und verurteilt wurde. Wieder bekam der Physiker einen Anruf aufgrund seiner guten Referenzen als Umweltberater und Gutachter. „Ich wurde der Geschäftsführer der RWE Umwelt Thüringen, bekam einen guten Vertrag, befristet auf vier Jahre, und hatte noch nie so viel Geld verdient." Unter normalen Umständen hätte der Vertrag problemlos verlängert werden können, aber während dieser Zeit wurde die RWE Umwelt verkauft. Und da war es für die Konzernleitung sehr gut, dass alle Geschäftsführer nur befristete Verträge bekommen hatten. Und so stand Ulrich Meckel mit 53 Jahren wieder auf der Straße.

Und was macht ein Optimist bei dieser Gelegenheit? Er macht weiter so wie bisher, allerdings diesmal auf eigene Rechnung und auf eigenes Risiko. Als Freiberufler bekam Ulrich Meckel aufgrund seiner guten Kontakte viele Aufträge. Erfolgreiche Selbstständigkeit ist allerdings auch abhängig von hoher Arbeitsfähigkeit. Als er einen Unfall mit einer langwierigen Rehabilitation hatte, brachen ihm eine ganze Menge Aufträge weg. Weil er nicht mehr so mobil wie früher war, liefen viele Verträge in Thüringen und Hessen aus.

Doch bevor es wieder brenzlig wurde, kam ein rettender Anruf. Der Geschäftsführer einer privaten Intensivklinik meldete sich und fragte den Fachphysiker der Medizin, ob er nicht das Qualitätsmanagement der Klinik aufbauen könnte. Er nahm an und blieb bis zu seiner Rente Geschäftsführer im Bereich Betrieb. „Und jetzt arbeite ich wieder viel mit Kindern und Jugendlichen. Ich bin Geschäftsführer der Verkehrswacht Chemnitz, und diese Arbeit macht Spaß."

Justiert.

Lienhard Körner korrigiert die Wellenfront.

Lienhard Körners Arbeitsleben verlief ohne gravierende Einschnitte. Er konnte seine Tätigkeit bei Carl Zeiss Jena und später bei Jenoptik auch nach der Wende wie gewohnt fortsetzen und war keinen Tag arbeitslos. „Ich habe immer vorausgeplant, das half mir sowohl im beruflichen als auch im privaten Leben. Das habe ich wohl beim Schach gelernt." Und die Ideen und Umsetzungen, die der Physiker bei der Entwicklung von Hochleistungsobjektiven für die Fotolithografie einbrachte, sichern auch heute noch den Erfolg von Jenoptik auf diesem Gebiet.

Es war nicht vorbestimmt, dass Lienhard Körner sich sein Leben lang für die Optik begeistern konnte, denn ursprünglich wollte er Astronomie studieren. Fasziniert von der aufkommenden Raumfahrt, suchte er sich als Schüler Anfang der Sechzigerjahre den Mond als Beobachtungsziel und bastelte sich mit Brillenglas, Lupe und einem selbstgewickelten Papprohr sein erstes Fernrohr. Und mit der einfachen Mittelformatkamera Pouva Start konnte er auf dem Rollfilm achtbare Bilder vom Mond schießen. Später bekam er einen Optikbausatz geschenkt, mit dessen Fernrohr er dann auch Planeten beobachten konnte. „Und weil es mich interessierte, meldete ich mich im Kulturbund in Dessau als jüngstes Mitglied der Abteilung Astronomie an. Hier konnte ich auf Augenhöhe mit anderen diskutieren und meine Beobachtungsergebnisse austauschen. So entstand schließlich der Wunsch, in Jena Astronomie zu studieren." Doch der Zeitpunkt war schlecht gewählt, denn in seinem Studienjahr gab es keine Möglichkeit dazu. „Also studierte ich Physik und merkte schon nach kurzer Zeit, dass mich die Optik mehr interessierte als die Astronomie. Und da war ich natürlich genau an der richtigen Stelle, denn die Universität und Carl Zeiss Jena bildeten hier schon seit einem Jahrhundert eine Symbiose."

Wie zu dieser Zeit in der DDR üblich, erlernte der Schüler zusätzlich zum Abitur noch einen Lehrberuf. Lienhard Körner wählte Feinmechaniker. „Damals betrachtete ich es als überflüssig, aber später erwies sich diese Ausbildung als äußerst nützlich. Im Berufsleben war ich in der Lage, für die Fertigung von Hochleistungsoptiken meine Vorstellungen auf Millimeterpapier zu skizzieren und sie mit Spezialisten zu diskutieren. Daraus entstanden dann einige völlig neue Prüf- und Justiermittel. So gesehen war meine Facharbeiterausbildung für mich nützlicher als Latein und andere hochwichtige Fächer in der Schule."

Und neben der Astronomie bestimmte noch ein weiteres Hobby sein Leben: Schach. Der Physiker lernte es von seinem Großvater, als er fünf Jahre alt war. In der dritten Klasse trat er einem Schachclub bei und spielte aktiv bis 1978. „Danach musste ich mich um den Hausbau kümmern und hatte in meiner Arbeit viel zu tun. So kam es, dass ich erst mit meiner Pensionierung wieder in einem Schachclub vorbeischaute und jetzt in der Bezirksliga spiele", sagt Lienhard Körner. „Ich bin der Meinung, dass Schach als Pflichtfach in der Schule oder auch im Studium aufgenommen werden sollte. Bei dem Spiel muss man vorher überlegen, was man macht. Die Fehler kommen dann von allein. Und genauso ist es bei jedem beliebigen Projekt: Es funktioniert nicht immer sofort, aber wenn man den Ansatz einmal hat, dann kann man ihn so wie gedacht verfolgen."

Durchblick

Im Studium gab es die eine oder andere Hürde zu nehmen. Als der Professor für Angewandte Optik, Konrad Kühne, 1968 emeritiert wurde, übernahm der Physiker Christian Hofmann seine Vorlesungen. Hofmann entwickelte bei Carl Zeiss Jena Projektions- und Fresneloptiken sowie fotolithografische Hochleistungsoptik und kam als nebenamtlicher Dozent an die Universität. Diese Berufung ging auf Ernst Abbe zurück, der Forschung und Entwicklung auf diese Weise verknüpfen wollte. Jedoch ist nicht jeder brillante Wissenschaftler auch ein guter Lehrer. „Er hielt bei uns seine allererste Vorlesungsreihe, und wir begriffen während der Vorlesung leider sehr wenig. Selbst die Überflieger unter unseren Kommilitonen verzweifelten daran. Damals saß ich im Studienjahresausschuss, und wir beschlossen, die Vorlesungen von Christian Hofmann abzubrechen und baten seinen Vorgänger, Professor Kühne, die Vorlesungen zu halten. Erst durch ihn bekamen wir wieder den Durchblick und die Lust an der Optik." Lienhard Körner fügt hinzu, dass er später im Berufsleben seinen Dozenten nicht nur als exzellenten Wissenschaftler schätzen gelernt habe, sondern er wurde auch sein Vorbild.

Und wie so oft im Leben sieht man sich zweimal. Lienhard Körner untersuchte in seiner Diplomarbeit, wie geordnet das Licht aus Beleuchtungssystemen für Bildaufnahmen ist, also den Kohärenzgrad – ein interessantes Gebiet, dessen Inhalte im erweiterten Sinn sein ganzes Arbeitsleben bestimmen sollten. Er schrieb seine Arbeit im Optik-Entwicklungslabor von Carl Zeiss Jena. Dabei war Christian Hofmann federführend bei der Verteidigung und stellte eigentlich ganz simple Fragen, die der Diplomand aber sehr umständlich beantwortete. „Er befragte mich nach der Definitionshelligkeit. Die triviale Antwort wäre gewesen: Sie ist nicht messbar, aber eine der wichtigsten Zielgrößen bei der Optikrechnung. Ich aber führte noch ganz andere Argumente ins Feld und bekam für die Verteidigung eine schlechtere Note als für die eigentliche Arbeit. Dies ärgerte mich noch lange Zeit, und ich beschäftigte mich fortan immer wieder mit dieser Strehlzahl." Sie beschreibt, wie nah eine Optik am Ideal arbeitet: Verglichen wird die maximale Helligkeit des zentralen Lichtflecks eines Punktbildes mit der Helligkeit, die eine perfekte Optik erreichen würde. Es wurmt Lienhard Körner heute noch, dass er eine einfach gestellte Frage nicht einfach beantworten konnte: „In meinem ganzen Arbeitsleben hatte ich stets die Vision, diese Bildfehler quantitativ bestimmen zu können und irgendwie kompatibel zur Optikrechnung zu machen. Hierdurch sollte es möglich sein, neben einer Zertifizierung Fertigungsfehler zu erkennen, sie abzustellen oder zu kompensieren und natürlich daraus die geliebte Definitionshelligkeit einfach zu berechnen."

„Ich hatte das Glück, dass ich mit der Wende zu Jenoptik kam, denn auf dem Gebiet der Mikroelektronik war das Unternehmen führend und hatte damit die besten Voraussetzungen, weiterhin sehr hochwertige Objektive zu fertigen"

Als junger Absolvent beschäftigte er sich mit der optischen Fourier-Analyse, einem Verfahren, das Lichtmuster in ihre Frequenzkomponenten zerlegt. Dieses Prinzip ähnelt den Grundlagen der Holografie, bei der Lichtwellen genutzt werden, um dreidimensionale Bilder zu erzeugen. Ergebnisse dieser Forschungsthemen sollten in der Mikroelektronik und in der optischen Datenspeicherung Anwendung finden. Es ging um schnelle Fehlererkennung bei Fotomasken, die in der Halbleiterherstellung verwendet werden, sowie um Speicher, die große Datenmengen kompakt speichern können. Dafür wurden gezielte Änderungen in der Blenden- oder Pupillenebene vorgenommen, also in den Bereichen, in denen das Licht in optischen Systemen gesteuert wird. Hierfür wurden sehr große, hochgenaue Halbobjektive entwickelt, von denen eines das Objekt in die Pupillenebene übertrug und hier das Fourierbild erzeugte und das zweite das Objekt für die Abbildung in die Bildebene rücktransformierte. Für diese

Das Leben in einem 16 Quadratmeter großen Vierbettzimmer war geprägt von vielen gemeinsamen Aktivitäten wie Wohnen, Lernen, Feiern – und Essen.

außergewöhnlichen Hochleistungsobjektive entwickelte der Physiker im Optiklabor ein Prüfkonzept und passte dazu die Hartmann-Methode, die aus der Herstellung von Teleskopen stammt, entsprechend an. Die Grundidee stellte der Erfurter Astronom Johannes Franz Hartmann 1900 am neuen 80-Zentimeter-Refraktor in Potsdam vor, dessen Hauptlinse nicht präzise genug geschliffen war, um als nützliches Instrument für die Fotografie zu dienen. Dafür hatte er den neuartigen „Hartmann-Test" entwickelt, dessen Grundlagen er 1904 veröffentlichte. Darin brachte er eine Lochmaske in den Lichtstrahl ein und beobachtete das sich ergebende Punktmuster auf einer Fotoplatte. Aus der Position der einzelnen Punkte und deren Abweichung vom Ideal schloss er auf die Qualität des Objektivs. „Theoretisch funktionierte dieses Messverfahren auch für unsere großen Objektive, und wir konnten die Muster auf der optischen Bank verbessern. Allerdings war der Aufwand für eine Serie viel zu hoch. Die Zeit war einfach noch nicht reif dafür", kommentiert Lienhard Körner die damalige Situation.

Unterbelichtung

Das Kombinat Carl Zeiss Jena spielte während des Kalten Krieges eine zentrale Rolle bei der Entwicklung von Mikroelektronik-Technologien, da westliche Embargos den Zugang zu moderner Technik stark einschränkten. Die speziellen Objektive für Lithografiesysteme mussten eine extrem hohe Auflösung und große Präzision bieten, um die mikroskopisch kleinen Strukturen auf Halbleiterwafern zu belichten. Sie waren technisch anspruchsvoll und konkurrierten mit westlichen Standards, auch wenn das Unternehmen oft mit Material- und Fertigungsproblemen zu kämpfen hatte. Laut Lienhard Körner erreichte Zeiss hier die Grenzen des technologisch Machbaren. „Aber das reichte für die erforderliche Sollqualität der Objektive nicht aus. Deshalb musste jedes einzelne Hochleistungsobjektiv aufwendig und sehr zeitintensiv nachjustiert werden. Beim sogenannten Pröbeln ging es darum, Linsen und Geräte durch praktische Tests zu optimieren. Die anvisierten Qualitäten wurden erst nach vielen, oft vergeblichen Versuchen durch Luftraumänderung und Linsendrehung erreicht. Damit waren auch die Liefertermine kaum einzuhalten."

Das Justier- und Belichtungsgerät JUB 50 war eines der wichtigsten Vorhaben des Kombinats. Es kombinierte die exakte Positionierung der Marker und des Wafers mit der Belichtung. Das zugehörige Objektiv hatte eine Länge von einem halben Meter und konnte die bis zu drei Mikrometer großen Strukturen im Verhältnis 1:1 abbilden. Dabei erstreckte sich das Bild über ein kreisförmiges Feld mit einem Durchmesser von 50 Millimetern. „Das war damals eine extreme Herausforderung und – so unwahrscheinlich es heute klingt – ziemlich einzigartig." Aber wie so oft, wenn Pläne von der Realität eingeholt werden, gab es Probleme, die geforderte Qualität im Fertigungsprozess dauerhaft zu erreichen. „Also wurde ich aus der Forschungsabteilung in die Fertigung abkommandiert. Ich wurde gut eingearbeitet, lernte viel und konnte einige neue Ideen einbringen, mit deren Hilfe der Plan in letzter Minute erfüllt wurde. Der Preis dafür war, dass Regelarbeitszeit und Weihnachtsfeiertage quasi abgeschafft wurden und ich manchmal 30 Stunden am Stück arbeitete. Danach war ich der Spezialist für solche Systeme, bis ich nach einigen weiteren Feuerwehreinsätzen in die Produktion wechselte." Seitdem prüfte der Physiker sämtliche Lithografieobjektive.

Ein großer Fortschritt war Ende der Achtzigerjahre die Entwicklung eines Wellenflächenprüfgerätes für Stepperobjektive. Da es zu dieser Zeit noch keine CCD-Kameras gab, verwendete man einen Sekundärelektronenvervielfacher mit einem raffinierten, vorgesetzten System zum Schneiden des Lichts, um die Positionen der Lichtpunkte zu bestimmen. „Hiermit konnten wir die Bildfehler erstmalig quantitativ messen und die Objektive genauer optimieren." Allerdings lag die Messzeit für fünf Bildpunkte noch bei anderthalb Stunden. Da aber die Koeffizienten bekannt waren, konnte man mit Hilfe einer Tabelle erstmals die Korrekturen selbst festlegen. Damit verbesserte sich die Qualität der Objektive spürbar und mit den Messpunkten konnte zwar die schon eingangs erwähnte Definitionshelligkeit nicht gemessen, aber relativ einfach berechnet werden. „Alle Projekte liefen bis zur Wende. Danach konnten unsere sowjetischen Partner die Optiken und die Geräte nicht mehr bezahlen und der Markt brach zusammen."

Wie sich die beiden Wirtschaftssysteme in Ost und West durch die Embargopolitik gegenseitig behinderten, wird am Beispiel des automatischen Neunfachrepeaters deutlich, der Mitte der Siebzigerjahre bei Carl Zeiss Jena entwickelt wurde. Mit ihm konnten neun Masken gleichzeitig belichtet werden, so dass während der Belichtung der verschiedenen Ebenen eines Mikrochips keine Positionsfehler auftraten. Das Gerät hatte eine für die damalige Zeit sehr hohe Auflösung. „Wir zeigten es auf einer Industriemesse in Japan und stellten es anschließend einem dortigen regionalen Unternehmen zur Industrieerprobung zur Verfügung", erinnert sich Lienhard Körner. „Dessen Geschäftsleitung fand es ausgezeichnet und wollte es sofort kaufen. Aber nach den Vorgaben der Sowjetunion durften wir diese Geräte nicht ins westliche Ausland liefern. Eine Art umgekehrtes Embargo, das allerdings uns selbst traf. Ein Zustand, der sich auch bis zur Wende nicht änderte."

Neukalibrierung

Mit der deutschen Wiedervereinigung wurde der Betriebsteil Optischer Präzisionsgerätebau von Carl Zeiss Jena aufgeteilt. Ein Teil kam zu Carl Zeiss in Oberkochen, und der andere Teil wurde der Jenoptik zugeschlagen. Die beiden Betriebe konnten sich mehr oder weniger ihre Belegschaft aussuchen. Der Rest wurde entlassen. „Ich hatte das Glück, dass ich zu Jenoptik kam. Auf dem Gebiet der Bildmesstechnik war die DDR im Ostblock führend und bei der Mikroelektronik war es eigentlich auch so. Und damit hatte Jenoptik die entsprechenden Voraussetzungen, weiterhin sehr hochwertige Objektive zu fertigen." Allerdings waren so gut wie alle Aufträge und Kunden weg. So war es ein Glück, dass der neu gegründete Unternehmensteil einen Auftrag von einem amerikanischen Unternehmen bekam, Belichtungsobjektive für die Flatpanel-HD-Herstellung mit einem Bildfelddurchmesser von zwölf Zentimetern und einer Auflösung von zwei Mikrometern herzustellen.

„Wir stürzten uns natürlich darauf, in bester Hoffnung, auch einen Folgeauftrag zu bekommen." Das Objektiv war über einen Meter lang und 200 Kilogramm schwer. Der Physiker entwickelte ein Prüfgerät nach der bewährten Hartmann-Methode. Und ein genialer Konstrukteur baute einen Einschub in die Objektivpupille, mit dessen Matrix nacheinander viele Einzelstrahlen eingeblendet und deren jeweilige Position in der Bildebene hochgenau vermessen werden konnten. Inzwischen hatte Jenoptik auch eine hochgenaue CCD-Kamera entwickelt, mit der die Messzeit wesentlich verkürzt werden konnte. Aus den Messergebnissen kompensierte dann Lienhard Körner mit einfachen Variationstabellen und der neu entwickelten Schiebelinse die asymmetrischen Fehler.

Das Prüfgerät auf einem stabilen Granitfundament wog über fünf Tonnen und war mit hochgenauen Luftlagertischen mit Laser-Entfernungsmess-Systemen ausgestattet. Es musste bei einer Temperaturgenauigkeit von plus/minus 0,1 Grad gehalten und daher klimatisiert werden. Der Nachteil war, dass es nur für diese oder ähnliche Objektive eingesetzt werden konnte. „Wir hofften aber damals, dass es zu weiteren Entwicklungen kommen würde. Allerdings wurde der nachfolgende Auftrag während der Mustererprobung kurzfristig storniert. Danach bekam Jenoptik noch einen Spezialauftrag für zwei Lithografieobjektive, die ebenfalls mit Hilfe dieses Prüfgerätes realisiert wurden."

1950 geboren in Jessen (Elster), Abitur mit Facharbeiterabschluss als Feinmechaniker, Studium der Physik an der Friedrich-Schiller-Universität Jena
1973 Diplomarbeit bei Carl Zeiss Jena im Entwicklungslabor für Optik
1973–1990 Entwicklungsingenieur für optische Hochleistungsoptik im Forschungszentrum von Carl Zeiss Jena und im G-Betrieb für den wissenschaftlichen Gerätebau
1991–2014 Projektleiter für Prüf- und Justiergeräte von Hochleistungsoptiken für die Lithografie bei Jenoptik.

Zur gleichen Zeit verlagerte sich der Konkurrenzkampf zwischen Carl Zeiss Oberkochen und Jenoptik auf Scanobjektive. Diese speziellen Linsen wurden entwickelt, um kupferbeschichtete Leiterplatten in einem Bereich von 600 Millimetern mit einem I-Linien-Laser zu belichten. Der Laser arbeitet mit ultraviolettem Licht bei einer Wellenlänge von 365 Nanometern. Die Auflösung lag damals noch im oberen einstelligen Mikrometerbereich. Beide Betriebe fertigten fast baugleiche Objektive mit identischen Anfangsschwächen. Das zeigte, dass die Entwicklung noch nicht ausgereift war. In diesem Spannungsfeld entwickelte der Auftraggeber sein Belichtungsgerät von Grund auf weiter und stellte wesentlich höhere Anforderungen an das Objektiv. „Warum wir den Auftrag bekamen, weiß ich nicht. Aber ich konnte den Auftraggeber von einem völlig neuen Montage-, Justier- und Prüfkonzept überzeugen." Basis bildete ein Hartmann-Shack-Sensor, mit dem die Astroabteilung von Carl Zeiss Jena seit Jahren ihre astronomischen Spiegel auf Abweichungen von der Idealform prüfte. „Deren Sensor war zwar nicht für unsere Zwecke einsetzbar, aber interessant. Kurz entschlossen sprach ich mit den ehemaligen Kollegen und durfte mir den Sensor ausleihen, erproben und für meine Zwecke umbauen." Im Ergebnis entstand ein völlig neuer Sensortyp für die Wellenflächenanalyse optischer Systeme, der universell für unterschiedlichste Objektive einsetzbar war, wie sich später herausstellte. Im Fall des Scanobjektivs konnte er nebenbei alle weiteren wesentlichen Parameter wie Bildort und Telezentrie messen. „Wie wir später auf Tagungen und Messen erfuhren, waren wir auf Jahre hinweg die einzigen, die diese Methode einsetzten und sogar fertigungswirksam machten. Zu den Problemen wie der Zuordnung der Strahlen wurden sogar zwei Jahre später noch Doktorarbeiten geschrieben." Innerhalb von zwei Wochen schrieb Lienhard Körner das Pflichtenheft für den neuen Sensor und suchte sich herausragende Mitarbeiter. Die Hardware baute Zeiss Astro, den Pupillenrand und die Zernike-Koeffizienten berechnete die eigene Abteilung, und die Bedieneroberfläche entwickelte eine Nachbarabteilung. „Ich erinnere mich gern daran, wie gut dieses Team zusammengearbeitet hat und wie der fertige Sensor und auch das Montage- und Prüfgerät rechtzeitig einsatzfähig waren. Allerdings waren unsere finanziellen Mittel begrenzt, und so schlachteten wir acht Autokollimations- und Fluchtfernrohre aus, die zur Verschrottung vorgesehen waren. Die ersten Muster baute ich noch selbst zusammen, justierte sie und schrieb eine genaue Montage- und Justiervorschrift sowie ein Programm dazu."

Die Scanobjektive werden bis heute in neuen Konstruktionen mit viel höheren Anforderungen eingebaut. Aber die grundlegenden Montage- und Messprinzipien sind gleichgeblieben. „Und worauf ich stolz bin: Unser Kunde konnte trotz großer Anstrengungen keinen weiteren Hersteller für diese Objektive finden. Jenoptik kann dankbar sein, solche Mitarbeiter zu haben." Der Aufwand habe sich gelohnt, denn sehr viele Systeme wurden in hohen Stückzahlen produziert, betont Lienhard Körner.

Interferenz

Das zweite Projekt, bei dem sich die Konkurrenten Jenoptik und Carl Zeiss Oberkochen gegenüberstanden, war ein Ablationsobjektiv. Dies ist prinzipiell so aufgebaut wie ein Lithografieobjektiv, allerdings wird in der Bildebene keine Fotoschicht belichtet, sondern es werden extrem feine Löcher in Folien für Tintenstrahldruckerdüsen gebohrt. Die hohe Lichtleistung und die kurze Wellenlänge von 248 Nanometern des UV-Lasers begrenzten die Auswahl an Linsenmaterialien und Einsatzmöglichkeiten. „Das war der Startschuss für eine neue Technologie. Zum einen wurden die Objektivkonstruktion überarbeitet und brauchbare Schiebelinsen entwickelt, um Dezentrierungen zu kompensieren. Und dann forschten wir an spannungsarmen, aber stabilen Halterungen für die Linsen. Auf einem universell einsetzbaren Wellenflächenprüfstand konnten die Objektive auch bei 248 Nanometern schnell und vollständig geprüft werden. Damit konnten die aktuellen Ablationsobjektive auch auf einer optischen Bank vermessen werden und die Entwicklung nahm Ende der Neunzigerjahre richtig Fahrt auf."

Abblende

Lienhard Körner resümiert: „Mir hat mein Beruf immer Freude gemacht, auch wenn es mal hart herging. In den letzten Jahren vor meiner Pensionierung wurden glücklicherweise einige gute neue Kollegen eingestellt, an die ich meine Arbeit übergeben konnte. Es war schön zu sehen, mit welchem Elan die Jugend loslegte und wie sie mit vielen neuen Ideen meine Arbeit bis heute weiterführt. Das alles war natürlich nur möglich, weil wir immer ein wunderbares Team waren, in dem jeder sein Gebiet meisterlich beherrschte – angefangen von Optikrechnern über die Konstrukteure und Softwareentwickler bis zum Optiklabor und, nicht zu vergessen, auch die hervorragenden Facharbeiter in der Optik und Feinmechanik. Die Letztgenannten bedienen heute die Prüfmaschinen bis hin zur Auswertung und Justage selbstständig, und das in viel kürzerer Zeit als ich es je vermochte."

Verfasst.

Harald Lindig zwischen den Zeilen.

Harald Lindig hatte schon eine schriftstellerische Ader, bevor er Physik studierte. Wegen seiner Texte zum Physikerfasching 1972 wäre er beinahe exmatrikuliert worden. Jahrzehnte später konnten Thüringer Gymnasiasten in der „Besonderen Leistungsfeststellung" zum Abschluss der 10. Klasse eines seiner Gedichte als Prüfungsaufgabe wählen. Dazwischen liegt ein bewegtes Leben mit allerlei Höhen und Tiefen.

„Ich hatte schon immer eine Urfreude am Gestalten. Und plötzlich gab es neben dem Studieren und dem Vorbereiten auf Klausuren noch das Projekt Physikerfasching", erinnert sich Harald Lindig an seine Studienzeit. Normalerweise veranstaltete jedes Studienjahr vor dem Beginn der Diplomphase einen Physikerball. Diese waren in Jena legendär, und Karten für einen solchen Ball konnte man problemlos gegen zwei oder drei Karten für den Mediziner- oder Chemikerball eintauschen. Der Physikerball war weit mehr als eine reine Tanzveranstaltung, denn hier gab es im oberen Saal der Mensa ein anderthalbstündiges Bühnenprogramm mit einer Mischung aus Theater, Kurzfilm, Kabarett, Tanz und Gesang, alles gespickt mit physikalischen Inhalten. Bedingt durch die 3. Hochschulreform hätten plötzlich zwei Studienjahrgänge einen Physikerball veranstalten müssen. Deshalb entwickelte der Jahrgang 1969 alternativ zum Physikerball das Konzept des „Fisikerfaschings". Dies war ein Projekt, bei dem alle Studenten mit großer schöpferischer Begeisterung dabei waren. Einige malten Plakate für die Ausgestaltung der Mensa, andere organisierten die Bands, und wieder andere entwickelten das Programm.

Gefährliche Pointen

Harald Lindig hatte einige Programmtexte geschrieben und damit in ein Wespennest gestochen. So irrt zum Beispiel in einem der Sketche ein Physiker mit einem riesigen Kompass über die Bühne, sichtlich ratlos. Ein anderer fragt ihn, was er denn suche. „Meinen Standpunkt – aber mit der richtigen Ausrichtung!", lautet die Antwort. Nun entspinnt sich ein absurder Disput, gespickt mit Missverständnissen: Der eine meint den magnetischen, der andere den geografischen Nordpol. Fachbegriffe wie „Winkeldifferenzen" oder „Missweisungen" fliegen durch den Raum, die Orientierung geht verloren, bis schließlich keiner mehr weiß, wo eigentlich Osten ist. Die verzweifelte Antwort lautete schließlich: „Wie es euch gefällt." Zwischen den Zeilen war das ein No-Go.

Die Sektionsparteileitung nahm Anstoß an den Texten und besonders am geografischen Fachbegriff „Missweisung". Deshalb wurde das gesamte Textprogramm gefiltert und verboten, weil darin nicht die Haltung der Arbeiterklasse der DDR zum Ausdruck komme. Nur dem mutigen Einsatz aller Seminargruppensekretäre und vieler Kommilitonen ist es zu verdanken, dass Harald Lindig nicht exmatrikuliert wurde.

„Diese Unterstützung hat mir meinen Studienplatz erhalten, und dafür bin ich heute vielen meiner Mitstudenten dankbar, besonders unseren Seminargruppensekretären Reinhard Wulfert und Eberhard Schubert. Sonst wäre es mir vielleicht so ergangen wie einigen Physikstudenten Anfang der Sechzigerjahre, die nach dem Programm des Physikerballs in den Knast gewandert sind."

Wendepunkte

Ursprünglich wollte Harald Lindig Chemie studieren und hatte sich deswegen in der neunten Klasse an der Spezialschule für Chemie in Merseburg beworben, wurde jedoch nicht angenommen. Im weiteren Verlauf der Schulzeit entschied er sich dann für ein Physikstudium. „Ich hatte Freude am Wissenserwerb und suchte einen durchgängigen roten Faden, den ich in den Naturwissenschaften fand."

Harald Lindig hat die Facharbeiterprüfung als Glasapparatebläser mit dem Abitur zusammen abgelegt. Nach Abschluss seines Physikstudiums arbeitete er im Eisenhüttenkombinat Ost bei Frankfurt (Oder) als Forschungsingenieur. Hier sollte er das Kaltwalzen von Bandstahl optimieren. Da er in Eisenhüttenstadt keine eigene Wohnung für seine junge Familie bekam, wechselte er nach zwei Jahren zu Robotron in Zella-Mehlis. Hier gab es wenigstens eine kleine Wohnung. Dort entwarf der Physiker Leiterplatten und Steckeinheiten für Datenerfassungsgeräte. Anschließend führte ihn sein beruflicher Weg in Richtung Mikroprozessortechnik. Bei der Entwicklung der OEM-Rechner K1510 und K1520 war Harald Lindig Änderungsbeauftragter und arbeitete eng mit dem Robotron-Zentrum für Forschung und Technik (ZFT) in Dresden zusammen. Diese Rechner basierten auf dem

Erfurter Z80-Prozessornachbau U880, mit deren Platinen Anwender ihren Rechner selbst konfigurieren konnten. Das hauptsächliche Anwendungsgebiet für diese Rechner war die Steuerung von Industrieanlagen, wobei die Anwender die entsprechende Software für diese schrankgroßen Rechnersysteme selbst schrieben.

Kaltes Ende

Nach acht Jahren wurde der Wunsch nach akzeptablem Wohnraum für die Familie so groß, dass Harald Lindig mit seiner Frau und zwei Kindern in sein Elternhaus nach Manebach zog. Der kleine Ort im Thüringer Wald liegt nahe bei Ilmenau; hier befand sich das Porzellanwerk Graf von Henneberg, das zum VEB Kombinat Feinkeramik Kahla gehörte. In diesem Großbetrieb mit über 3.000 Mitarbeitern war Harald Lindig im Rationalisierungsmittelbau für alles zuständig, was mit Anschlussautomatisierungen und den zugehörigen Dokumentationen zu tun hatte. „Eigentlich ein sehr interessanter Job, bis die Wende und mit ihr die Privatisierungen auch im Thüringer Wald voll zuschlugen. In deren Folge wurden fast alle Mitarbeiter entlassen. Und wir vom Rationalisierungsmittelbau waren die ersten, die ‚freigesetzt' wurden. Damals bin ich von der Vorstellung ausgegangen, dass sich in kurzer Zeit bei uns eine stabile Wirtschaft ansiedeln würde", berichtet Harald Lindig. „Aber viel schneller als gedacht tat sich plötzlich eine dauerhafte Lücke auf, und mit 41 Jahren war man eigentlich schon draußen. Und das trotz sehr guter Zeugnisse und eines ordentlichen beruflichen Werdegangs."

Also begann der Physiker eine Umschulung, die er jedoch schnell beendete, als Wiegand Glas für seinen neuen Betriebsteil in Großbreitenbach einen Schichtleiter für das sogenannte „Kalte Ende" suchte. Das Unternehmen ist seit über 400 Jahren in der Region verwurzelt und produziert Glasflaschen aller Art für die Getränkeindustrie. Kurz nach der Wende errichtete das fränkische Unternehmen aus Steinbach am Wald in nur knapp zehn Monaten ein neues Glaswerk in Großbreitenbach. Im Januar 1991 wurde die erste Wanne angefahren. Das war genau der Zeitpunkt für Harald Lindig, hier als Schichtleiter einzusteigen. Das „Kalte Ende" ist der Teil der Produktionslinie, an dem die Flaschen sortiert, geprüft und verpackt werden. Zwei Jahre später beendete er dieses Arbeitsverhältnis und versuchte sein Glück in der Lebensmittelbranche. 1995 schloss er eine Ausbildung zum Handelsfachwirt ab und wurde Marktleiter in einem Edeka-Markt in Weimar.

„Ich bin nicht der immer schlagfertige Mensch des Momentes, sondern benötige Zeit zum Verarbeiten von Ereignissen. Das war beim Studium nicht anders."

Als sich 1998 die Gelegenheit bot, endlich wieder in einem seiner Ausbildung und beruflichen Entwicklung entsprechenden Arbeitsgebiet tätig zu werden, griff er zu. In einer kleinen Firma in Apolda, die vakuumtechnische Anlagen für verschiedene Industriezweige projektierte und errichtete, arbeitete er als Projektleiter. Hier bearbeitete er Anfragen und Bestellungen, berechnete und entwarf die Anlagen, leitete den Aufbau, nahm die Anlagen in Betrieb und schulte das Bedienpersonal beim Betreiber.

„Eigentlich war das wieder ein befriedigender Job, trotzdem bin ich mit 63 Jahren in den vorzeitigen Ruhestand gegangen. Rückblickend gesehen, konnte ich Wissen und Methodik aus dem Studium über lange Zeiträume gut in die Praxis übertragen. Besonders in der letzten Phase meiner Berufstätigkeit habe ich vieles noch einmal gebraucht und manches vertiefen können", resümiert Harald Lindig sein Berufsleben. Und er wäre nicht der Philosoph unter den Physikern, wenn er nicht selbstkritisch hinzufügen würde, dass er mit seinen Voraussetzungen beruflich hätte mehr erreichen müssen.

Zwischen Zeiten und Zeilen

Obwohl Harald Lindig inzwischen Rentner ist, kennt er bis heute keine Langeweile. „Ich habe schon zu DDR-Zeiten das Verfassen von Texten als mein Hobby gepflegt. Immer noch treffe ich mich mit Gleichgesinnten und trete hin und wieder mit Musikern bei musikalisch-literarischen Veranstaltungen auf. Es macht mir Spaß, und es ist auch immer ein Wettbewerb um die Zuneigung des Publikums", berichtet der passionierte Schriftsteller.

2015 konnten sich die Abiturienten in Thüringen bei der Prüfung zur „Besonderen Leistungsfeststellung" in der 10. Klasse im Fach Deutsch mit einem Text von ihm befassen. Sein Gedicht „Piraten im Gras" stand in Konkurrenz zu Texten von Antoine de Saint-Exupéry, Peter Altenberg und Stefanie Järkel. Es beschreibt die unbeschwerte Kindheit und den Übergang ins Erwachsenwerden. „Natürlich bin ich völlig unbekannt im Vergleich zu den berühmten Autoren, aber der größte Teil der Schüler hatte mein Gedicht für die Interpretation gewählt. Einige teilten mir später mit, sie hätten es getan, weil es eben verständlich gewesen sei." Das hat ihn gefreut.

In seinem Lyrikband „Vorauseilende Abschiede" von 2012 stellt Harald Lindig 52 Texte vor. Es sind oft skurrile, verwinkelte, poetische Ansichten über das Leben mit seinen Erwartungen, Erfahrungen, Möglichkeiten, Begrenzungen, Hoffnungen, Illusionen, Erfüllungen und Enttäuschungen. Wer innere Bewegtheit mit Worten nach außen trägt, findet darin eine Möglichkeit, die Sicht zu erweitern. Deshalb fühlt sich der Naturwissenschaftler auch immer mehr zur Philosophie hingezogen. „Ich bin nicht der immer schlagfertige Mensch des Moments, sondern benötige Zeit zum Verarbeiten von Ereignissen. Das war beim Studium nicht anders", sagt der Schriftstel-

1950 geboren in Manebach (Thüringen), Abitur und Facharbeiterabschluss als Glasapparatebläser, Studium der Physik an der Friedrich-Schiller-Universität Jena
1973 Diplomarbeit im Wissenschaftsbereich Plasmaphysik
1973–1990 Forschungsingenieur im Eisenhüttenkombinat Ost (EKO), Eisenhüttenstadt, Entwicklungsingenieur bei Robotron Elektronik Zella-Mehlis
1991–2013 Schichtleiter bei Wiegand Glas Großbreitenbach, Marktleiter bei Edeka in Weimar, Projektleiter ZM Vakuum GmbH Apolda, Technischer Redakteur
Seit 1975 Mitglied in verschiedenen literarischen Zirkeln, Veröffentlichungen in Anthologien, Herausgabe des Lyrikbandes „Vorauseilende Abschiede" (2012).

ler heute und fährt fort, dass es für die meisten Gelegenheiten wünschenswert wäre, wenn jeder einen deutlich benannten Bezugsrahmen definieren würde, unter dem er seine Meinung vertritt. So könnte das Zusammenleben wesentlich einfacher werden, philosophiert Harald Lindig. Es würde viel Zeit gespart, wenn vor einem ernsthaften Gespräch jeder Teilnehmer seine Anfangsbedingungen definiert und vor allem Klarheit über die Begriffe geschaffen würde. Erst dann wäre seiner Ansicht nach eine sachbezogene Unterhaltung überhaupt sinnvoll. „Nunmehr ist aber auf allen Kanälen – und denen, die immer neu dazukommen – ein nicht enden wollendes Stimmengewirr entstanden, genährt aus immer neuen Missverständnissen."

Harald Lindig betont, dass er und seine Mitstreiter im Studium gelernt haben, Fehler zu analysieren und dabei Anfangs- und Randbedingungen zu berücksichtigen, um zu einem ordentlichen Ergebnis zu kommen. „Aber ich frage mich besorgt, warum nicht die wirklich wichtigen Probleme gelöst werden, sondern immer häufiger Nebensächlichkeiten übermäßig an Beachtung gewinnen." Und er nennt auch gleich zwei Beispiele aus seinem Berufsleben. Im Eisenhüttenkombinat Ost trug der junge Absolvent Jeans mit einem Glöckchen an einem der Hosenbeine. Sogleich wurde er zu einem Gespräch zum Parteisekretär beordert – wegen des Kleidungsstücks mit diesem Zubehör. Er hatte es in seinem jugendlichen Leichtsinn gar nicht für möglich gehalten, dass jemand Anstoß an etwas so Belanglosem nehmen würde. Gleiche Geschichte, anderer Ort: Bei Robotron in Zella-Mehlis musste Harald Lindig zu einem Gespräch in die Personalabteilung, weil er seine Arbeitssachen in einem Plastik-Werbebeutel aus der Bundesrepublik bei sich trug. „Ich frage mich immer, wie viel Zeit man damit verschwenden kann, um auf diese Weise seinen Machtanspruch auszuleben. Das war genauso wie bei dem sehr zurechtweisenden Gespräch mit dem Parteigremium wegen der Faschingstexte 1972."

Doch Verbissenheit und vorauseilender Gehorsam überdauern die Zeiten. Und heute fragt sich der altersweise Senior, ob wir über die Jahrzehnte überhaupt vorangekommen sind, außer in Naturwissenschaften und Technik? Und gibt auch gleich darauf die Antwort: Er bezweifelt es.

Piraten im Gras

Wir kannten nicht das Meer,
nicht Ebbe und Flut,
doch unser Segelschiff,
das Vater für uns
aus Baumstämmen gelegt hatte,
glitt dahin
über die grünenden
Wogen des Grases.

Wir fuhren davon unter Kirschblüten.

Eines Tages,
als wir wieder einmal
auf die Reise gehen wollten,
stand da dieser Hackklotz.

Wir mussten die Scheite stapeln.

Kompaßgespräch

A: Was machst Du denn da mit dem riesengroßen Kompaß?

B: Ich muß mich in meinem Bezugssystem zurechtfinden (Wenn man einmal Physik studiert hat hängt einem das das ganze Leben an wie die Krätze)

A: Weißt Du auch, daß der Kompaß auf der nördlichen Halbkugel der Erde eine westliche Mißweisung hat?

B: Sagtest Du eben Mißweisung? Unser Weg ist immer richtig!

A: Trotzdem hat der Kompaß eine Mißweisung, weil der Magnetpol im Norden irgendwie zu weit im Westen liegt. Der Norden ist eben zu weit im Westen.

B: Quatschkopf! Jeder weiß, daß der Norden im Norden liegt und nicht im Westen. Da wär ja die Erde falsch gepolt? – Du willst doch nicht etwa behaupten, daß wir falsch gepolt sind?

A: Bewahre, nein doch! Wir werden schon immer korrigiert.

B: Wir werden richtig korrigiert

A: Trotzdem, der Magnetpol ist zu weit im Westen.

B: Du bist verrückt. Das würde ja heißen, daß der Osten nicht im Osten sondern weiter im Westen – oder, daß der Westen weiter im Osten liegt.

A: Das ist alles eine Frage des Bezugspunktes.

B: Alles eine Frage des STANDpunktes!

A: Übrigens, der Süden liegt auch nicht im Süden – Hä, hä – stell Dir vor, im Süden liegt nämlich der Norden (der magnetische Nordpol).

B: Alles stimmt nicht mehr – die Welt steht Kopf!

A: Aber der Norden, der im Süden liegt, liegt auch nicht genau im Süden!

B: Noch eine Frage: „Liegt der Osten nun im Nordosten im Südosten oder im Westen?"

A: Wie es Dir gefällt?

B: HILFE –!! – Ich glaube einer von uns ist total verblödet!

A+B: ODER?

Notizen zum „Kompass-gespräch", in dem A über den geografischen und B über den magnetischen Nordpol spricht. Alles endete in einem Miss-verständnis und war der Auslöser für das Verbot des Programms.

Tanzen, tarnen, trampen.

Kostüme der Freiheit: Der „Fisikerfasching“ 1972

Vor dem Diplom war es üblich, dass die Studenten einen Physikerball mit Programm eigenverantwortlich veranstalteten. Der Physikerball gehörte neben den Chemiker- und Medizinerbällen sowie dem Technologenfasching zu den Highlights an der Friedrich-Schiller-Universität. Die Karten waren heiß begehrt und ein gutes Tauschobjekt für die anderen Bälle. Da es 1972 aber zwei Studienjahre kurz vor dem Diplomjahr gab, wurde der Jahrgang 1969 auserkoren, einen Physikerfasching auszurichten. Er fand am 14. Februar 1972 in den Sälen der Mensa statt.

Das Programm entwickelten einige besonders einfallsreiche Studenten, unter ihnen Harald Lindig. Der kreative Kopf Wolfgang Tottleben sorgte mit seinem Team für die wandhohen Zeichnungen zur Ausgestaltung der Räume. Die Organisatoren von „Musik im Hörsaal“ besorgten die Bands. Hermann Blechschmidt schaffte Uniformen vom Theater Jena heran, und die Studenten marschierten damit zur Mensa und hissten eine selbst entworfene Faschingsflagge. Nur die besten Ideen wurden umgesetzt. Es hätte ein voller Erfolg werden können, wenn nicht die Partei- und die FDJ-Leitung der Sektion das Programm und die Plakate vorab zensiert hätten.

Bisher war es nicht üblich, aber plötzlich mussten alle Texte schriftlich eingereicht werden. „Wir waren so tief in unserem Schaffensprozess, dass es uns gar nicht auffiel, dass dies eine Beschränkung unserer künstlerischen Freiheit war“, sagt Harald Lindig. „Natürlich kann man einen schriftlich vorliegenden Text buchstabenweise zerpflücken und hat viele Möglichkeiten der Interpretation. Das gesprochene Wort ist viel schneller vergessen.“ Von der Kontrollkommission wurde letztlich nur ein einziger Text genehmigt, und damit hatte sich das geplante Programm erledigt.

Auch die Plakate wurden vor dem Aufhängen begutachtet. Wolfgang Tottleben hatte die großformatigen Bilder auf dem Fußboden der Mensa ausgerollt, aber „an den kritischen Stellen rollten sie sich von selbst ein oder es lag zufälligerweise ein Bild über dem anderen.“ Die dargestellten Comicfiguren hatten riesengroße Gesäße und Knollennasen. Dies war sein Markenzeichen. Auf einem Plakat war ein Hinterteil mit der Aufschrift „VEB Carl Zeiss Jena“ zu sehen, und daneben stand jemand mit Pfeil und Bogen und der Aufschrift „Carl Zeiss Oberkochen“ auf der Brust. „Ich habe mich gewundert, dass dieses Bild durchgegangen ist, und hatte schon Bauchgrummeln. Aber es war geschickt gerollt, so dass es nicht weiter aufgefallen ist. Irgendwann wurde alles genehmigt“, berichtet Wolfgang Tottleben.

Das Programm wurde nicht neu geschrieben und somit nicht aufgeführt, dafür wurden die Plakate aufgehängt. In der Mensa rockten Panta Rhei und die Stern-Combo Meißen, und die Studenten feierten bis in die Morgenstunden ihren Fasching. So gesehen wurde der Fisikerfasching 1972 doch noch ein voller Erfolg.

Das Nachspiel kam zwei Wochen später. Partei- und FDJ-Leitung der Sektion hatten in jeder Faschingsalbernheit ein Politikum

Für den Fisikerfasching „FF72" malten die Studenten auch großformatige Plakate, um die Wände der Mensa auszugestalten. Dazu nutzten sie die nicht mehr bewohnte Baracke Haus 12.
Rechts: Hermann Blechschmidt und Wolfgang Tottleben versuchen sich an einem Plakat.
Rechts einige der Macher: Gunther Werhahn, Peter Jochmann, Werner Wollmann, unten sitzend: Wolfgang Tottleben und Reinhard Wulfert.

und in den satirischen Worten des geplanten Programms über den Universitätsturm oder das Mensaessen einen Angriff auf den Staat und die Grundlagen des Sozialismus gesehen. Der härteste Rüffel galt der Parteigruppe des Studienjahres, die den Fasching organisierte. Wieso konnte sie nicht verhindern, dass solche Töne laut wurden? Warum hatte sie keinen Einfluss auf die Programmgestaltung genommen?

Zu ihrem Leidwesen bekamen die Studentengenossen weder Zeit noch die Möglichkeit, sich in die Faschingsvorbereitungen einzubringen. Die Organisatoren waren eine kleine eingeschworene Gemeinschaft, und diejenigen, die die Programmtexte schrieben, teilten die gleichen Ideen und Werte. Durfte man nicht einmal beim Fasching Kritik am Studium, an verschiedenen alltäglichen Problemen oder an der Vermittlungspolitik der zukünftigen Arbeitsstellen üben? Weil die Texte und die Plakatmalerei doch nicht ganz geheim blieben, kam es ja im Vorfeld zu besagtem Eingriff in die künstlerische Freiheit. Im Nachhinein fragten sich die Macher dann doch, wie die Informationen zur Sektionsleitung gelangt waren. „Die Plakate wurden in der damals leerstehenden Baracke Haus 12 gemalt, wo die Studenten zuvor gewohnt hatten. Doch eines Abends kam extra ein Student aus der Stadt, um uns beim Arbeiten zuzusehen", erinnert sich Wolfgang Tottleben. Zufall?

Im Nachgang zum Fasching und zur Aufarbeitung der missfallenen Passagen wurden in jeder Seminargruppe außerplanmäßige Versammlungen angesetzt. „Meine Seminargruppe hockte zusammen mit unserem Seminargruppenbetreuer und SED-Mitglied Rudolf Müller in einer dämmrigen Ecke des großen Raumes, in dem sonst das Anfängerpraktikum stattfand", berichtet Ilse Schönfelder. „Wir sollten uns äußern und distanzieren, nach gewohntem Muster. Distanzieren von etwas, das nicht alle kannten, denn nicht nur ich, auch mehrere meiner Kommilitonen waren beim Fasching nicht dabei gewesen. Müller zitierte aus den beanstandeten Texten, die dem Mensaessen galten: ‚... er aß einen Klops und ging davon hops ... mittags gab es Erbsensuppe, abends blies die ganze Truppe.' Müller, den ich übrigens nie hatte lachen sehen, schaffte es, diese Zitate mit bitterernster Miene vorzutragen. Wir schafften es nicht. Die Gesichter zuckten. Ich versuchte, an etwas anderes zu denken, um nicht herauszulachen. Wilfried Knöspel hatte plötzlich ein Taschentuch in der Hand und prustete hinein unter dem Vorwand des Naseputzens. Was wollten die eigentlich, durfte ein Fasching kein Fasching mehr sein? Sollte er einem FDJ-Lehrjahr gleichen? Wie die Versammlung zu Ende ging, weiß ich nicht mehr. Nur diese Szene, wie wir uns alle das Lachen verbissen, während Müller mit unbewegtem Gesicht dasaß, ist noch ganz deutlich", schreibt Ilse Schönfelder in ihren Aufzeichnungen über diese Belehrungsstunde.

Die Sache hätte aber auch ganz anders ausgehen können. In den Sechzigerjahren wurden die Initiatoren des Physikerballs ins Gefängnis gesperrt. Bei uns drohte kein Gefängnis, sondern nur die Exmatrikulation. Aber jetzt zeigte sich wieder die Solidarität unter den Studenten. Niemand gab die Urheber der Texte preis. Entweder alle oder keiner, so lautete die Devise. Und die Sektionsleitung stand gegenüber der übergeordneten Leitung unter dem Erfolgsdruck, möglichst viele Studenten in die Industrie zu bringen. Die Satire drehte sich um.

Schatten der Freiheit: Der Einfluss der Stasi

Zu Beginn des Studienjahres 1970/71 bekam die Seminargruppe 6 Zuwachs durch einen Studenten, der von der Ernst-Moritz-Arndt-Universität Greifswald nach Jena wechselte. Sein IM-Name „Peter Weiß" findet sich in den Stasiakten einiger Kommilitonen. Größere Bekanntheit erlangte Peter Weiß, als er dem Dozenten für Marxismus-Leninismus 1976 mithalf, den Studenten der Wirtschaftswissenschaften, Roland Jahn, zu exmatrikulieren. Seine Spur als Stasi-Offizier im besonderen Einsatz verliert sich nach der Wende.

Katharina Lenski berichtet in ihrem überaus informativen Buch „Geheime Kommunikationsräume? Die Staatssicherheit an der Universität Jena", dass die Stasi korrespondierend zur 3. Hochschulreform im Januar 1968 eine Dienstanweisung erließ, die sich gegen nonkonformes Verhalten der Studenten richtete und zum Schlüssel der darauffolgenden Handlungsanweisungen wurde. Unter diesem Gesichtspunkt sollte man auch die Repressionen gegen die Studenten sehen, die sich gegen die herrschende Meinung stellten, sei es mit der

Verweigerung des Wehrdienstes oder mit der Zensur des Physikerfaschings.

Die Studenten Friedrich Miehe und Harald Krüger aus der Seminargruppe 6 verweigerten den Wehrdienst und wollten stattdessen als Bausoldaten dienen. „Unsere Seminargruppe stellte sich mit einer Ausnahme geschlossen hinter die beiden Studenten und verfasste eine Solidaritätsnote", berichtet Kommilitone Karl-Heinz Feller. Daraufhin gab es Einzelkonsultationen der aufmüpfigen Studenten mit dem Seminargruppenbetreuer Müller und dem Parteisekretär sowie dem FDJ-Sekretär der Sektion und einigen Mitarbeitern aus der Sektionsleitung. „Sie erklärten uns, dass wir nichts an der Tatsache ändern könnten, dass die beiden Studenten exmatrikuliert werden. Wenn wir uns aber mit ihnen solidarisch erklärten, dann würden wir ebenfalls exmatrikuliert. Dabei verwiesen sie auf das Fach Wehrerziehung als integraler Bestandteil des Studiums", so Feller weiter. Nach diesen Gesprächen zogen alle Studenten ihre Solidaritätserklärung zurück. Dies war auch der Zeitpunkt, als der neue Student in diese Seminargruppe kam, um die Stimmung zu testen und weiter zu provozieren.

In ihrem Buch berichtet Katharina Lenski, dass Peter Weiß von der Sektionsparteileitung dafür belobigt wurde, dass er Beurteilungen gegen Studenten abgegeben habe, was zu mindestens zwei Exmatrikulationen geführt habe. Kurz danach schlug ihn die Physik-Sektionsleitung am 21. Juli 1972 zum Forschungsstudium an der Sektion Marxismus-Leninismus vor. Dort hatte er ursprünglich zum Thema „Kampf der Gewerkschaftsjugend gegen die reaktionäre Außen- und Innenpolitik der Bundesrepublik von 1970 bis 1976" promoviert werden sollen, so Lenski. Sie recherchierte, dass sich Peter Weiß bereits 1970 als inoffizieller Mitarbeiter bei der Jenaer Kreisdienststelle des MfS verpflichtete und ab 1971 als Führungs-IM das Überwachungssystem „Studentische Freizeit" lenkte, das an der Sektion Physik besonders eng geknüpft war. Es sollte hauptsächlich den Freizeitbereich der Universität mit den Wohnheimen, Studentenclubs und den Studentenbällen überwachen, schreibt Katharina Lenski in ihrem Buch.

1977 wurde Peter Weiß laut Recherchen von Lenski als Offizier für besondere Aufgaben hauptamtlich bei der MfS-Kreisdienststelle Jena eingestellt. Nach der Inhaftierung von Reinhard Wulfert im Januar 1983 leitete der Stasi-Offizier die Hausdurchsuchung von dessen Wohnung Am Markt 21 in Jena. In der Stasiakte OPK „Bart" von Roland Hensel finden sich Notizen von Peter Weiß aus dem Jahr 1975, die dazu führten, dass „der Mitarbeiter aus dem Kundendienst bei Carl Zeiss Jena herauszulösen sei." Gezeichnet war diese Notiz vom Leiter der Objektdienststelle Zeiss Jena, Oberstleutnant Walter Schuhmann.

Achse der Freiheit: Die Bulgarienfahrer

Bulgarien war das Traumziel vieler Studenten und galt als die Alternative für junge Leute in der DDR, die sich einen Teufel um organisierte Jugendtourist-Reisen oder FDGB-Ferienplätze scherten. Bulgarien war wie ein Hort der Freiheit, denn man konnte das Land auf eigene Faust erkunden – entweder mit Bahn und Bus oder auf der Ladefläche eines Lkw. Spätestens ab Budapest war man frei, quer durch Osteuropa zu trampen. Wer noch eine Klampfe dabei hatte und die Songs von Bob Dylan, Joan Baez und Joni Mitchell kannte, gewann den Joker.

Bulgarien war das Land der Träume. Es verschaffte den Studenten wenigstens in den Sommerferien ein Gefühl von Freiheit. Ob mit dem Zug oder per Anhalter, das Ziel war immer der Süden der bulgarischen Schwarzmeerküste unterhalb von Sozopol. Hier warten Roland Hensel und Andreas Bräuer mit einer Kommilitonin auf den nächsten Zug der rumänischen Staatsbahn, der sie ins bulgarische Belogradtschik bringen sollte.

In Bulgarien gab es alles, was die Ostdeutschen vermissten: hohe, schroffe Berge im Rila- und Pirin-Gebirge, interessante Städte wie Sofia oder Plovdiv und unberührte Traumstrände am Schwarzen Meer zwischen Burgas und Sozopol. Die Anreise mit dem Balt-Orient-Express war zwar beschwerlich, aber nicht uninteressant. Der Express fuhr mit einer Durchschnittsgeschwindigkeit von 55 Stundenkilometern von Berlin über Prag, Bratislava, Budapest nach Bukarest. Von dort wechselte man in einen Zug nach Bulgarien, der sich kurz hinter der Grenze im Städtchen Russe teilte, um entweder ins Landesinnere nach Sofia oder an die Küste nach Varna zu fahren. Der Balt-Orient fuhr täglich kurz vor Mitternacht in Ost-Berlin los und kam zwei Tage später am Vormittag in Bukarest an. Bequemer war es in den Schlaf- oder Liegewagen, was für die schmalen Studentenbudgets aber unerschwinglich war. Wer über einen Internationalen Studentenausweis verfügte, bekam die Fahrkarte etwas günstiger und erhielt in der Ferienzeit sogar ein Bett in einem leeren Studentenwohnheim. Der Internationale Studentenausweis konnte in Prag beantragt werden und kostete zehn Kronen, was 3,33 DDR-Mark oder anderthalb Stück Markenbutter oder sechs Flaschen Pils entsprach. Ein Visum für Bulgarien und Durchreisevisa für Ungarn und Rumänien waren damals Pflicht und mussten beim Volkspolizeikreisamt beantragt werden. Für die ČSSR reichte der Personalausweis.

Peter Jochmann und Reinhard Wulfert waren die ersten aus dem Studienjahr 1969, die 1970 diese Reiseroute erkundeten. Sie fuhren mit dem Balt-Orient-Express bis Budapest und übernachteten in einem Wohnheim von Ballett-Tänzerinnen. Reinhard Wulfert trampte dann mit einem Freund durch Ungarn, Rumänien und Bulgarien, bevor sie hinter Russe mit dem Bus weiter nach Varna ans Schwarze Meer fuhren, wo sie schon von Peter Jochmann erwartet wurden, der mit dem Zug vorausgefahren war. Andere Kommilitonen erprobten erstmals das Trampen in Polen, wo man mehrere touristische Coupons (Kupony turystyczne) im Reisebüro kaufen konnte und sie den Fahrern schenkte, die sie mitnahmen. Diese nahmen dann an einer Verlosung teil und konnten Übernachtungs- oder Restaurantgutscheine gewinnen.

Ein Jahr später zog es Werner Wollmann, Hermann Blechschmidt und Wolfgang Tottleben in das Land der Träume. Sie hatten sich über den Dresdner Bergsteigerverein eine Wanderkarte des Pirin-Gebirges besorgt. Die Anreise war bekannt, und die Wanderung starteten sie in Melnik. Die kleinste Stadt im Südwesten Bulgariens begeisterte mit ihrem milden Mittelmeerklima und dem berühmten dunkelroten Wein mit hohem Alkoholgehalt viele junge Menschen aus der DDR. Kurz hinter dem Städtchen entstand jedes Jahr im Sommer am Ufer des Melnik-Flusses ein illegaler Campingplatz. Und solange niemand im Bikini oder mit Badehose durch die Stadt schlurfte, tolerierten die Behörden das. Abends kam die Stadtjugend ans Lagerfeuer und brachte selbstgebrannten Rakija-Obstbrand mit.

Das Pirin-Gebirge liegt nah an der Grenze zu Griechenland und wurde besonders bewacht. Alle hundert Meter standen am Wegrand Blechschilder, auf denen in großen Buchstaben auf Deutsch „Achtung Grenzgebiet!" zu lesen war. Man durfte sich nicht verlaufen, denn die Grenzsoldaten schossen gnadenlos jeden Flüchtenden nieder. In der sonnenverbrannten Landschaft führte der Weg zuerst zum mittelalterlichen Roschenkloster, in dem ein alter, buckliger Mönch seinen Dienst versah. Der eigentliche kirchliche Name des Klosters lautet „Kloster Heilige Geburt der Gottesmutter Mariä", und am 15. August jedes Jahres ist es die Wallfahrtsstätte für Sinti- und Roma-Familien aus dem Dreiländereck. Nach dem Kloster ging die Wanderung von Hütte zu Hütte. Besonders anstrengend war die zwölfstündige Wanderung von der Pirin-Hütte zur Demjanitza-Hütte, vor allem deshalb, weil dazwischen der gefürchtete Kontscheto-Sattel mit seinen steil abfallenden Hängen lag.

Offiziell konnte man pro Tag und Person 25 Mark der DDR in rund acht bulgarische Lewa tauschen. Aber mit einem monatlichen Stipendium von 190 Mark nutzte man diese Begrenzung sowieso nicht aus, sondern nahm Konservendosen mit. Treue Begleiter waren auch der Barthel-Benzinkocher, ein Schlafsack oder eine warme Decke sowie ein Biwaksack als Zeltersatz. 25 Kilogramm wogen die Wanderrucksäcke, die wie pralle Beeren aussahen und noch keine Tragegestelle hatten. „Die Bulgaren sahen uns immer mit mitleidigen Blicken an, wenn wir bei sommerlichen Temperaturen auf dem Boden schliefen. Für uns war es völlig normal, denn wir kamen ja aus dem kalten Norden", berichtet Wolfgang Tottleben. „Im Ergebnis dieser Reise überarbeiteten wir unsere Packliste noch einmal gründlich und reduzierten das Gewicht. Irgendwer hatte dann die Idee, sich alte Wehrmachtstornister, sogenannte ‚Affen' zu besorgen. Mit ihrem Fellbesatz waren sie wasserabweisend und von der Größe her ausreichend. Also inserierte ich in der ostthüringischen ‚Volkswacht' und kaufte acht gut erhaltene Tornister, die wir für die nächste Reise verwendeten."

1972 war die Kerngruppe bereits auf acht Studenten angewachsen. Peter Jochmann besorgte Fahrkarten inklusive Platzkarten und hatte auch sonst die Fäden in der Hand, weil er am besten Russisch sprach.

Peter Jochmann im Gespräch mit einer Bäuerin aus Melnik am Fuße des Nationalparks Pirin.

Das Schlafen in einem Achter-Sitzabteil gestaltete sich abenteuerlich, aber kreativ. Zunächst wurden alle Tornister auf den Boden gelegt, so dass sie eine ebene Fläche bildeten. Dadurch konnten sechs Studenten mehr oder weniger bequem schlafen, wenn sie sich quer über die Sitze legten. Die restlichen zwei kletterten auf die frei gewordenen Gepäckablagen und schliefen dort auf ihren Schlafsäcken. Auf der Rückfahrt ging es in der Regel nicht so komfortabel zu. „Meist hatten wir, wie viele andere Reisende, keine Platzkarten. Also besorgte sich jeder Bulgarienfahrer einen Vierkantschlüssel. Mit ihm konnte man Türen auf- und zuschließen. Ein großer Vorteil, wenn man seinen Schlafplatz auf dem Boden des Waggons einnehmen wollte. Wenn die Toilettentür und die Außentüren verriegelt waren, stiegen weniger Menschen über einen hinweg", berichtet Werner Wollmann.

Das Hinterland von Sosopol am Schwarzen Meer wurde der gemeinsame Treffpunkt, an dem sich alle Bulgarienfahrer nach ihren anstrengenden Wanderungen trafen. In den Klippen konnte man ruhig schlafen und die aus dem Meer gefischten Miesmuscheln zubereiten. Auch das Wasserliliengebiet südlich der Ropotamo-Mündung war beliebt. Weiter südlich am Rande von Achtopol gab es einen feinen Sandstrand. Aber wenn man hier jeden Morgen von Grenzpolizisten mit vorgehaltener Kalaschnikow geweckt wird, ist das auf die Dauer lästig. Nach Vorzeigen der Dokumente waren die Dinge meist geklärt, und man konnte weiterschlafen.

Nach vier Wochen ging es dann entspannt zurück. „Für gute Laune sorgten die mitgebrachten Rotweinflaschen aus Melnik und die Aussicht, sich in Budapest wieder richtig waschen zu können. Der Zug kam abends am Westbahnhof Nyugati pu. (für pályaudvar – Bahnhof) an, und wir fuhren weiter zum Deli pu., also zum Südbahnhof. In den Zügen, die am nächsten Morgen zum Balaton starteten, konnten wir bequem die Nacht verbringen.

Bulgarienfahrer am Ziel der Sehnsucht – am Sandstrand in der Nähe der Ropotamo-Mündung südlich von Sozopol. Brot, Eier und Gemüse wurden jeden Tag aus der benachbarten Stadt geholt, und alles andere wurde entweder mitgebracht oder aus dem Meer gefischt. Rechts unten: Aufbruch ins Pirin-Gebirge mit den vollgepackten „Affen“.

Frühmorgens wurden wir von den einsteigenden Reisenden geweckt, nahmen unser Gepäck und stiegen alsbald in das Thermalwasser des Rudas-Bades“, erzählt Peter Jochmann. Das Rudas-Bad war ein Geheimtipp und damals nur Männern vorbehalten. Im 36 Grad warmen Thermalwasserbecken, überspannt von der zehn Meter breiten Kuppel mit den eingelassenen farbigen Glasbausteinen, konnte man der türkischen Badekultur frönen und prächtig meditieren. Frühmorgens um sieben war das Wasser noch glasklar, und die wenigen Besucher genossen die Badekultur. So erfrischt, ging es anschließend zum Stadtbummel.

In den folgenden Jahren fuhren viele Studenten, auch aus anderen Studienjahren, immer wieder nach Bulgarien und folgten den Spuren der vorangegangenen Generation. So entstand mit der Zeit die Gemeinschaft der Bulgarienfahrer, die sich auch heute noch regelmäßig trifft.

Als in der Szene bekannt wurde, dass man mit einem Bulgarienticket auch im Transit durch die Sowjetunion reisen konnte, wurden die Bulgarienfahrer wieder kreativ.

Im Pirin-Gebirge am berüchtigten Koncheto-Grat. Auf der einen Seite ist der Steilhang fast senkrecht, auf der anderen fällt er tief und sehr steil ab. Heute ist an dieser Stelle ein Stahlseil montiert. Aber in den Siebzigerjahren passierten manche Wanderer den Grat – an der schmalsten Stelle einen Meter breit – wie auf einem Sattel reitend. Daher der bulgarische Name für „Pferdchen".

Die Länge des Aufenthalts in diesem riesigen Land war abhängig vom Einfallsreichtum der Studenten. Übernachten konnte man nur auf Bahnhöfen, in Bushaltestellen oder – ziemlich riskant – auch privat, niemals aber in Hotels und sonstigen Einrichtungen, wo man sofort nach dem Woher und Wohin gefragt wurde. Aber nur so schafften es schon in den Siebzigerjahren Ulrich Gernand als Bergsteiger bis ins Pamir-Gebirge und Roland Hensel bis nach Leningrad, ins Baltikum und an den Goldenen Ring von Moskau. Als das Kreuzfahrtschiff Ivan Franko in Odessa die Schwarzmeerurlauber aus der DDR auslud, stieg er ein und fuhr bis nach Varna mit zurück.

„Damals gab es kein Internet, keine Smartphones, kein GPS, keine Smartwatches mit Trekkingfunktion oder Höhenmesser, keine Fitnessuhren mit Herzfrequenz- und Blutdruckmessung, nicht einmal richtige Landkarten. Trotzdem sind wir ans Ziel gekommen und haben den Musala im Rila-Gebirge und den Vichren im Pirin-Gebirge bestiegen – mit knapp 3.000 Metern die beiden höchsten Berge Bulgariens", schildert der Bulgarienfahrer Werner Wollmann.

Verschmolzen.

Peter Jochmann auf glasklarer Linie.

Peter Jochmann geht die Dinge ganz sachlich an. Weil er nicht in einer Kleinstadt leben wollte, verließ er Aschersleben, die Stadt seiner Jugend, studierte in Jena und lebt seither dort. Das Physikstudium bot ihm beste Möglichkeiten, danach den verschiedensten Tätigkeiten nachgehen zu können. „Die Physik ist so breit gefächert und damit die Basis für alles", sagt der Pragmatiker. Er nahm die Dinge, wie sie waren, und machte das Beste daraus. Auf sein Arbeitsleben blickt er zufrieden zurück und sagt: „Es war nicht die schlechteste Zeit."

Peter Jochmann wurde in Teutschenthal geboren, wuchs in Aschersleben auf und machte hier sein Abitur mit einer Berufsausbildung zum Maschinenbauer in der Werkzeugmaschinenfabrik Wema. Obwohl seine Freunde als Maschinenbauer im Betrieb eine Menge Geld verdienten, wollte der Abiturient nur weg und irgendwo studieren. „Ich habe mir Jena ausgewählt, denn in Dresden konnte und in Leipzig wollte ich nicht studieren. Ich fuhr also mit meinem Motorrad hin und war sofort begeistert. Eine schöne Stadt mit vielen Kneipen rund um den Eichplatz, mit Fachwerkgebäuden, dem Marktplatz mit Hanfried-Denkmal, das den Gründer der Universität Johann Friedrich I. von Sachsen darstellt, und ringsum im Saaletal das Paradies, die Kernberge und die vielen Möglichkeiten, sich sportlich zu betätigen."

Als Schüler trainierte Peter Jochmann im Nachwuchsleistungszentrum bei Dynamo Aschersleben Leichtathletik und war besonders prädestiniert für den Mittelstreckenlauf. Obwohl er auch in Jena entsprechende Trainingsmöglichkeiten fand, merkte er schnell, dass man nur Chancen auf einen Sieg hat, wenn man fünfmal in der Woche trainiert. „Das war aber nicht meins, denn bei einem solchen Pensum bleiben der Spaß und das fröhliche Studentenleben auf der Strecke", sagte sich der Student und wich auf Volleyball aus. Bis er Mitte 50 war, spielte er in der aktiven Mannschaft und musste dann wegen Knieproblemen aufgeben. „Ich habe Kraft aus dem Sport gezogen. Das ist auch heute noch so. Und irgendwie liegt es vielleicht in den Genen, denn mein Vater war auch ein ziemlich guter Sportler. Er ist ebenfalls Mittelstrecken gelaufen, spielte Handball und war später Trainer." Peter Jochmann findet, Spaß und körperliche Fitness seien wichtige Bestandteile, wenn man geistig und körperlich über die Runden kommen möchte.

Jena als Lebensform

Und er erinnert sich „trotz aller Widrigkeiten, die man erst im Nachhinein merkt", gern an sein Studium. „Natürlich wurden wir von unseren Eltern geprägt. Sie waren eine Kriegsgeneration, und deshalb gab es für uns auch gar kein Scheitern oder Aufgeben. Man musste eben durch." Es gibt das Sprichwort: Fange erst einmal an mit den Dingen, dann wirst du sehen, was du damit machen kannst. Soll heißen, durch Ausprobieren kann man neue Möglichkeiten entdecken. „So war das", sagt Peter Jochmann. Verweigern ging nicht, und Jammern war auch keine Option. Es wurde durchgezogen. „Und wir haben anschließend in der zugewiesenen oder ausgesuchten Firma gearbeitet. Das war halt so, und wir haben das Beste draus gemacht." Peter Jochmann fährt fort: „In unserem breit aufgefächerten Studium haben wir gelernt, aus Nichtwissen Wissen zu machen, ohne Computer und die ganzen modernen Kommunikationsmittel. Wichtig war, dass wir die Dinge, mit denen wir uns beschäftigt haben, begreifen mussten. Das ist ein wesentlicher Vorteil im Vergleich zur heutigen Generation. Wie heute studiert wird, ist für mich extrem erschreckend. Den jungen Leuten wird nur noch der Umgang mit bestimmten Informationsplattformen beigebracht, und das war's dann. Aber Physik kann man nicht lernen, sondern man muss sie begreifen."

Physiker entwickeln auch eine gewisse Frustrationstoleranz, wenn verschiedene Experimente einfach nicht klappen, wie sie sollen. Das zieht sich bis ins Berufsleben. Peter Jochmann erinnert sich an manche Provisorien oder Notwendigkeiten: „Wir mussten ja sehr oft mit wenigen Mitteln irgendwas machen. Ich stand öfter an der Werkbank und habe notwendige Teile hergestellt oder irgendwie besorgt. Oder ich musste mich mit mathematischer Statistik befassen, weil das in der Analytik ziemlich wichtig war, damit man das Ergebnis überhaupt überprüfen konnte. Im Studium waren mir die Poisson- und die Gauß-Wahrscheinlichkeitsverteilung immer ein Graus, aber im Berufsleben brauchte ich sie, und ich wusste, wo ich mir das notwendige Wissen herholen kann." Nach dem Studium wurde Peter Jochmann zu Schott Jena vermittelt, untersuchte im Spektrallabor die Zusammensetzung von Gläsern und Rohstoffen und wertete die Wellenlängen auf Fotoplatten aus. Hier war sie wieder, die richtige Physik. Und hier in der Industrie fühlte er sich wohl.

Nach einiger Zeit wurde Peter Jochmann Sachgebietsleiter und baute mit vier Mitarbeitern ein Röntgenfluoreszenzlabor auf. Das war in den Anfängen der Computertechnik. Die Messungen des vollautomatischen Röntgenfluoreszenzanalysators VAR 20 von Carl Zeiss Jena übernahm der Kleinsteuerrechner KSR 4100. Das Zweischrank-Standgerät wurde noch mit Lochstreifen gefüttert und in Assembler programmiert. Er hatte eine 12-Bit-Architektur und war für die Steuerung von numerischen Maschinen und die Messwerterfassung und -auswertung optimiert. Sechs Grundbefehle waren fest verdrahtet, weitere Befehle waren in Form von Mikroprogrammen gespeichert. Als Hauptspeicher fungierte ein Ringkernspeicher mit einer Speicherkapazität von 4.000 Maschinenwörtern mit je 12 Bit, was etwa sechs Kilobyte entspricht. So ein Speicherblock war in einem Einschub installiert, von dem man maximal sechs in einen Schrank bekam. Und wer noch die fortschrittliche Gleitkomma-Arithmetik brauchte, musste einen weiteren Einschub freimachen.

„In diesem Labor haben wir auch die Probenvorbereitung mit Rohstoff- und Glasanalysen gemacht. Die Schmelzapparaturen bekamen wir von Philips. Allerdings durfte ich beim Aufbau nicht dabei sein, weil ich kein genehmigungsfähiger Kader war. Also haben wir Stille Post gespielt: Ein Genosse und NSW-Reisekader begleitete den Aufbau und berichtete dann, was die Philips-Techniker gemacht hatten. Es hat funktioniert, wenn auch notdürftig.“ Später wurde die Analysetechnik immer stärker automatisiert, und man brauchte keinen Physiker mehr. Der Bediener rief seine Programme auf und musste nicht mehr überlegen, ob die Analyse richtig oder falsch war. „Diese Technikgläubigkeit war allgemein weit verbreitet, und als Stellen abgebaut wurden, wechselte ich in den Bereich Technisches Glas.“ Peter Jochmann verweist dabei auf seinen Status als stellvertretender Schwerbehindertenvertreter, der ihm den Status eines Betriebsratsmitglieds verlieh. Das hieß aber auch, dass sein Chef ihn nicht kündigen konnte, auch wenn er dies gern gemacht hätte.

„Ich bin einer der wenigen aus meinem Bekanntenkreis, der bis zum Renteneintritt gerne gearbeitet hat. Wir hatten insgesamt gesehen ein schönes Arbeitsleben.“

Deshalb bot er dem Physiker den Posten eines Produktionsleiters im Technischen Glas an: „Ich dachte, das sei ein Karrieresprung, merkte aber bald, dass der dortige Chef seinen alten Produktionsleiter loswerden wollte und ich den Lückenbüßer spielen sollte. Das war sehr stressig, und nach einem halben Jahr stellten sie einen neuen Produktionsleiter ein. Ich wurde daraufhin Produkt- und Vertriebsmanager für Sonderprodukte Technisches Glas. Und das war genau meine Welt. Ich hatte ein Büro und konnte bereits entwickelte Sonderprodukte von der Materialbeschaffung bis zum Verkauf verantwortlich begleiten." Jeder kennt die Drinking Birds, die kleinen wippenden Vögel, die immer wieder nach hinten kippen, wenn sich der Schwerpunkt verändert. Peter Jochmann ließ in der Sonderproduktion die Vögel mannshoch fertigen. Oder er entwickelte für die Tiefseetechnik druckfeste Glaskugeln als Auftriebshilfe oder umhüllte Messinstrumente mit druckfestem Glas, die dann als sogenannte Drifters in 2.000 Meter Tiefe mit der Meeresströmung Messdaten sammelten. „Hier hatte die Arbeit richtig Spaß gemacht."

Karriere mit Krücken

Auch in der Wendezeit hatte ihn seine schwere Behinderung gerettet. „Ich war 1977 in einen schweren Verkehrsunfall mit dem Motorrad verwickelt. Ein Auto aus den alten Bundesländern nahm mir die Vorfahrt. Von Vorteil war, dass die DDR-Versicherung ihre Versicherungsleistungen in Westgeld einfordern konnte. Dadurch war sie großzügig, denn ich musste zum Teil mit Medikamenten aus der Bundesrepublik behandelt werden, und dazu brauchte man in der DDR eine Sondergenehmigung. Ich war zu Folgebehandlungen noch ziemlich oft im Krankenhaus und musste nun das Beste daraus machen. Es gibt einen Spruch vom heiligen Franziskus, dass man die Dinge, die man nicht ändern kann, locker und gelassen sehen soll. Wenn man sich daran hält, funktioniert es. Ich hatte dann durch einen glücklichen Umstand 60 Prozent Schwerbehinderung bekommen. Und genau diese Behinderung und die Betriebsratstätigkeit haben mich 1990 vor der Arbeitslosigkeit bewahrt."

1950 geboren in Teutschenthal, Facharbeiterabschluss als Maschinenbauer, Abitur und Studium der Physik an der Friedrich-Schiller-Universität Jena
1973 Diplomarbeit im Wissenschaftsbereich Tieftemperaturphysik
1973–1998 Wissenschaftlicher Mitarbeiter, Strahlenschutzbeauftragter, Gruppenleiter Labor, Produktionsleiter Technisches Glas, Produktmanager Sonderprodukte Technisches Glas und Betriebsrat bei Schott Jena
1998–2015 Manager R&D bei Sico Technology, Fertigungsingenieur Optikfertigung bei Jenoptik.

Irgendetwas wollte Peter Jochmann doch wieder bewegen und nahm das Angebot der österreichischen Firma Sico Technology an, als Manager Research & Development zu arbeiten. Der Betrieb gehörte einst zum Jenaer Glaswerk und stellte Quarzglas für die Optik sowie Siliziumprodukte für die Halbleiterindustrie her. 1993 war diese Produktionsstätte von der Treuhand an Sico Technology verkauft worden und bediente nun weltweit Kunden wie Texas Instruments, Motorola, Samsung, DaimlerChrysler, Volkswagen, Bosch oder Zeiss. „Mein Job als Forschungschef war wunderbar, aber nicht sonderlich gut bezahlt. Nach vier Jahren war die Firma in einem wirtschaftlichen Umbruch, brauchte keine Forschung mehr, und stellte später die Produktion in Jena ein. Ich bekam rechtzeitig von meinem damaligen Chef den freundlichen Hinweis, ich solle mir etwas anderes suchen. Was ich sehr ehrenwert fand. Ich bewarb mich daraufhin mit 52 Jahren bei anderen Jenaer Unternehmen."

Peter Jochmann hatte drei Angebote auf dem Tisch und konnte sich entscheiden: für einen anspruchsvollen Job in einer kleinen Firma oder einen ganz normalen Mitarbeiterjob mit gutem Verdienst und viel Urlaub in einem Großbetrieb. Die Wahl fiel dem Physiker nicht schwer. Er wurde Fertigungsingenieur in der Optikfertigung bei Jenoptik, brauchte keine Dienstreisen mehr zu machen, hatte 35 Tage Urlaub und eine 38-Stunden-Arbeitswoche. „Was will man mehr, wenn das kollegiale Umfeld stimmt und in der Fertigung alles nach Wunsch läuft?“ Für ihn passte alles, und so arbeitete er dort noch bis zur Rente.

Alles hat sein Gutes

„Wenn ich jetzt mein ganzes Berufsleben Revue passieren lassen soll, muss ich sagen, dass eigentlich alles gut ging und passte. Natürlich hat mir mein großes Netzwerk von Freunden und Bekannten, Sport- und Arbeitskollegen geholfen, über manche Krisen hinwegzukommen. Neben der Familie ist das Umfeld sehr hilfreich – und das haben nicht alle. Ich hatte Glück, dass ich keine wesentlichen Schicksalsschläge zu erleiden hatte. Ich war nur 14 Tage arbeitslos, habe zwei Töchter und drei Enkel, und bin nicht geschieden.“ Peter Jochmann wirkt rundum zufrieden.

Wie hilft sich ein Pragmatiker in den Corona-Zeiten über Ausgangssperre und Kontaktverbot hinweg? „Ich wollte Sport machen, und da der Reha-Sport noch nicht verboten war, war auch das Tennisspielen kein Problem. Auf Bescheinigung hin habe ich mich sogar auf Yoga-Sport eingelassen. Was tut man nicht alles für seine Gesundheit!“ Er resümiert, dass eigentlich alles auch sein Gutes hat. „Bis auf den Motorradunfall bin ich wirklich von Schicksalsschlägen verschont geblieben. Ich habe mein Leben bewusst gelebt. Rentner bin ich seit Dezember 2015. Und ich bin einer der wenigen aus meinem Freundes- und Bekanntenkreis, der bis zum vorgeschriebenen Berufsende auch gerne gearbeitet hat. Insgesamt gesehen hatte ich ein schönes Arbeitsleben.“

Abgeschirmt. Thomas Korte schützt das Kernkraftwerk.

Thomas Korte installierte und überwachte mit seinem Team im Block 3 des Kernkraftwerks Lubmin die Strahlenschutzüberwachung. 1986 wurde er dann Gutachter für Korrosions- und Holzschutz und arbeitete bis zum Ruhestand auf dem Gebiet des schweren Stahlkorrosionsschutzes. Und wie seine beiden Freunde Ingrid und Lothar Bade zog er wieder zurück in seine alte Heimat, die Altmark.

Thomas Korte und Lothar Bade gingen auf dieselbe Schule in Seehausen in der Altmark. Beide interessierten sich für Astronomie und wollten Astrophysik in Jena studieren. Das klappte aber nicht, weil gefühlt die Hälfte der damaligen Erstsemester dasselbe Fach studieren wollte. Thomas Korte erinnert sich: „Zur Physik kam ich eigentlich über die Astronomie. Es gab schon in der achten Klasse eine außerschulische Arbeitsgemeinschaft Astronomie, und die habe ich bis zum Ende der Oberschulzeit besucht. Unser Astronomielehrer war eine Respektsperson und ein Pädagoge vor dem Herrn. Er unterrichtete uns, indem er spannende Fragen stellte und tolle Experimente machte. Das hat mich gelehrt, neugierig zu sein, überall nachzufragen und zu schauen, unter welchen Randbedingungen etwas stattfindet. Ich habe es nicht bereut, nach Jena gegangen zu sein, auch wenn ich meine Ansprüche einen Zahn runtergeschraubt und mich den Tatsachen gestellt habe. Es war eine harte Zeit. Wir gewöhnten uns daran, alles so lange nachzuarbeiten, bis wir über die Formeln die Physik dahinter ableiten konnten. Das war kein stures Auswendiglernen, sondern ein Begreifen, Tasten und Schauen."

Leider gibt es heute keine solchen Gemeinschaften mehr wie damals in den sechs Seminargruppen mit ihren Betreuern. Jeder Student musste sich erst einmal orientieren und neu finden. Die Abiturnoten zählten nicht mehr. Im Gegenteil, wer kontinuierlich auf der Eins stand, hatte es unter

Umständen schwerer als jemand, der eine Note schlechter war. Denn der Erfolg kam nicht durch das Lernen, sondern durch das Begreifen. Und hier halfen manchmal auch Lehrbücher, die von Westverwandten in die DDR geschmuggelt wurden. Die zwei Bände „Lehrbuch der Theoretischen Physik" von Walter Weizel waren Gold wert, denn sie enthielten auch die Lösungen für Übungsaufgaben. Mit etwas Fantasie konnte man sie an die in den Seminaren und Übungen gestellten Aufgaben anpassen. „Insgesamt fühlten wir uns nicht alleingelassen", resümiert Thomas Korte. „Wir hatten einen komplett durchorganisierten Studienplan. Heute muss jeder sich seinen Studienplan selbst zusammenstellen. Wenn man nicht schnell genug ist, sind alle Plätze vergeben, und man muss auf das nächste Semester warten. Allerdings studieren heute auch nicht 110 Leute Physik wie damals, sondern maximal 30. Da ist es wahrscheinlich überschaubarer."

Keramik statt Kosmos

Nach dem Studium wurden alle Absolventen an die Arbeitsstellen vermittelt, die Physiker brauchten, oder zumindest glaubhaft machten, dass sie einen Physiker brauchten, obwohl sie einen Ingenieur suchten. Thomas Korte bekam einen Job im Porzellanwerk Kloster Veilsdorf, das 1760 gegründet wurde und eine der ältesten Porzellanmanufakturen in Deutschland war. Neben dem künstlerischen Porzellan wurde ab 1863 auch technisches Porzellan hergestellt. Deshalb wurde der Betrieb, der zu DDR-Zeiten über 1.200 Mitarbeiter beschäftigte, 1969 ein Teilbetrieb des Kombinats Keramische Werke Hermsdorf und produzierte vor allem elektrotechnische Keramik. Thomas Korte fing in der Abteilung für Investitionen und Rationalisierung zu einer Zeit an, als zahlreiche Investitionen im Außenwerk Eisfeld anstanden. Hier brannte man die Elektrokeramik noch in Rundöfen, die für einen Brand zwölf Tage lang mit Kohle durchgeheizt wurden, was ziemlich unwirtschaftlich war. Seine erste Aufgabe bestand darin, diese Rundöfen durch 60 Meter lange Gas-Tunnelöfen zu ersetzen.

Nachdem die Tunnelöfen standen, investierte das Unternehmen in eine riesige Schüttgutanlage und eine Sprühtrocknungsanlage für die Porzellanrohstoffe. Danach baute das Team um Thomas Korte ein 110-Kilovolt-Prüffeld, in dem die kleinen Porzellanisolatoren geprüft wurden. „An meiner ersten Arbeitsstelle in Thüringen ging es noch relativ locker zu. Die Kaderleiter waren liberal eingestellt, und ich habe mich vom ersten Tag an mit meinem Chef und dem Direktor sehr gut verstanden. Und als der Parteisekretär mich für die Einheitspartei werben wollte, machte ich mein Schubfach auf und sagte, dass hier schon ein Antrag von einer Blockpartei liegt. Damit war Ruhe."

Stille Post und laute Hürden

In der DDR gab es ein streng geregeltes Regime, wer mit wem aus dem Ausland kommunizieren durfte. Meist war dies mit einer umfangreichen Untersuchung der persönlichen Verhältnisse verbunden. Ließ sich jemand gerade scheiden oder hatte eine heimliche Freundin, so meldeten es die Überwacher von Volkspolizei und Staatssicherheit an die Betriebe, und man verlor seinen Status, ins nichtsozialistische Ausland reisen zu dürfen. Das brachte natürlich auch Schwierigkeiten mit sich, wenn jemand nicht diesen Status eines Reisekaders für das nichtsozialistische Wirtschaftsgebiet (NSW) hatte, aber Maschinen oder Geräte aus dem westlichen Ausland installieren, betreuen oder warten musste. Dann war er auf einen Vertreter mit der entsprechenden NSW-Freigabe angewiesen, und sie mussten die Informationen auf komplizierte Weise austauschen.

Thomas Korte war bei den Keramischen Werken Veilsdorf Investmentbauleiter. Die Pumpen der neuen Sprühtrocknungsanlage unterlagen einem hohen Verschleiß, da Materialien bearbeitet wurden, die zu über 70 Prozent aus festen Stoffen bestanden. Beim Transport dieser Substanzen kam es zu starker Abnutzung durch Abrieb und Blasenbildung (Kavitation), was immer wieder zu Produktionsausfällen führte. Da der Schweizer Pumpenlieferant Lever zu diesem Zeitpunkt gerade auf der Leipziger Messe ausstellte, wollte Thomas Korte einfach als Privatmann auf den Stand gehen und sich mit einem Fachmann über das Problem unterhalten. „Als dies bekannt wurde, bekam ich von meinem Direktor die Anweisung, nicht hinzufahren. Und wenn ich es trotzdem versuchen sollte, drohte er mir mit einem Disziplinarverfahren."

Um das Problem dennoch zu lösen, wurde ein passender NSW-Reisekader zur Messe geschickt. „Da wir aber Stille Post spielen mussten, ging die Hälfte der Kommunikation dabei verloren. Ich war der Praktiker, und der andere saß am Schreibtisch. Er konnte mit dem Schweizer Servicemitarbeiter die bestehenden Probleme nicht besprechen, da sie nicht unbedingt auf dem Papier zu beschreiben waren. Insgesamt gesehen war das eine Luftnummer. Aber als kreative Physiker haben wir das Problem einige Zeit später auf andere Weise gelöst", berichtet Thomas Korte und lächelt verschmitzt.

„Jeder Student musste sich erst einmal neu orientieren. Die Abiturnoten zählten nicht mehr. Im Gegenteil, wer kontinuierlich auf Eins stand, hatte es unter Umständen schwerer als jemand, der eine Note schlechter war. Denn der Erfolg kam nicht durch das Lernen, sondern durch das Begreifen."

Alle Lampen an!

Nachdem der Physiker seine vorgeschriebenen drei Jahre als Absolvent abgeleistet hatte, teilte ihm ein Kommilitone mit, dass das Geräte- und Reglerwerk Teltow noch Mitarbeiter suchte. Das Unternehmen projektierte hauptsächlich Automatisierungs- und Steuerungseinrichtungen für Kraftwerke und Chemieanlagen sowie Einrichtungen für die Umweltüberwachung. „Für mich war dies mein Einstieg in die Kernkraftwerkstechnik. Im Zweigwerk Velten haben wir die komplette Strahlenschutzüberwachung für den Block 3 des Kernkraftwerks Lubmin getestet und in Betrieb genommen, bevor die Anlage in die Strahlenschutzwarte vor Ort integriert wurde." Der erste Block des Kernkraftwerks „Bruno Leuschner" in Lubmin wurde im Juli 1974 in Betrieb genommen, weitere sollten folgen. Bis zur Wende versorgten hier die vier Kraftwerksblöcke die DDR mit mehr als zehn Prozent ihres Strombedarfs. Seine Arbeitsgruppe war für die Überwachung des Aufbaus der Strahlenschutzüberwachung des Blocks 3 im Kernkraftwerk Lubmin verantwortlich. Diese eigenständige Warte kontrollierte die Umweltwerte von sämtlichen Kreisläufen bis hin zum Auslaufbauwerk und die Abluft über den Schornstein. Alle Sensoren und Aktoren – also Stellgeräte wie Ventile – wurden von dieser separaten Warte aus gesteuert.

„Wenn sich auf der Baustelle in Lubmin mal wieder hoher Besuch ankündigte, wurde unsere Warte den Besuchern gezeigt. Das hatte den Vorteil, dass die Betriebsabläufe in den Warten der produktiven Blöcke nicht gestört wurden. Und auch in der Strahlenschutzwarte hing an der Wand ein großes Schaubild des Reaktors mit vielen verschiedenen Lämpchen, die die Signalzustände anzeigten. Als beispielsweise der DDR-Kosmonaut Siegmund Jähn die Baustelle vom Block 3 besuchte, stellten sich alle Monteure vor die Schränke und schraubten irgendwas. Und Siegmund Jähn durfte dann am Kontrollpult auf einen bestimmten Knopf drücken." Als Reaktion leuchteten dann auf der großen Schautafel alle Lämpchen auf. Was der Besucher aber nicht wusste, war, dass dieser Knopf vor jeder Schicht gedrückt werden musste, um zu testen, ob alle Lampen funktionierten. Thomas Korte erläutert: „Es konnte ja immer mal wieder vorkommen, dass irgendein Leuchtmittel durchbrennt und dann im Ernstfall keine Störung anzeigte. Also prüften wir mit diesem Knopf die Funktionsfähigkeit aller Sensoren."

Die Sicherheitsvorkehrungen im Kernkraftwerk waren ziemlich streng, und jeder der 15.000 Beschäftigten wurde hin und wieder politisch überprüft. Das war auch auf der Baustelle so. „Ich habe es erlebt, dass plötzlich in unsere Leitungssitzung früh um sechs Uhr drei Herren mit den berühmten langen Ledermänteln reinkamen und alles zusammenklappten, was mein Chef gerade aufgeschlagen hatte. Dann lotsten sie ihn raus und erteilten ihm Baustellenverbot. Später erzählte er mir, dass die Staatssicherheit herausgefunden hatte, dass sein Stiefbruder im Westen Journalist beim WDR war. Meinem damaligen Chef wurde zwar nicht gekündigt, aber er wurde zum Leiter der Lichtpauserei und der Dokumentationsabteilung degradiert. Allerdings hatte man damit den Bock zum Gärtner gemacht, denn gerade an dieser Schnittstelle liefen ja alle streng vertraulichen Unterlagen zusammen. Aber das war damals so, dass die eine Abteilung nicht wusste, was die andere machte.“ Thomas Korte musste ab diesem Zeitpunkt dessen Job und damit die Abteilungsleitung übernehmen.

Er hatte vor seinem Studium in der Oberschulzeit Landmaschinen- und Traktorenschlosser gelernt. Dies half ihm in seinem späteren Berufsleben enorm. Schon in der Investitions- und Rationalisierungsabteilung im Porzellanwerk Veilsdorf musste er auch Bauzeichnungen lesen können. Zudem waren ihm auch bestimmte fachliche Bausachen nicht fremd, die in der Investitionsabteilung bearbeitet werden mussten. „Und wenn man sich auskannte und nicht empfindlich für das raue Klima auf einer Baustelle war, dann wurde die Zusammenarbeit mit den verschiedenen Gewerken viel sachlicher. Man hatte plötzlich gegenseitigen Respekt, und es hieß nicht mehr: ‚Was will uns der Akademiker hier erzählen?‘ Das endete ab und zu in einer Kneipentour zum Feierabend. Aber es war auch ein Zeichen, dass man doch nicht so unbeliebt war.“

Schutzwechsel

Dann kam das Schicksalsjahr 1979. Im März dieses Jahres kam es im amerikanischen Kernkraftwerk Three Mile Island bei Harrisburg zu einem schweren kerntechnischen Unfall, bei dem es im Reaktorblock 2 zu einer partiellen Kernschmelze kam. Dieser GAU rüttelte auch die Sicherheitsexperten in der DDR-Regierung wach und ließ sie noch einmal das Kernkraftwerkskonzept überprüfen. Bisher hatten die Reaktoren sowjetischer Bauart keinen zusätzlichen Schutz durch ein Containment wie die westlichen Reaktoren. Es gab keinen zusätzlichen Sicherheitsdruckbehälter. Zwar war der Reaktor mit einer Haube eingehaust, in der sich die Gase ausbreiten konnten. Doch wenn hier der Druck so hoch geworden wäre wie in Harrisburg, dann wären an der Decke sogenannte Explosionsklappen aufgegangen und über sie wäre die Luft in die Umgebung entwichen. Dieses Vorgehen wurde von der Internationalen Atomenergie-Organisation IAEA in Wien bemängelt, und es kam zu einer Umplanung.

„Als wir Ende März 1979 von diesem kerntechnischen Unfall erfuhren, verschob sich die ganze Planung auf der Baustelle. Normalerweise hätte unsere Arbeitsgruppe ab diesem Zeitpunkt geteilt werden sollen, und ich hätte eine Tätigkeit im Kernkraftwerk Stendal aufnehmen sollen. Doch auch hier kam es zu einem Baustopp, und das gesamte Containment und die Sicherheitsaspekte mussten neu beurteilt werden.“ Aufgrund dieser nicht absehbaren Verzögerungen wechselte der Physiker als wissenschaftlicher Mitarbeiter zur Leitstelle für Korrosionsschutz beim Ministerium für Land- und Forstwirtschaft der DDR.

Hier war sein Arbeitsfeld breit aufgestellt. Es reichte von der reinen Forschungstätigkeit über das Schreiben von Gutachten bis hin zur Weiterbildung von betrieblichen Mitarbeitern. Und auch die eigene Weiterbildung stand auf der Tagesordnung. Am Forstinstitut Eberswalde ließ sich Thomas Korte zum Fachmann für Holzschutz ausbilden. „Das war ganz schön hart. Ein halbes Jahr lang haben wir sämtliche Schädlinge identifiziert, Löcher kategorisiert und alle Schadkategorien bestimmt, die es in den Holzsorten in Deutschland gibt. Mit dem Zertifikat durften wir Holzschutz betreiben und Mitarbeiter fachlich ausbilden. Bis auf die Begasung von befallenen Holzbauteilen durften wir alles machen. Für die Begasung hätten wir Chemiker sein müssen, weil man dafür einen Giftschein für Gifte der Kategorie 1 brauchte."

1950 geboren in Seehausen, Abitur mit Facharbeiterabschluss als Landmaschinen- und Traktorenschlosser, Studium der Physik an der Friedrich-Schiller-Universität Jena
1973 Diplomarbeit im Wissenschaftsbereich Festkörperphysik
1984 Fachmann für Holzschutz beim Forstinstitut Eberwalde
1973–1990 Investitionsmanager im Rationalisierungsbau im Porzellanwerk Kloster Veilsdorf, Bauleiter für die Strahlenschutzüberwachung am Block 3 im Kernkraftwerk Lubmin, Fachmann und Gutachter für Korrosionsschutz beim Landwirtschaftsministerium der DDR
1991–2014 Fachmann und Gutachter für Korrosionsschutz beim TÜV Rheinland Köln.

Als dann das Landwirtschaftsministerium der DDR nach der Wiedervereinigung aufgelöst wurde, wechselte der Fachmann und Gutachter für Korrosionsschutz zum TÜV Rheinland Köln. Und genau diese Holzschutzweiterbildung kam ihm nach der Wende zugute. Damit konnte er mit Borsalzen alte Kirchendächer und Dachstühle sanieren, und mit dem Zertifikat durfte er Gutachten schreiben. Diese Qualifikationsscheine sind ein Leben lang gültig. „In der Zentrale des TÜV Rheinland Köln konnte man gar nicht verstehen, wie ein Physiker in der DDR so eine Qualifikation bekommen konnte. Denn in den alten Bundesländern war es üblich, dass die Qualifikation Fachmann für Holzschutz nur von Architekturstudenten im ersten oder zweiten Studienjahr erworben werden konnte. Mit dem Stempel des Instituts für Forstwirtschaft Eberswalde war die Anerkennung allerdings nur noch eine Formsache."

Doch nicht nur Holz, sondern auch schwere Stahlkonstruktionen wie Hafenanlagen, Verdichterstationen, Müllverbrennungsanlagen und Ausrüstungen im Offshore-Bereich müssen geschützt werden. In der landwirtschaftlichen Produktion hatte der Korrosionsschutzspezialist auch Trockenwerke, Hochsilos, Lüftungsanlagen sowie Stallausrüstungen in Milchvieh- und Schweinemastanlagen zu begutachten und musste konstruktive Lösungsvorschläge erarbeiten. „Im Bezirk Halle (Saale) untersuchten wir zum Beispiel mehrere Schweinemastanlagen für 60.000 Tiere auf Korrosionsschäden und nahmen Schadstoffmessungen in der Luft und im Abwasser vor. Um diese Arbeiten überhaupt durchführen zu können, brauchten wir eine medizinische Unbedenklichkeitsbescheinigung vom Kreistierarzt, dass bei uns in der Region keine Tierkrankheiten aufgetreten sind. Die Reinraumbedingungen erinnerten mich an die Arbeiten im Kernkraftwerk mit der Schwarz-Weiß-Trennung im aktiven Teil", also die strikte Trennung zwischen kontaminierten und sauberen Bereichen.

Die Wintermonate waren stets ausgefüllt mit Betriebsschulungen über Korrosionsschutz und dem Erstellen von Gutachten. Für eine Lackfabrik in Teltow testeten die Spezialisten neue Farben für die Landwirtschaft. Zum einen müssen hier die Farben gut decken und korrosionsfest sein, sie müssen aber auch physiologisch unbedenklich sein, denn eine Kuh im Stall ist mit ihrer rauen Zunge immer beschäftigt, irgendetwas abzulecken. Der Korrosionsschutzspezialist schildert: „Also haben wir Prüfplatten für die Ställe gebaut und später die Milch auf Weichmacher untersucht. Ganz extrem war es natürlich mit den Lacken in der Spielzeugindustrie, bei denen besonders die Phthalate bedenklich sind. Solche Probleme gab es in unserer Kindheit kaum, da das Spielzeug damals selten bunt war und meist aus Holz."

Heimkehr mit Ansicht

Thomas Korte ist in Seehausen in der Altmark geboren. Hier verbrachte er seine Schulzeit, legte das Abitur an der EOS J. J. Winckelmann in Seehausen ab und zog dann in die weite Welt - von Jena nach Eisfeld über Teltow nach Greifswald und wieder zurück nach Seehausen. Schon als Schüler interessierte ihn die Geschichte von Seehausen, und er sammelte fleißig Ansichtskarten aus der Region. Als Mitglied des Altmärkischen Vereins für Vaterländische Geschichte verfasste er ein Buch über die Heimatgeschichte der Stadt. Und da die alte Hansestadt vom Elberadweg nicht weit weg liegt, baute der Förderverein mit Korte als Vorstandsmitglied die alte Wohnung des Bademeisters des Waldbades für Radtouristen aus. So gesehen gibt es auch für den Pensionär Korte immer etwas zu tun.

Bestirnt.

Jochen Rose wacht über das Himmelszelt.

Jochen Rose ist der einzige Physiker des Studienjahrgangs 1969, der sich sein Leben lang mit Astronomie beschäftigen konnte, ohne direkt Astronomie zu studieren. „Hätte ich Astronomie studiert und dann an einer Sternwarte gearbeitet, würde ich mich vielleicht nur mit einem einzigen Stern beschäftigt haben. So aber konnte ich mit Teleskopen Himmelsobjekte beobachten und den Menschen im Planetarium über Astronomie berichten. Dabei hatte ich die große Auswahl aus Schwarzen Löchern, Galaxien oder der Entstehung der Erde und dem Ende des Weltalls.“

Immanuel Kant beschließt sein zweites Hauptwerk, „Kritik der praktischen Vernunft“, mit der Bemerkung: „Zwei Dinge erfüllen das Gemüt mit immer neuer und zunehmender Bewunderung und Ehrfurcht, je öfter und anhaltender sich das Nachdenken damit beschäftigt: Der bestirnte Himmel über mir, und das moralische Gesetz in mir.“ Der Anblick des unermesslichen Sternenhimmels lehre etwas über uns selbst, über unser Vermögen, Unendliches denken zu können, obwohl wir es nicht sehen. 200 Jahre später interessierte sich gefühlt die Hälfte der Physikstudenten in Jena für Astronomie und Raumfahrt. Es war die Zeit, als mit Neil Armstrong ein Mensch zum ersten Mal den Mond betrat. Die Sektion Physik für den wissenschaftlichen Gerätebau an der Universität Jena war damals der einzige Ort in der DDR, an dem in bestimmten Abständen auch Astronomen ausgebildet wurden. „Physikalisches Interesse besaß ich schon immer, und auch Raumfahrt war ein großes Thema. Ich bin durch die Satellitenbeobachtung zur Astronomie gekommen. Und da war es nicht verkehrt, wenn man sich am Sternenhimmel etwas auskennt“, meint Jochen Rose.

Kosmisches Fieber

Besonders begehrt bei den Himmelsbeobachtern war der US-amerikanische passive Kommunikationssatellit ECHO 2, der als metallbeschichteter Ballonsatellit mit einem Durchmesser von 41 Metern als Spiegel für Mikrowellensignale diente. Zunächst umkreiste er die Erde alle 108 Minuten, wurde aber von der hohen Atmosphäre und dem Sonnenwind abgebremst. Besonders in den Sommermonaten zog er als hellleuchtendes Objekt gut sichtbar über den Himmel. „Ich habe mich nach Sonnenuntergang einfach auf das Flachdach unseres Hauses gesetzt und mit dem Feldstecher beobachtet, wann und wie sie kommen. Mit dem Teleskop machte es keinen Sinn, weil das Bildfeld viel zu klein ist und die Satelliten dann in Sekundenbruchteilen durchgelaufen sind." Später benutzte Jochen Rose eine Kamera, und noch heute fotografiert der Physiker unter anderem die Lichtspuren der Internationalen Raumstation ISS und anderer Satelliten. Wenn man die Bahn kennt, kann man mit dem extrem weitwinkligen Fisheye-Objektiv manchmal mehrere Durchgänge zu einem Bild verarbeiten. „Leider hat heute die Anzahl der Satelliten derart zugenommen, dass keine Minute vergeht, ohne dass mehrere Satelliten die Fotos oder das Bildfeld des Fernglases durchkreuzen."

Die Starts der Saturn-V-Raketen und die Flüge der Apollo-Kapseln waren für den Studenten besonders beeindruckend. „Es war ein ganz besonderes Gefühl, an der Erkundung des Mondes teilhaben zu können. Mich hat nicht die amerikanische Flagge auf dem Mond beschäftigt, sondern vielmehr der Fußabdruck im Mondstaub und die vielfältigen Messergebnisse. Sie waren in ihren Details hochinteressant, spannend und konnten etliche Fragen beantworten: Was ist der Mond? Wie sind die Mondkrater entstanden? Weshalb hat der Mond diese Form? Die Diskussion darüber ist bis heute bei weitem nicht abgeschlossen. Sie hat aber gleichzeitig ein neues Bewusstsein für den Planeten Erde gebracht."

Jochen Rose begann sein Physikstudium schon im Herbst 1968 und hatte einige Klausuren erfolgreich bestanden. Doch nach einem halben Jahr erkrankte er schwer, so dass er nach seiner Genesung vor der Frage stand, entweder die ausgefallenen Klausuren nachzuschreiben oder neu anzufangen. Die Verkürzung des Studiums auf vier Jahre nahm ihm diese Entscheidung ab. „Es war eine ganz schöne Quälerei, und zum wirklichen Studieren sind wir kaum gekommen. Besser waren da die vertikalen Studentengruppen. In den einzelnen Abteilungen war es möglich, zu experimentieren und selbstständig tätig zu werden. Das fand ich sehr spannend."

Mit dem Beginn seines Studiums baute der Physikstudent Kontakte zur Astroabteilung von Carl Zeiss Jena und zu den Amateur-Astronomen der Urania-Sternwarte auf, weil er hier mit professionellen Instrumenten beobachten konnte. Er kannte viele Mitarbeiter der Universitätssternwarte – von Hermann Lambrecht bis zu Werner Pfau und Johann Dorschner –, hielt mit ihnen zusammen Vorträge und organisierte Veranstaltungen. 1968 trat Jochen Rose der Astronautischen Gesellschaft bei und war Leitungsmitglied in der Jugendarbeitsgruppe Kosmos. Er absolvierte während seiner Semesterferien ein 14-tägiges Praktikum an der Universitätssternwarte und arbeitete mit dem 90-Zentimeter-Spiegelteleskop von Zeiss in Großschwabhausen bei Jena. 1972 nutzte er seine studienfreie Zeit, um am Observatorium in Ondřejov in der ČSSR unter anderem an der Laserentfernungsmessung von Satelliten teilzunehmen. Bei etlichen Studienreisen nach Warschau, Breslau, Prag, Budapest und Debrecen lernte er internationale Forschungsinstitute und deren Arbeit kennen. Ein Jahr später traf er beim internationalen Kongress der International Astronautical Federation (IAF) in Baku, Aserbaidschan, zum ersten Mal die Raumfahrtspezialisten aus Ost und West, die sich relativ ungezwungen über alle möglichen Fragen und Probleme austauschten.

Zeiss-Therapie

Schwierig war es für den Absolventen, nach dem Studium eine entsprechende Anstellung in Jena zu finden. „Ich wollte meinen Berufsweg nicht in der Provinz beginnen und habe mich deshalb für die Stelle eines wissenschaftlichen Mitarbeiters in der Optikentwicklung bei Carl Zeiss Jena beworben. Hier wurde gerade eine neue Abteilung aufgebaut, die optische Speicher entwickeln sollte. Doch zuerst bekamen wir die Aufgabe, sogenannte volkswirtschaftliche Güter herzustellen“, so Jochen Rose.

In den Siebzigerjahren war die Versorgungslage der Bevölkerung schlecht, und deshalb verpflichtete die Partei- und Staatsführung die Betriebe, mit fünf Prozent ihrer Produktionskapazität Konsumgüter herzustellen. Jochen Rose entwickelte als Konsumgut seiner Abteilung ein Konzept und einen Prototyp für ein optisches System, mit dem Schüler und Studenten zur Physik des Lichts und zur Optik experimentieren konnten. Dazu wollte er Laser und holografisches Equipment Oberschulen zur Verfügung stellen und Wissenschaftler von Zeiss sollten die entsprechenden Versuchsbeschreibungen und Entwürfe liefern. Als der Physiker das Konzept dem Bildungsministerium vorstellte, war den Verantwortlichen der Versuchsaufbau jedoch zu teuer, und das Projekt verschwand in der Schublade.

Anschließend sollte Jochen Rose optische Prüfverfahren für Zirkonium-Brennstoffhüllen und Uranpellets für Kernkraftwerke entwickeln. Die meterlangen Rohre enthielten die mit dem Isotop Uran-235 angereicherten Pellets und wurden dann zu Brennelementen gebündelt. Allerdings stellte sich im Kraftwerksbetrieb heraus, dass das Material durch den ständigen Neutronenbeschuss ermüdet, übermäßig oxidiert und Ausbeulungen und Lecks zeigt. Deshalb müssen alle Materialien vor jeder Kraftwerksrevision oder Neubestückung des Reaktors auf Fehler hin untersucht werden. Sonst besteht die Gefahr, dass sich Uranschlamm am Boden eines Reaktors ab-

Blick vom Johannisfriedhof auf den Neubau des Jentowers.

setzt und bei überkritischer Masse eine unerwünschte Kettenreaktion auslöst. Normalerweise erfolgte diese Prüfung in der Sowjetunion visuell und per Hand, wobei die hier tätigen Frauen lediglich durch Mullbinden und Handschuhe geschützt waren.

Jochen Rose wollte sich daran nicht beteiligen: „Das war ein Projekt mit der höchsten Geheimhaltungsstufe, und die ganze Forschung hierzu war mir mehr als suspekt. Deshalb suchte ich nach Alternativen, um aussteigen zu können. Glücklicherweise bekam ich in dieser Zeit ein Angebot, zum Planetarium der Carl-Zeiss-Stiftung zu wechseln. Da habe ich sofort zugesagt."

Der rote Himmel

Die Astroabteilung von Carl Zeiss Jena entwickelte Planetarien und Teleskope, angefangen von Schulteleskopen bis hin zum Zwei-Meter-Spiegelteleskop. Ein publikumswirksames Vorzeigeobjekt war der Zeiss-Planetariumsprojektor. Seine Entstehung verdankt er einer Idee Oskar von Millers, dem Gründer des Deutschen Museums in München. Er wandte sich schon 1913 an Zeiss, um eine drehbare Sternkuppel fertigen zu lassen. Zehn Jahre lang – mit Unterbrechungen durch den 1. Weltkrieg – arbeiteten Mechaniker, Ingenieure, Astronomen und Physiker an einem Gerät, das 4.500 Sterne in einer Kuppel zum Strahlen brachte. Der Sternenprojektor war das Herzstück des Planetariums und ein komplexes feinmechanisch-optisches Gerät, das den Sternenhimmel nachahmte. Das inzwischen dienstälteste Großplanetarium wurde am 18. Juli 1926 in Jena eröffnet. 50 Jahre später entwickelte Hans Beck, der Leiter der Astroabteilung, ein Konzept für ein Symposium, zu dem internationale Wissenschaftler und Kunden von anderen Zeiss-Planetarien eingeladen werden sollten. „Als der Generaldirektor Wolfgang Biermann dieses Konzept unterschrieben hatte, stand ausdrücklich mein Name drin. Und so wurde ich innerhalb von 14 Tagen, am 1. Mai 1976, Leiter des Planetariums und Mitorganisator des Symposiums“, beschreibt Jochen Rose die damalige Situation.

„In Namibia spürte ich beim Betrachten der Sterne die Weite des Kosmos, fühlte die Unendlichkeit und begriff die eigene Nichtigkeit. Hier war das eine neue inspirierende Ebene, eine wahre Offenbarung. Dieser völlig andere Eindruck kann technisch niemals realisiert werden.“

Aber wie in jedem guten Märchen musste der Protagonist vor dem Erfolg jede Menge Herausforderungen bestehen. Die erste bestand darin, sich ein besonderes Astronomie-Netzwerk aufzubauen und zu pflegen, zu dem auch die Leiter der Astroabteilung und der Jenaer Urania-Sternwarte gehörten. Als Mitglied in der Astronomischen Arbeitsgemeinschaft leitete Jochen Rose später die Sektion Astronomie und Raumfahrt bei der Urania-Gesellschaft des Zeiss-Werkes und führte von Anbeginn auch Besucher durch die Jenaer Volkssternwarte Urania, pflegte die Beobachtungsinstrumente und hielt Vorträge mit selbstgefertigten Farbdias. „Die Urania-Sternwarte wurde von vielen Mitarbeitern aus der Astro-Abteilung von Zeiss betreut und somit hatte ich einen gewissen Grad an Bekanntheit, als man mich zum Leiter des Planetariums vorschlug.“ Kurz vor dem Symposium wurde dann auch noch wegen der Warenzeichenprozesse die Carl-Zeiss-Stiftung umstrukturiert. Bis dahin hatte sie im Wesentlichen nur Pensionen an ehemalige Zeiss-Mitarbeiter ausgezahlt und Grundstücke verwaltet. Zur Stiftung gehörten auch das Planetarium, das Optische Museum, ein Kinderkurhaus, die Ernst-Abbe-Bücherei und die Zeiss-Werkssiedlung in Jena-Winzerla. Und mit dieser Umstrukturierung erhielt Jochen Rose den erforderlichen Spielraum, um vieles neu zu gestalten.

Zunächst strukturierte er die Vorträge und die Schriftenreihe, denen noch der Staub der Fünfzigerjahre anhaftete, etwas anders und gestaltete sie inhaltlich und optisch um. „Das musste ich sehr vorsichtig machen, denn ich wollte ja niemanden vor den Kopf stoßen. Aber nach und nach habe ich angefangen, zu sphärischer Musik und zu Rockmusik mit einem Argon-Ionen-Laser Kohärenzfiguren und feingliedrige Strukturen an die Projektionsfläche der Kuppel zu werfen und mehr Musikveranstaltungen mit großformatigen Diaprojektionen im Planetarium zu arrangieren. So etwas gab es damals in der DDR noch nicht." Der Aufwand war enorm – technisch, optisch und in puncto Sicherheit. Insbesondere konnten aber durch die diversen Spezialeffekte neue Publikumskreise erschlossen und inhaltlich differenzierte Kinder- und Schulveranstaltungen eingeführt werden.

Mit der Zeit stellte Jochen Rose ein Team von Physikern zusammen, die ihn dabei unterstützten und gleichzeitig Neues für die internationale Exportoffensive entwickelten. So kamen die nachfolgenden Absolventen Hermann Blechschmid, einer der Pioniere für Shows in der Kuppel, sowie Jürgen Hellwig und Hans Meinl ins Planetarium. Als erste Rockband trat Stern Meißen im Planetarium live auf. Gemeinsam mit den Musikern entwickelten die Veranstalter ein Licht-, Medien- und Gestaltungskonzept, das an die spezifischen Gegebenheiten des Planetariums angepasst war. Der Erfolg war so groß, dass daraus eine regelmäßige Veranstaltungsreihe mit verschiedensten Musikformationen der DDR wurde. Jochen Rose erzählt, wie andere Planetarien dem nacheiferten: „Das Planetarium wurde aus dem Elfenbeinturm der Wissenschaft herausgeholt. Vielleicht ist dabei meine Familie manchmal zu kurz gekommen, aber jeder hat sich damals engagiert. Wegen des publikumswirksamen und sicher auch gesellschaftspolitischen Erfolgs haben wir zur eigentlichen Zeiss-Dywidag-„Versuchskuppel" im Prinzessinnengarten noch einen großen Anbau bekommen. Da der Stiftungsbevollmächtigte gleichzeitig auch der Chef des Außenhandels von Zeiss war, verwaltete er die finanziellen Mittel in Abstimmung mit dem Zeiss-Generaldirektor sowie der SED-Bezirksleitung, und wir bekamen ein repräsentatives Objekt nach unseren Ideen mit Arbeitsräumen und einem Foyer."

Stasi im Weltall

Jochen Rose nutzte jede Gelegenheit, um die Technik des Planetariums zu modernisieren. Als ein kanadischer Kunde zwei Projektoren vom Typ Cosmorama bestellte, überzeugte er die Astro-Abteilung, den Kundendienst und den Außenhandel von Carl Zeiss Jena, das Jenaer Zeiss-Planetarium ebenfalls mit diesem Projektor auszustatten. Es betraf den Hauptprojektor. Sein Argument, auf diese Weise hätte man vor Ort nicht nur ein wunderbares Aushängeschild für neue Großkuppelprojektoren, sondern gleichzeitig ein Testzentrum zur Weiterentwicklung und zur Fehlersuche, machte sich bereits kurz nach der Inbetriebnahme der beiden Projektoren in Kanada bezahlt. Als dort plötzlich die gesamte Elektronik ausfiel, lokalisierten die Kundendienstingenieure in Jena den Fehler in der enormen Wärmeabgabe der elektronischen Bauelemente unter dem Projektor. Die Luftzirkulation wurde geändert, wodurch die Betriebstemperatur deutlich sank. Auf diese Weise mussten in Kanada nur noch Bleche ausgetauscht werden.

„Es war eine spannende Zeit, und es hat mir sehr viel Spaß gemacht – bis zu jenem März 1986." Im Herbst 1986 sollte das nächste Symposium in Jena stattfinden, und die Vorbereitungen liefen schon. Da wurde dem Leiter des Planetariums in massiver Weise nahegelegt, aufzuhören. „In meiner Stasiakte las ich später, dass man mir nicht mehr traute. Man hatte einen Brief aus der Bundesrepublik abgefangen, in dem ein ehemaliger DDR-Bürger mir ein Angebot zum Literaturaustausch machte. Obwohl Jochen Rose nicht auf diesen Brief reagierte, nahm der Staatssicherheitsdienst an, dass er als Leiter des Planetariums wichtige Ergebnisse der DDR-Kosmosforschung verraten könnte. „Allerdings hatte ich weder Einblick in irgendwelche grundlegenden Forschungsergebnisse, noch war die Kosmosforschung in der DDR wirklich relevant. Jedenfalls wurde ich suspendiert, und die Stasi und der Verwaltungsleiter der Carl-Zeiss-Stiftung machten mir das Leben schwer. Die Stasi-Leute beobachteten mich und meine Familie mehrere Monate lang in einer Operativen Personenkontrolle und stellten zum Schluss fest, dass gar nichts vorliegt." Zurück ging es aber trotzdem nicht mehr, und so suchte sich der Physiker durch Vermittlung von Dietrich Unangst einen neuen Job an der Sektion Technologie.

Der Himmel über Berlin

„Ich hatte an der Sektion Technologie einen geregelten Achtstundentag und sollte mich um Automatisierungstechniken und deren DDR-weite Erfassung kümmern. Aber da war nichts mehr, was in mir brannte. Während der Wendezeit wurde ich in den Personalrat der Sektion Technologie und in den Personalrat der Universität gewählt. Hier sollten wir ehemalige Stasi-Mitarbeiter identifizieren und Entscheidungen über die weitere Anstellung von Mitarbeitern treffen. Doch ich hatte den Eindruck, dass einiges an den Untersuchungen auch von persönlichen Ressentiments geprägt war. Ich war nie Mitglied in einer Partei, aber ich hätte mir hier mehr Sachlichkeit gewünscht." Jochen Rose ergriff die Chance zum Wechsel, als der Verein Wilhelm-Foerster-Sternwarte am Insulaner in Berlin-Schöneberg einen neuen wissenschaftlichen Leiter suchte.

Der Insulaner ist ein Trümmerberg in Berlin, errichtet aus Schutt des Zweiten Weltkriegs. Die seit 1948 bestehende Volkssternwarte West-Berlins verfügt über den 12-Zoll-Bamberg-Refraktor von 1889, der ursprünglich zur Sternwarte der Berliner Urania in der Invalidenstraße gehörte. Dieses

Linsenfernrohr musste hundert Jahre später optisch überholt und mechanisch restauriert werden. Aber alle infrage kommenden Firmen lehnten ab. Jochen Rose hatte noch gute Verbindungen zur Astrofertigung von Carl Zeiss Jena. Also ließ er von den dortigen Mitarbeitern den Bamberg-Refraktor demontieren, nach Jena bringen und aufarbeiten. „Es war Glück, dass sich hier gerade eine Firma gegründet hatte, die aus ehemaligen Zeissianern bestand. Sie alle arbeiteten früher in der Fertigung und waren nun entlassen worden. Dies war ihr erster großer Auftrag und ihr erstes Instrument." Für beide Seiten war das eine Win-win-Situation. Mit ihrer Kompetenz restaurierte die Firma danach noch viele alte Instrumente wie den großen Doppelrefraktor auf dem Telegrafenberg in Potsdam, den Ardenne-Refraktor in Dresden oder einen alten Refraktor in Prag mit einer speziellen Mayerschen Montierung.

Als wissenschaftlicher Leiter des Zeiss-Planetariums und der dazugehörigen Wilhelm-Foerster-Sternwarte am Insulaner stellte Jochen Rose auch hier ein fachlich ansprechendes und mitgliederfreundliches Angebot für breite Interessentenkreise auf die Beine und entwickelte neue Formate. Dazu zählte das sehr erfolgreiche Hörspielkino „Unterm Sternenhimmel" mit dem Rundfunk Berlin-Brandenburg. „Die Kuppel wurde hier zu einem Ort, an dem man sich auf das Zuhören konzentrieren konnte und die eigene Fantasie freie Bahn hatte." In enger Zusammenarbeit mit Institutionen wie dem Deutschen Zentrum für Luft- und Raumfahrt beschäftigten sich andere Veranstaltungen mit künftigen Raumfahrtunternehmungen, den Ergebnissen laufender Missionen oder zeigten atmosphärisch schöne Bilder wie sie durch Licht und Schatten, Brechung und Beugung entstehen. Zu den Mittwochsvorträgen kamen bekannte Astronomen des In- und Auslands, Raumfahrer, Buchautoren und Journalisten.

Jochen Rose bedauert, dass der Vereinsvorstand zweimal in 18 Jahren sogar mit juristischen Mitteln versuchte, ihm zu kündigen. Das konnte nur durch Mitgliederabstimmungen und Niederlagen des Vorstands vor dem Arbeitsgericht verhindert werden. Sein eigenes Urteil lautet: „Prinzipiell war ich dem Vorstand zu innovativ. Wir haben neue und sehr erfolgreiche Konzepte eingeführt, mit denen einige Vorstandsmitglieder wohl nicht klarkamen." Er erlebte ein – nach seinen Worten – regelrechtes Mobbing. „Der Vereinsvorstand installierte nach und nach ein Stasi-ähnliches System mit Strukturen, Privilegien und informellen Mitarbeitern. Sie durchwühlten Abfallbehälter und bauten Festplatten des zentralen Servers aus, um Briefwechsel und Mails von mir lesen zu können, öffneten und beschädigten Post und setzten falsche Gerüchte in Umlauf."

Die Ruhe des Kosmos

„18 Jahre lang hielt ich die Schikanen aus, weil ich mit meiner Frau immer einen Ruhepol an meiner Seite und außerdem einen guten Ruf in der Szene hatte. Aber mit Ende fünfzig fragte man sich, ob sich das Kämpfen noch lohnt." Er nahm die ihm zugesprochene Abfindung an, betätigte sich freiberuflich und ging mit 65 in Rente. Kurze Zeit später zog die Familie nach Dahme im südlichen Brandenburg ins Haus seiner Eltern. Auf dem hohen Flachdach hat der Physiker die Kleinstadt unter sich und den ganzen Himmel über sich. In Herzberg (Elster) ist er Mitglied bei den dortigen Sternfreunden und betätigt sich an der Sternwarte und im Zeiss-Kleinplanetarium, gestaltet Ausstellungen mit und unterstützt Veranstaltungen in vielfältiger Weise. „Ich habe Kometen aufgenommen, Sternschnuppen, Polarlichter und leuchtende Nachtwolken fotografiert sowie drei totale Sonnenfinsternisse erlebt. Jetzt warte ich auf die vorhergesagte Nova, die bald im Sternbild der Nördlichen Krone auftauchen soll. Ich habe nicht den Ehrgeiz, der erste Beobachter zu sein, aber trotzdem steht man nachts um drei Uhr auf und schaut nach der Nördlichen Krone", erzählt Jochen Rose. Bis zum Erscheinen dieses Buches im Herbst 2025 wurde die Sternexplosion noch nicht gesichtet.

Vor einiger Zeit war Jochen Rose auf der Astrofarm Kiripotib in Namibia, konnte bei einmalig klarem Südhimmel durch Teleskope schauen und fotografieren. In der letzten Nacht des Aufenthalts zog er es aber vor, den Himmel bis zur einsetzenden Morgendämmerung einfach auf sich wirken zu lassen. „Das war einmalig schön, und die Bilder, die wir dort vom Himmel gemacht haben, sind gut und eine wertvolle Erinnerung. Aber ich halte das, was ich in dieser Nacht in meiner Seele fühlte, für wichtiger. Diese großen Gefühle kann man nur entwickeln, wenn man sich hier den Sternenhimmel ansieht. Die Sterne zeigen eine ungeahnte Farbigkeit, Klarheit und Schärfe. Das war eine wahre Offenbarung. In Namibia, am Rande der Wüste Kalahari, spürte ich die Weite des Kosmos, fühlte die Unendlichkeit und begriff die eigene Nichtigkeit. Das ist für mich Astronomie – nicht nur Sterne, Nebel, Galaxien schauen und in ihrer Komplexität erfassen, sondern ein Gefühl dafür zu entwickeln als Verantwortung für den gesamten Planeten Erde." Der bestirnte Himmel über ihm ergreift auch Physiker Rose, so wie einst Kant.

1949 geboren in Dahme (Mark), Abitur mit Facharbeiterabschluss als Schlosser, Studium der Physik an der Friedrich-Schiller-Universität Jena
1973 Diplomarbeit im Wissenschaftsbereich Nichtlineare Optik, Laser
1973–1990 Wissenschaftlicher Mitarbeiter in der Optikentwicklung des Carl Zeiss Jena, Leiter des Zeiss-Planetariums in Jena, wissenschaftlicher Mitarbeiter an der Sektion Technologie der Friedrich-Schiller-Universität Jena
1991–2014 Wissenschaftlicher Leiter des Zeiss-Planetariums und der Wilhelm-Foerster-Sternwarte am Insulaner, Berlin, Freelancer.

Umgesteuert.

Ingrid und Lothar Bades feines Gespür für Wandel.

Ingrid und Lothar Bade bauten in der DDR das Kernkraftwerk Stendal mit auf. Ingrid war Brandschutzinspektorin für die gesamte Baustelle, und Lothar prüfte die eingebauten Materialien. Beide studierten zusammen Physik in Jena und arbeiteten bis 1985 bei Carl Zeiss Jena und bei den Keramischen Werken Hermsdorf. Doch dann zog es sie in die Heimat, in die Altmark, wo Lothars Geburtshaus und zwei große Gärten auf Bewirtschaftung warteten.

Wir sitzen gemütlich im Wohnzimmer im Haus von Lothar und Ingrid Bade in Arneburg und erinnern uns an alte Zeiten. Hinter dem Haus wachsen auf 1.300 Quadratmetern Obst und Gemüse, deren Verkauf zu DDR-Zeiten deutlich zum Lebensunterhalt von Lothars Eltern beitrug. Im Badezimmer steht noch eine alte Trockenhaube aus dem elterlichen Friseursalon. Der Kaffee dampft in Tassen aus Kahlaer Porzellan, und auf dem Tisch liegen Fotos aus längst vergangenen Zeiten. Ingrid liest aus den Gruppenbüchern der Seminargruppe 4, in die sie als Schriftführerin akribisch alle Ereignisse des Studienjahres eintragen musste und die heute fast in Vergessenheit geraten sind. Aber wie kamen die beiden auf die Idee, weit weg von der Heimat, in Jena Physik zu studieren?

Beide Physiker sagen unisono: „Ich interessierte mich damals für die Raumfahrt und fand den Astronomieunterricht interessant. So entwickelte sich dann der Studienwunsch, Astrophysik zu studieren. Und diesen Studiengang gab es nur an der Friedrich-Schiller-Universität Jena." Lothar Bade bewarb sich dort zusammen mit seinem Klassenkameraden Thomas Korte für das Studium und erzählt: „Doch schon im Aufnahmegespräch erklärte uns

Ingrid Bade
1950 geboren in Wismar, Abitur mit Facharbeiterabschluss als Elektrikerin und Studium der Physik an der Friedrich-Schiller-Universität Jena
1973 Diplomarbeit im Wissenschaftsbereich Festkörperphysik
1995 Verwaltungsfachwirtin I und II
1973–1990 Prüfingenieurin für Hochleistungsoptiken, wissenschaftliche Mitarbeiterin im Bereich Kernkraft bei Carl Zeiss Jena, Brandschutzinspektorin für die Baustelle des Kernkraftwerks Stendal
1991–2015 Personalchefin bei ImTech Stendal, Buchhalterin, Tourismusmanagerin und Mitarbeiterin beim Wasserverband Stendal-Osterburg.

der Prorektor für Erziehung und Ausbildung, Professor Dietrich Unangst, dass es im Jahrgang 1969 keine Astrophysikausbildung gäbe. Aber wir könnten schon mal mit dem Physikstudium anfangen und uns ein Jahr später neu bewerben. Dem haben wir zugestimmt und sind letztlich dabeigeblieben."

Bei Ingrid Bade war die Entscheidung ähnlich. Sie ergänzt: „Ich war für Mathematik und Physik weitaus begabter als für die künstlerischen Fächer und interessierte mich insgesamt für Naturwissenschaften und damit auch für Astronomie. Genau aus dem gleichen Grund wie Lothar wechselte ich von Wismar nach Jena, um hier zu studieren." Und so wollte es die „Planung des Schicksals", dass die beiden Freunde und Ingrid in derselben Seminargruppe ihr Studium anfingen.

Doch so einfach, wie es sich hier anhört, waren die Entscheidungen damals nicht. Lothar und Ingrid Bade stammen aus Handwerkerfamilien. Diese hatten es in der DDR oft besonders schwer, und es war ein großes Privileg, wenn die Kinder von selbstständigen Handwerkern die Erweiterte Oberschule besuchen durften. „Wir Handwerkerkinder liefen immer unter ‚Sonstiges', am Rande der Gesellschaft von Arbeiter- und Bauernkindern und denen der Intelligenz", erklärt Lothar Bade. „Ich hätte gern etwas Handwerkliches gemacht, aber meine Eltern machten mir klar, dass ich mit den guten Noten auf dem Abiturzeugnis doch lieber etwas Solides studieren sollte. Vor allem aber zeigte sich, dass man unter den herrschenden Bedingungen in der DDR kaum noch vernünftig ein privates Handwerk betreiben konnte. Deshalb empfahlen mir meine Eltern, nicht in ihre Fußstapfen zu treten." Seine Frau pflichtet ihm bei: „Meine Schwester hatte Probleme, auf die Erweiterte Oberschule zu kommen. Zwei Jahre später war es für mich plötzlich kein Problem. Drei Jahre danach ging es wieder los mit den Problemen. Man war nie sicher, was da läuft. Dementsprechend hat man es so genommen, wie es kam, und sich gesagt, in diesem Staat hat das Handwerk keinen goldenen Boden."

Damals war es in der Oberschulzeit üblich, dass alle Schüler neben dem Abitur noch einen Beruf erlernten. Die Mädchen in Ingrids Klasse hatten die Wahl zwischen einer Schlosserlehre oder einer Elektrikerlehre. Und so wählte die Wismarer Oberschülerin eine Ausbildung zur Elektrikerin auf der Mathias-Thesen-Werft in Wismar. In den ersten beiden Lehrjahren gab es für beide Berufe die Grundausbildung Metall. „Schmieden hätte ich gern ausprobiert", sagt Ingrid Bade. „Aber dazu war ich zu klein, und der Amboss war zu hoch. Trotzdem muss ich sagen, dass mir die Ausbildung Spaß gemacht hat. So konnten wir auch einmal auf das Kreuzfahrtschiff Ivan Franko, das zur Überholung gerade auf der Werft lag. Und ab und zu mussten wir auf der Kabelkrananlage in 60 Metern Höhe Leitungen verlegen."

Lothar lernte Molkereifacharbeiter. In Seehausen, das 40 Kilometer von Arneburg entfernt liegt, gab es eine große Molkerei mit den unterschiedlichsten Bereichen. „Die theoretische Ausbildung hatten wir in Dresden. Für jeweils eine Woche im Winter und zwei Wochen im Sommer waren wir dort und lernten die interessanten Seiten der Butterchemie kennen. Das hatte dann doch etwas Handwerkliches, in der Molkerei zu arbeiten."

Einstand mit Wandzeitung

Nach dem Studium und dank der Absolventenvermittlung bekam Lothar Bade eine Stelle in den Keramischen Werken Veilsdorf nahe der Zonengrenze zu Coburg zugewiesen. Eigentlich wollte er in Jena bleiben, weil hier seine Frau eine Stelle bei Carl Zeiss Jena bekam. Von Veilsdorf nahm er deshalb Abstand und fand im Funkwerk Erfurt sofort eine Anstellung. Die zugewiesene Unterkunft bestand aus einem nicht beheizbaren Schlafzimmer mit Doppelbett, gedacht für die Besucher der jährlich stattfindenden Internationalen Gartenbauausstellung. Hier sollte er zusammen mit einem weiteren Absolventen wohnen. Das stand er tapfer eine Woche lang durch. Aber als man ihm endlich einen Arbeitsvertrag vorlegte und das Unterkunftsproblem nicht beheben konnte, war für ihn auch hier Schluss.

Nach dieser Erfahrung fuhr der Physiker doch noch nach Veilsdorf zum Vorstellungsgespräch und fragte, ob es eine andere Arbeitsmöglichkeit im Hermsdorfer Stammhaus gäbe. Der Direktor des Zweigbetriebs meinte, dass dort immer irgendwelche Fachkräfte gesucht würden, und organisierte ein Vorstellungsgespräch bei den Keramischen Werken Hermsdorf. Zwei Tage später hatte Lothar Bade seinen Arbeitsvertrag in der Tasche und konnte als Fertigungstechnologe anfangen. Die einzige Verpflichtung war, dass kein Anspruch auf Wohnraum erhoben wurde.

„Ich war in den Fächern Mathematik und Physik weitaus begabter als in den künstlerischen Fächern und interessierte mich auch für Astronomie. Aber Astrophysik bot nur die Friedrich-Schiller-Universität an. Also wechselte ich von Wismar nach Jena." INGRID BADE

Er berichtet darüber: „Als ich hier anfing, waren meine Kollegen aus der Entwicklungsabteilung froh, dass sie plötzlich jemanden gefunden hatten, der die Wandzeitung gestalten konnte. Denn die Brigade wollte zum ersten Mal Kollektiv der sozialistischen Arbeit werden, und dazu brauchten sie einen, der die Parolen schrieb." Für diesen Titel mussten die Kollektive nachweisbare Anforderungen im Hinblick auf politische, kulturelle und fachliche Ansprüche erfüllen. Neben der Planerfüllung oder vielmehr Übererfüllung waren auch gemeinsame kulturelle Aktivitäten nach-

zuweisen – und dazu gehörte auch das Pflegen einer Wandzeitung und des Brigadetagebuchs.

Also setzte sich der frisch eingestellte Fertigungstechnologe hin und pinnte einen Lorbeerkranz an die Wandzeitung, dekorierte ihn links mit Hammer und Zirkel als DDR-Symbol und rechts mit Hammer und Sichel für die Sowjetunion. Darüber setzte er die Parole „Wir reichen der Zukunft unsere Hand“ und schrieb einen Text, der den Kampf der Brigade Heinrich Hertz nach der Devise „Nicht Mitmacher, sondern Schrittmacher sein“ darstellte. Hier ein Auszug: „Durch Anwendung sowjetischer Erfahrungen in der täglichen Arbeit und eine hundertprozentige Mitgliedschaft in der Gesellschaft für Deutsch-Sowjetische Freundschaft leistet die Brigade ihren Beitrag zur wirtschaftlichen Festigung der DDR und der brüderlichen Zusammenarbeit mit der Sowjetunion. Gleichzeitig übt sie internationale Solidarität, indem sie ihren Solidaritätsbeitrag erhöhte.“

„Wir Handwerkerkinder liefen immer unter ‚Sonstiges‘, am Rande der Gesellschaft von Arbeiter- und Bauernkindern und denen der Intelligenz. Ich hätte gern etwas Handwerkliches gemacht, aber meine Eltern machten mir klar, dass ich mit den guten Noten auf dem Abiturzeugnis doch lieber etwas Solides studieren sollte.“ LOTHAR BADE

Lothar Bade kommentiert: „Das Beste dabei war, dass ich noch nicht mal in der Deutsch-Sowjetischen Freundschaft und im Freien Deutschen Gewerkschaftsbund war. Ich bin einfach im Studium nicht eingetreten, und keinem fiel etwas auf.“ Er hängte diese Wandzeitung am Abend auf und kam am Morgen mit etwas schlottrigen Knien in die Abteilung. Da berichteten ihm seine Kollegen stolz, dass der Parteisekretär schon dagewesen sei und die Wandzeitung hervorragend fand. „So war mein Einstand perfekt, und wir haben jedes Jahr immer wieder die Prämie für den Titel bekommen. Bis eines Tages der Parteisekretär doch herausfand, dass ich weder im FDGB noch in der DSF war. Da blieb mir nichts anderes übrig, als in beide Organisationen einzutreten – denn die angedrohte Streichung aller Prämiengelder hätte ein Desaster für das ganze Kollektiv bedeutet. Aber eins habe ich dabei gelernt: Wenn man dem Kind nur den richtigen Namen gibt, der in die politische Landschaft passt, dann konnte man in der DDR so ziemlich alles machen.“

Leerlauf mit Neuerern

Ingrid Bade wurde als Prüfingenieurin bei Carl Zeiss Jena eingestellt und sollte die Photorepeater testen. Diese Elektronenstrahllithografen stellten die Masken für die Chipfertigung her. Sie berichtet: „Als ich dort anfing, war die Produktion der alten Repeater gerade ausgelaufen, und die

Entwicklung der neuen Repeater hatte sich verzögert. Also konnten sie auch nicht kontrolliert und getestet werden. Dennoch musste ich ein halbes Jahr lang jeden Morgen pünktlich am Arbeitsplatz sein und hatte bis zum Feierabend nichts Produktives zu tun. Doch einzig und allein auf Arbeit zu gehen, um rumzusitzen und Kreuzworträtsel zu lösen oder Krimis zu lesen, ist auf Dauer nervtötend."

Nach einer Beschwerde bei der Kaderleitung wurde die Physikerin als Aushilfe ins Büro für Neuererbewegung ausgeliehen und sollte Verbesserungsvorschläge begutachten. „Damit kam ich eigentlich vom Regen in die Traufe, saß aber nicht mehr untätig rum." Ziel des betrieblichen Vorschlagswesens war, die Arbeitsproduktivität zu steigern und die Arbeitsabläufe zu verbessern. Das Verfahren war staatlich gelenkt, die Ziele wurden betrieblich vorgegeben. Im Gesetzestext der Neuererverordnung vom 22. Dezember 1971 heißt es, der Hauptinhalt der Neuerertätigkeit sei „die weitere Intensivierung der Produktion durch sozialistische Rationalisierung in Einheit mit der ständigen Verbesserung der Arbeits- und Lebensbedingungen." Positiv gesehen wären dies die Inhalte der Qualitätszirkel für einen kontinuierlichen Verbesserungsprozess gewesen. Negativ gesehen förderten die staatlichen Planvorgaben auch die abstrusesten Vorschläge, nur um die Liste der Verbesserungsvorschläge vollzubekommen. „Was da reinkam, war schon sehr abenteuerlich. Nach diesem halben Jahr wusste ich, dass der Aufbau des Sozialismus so niemals funktionieren würde", resümiert Ingrid Bade. „Ich habe während der ganzen Zeit keinen wirklich konstruktiven Vorschlag gesehen."

Lothar Bade
1950 geboren in Arneburg (Altmark), Abitur und Facharbeiterabschluss als Molkereifacharbeiter, Studium der Physik an der Friedrich-Schiller-Universität Jena
1973 Diplomarbeit im Wissenschaftsbereich Festkörperphysik
1973–1990 Wissenschaftlicher Mitarbeiter im Kombinat Keramische Werke Hermsdorf, Mitarbeiter der zerstörungsfreien Werkstoffprüfung auf der Baustelle des Kernkraftwerkes Stendal
1992–2008 IT-Spezialist bei der Niedersächsisch Landesentwicklungsgesellschaft NILEG, später GAGFAH.

Nach der Geburt ihrer Tochter wurde die Physikerin in die Forschungsabteilung für die Pelletierung von Kernbrennstäben versetzt. Carl Zeiss Jena entwickelte hierfür Maschinen, die Uranoxid und Mischoxide aus Uran und Plutonium durch Kaltpressen in geeignete zylindrische Formen brachten und durch Sintern bei hohen Temperaturen verdichteten. Ingrid Bade sollte Vorrichtungen für den Zusammenbau der einzelnen Brennstäbe entwickeln. Der Job machte ihr Spaß und war interessant. Sie arbeitete so lange an diesem Projekt, bis ihr Sohn geboren wurde. Sie erzählt: „Bis zu diesem Zeitpunkt wohnten wir immer noch in einer Einraumwohnung in Jena-Lobeda-Ost. Und obwohl wir immer wieder Wohnungsanträge im Betrieb und bei der Stadt stellten, bekamen wir keine größere Wohnung zugewiesen. Da gerade mal wieder Volkskammerwahlen anstanden, bin ich aus Protest nicht wählen gegangen."

Diese Protesthaltung brachte keinen Erfolg hinsichtlich einer neuen Wohnung, aber die junge Mutter durfte nach dem Babyjahr nicht mehr an ihren alten Arbeitsplatz zurückkehren. „Ich war mit dieser Aktion zu einem unsicheren Element an so einem geheimen Arbeitsplatz geworden." Da sie auch die ihr ersatzweise zugewiesene Stelle im Patentwesen des Unternehmens nicht annehmen durfte, musste sie sich selbst einen anderen Arbeitsplatz suchen. Und so kam sie zurück in die Entwicklungsabteilung des Feingerätebaus, in der sie schon während ihres Industriepraktikums gearbeitet hatte. „Hier betreute ich als Prüfingenieurin die Koordinatenmessgeräte von Zeiss, bis wir nach Arneburg zogen und beide einen Job auf der Baustelle des Kernkraftwerks Stendal annahmen."

Heimkehr mit Reaktor

1973 beschloss der Ministerrat der DDR, vier Druckwasserreaktoren sowjetischer Bauart mit je 1.000 Megawatt Leistung in der Altmark zu installieren. Das Kernkraftwerk sollte schrittweise in Betrieb gehen. Aber 1979 gab es im amerikanischen Kernkraftwerk Three Mile Island einen schweren kerntechnischen Unfall, bei dem es zu einer partiellen Kernschmelze kam. Radioaktiv verseuchte Gase gelangten in die Luft und kontaminiertes Wasser in den Fluss. Die staatlichen Aufsichtsbehörden der DDR werteten diesen Unfall aus und schrieben für alle im Bau befindlichen Kernkraftwerke schließlich ein Vollcontainment des Reaktors vor. Damit verzögerte sich das Projekt Stendal.

„Wir kamen 1985 auf der Baustelle an, und da war vom Reaktorgebäude des Blocks A nur die Bodenplatte fertig", sagt Lothar Bade. „Wir hatten uns immer wieder überlegt, in die alte Heimat zurückzugehen. Hier hatten wir mein Elternhaus und den Garten, den wir betreuen konnten." Ingrid Bade wurde Brandschutzinspektorin für die Gesamtbaustelle: „Damit habe ich wieder etwas Neues gelernt." Und ihrem Mann bot die Kaderleiterin sofort einen Job für die zerstörungsfreie Werkstoffprüfung an. „Es gab dort schon einen Kollegen, und wir beide sollten die Abteilung aufbauen. Wir mussten alles selbst organisieren und standen erst einmal mit leeren Händen vor einem leeren Schreibtisch in einer leeren Baracke." Diese musste erst einmal um- und ausgebaut werden, und dafür erarbeiteten die beiden Kollegen einen Plan, in welchen Zimmern was eingerichtet werden sollte. Die Mess- und Prüfgeräte kamen aus dem westlichen Ausland. Aber zur Schulung für den Einsatz durften nur politisch korrekte NSW-Reisekader reisen, die dann ihr Wissen wie bei der Stillen Post an die Nicht-Reisekader weitergaben. „Die Geräte wurden einfach hingestellt", erinnert sich Lothar Bade, „und wir mussten sehen, wie wir diese in Betrieb nehmen und sinnvoll einsetzen konnten. Das war dann auch der Zeitpunkt, an dem ich noch ein postgraduales Studium für zerstörungsfreie Werkstoffprüfung anhängte."

Wende mit Quereinstieg

Ursprünglich sollte der Block A des Kernkraftwerks 1989 ans Netz gehen. Das verzögerte sich aber durch ständige Änderungen der Planung, auch bedingt durch den Reaktorunfall in Tschernobyl am 26. April 1986. Als die Treuhand am 1. Juli 1990 rund 8.500 volkseigene Betriebe privatisierte, wurde auch das Kernkraftwerk Stendal unter ihre Aufsicht gestellt. Am 17. September 1990 verfügte der Kraftwerks- und Anlagenbau Berlin als Generalauftragnehmer einen Baustopp und schickte die 3.500 deutschen Beschäftigten in Kurzarbeit Null.

Aus der Konkursmasse haben sich dann einzelne Betriebe herausgegründet, so auch die Stahlbaufirma ImTec, bei der Ingrid Bade Personalchefin wurde. Als diese später umstrukturiert wurde, erhielt die Physikerin eine Abfindung und qualifizierte sich mit Hilfe des Arbeitsamtes zur EDV-Assistentin im kaufmännischen Bereich weiter. Danach bekam sie eine ABM-Stelle bei der Stadt Arneburg und kurbelte den Tourismus in der Region an – so lange, bis sie beim Wasserverband Stendal-Osterburg einen neuen Job fand. „Weil mein Chef nicht unbedingt Lust hatte, es selbst zu tun, delegierte er mich zum Lehrgang für Verwaltungsrecht, denn der Verband brauchte eine Verwaltungsfachwirtin. Damit kam ich noch zu einer weiteren abgeschlossenen Ausbildung als Verwaltungsfachwirtin mit den Angestelltenprüfungen 1 und 2." Im Wasserverband war Ingrid Bade dann auch für Grundstücksfragen zuständig und kaufte Grundstücke. Wenn Leitungen zu verlegen waren oder Pumpwerke gebaut werden sollten, bestimmte sie den Wert der Immobilien und handelte mit den Eigentümern Entschädigungen und Verträge aus. Sie blieb so lange beim Wasserverband, bis sie in Rente ging. „Im Prinzip habe ich mich vor und nach der Wende von einem Job zum nächsten gehangelt. Letztendlich haben wir außer im ersten halben Jahr nie rumgesessen, sondern immer irgendetwas gemacht. Das Problem in der Altmark war, dass in dieser Gegend kaum jemand etwas mit einer Diplomphysikerin anfangen konnte. Also habe ich das genommen, was es gerade gab. Wir wurden ja als disponible Physiker ausgebildet, und das waren wir wirklich. Wir haben gelernt, uns immer wieder einzuarbeiten."

Eine ähnliche Entwicklung machte auch ihr Mann durch: „Nachdem der Kraftwerksanlagenbau im Herbst 1990 abgewickelt wurde, fing ich zuerst ein Jahr im Außendienst im Vertrieb von Vakuumpumpen an und machte danach zwei Jahre lang eine Ausbildung im Rechnungswesen und in der Programmierung mit dem Abschluss als Betriebswirt Datenverarbeitung. Damit war mein neuer Weg vorgezeichnet, und ich konnte bei der Norddeutschen Landesentwicklungsgesellschaft eingestellt werden." Die NILEG Immobilien Holding war eine Tochtergesellschaft der Norddeutschen Landesbank (Nord/LB) und sollte den Städtebau und die Entwicklung der Wasserversorgung und -entsorgung in Sachsen-Anhalt vorantreiben. Sie hatte eine Zweigniederlassung in Stendal, und da traf es sich gut, dass Familie Bade quasi um die Ecke ihren Lebensmittelpunkt hatte. Die Landesentwicklungsgesellschaft machte von der Planung bis zur Begleitung der Baudurchführung alles, was mit dem Bau zusammenhing. „Da mussten die ganze Bauüberwachung dokumentiert, Leistungen von Ingenieurbüros abgerechnet und Fördermittel beantragt werden", berichtet Lothar Bade. „Also habe ich mich in das Datenbankmanagementsystem und in die Programmierung eingearbeitet. Das war meine Chance. Ich habe die Programme so geschrieben, dass man alle Schritte eines Prozesses in einem einheitlichen System eingeben und entsprechend auswerten konnte." Das System war ein Erfolg, und plötzlich war der Betriebswirt für die gesamte Verarbeitung und Auswertung dieser Daten sowohl für den Hauptbetrieb als auch für die Zweigstellen zuständig. Für den Hauptbetrieb in Hannover schrieb Lothar Bade einige Programmauswertungen, mit denen die Mitarbeiter gleich ihre Daten für alle erforderlichen Auflistungen oder Abrechnungen aufrufen und ausdrucken konnten.

Das alles lief reibungslos und funktionierte sehr gut, bis die Tochtergesellschaft der Nord/LB im Jahr 2005 für 1,5 Milliarden Euro an eine Private-Equity-Gesellschaft verkauft und in die damalige Gemeinnützige Aktiengesellschaft für Angestellten-Heimstätten GAGFAH eingegliedert wurde. „Ab diesem Zeitpunkt wurden alle Dienstleistungen extern eingekauft und man leistete sich keine eigene Entwicklung mehr. Die GAGFAH hatte ihren Hauptsitz in Essen und um nicht dorthin wechseln zu müssen, habe ich den Vorschlag zur Altersteilzeit angenommen und die Restabwicklung der NILEG begleitet. So bin ich mit 60 Jahren mit Abschlägen in Rente gegangen. Aber das war das Beste, was ich machen konnte."

Nachklang mit Bindestrich

Als Rentner erinnerte sich Lothar Bade an seine Hobbys: „Ich habe auf dem Dachboden eine Kiste mit alten Fotos und selbstverfassten Gedichten und Texten aufgestöbert. Plötzlich fand ich sie wieder interessant. In den Keramischen Werken Hermsdorf gab es einen Zirkel Schreibender Arbeiter. Ein Kollege hatte mich damals mitgenommen. Es war im November 1978, und ich trug dort mein aktuelles Werk in bester Stimmung vor":

Wo ein Bindestrich vermitteln könnte

Der Interzonenzug
Leipzig Aachen
Rauscht vorbei
und es fährt dahin, ein Hauch von Freiheit.
Ich fühle mich gefangen,
in einer Zwickmühle eines staatlich festgelegten Lebens
und prüfe meinen Stand.
Ich muss einen Punkt setzen.

„Als ich das vorgelesen hatte, outeten sich zwei Gäste als Parteigenossen aus Gera und erklärten, dass man so etwas nicht schreiben dürfe und erklärten, dass man als Mitglied eines Arbeiterzirkels auch als parteiloser Kulturschaffender das Sprachrohr der Partei sein müsse. Wörtlich sagten sie, dass Schreibende Arbeiter damit selbstverständlich auch der Parteidisziplin unterworfen seien. Meinem Argument: ‚Aber das Gedicht reflektiere doch nur die Realität', folgte das Gegenargument: ‚Da dieser Zustand aber zurzeit nicht lösbar ist, sollten Ihre Gedanken in diesem Raum verbleiben und nicht in die Öffentlichkeit getragen werden!' So belehrt, verließ ich den Zirkel Schreibender Arbeiter und dichtete ohne Überbau und Anleitung weiter." Nach dem Dachbodenfund aktualisierte Lothar Bade im August 2015 das Bindestrich-Gedicht und fügte hinzu:

Wo alle Lichter einer Kette glühten

... Und muss einen Punkt setzen?
Wie irre war doch damals das Leben!
und erst recht so fordernd
Jeder trug sein Lichtlein
so einsam vorwärts –
aber rückwärts nimmer!
Bis wir uns fanden
Lichter gleich
Und erzwangen,
was wir schon lange
nicht mehr sangen:
„Deutschland, einig Vaterland"

„Das habe ich dann noch von Hotte illustrieren lassen, unserem Arneburger Künstler, und den Untertitel gewählt: ‚In Ehren und Gedenken unserer Mütter und Väter, die sich von einer Diktatur zur anderen quälten und Freiheit nicht mehr erleben durften!' Mein Vater hatte am 1. Januar noch seinen Geburtstag gefeiert und verstarb am 5. Januar 1990. Diesen Nachtrag habe ich ihm gewidmet. Aber so hastig und ungestüm, wie die fortschreitende Weltlage ins Trudeln geriet, war ich zwanzig Jahre später nochmal gefordert, eine ‚verglühende' Antwort nachzureichen", sinniert Lothar Bade. „So hat eine Trilogie wohl auch ihren ordnenden Sinn."

Wo eine Wende verglühte

Noch mal zum „Shopping“ nach OstBerlin
um im faden Schutz von Mauer&Regime
auf VolkesEigner „HO&Konsum“-Meile
dem Flair der Ossi „Nahrungssucher“ nachzuspüren.
wie „Früher“ bloßes „ÜberLeben“ ging
und EigenerGeist zum StraßenStrich verkam

Noch einmal spüren diese eisige Front von Ost&West
in ihrer bornierten, realen UnVereinbarkeit
und wieviel Beton&Leben hier vermauert wurden

Noch einmal den Geist der Zeit atmen,
wie wir uns Aufrichteten
an den Aufstand unserer Sinne
und der „unverzüglichen“ Flucht
aus dieser Unrechtszone

Um dann nach drei Jahrzehnten im Freien Lichte
neu zu überdenken
unseren jetzigen Stand und Punkt.

Finden wir uns ganz neu vermarktet
so verWendet, umMauert und Gegendert
von einer klebrigen Gesellschaft
„überseriöser“ SelbstDarsteller
versumpfen wir im Gut&Wut
der NeuenSchönheit aller Worte
und blicken tief ins Antlitz
anonymer Netze gelikter Flatterhaftigkeiten.

„Das ist jetzt mein Fazit.“
Lothar Bade lächelt.

Index.

Bildnachweis

Berit Schönfelder S. 178.
Harald Krüger S. 161.
Helmut Stabe S. 249, 251.
Hermann Blechschmidt S. 29, 32, 37, 65, 90, 263, 307.
Jürgen Koch S. 122.
Privatarchiv Roland Hensel S. 36, 96, 98, 123, 132, 150, 151, 159, 160, 180, 196, 204, 212, 246, 290, 302, 304, 309–311, 330.
Reinhard Wulfert S. 242, 243.
Roland Hensel S. 10, 18, 26, 34, 42, 54, 62, 70, 78, 86, 94, 104, 115, 117, 120, 138, 146, 157, 162, 170, 188, 194, 202, 210, 220, 228, 236, 252, 260, 270, 278, 286, 296, 312, 318, 326, 336, 340.
Schönau S. 118.
Wolfgang Faber S. 245.
Wolfgang Korall S. 114, 128.

Von einigen Bildern konnten die Rechteinhaber leider nicht ermittelt werden. Der Verlag bittet etwaige Rechteinhaber, sich bei ihm zu melden.

Bibliografische Information
der Deutschen Nationalbibliothek:
Die Deutsche Nationalbibliothek verzeichnet diese Publikation in der Deutschen Nationalbibliografie; detaillierte bibliografische Daten sind im Internet über <http://dnb.dnb.de> abrufbar.

Verlag, Autor und redaktionell Beteiligte gehen davon aus, dass die Angaben und Informationen in diesem Werk zum Zeitpunkt der Veröffentlichung vollständig und korrekt sind. Weder der Verlag noch der Autor oder die übrigen redaktionell Beteiligten übernehmen Gewähr für den Inhalt des Werkes, etwaige Fehler oder Äußerungen.

Die im Werk genannten Inoffiziellen Mitarbeiter (IM) sind Autor und Verlag namentlich bekannt und können mit archivarischen Angaben und inhaltlichen Zitaten belegt werden.

In diesem Buch wird das generische Maskulinum verwendet. Keinesfalls sind damit Diskriminierungen beabsichtigt.

Begleitmaterial finden Sie auf der Website zum Buch: aufgebrochen.org.

Grafische Gestaltung und Satz:
BuchStabe, Helmut Stabe, Halle (Saale)

Schrift: Stanley, Mériva
Papier: Fedrigoni Arena Smooth und Peyer Surbalin glatt

Der Buchgestalter Helmut Stabe, Jahrgang 1975, verbindet handwerkliche Präzision mit klarer, langlebiger Form. Aufgewachsen im thüringischen Weimar erhielt er seine Ausbildung bei der dort ansässigen Buchbinderei Lüttich, der ehemaligen Hoflieferantin, die im Auftrag der Großherzogin Sophie von Sachsen-Weimar-Eisenach die erste Gesamtausgabe von Goethes Werken buchbinderisch betreute. Seit seinem Studium der „Konzeptkunst Buch" an der Burg Giebichenstein Kunsthochschule Halle setzt er als Buchgestalter, Typograf und Dozent Zeichen, so auch in diesem Buch.

Druck: Beltz Grafische Betriebe GmbH,
Am Fliegerhorst 8,
99947 Bad Langensalza

Verlag: GNT Publishing GmbH,
Lasiuszeile 2, 13585 Berlin
www.gnt-verlag.de

1. Auflage 2026

ISBN 978-3-86225-148-3 (Hardcover)
ISBN 978-3-86225-583-2 (E-Book/PDF)
ISBN 978-3-86225-600-6 (EPUB)
DOI: 10.47261/1583

Printed in East Germany.